The Ethnographer's Magic and Other Essays in the History of
Anthropology ■ George W. Stocking

Publisher's edition of *The Ethnographer's Magic and Other Essays* by George W. Stocking, Jr. is
published by arrangement with the University of Wisconsin Press.

西学

源流

人类学家的魔法

人类学史论集

〔美〕乔治·史铎金　著

赵丙祥　译

图书在版编目（CIP）数据

人类学家的魔法：人类学史论集／（美）乔治·史铎金著；赵丙祥译. —北京：生活·读书·新知三联书店，2019.3
（西学源流）
ISBN 978 - 7 - 108 - 06350 - 2

Ⅰ.①人… Ⅱ.①乔… ②赵… Ⅲ.①人类学－文集
Ⅳ.① Q98-53

中国版本图书馆 CIP 数据核字（2018）第 145299 号

责任编辑　冯金红　童可依
装帧设计　薛　宇
责任校对　常高峰
责任印制　宋　家
出版发行　生活·讀書·新知 三联书店
　　　　　（北京市东城区美术馆东街 22 号　100010）
网　　址　www.sdxjpc.com
图　　字　01-2017-7556
经　　销　新华书店
印　　刷　河北鹏润印刷有限公司
版　　次　2019 年 3 月北京第 1 版
　　　　　2019 年 3 月北京第 1 次印刷
开　　本　880 毫米 × 1230 毫米　1/32　印张 17.625
字　　数　413 千字
印　　数　0,001 - 5,000 册
定　　价　68.00 元
（印装查询：01064002715；邮购查询：01084010542）

总序：重新阅读西方

甘 阳　刘小枫

上世纪初，中国学人曾提出中国史是层累地造成的说法，但他们当时似乎没有想过，西方史何尝不是层累地造成的？究其原因，当时的中国人之所以提出这一"层累说"，其实是认为中国史多是迷信、神话、错误，同时又道听途说以为西方史体现了科学、理性、真理。用顾颉刚的话说，由于胡适博士"带了西洋的史学方法回来"，他们那一代学人顿悟中国的古书多是"伪书"，而中国的古史也就是用"伪书"伪造出来的"伪史"。当时的人好像从来没有想过，这胡博士等带回来的所谓西洋史学是否同样可能是由"西洋伪书"伪造成的"西洋伪史"？

不太夸张地说，近百年来中国人之阅读西方，有一种病态心理，因为这种阅读方式首先把中国当成病灶，而把西方则当成了药铺，阅读西方因此成了到西方去收罗专治中国病的药方药丸，"留学"号称是要到西方去寻找真理来批判中国的错误。以这种病夫心态和病夫头脑去看西方，首先造就的是中国的病态知识分子，其次形成的是中国的种种病态言论和病态学术，其特点是一方面不断把西方学术浅薄化、工具化、万金油化，而另一方面则又不断把中国文明简单化、歪曲化、妖魔化。这种病态阅读西方的习性，方是现代中国种种问题的真正病灶之一。

新世纪的新一代中国学人需要摆脱这种病态心理，开始重新阅读西方。所谓"重新"，不是要到西方再去收罗什么新的偏方秘方，而是要端正心态，首先确立自我，以一个健康人的心态和健康人的头脑去阅读西方。健康阅读西方的方式首先是按西方本身的脉络去阅读西方。健康阅读者知道，西方如有什么药方秘诀，首先医治的是西方本身的病，例如柏拉图哲学要治的是古希腊民主的病，奥古斯丁神学要治的是古罗马公民的病，而马基雅维史学要治的是基督教的病，罗尔斯的正义论要治的是英美功利主义的病，尼采、海德格尔要治的是欧洲形而上学的病，唯有按照这种西方本身的脉络去阅读西方，方能真正了解西方思想学术所为何事。简言之，健康阅读西方之道不同于以往的病态阅读西方者，在于这种阅读关注的首先是西方本身的问题及其展开，而不是要到西方去找中国问题的现成答案。

健康阅读西方的人因此将根本拒绝泛泛的中西文明比较。健康阅读西方的人更感兴趣的首先是比较西方文明内部的种种差异矛盾冲突，例如西方文明两大源头（希腊与希伯来）的冲突，西方古典思想与西方现代思想的冲突，英国体制与美国体制的差异，美国内部自由主义与保守主义的消长，等等。健康阅读者认为，不先梳理西方文明内部的这些差异矛盾冲突，那么，无论是构架二元对立的中西文明比较，还是鼓吹什么"东海西海，心理攸同"的中西文化调和，都只能是不知所谓。

健康阅读西方的中国人对西方的思想制度首先抱持的是存疑的态度，而对当代西方学院内的种种新潮异说更首先抱持警惕的态度。因为健康阅读西方者有理由怀疑，西方学术现在有一代不如一代的趋势，流行名词翻新越快，时髦异说更替越频，只能越表明这类学术的泡沫化。健康阅读西方的中国人尤其对西方学院内虚张声势的所谓"反西方中心论"抱善意的嘲笑态度，因为健康阅读者知道这类论调虽然原始动机善良，但其结果往往只不过是走向更狭隘的西方中心论，所谓太阳底下没有新东西是也。

希望以健康人的心态和健康人的头脑去重新阅读西方的中国人正在多起来，因此有这套"西学源流"丛书。这套丛书的选题大体比较偏重于以下几个方面：一是西方学界对西方经典著作和经典作家的细读诠释，二是西方学界对西方文明史上某些重要问题之历史演变的辨析梳理，三是所谓"学科史"方面的研究，即对当代各种学科形成过程及其问题的考察和反思。这套丛书没有一本会提供中国问题的现成答案，因为这些作者关注讨论的是西方本身的问题。但我们以为，中国学人之研究西方，需要避免急功近利、浅尝辄止的心态，那种急于用简便方式把西方思想制度"移植"到中国来的做法，都是注定不成功的。事实上西方的种种流行观念例如民主自由等等本身都是歧义丛生的概念。新一代中国学人应该力求首先进入西方本身的脉络去阅读西方，深入考察西方内部的种种辩论以及各种相互矛盾的观念和主张，方能知其利弊得失所在，形成自己权衡取舍的广阔视野。

二十年前，我们曾为三联书店主编"现代西方学术文库"和"新知文库"两种，当时我们的工作曾得到诸多学术前辈的鼎力支持。如今这些前辈学者大多都已仙逝，令人不胜感慨。

学术的生长端赖于传承和积累，我们少年时即曾深受朱生豪、罗念生等翻译作品的滋润，青年时代又曾有幸得遇我国西学研究前辈洪谦、宗白华、熊伟、贺麟、王玖兴、杨一之、王太庆等师长，谆谆教导，终生难忘。正是这些前辈学人使我们明白，以健康的心态和健康的头脑去阅读西方，是中国思想和中国学术健康成长的必要条件。我们愿以这套"西学源流"丛书纪念这些师长，以表我们的感激之情，同时亦愿这套丛书与中国新一代的健康阅读者同步成长！

2006 年元旦

目　录

　　我在1968年应芝加哥大学人类学系之邀到该系任教，也在历史系蒙赐一个教席。到1974年，当一批历史学家拒绝同意人类学家推荐我担任正教授时，我只好辞去了在历史系的教职，才算缓和了当时的僵局——虽然在那以后我还保留着一个"准成员"的边缘身份。在那时，我从非正式渠道听说，历史学家们的一个拒绝理由是，虽然我也能画画插图，但算不上一个"大手笔"。这种评论颇叫人尴尬，但也不全是空穴来风。我没有什么专著。有几部是没有完成的（Stocking 1991c），有两部出版的也都不是传统的历史叙事，虽然它们探讨的都是重大主题。正如副标题显示的，第一部，《种族、文化与进化》，是一系列"人类学史论文集"（Stocking 1968a）；第二部，《维多利亚时代人类学》（Stocking 1987a）也可以这样解读，虽然它的"多重语境化"在结构上可能 *4* 比有些读者预想的更有一体性。

　　在这些论著出版间隙的二十年间，我还写了一些论文，其总量要超过一本专著不少。但是，它们的影响却分散在各种专业期刊和文集当中（如 Stocking 1973a）。因为有些论文收入了我从1983年起为威斯康星大学出版社编的"人类学史"系列，将它们收集起来编成单卷本，再收入一些发表在他处的文章，听起来也是一个不错的方案。这样一本书不仅对只读过其中几篇文章的读者，对以前从不知道它们的更广的读者也是有用的。

虽然这些文章处理的是两种国别人类学传统的分散事件，但我在编选时已经考虑过它们彼此重叠的一致性了。它们跨越了人类学史上的一个世纪，在此百年间，一种以旅行记录为基础、在机构和思想上都散见的话语最终变成了一门以系统民族志考察为根基的专业学科。在这个时间跨度内，它们主要关注两个人物，他们不但在现代民族志田野工作的发展和人类学的学科制度化过程中影响深远，在各自的国别传统中也无出其右者：弗朗兹·鲍亚士（Franz Boas）和布劳尼斯娄·马林诺斯基（Bronislaw Malinowski）。考虑到他们都已经有全面的传记，这些文章因是利用未出版的手稿材料而做的深入研究，故可一时充当他们的著作和生平的指引（又见 Stocking 1968a，1984b，1986b）。除了研究以学术为基础的田野工作传统的发展以外，它们也处理人类学史上的不同重要主题，虽然是以递归性微观的方式：人类学的强大神话面向及其一以贯之的浪漫原始主义；人类学在更大社会政治场域中的含混、反讽和悖论；人类学对各种自然科学研究和人文科学研究不无问题的整合；以及其一般化科学志向和主观获取的"素材"之间无所不在的张力。为了给这些以事件为主的文章提供一个背景或概观，我选入了一篇涵盖整个人类学史的尝试之作，虽然考虑到它的评论性质而只能将它置于卷末，但有些读者也许愿意先读它，将它看作一种路引，而不是总结。

不过，还有另外一组主题，在正文中不易看出，而在每篇论文卷首的小序中则较为显眼。这些主题涉及我自己与人类学学科的边缘关系，以及我作为人类学的主要史学家在数十年间扮演的角色。虽然我是应人类学家之邀前往芝加哥大学的，我以前在伯克利分校的教职却是在历史系，我也始终自认是一个历史学家。我在 1960 年到伯克利分校教授美国社会史，转向人类学史多少事出偶然，虽然在我以美国社会科学家和种族理论为题的博士论文中已经不无迹象。在我到芝加哥大学不久，我应邀参加社会科学研究会主办的人类学史会议（Hymes 1962）。邀请函是 A. I. 霍洛威尔寄来的，我在宾夕法尼亚大学时就参加了他的人类学史席明纳，他还是我的博士论文导师之一，他是这个会议幕后的领导人物。回想起来，显然，这次会议——在与会者中，我是人类学群体中的四个历史学家之一——既给了我一个平台，也给了我一些听众。

在同一时期，《行为科学史杂志》的创刊给我的史志事业开辟了一个更广的天地。虽然我那时并不这么想，但如今却不一样了，我在 1965 年写的编者评论文章《论行为科学之历史编纂学中的现时主义和历史主义的缺点》可以视为一种尝试，我在这篇文章中提出，当前的学科信条已经严重扭曲了对学科过去的理解，我试图开出一张方法论处方，为公正的专业史学家划出一方领地（参见 Stocking 1966, 1967）。从那以来，我的工作领域是道德、社会、行为或人文科学的学术史，并在总体上延伸到科学史。但如果说我将自己的专业身份定位在这个方向上，我的主要学术关怀却基本上受制于我就职之处，也就是公认的本国最知名的人类学系。

即便不说是独一无二的，这种氛围也可以说是非同寻常，足以让我有别于大多数人文科学学科的史学家。许多史学家都有他们自己的基本认同，或者是思想史学家，或者是文化史学家，以自己之所有，供他人之所无（Stanton 1960）；他们不会跨行触碰其他领域的题目，因之，他们也没有高远的信条去捍卫或改变他们为之写作历史的学科，虽然历史主义的相对化思潮，尤其是在

近期的模式中，也许还能在总体上带来一些颠覆性的效果。另外
一种史学家只是一些思想史爱好者，主要是为他们本行的人文科
学学科成员写作，其实很多时候都是出于党同伐异的明确目的
（Harris 1968）。由于自 1960 年以来，科学史家在数量上急剧增
加，这两种类型并没有穷尽学科史学家的全部，但他们都极力划
定我所进入的思想竞技场（GS 1967）。

6　　　　与第一个群体相反，在科系的认同上，我当然是一个人类学
家；虽然我将自己的工作看作更广的人文科学史的一个组成部分，
人类学却始终是我的首选，而人类学家也是我的基本听众。但与
第二个群体相反之处在于，我认为我的历史编纂学是一门全日制
职业手艺——相对来说没有利益纠葛，宽泛地说语境化，更多地
指向过去而非现在。我的主要人类学参照点仍然坐落在我的博士
论文涉及的 19 世纪晚期到 20 世纪早期——与我的同人们正好相
反，他们的参照点是在他们在校教育期间形成的，也许又在间隔
的岁月中受到重塑。另一方面，由于我的阅读大多是在人类学的
过去，也在指导学生，听取申请，论文答辩，院系会议和走廊谈
话等日常层次上，我一直置身于人类学学科的日常生活中，而大
概只有思想上的耳濡目染，我对其当前的关怀才有了一些切身体
悟。如果说，在过去的岁月中，这个位置在某些方面可以说是得
天独厚的，它也带来了问题——但无论如何也不是什么芝加哥中
心论的。

　　　其困难的一个标志是，我实际上从未能写出一部芝加哥大学
人类学系的历史。我曾经想过，将我的系视为 20 世纪人类学发展
的一个缩影，在广阔的社会文化语境中观察其具体而微的思想与
制度生活。但虽然我可以方便地使用大量手稿材料，可以访问健
在的对象，我还收到几百份校友问卷的答卷，有些真是丰富之极，

但我发现几乎不可能超越第三章——这大约也是我目前的有些同事开始成为主要角色的时间节点。过去的问题和人物开始不可避免地牵涉到当前的问题和人物；一旦不再是一个依据静默死者的文献来写作的历史学家，我开始更敏锐地感到了我的学科边缘地位。我可以想象自己是一个无涉利益纠葛的现场观察者，在系会上观察潜在分裂问题的两造，并经常在需要投票时弃权。但在事实上，我也是一个共谋的话事人，也会操心本系的现状和我的位置，而这已经在我对其过去的研究中有所显示了。最终，所有我写成的不过是一份图书馆展览目录；虽然我努力想以一种非庆祝的方式严肃地写出一部系史，但它事实上无非是作为五十周年系庆的一部分公开印行罢了（Stocking 1979a）。

我对系史研究的困难在一般学科层次上也有反响。我是经由人类学史这扇后门溜进人类学的，而没有经由其当前的关怀这个前门，并且自认最终是一个历史学观察者而不是一个人类学参与者，但我对这个学科的近期历史并不感到十分满意，在界定其将来时也犹疑不决——我只好自我安慰说，如果它明天关门的话，我自己的历史志业也就再也不需要素材了。但毋庸多说，从我在1960年代后期进入人类学以来，它已经发生了巨大的变化。那些年正是所谓"人类学危机"开始爆发之时：一系列彼此纠结的问题纷至沓来，如现场观察的、方法论的、认识论的、理论的、伦理的和人口地理学的，与其他社会科学门类的焦虑一样，紧跟在欧洲殖民主义终结之际，在国外，后殖民时代的战争此起彼伏，在国内，则是激进社会运动风起云涌（参见 Stocking 1982b，1983b）。但毫无疑问，今日的人类学在许多方面都截然不同于"今日人类学"——这是1952年一个研讨会的名称，它仍然是我刚刚接触这个领域时的一个基本参照点（Kroeber 1953）。

虽然在研究生期间我只研修过霍洛威尔的两门人类学课程，我最近（在主持"危机前"和"再发明"人类学席明纳的过程中）已经意识到我自己的思想取向究竟在何种程度上受到 1950 年代实证主义社会科学的界定，它对宾夕法尼亚大学美洲文明研究计划发生过重大影响。一边在伯克利教授史学，一边修改我的博士论文时，我放弃了历史学必须系统地采纳社会科学方法的看法，在那以后，我成了一个在对 1950 年代实证主义的思想批判中扮演重要角色的人类学系的一员。但在我自己的思想中仍有大量实证主义成分，由此，我对人类学的科学化潮流怀有某种思想上的同情之感，也在对近期所谓的文学化相对主义怀有同情理解的同时又不无疑虑之心。仿佛是在应答一位成长于 50 年代的巨擘的类似犹疑之感（Geertz 1984），我有时候情不自禁地想，我也许就是一个"反 - 反 - 反 - 相对主义者"；而对其他人，也许要减少一个或几个对偶前缀词。

我与某些当代人类学思潮的暧昧关系在涉及"后现代主义"时更为明显。在多少有些不甘地承认它是当代文化生活的一种现状时，我更不愿接受它是一种理解过去的立场。在我于 1988 年至 1989 年到盖蒂中心从事艺术与人文科学史研究前，我只是模模糊糊知道这种现象（如果它可以用单数的话）。但居住在洛杉矶，与艺术史家一道消磨时光，和乔治·马尔库斯共享思想友谊（他是人类学新思潮最有影响力的代言人），我却无法对之视而不见，自那以后，我对它有了直接的体察（参见 Stephens 1990）。然而，在被要求给它下一个定义时，我不由得想引用一位朋友几年前在美国人类学会上复述某位杰出的后现代建筑师在鸡尾酒会上的解颐妙语。据说这位无比可靠的权威声称，POMO（后现代）的确定标准是双重的："历史任你来装扮"；"东钻西窜如傻狗"。在挪用这一对说法比拟我自己的反复无常时，我后来有时刻薄地将之改成"时空乱"（anachronism）和"无厘头"（non sequitur）。但当我随后把这些说法传给一个崇信后现代的历史学家时，他回赠了一种更贴切的译法，"拼贴"（pastiche）和"去中"（decentering）（参见 Megill 1989）。

虽然在这种连续的逸闻式翻译过程中，后现代主义的风味越来越淡了，但从几个特别的观点来看，我似乎领悟了这一现象的基本方面。而从我自己的口味来说，从"傻狗"到"无厘头"再到"去中"，多少有些颠来覆去，而从"历史任装扮"到"时空乱"再到"拼贴"，则仍然将第一条标准关在一座现时主义的反历史牢笼里面。虽说我对历史陌生化（de-familiarization）的方案怀有同情之心，但在与今天那些早早就已经稔熟于解构种族、阶级和性别的学生相处时，又让我感到，历史学家的使命有时必须被理解为一种再熟悉化（refamiliarization）的工作。在这种情境下，历史主义虽曾以过去的差异性和断裂性呈现在我面前，如今却又必须坚持一致性和连续性。

与此同时，我近来越来越意识到，我自己的历史学不但不是去中的，在今日还很有可能被称作是教条式的。虽说我的博士论文在一开始是用准定量方法研究几百个社会科学家的著作（而不是少数"代表人物"），但从那以后，我的工作却大都关注人类学主流传统中的主流范式观的主要人物（参见 Stocking 1983b）。我没有刻意拯救那些被忽视的范式方案的先驱人物，他们曾经销声匿迹，如今又重返人间（Vincent 1990）；也没有从那些一直被当作人类学研究对象之"他者"的立场，以历史的眼光检视人类学（Fabian 1983）。所有这些，以及其他替代性历史，都能取得丰硕的成果，绝对有必要加以历史编纂学的和批评性的考察。但我自

9 己的工作基本上只研究了学科发展主线上广为人知的人类学家。以历史的方式重温他们的理解，这在我看来仍是有效的、必要的方法。我赢得的一次最佳褒奖来自鲍亚士晚年的一位门徒，他对我说，"你把鲍亚士还给了我们"。——在他死后多年间，他的工作被很多人，甚至至今有时候仍是如此，视为几乎没有正面的理论价值之后（例如 Wax 1986），我终于将他还给了圣典（canon）。

然而，近年来，圣典问题又在另一个意义上出现了，这与我的身份有关，也与我的史学研究的内容有关。在作为一个外人进入人类学后，我得到了一席之地，成为一位本族历史编纂学家，而我的工作也一度赢得赞誉多于批评。但最近，批评的声音开始指向这个领域的"教长"或"元老"；我的工作被指责是非理论的或归纳性的（Jarvie 1989），缺少与当前人类学论争的关联性（Kuper 1991），还有，从人类学史中驱逐了人类学家（Winkin 1986）。

我无意在此作全面答复，也不是表明我没有捍卫一般理论取向，或想要直接以历史的方式阐明当前的理论问题，我只想说，我在 1965 年倡导的纲领性"历史主义"早已因我在人类学家群体中的居留而得到了证实，并经受住了进一步的历史编纂学反思。这些都让我更欣赏当前学术兴趣在定义历史研究领域中的角色，各种培育历史感悟力的方式，以及评价它的不同标准（参见 Stocking 1982c）。这都反映在我自己的写作中和我参与的各种编辑角色中。

在为"人类学史"系列（HOA）丛书选择焦点时，一个重要的考虑是它们如何与当前的学科关怀形成共鸣（Stocking 1983a）。如果有些关怀（田野工作的不确定特征，结构功能主义重估，民族志研究的殖民场景）在 1980 年代被认为过时了，但它们在 1960 年代以来曾经是问题，至少其中有一个关怀（博物馆和物质文化的角色［Stocking 1985］）引发了一波持续高涨的兴趣。不只如此，这个丛书系列被特意安排为一次人类学家和历史学家的合作事业，双方都在编委会中有实质性的代表，每一卷都收入了两个群体的文稿。

共鸣和代表的目标受制于在这个少人耕耘的领域中材料的可用性。"人类学史"系列没有约过稿，但在准备某一卷时，都会尽力搜集与主题相关的"现成"文稿，准备出版，此外无他。我们不是从候选作者群中选出一些，请他们恰到好处地撰写共鸣性的和代表性的文章，以全面地处理某卷主题的所有方面，我们通常都是搜集分散在某个一般主题领域内的论文，然后赋予它们一种事后的统一性。

但除了这些外在的制约，想在一个缺兵少将的领域中实现共鸣和代表性的企图也一直受制于编委会对"历史学家的技艺"的看法，我们推崇一种以历史的特殊来处理一般问题的方法，以及文学风格的表述方式。虽然人类学评论家、福柯主义者、解构主义者和新历史主义者大都仍未将"人类学史"当作一个合适的会所，它仍然面向"文学化的"而非"科学化的"人类学思潮敞开，以至一位作为前者在美国当代人类学界之喉舌的法国评论家也注意到了这一点（Jorion 1985）。同样，虽然它一直没有全面地致力于人类学批评，其主导方案的历史化倾向却始终间接地为那个会所做着贡献。这就是全部，尽管我自己对其中某些问题不无暧昧。

在此对"人类学史"系列的编辑策略作这份简要补充，无非意在表明，我自己的历史编纂学是怎样与从我进入这个领域后兴起的各种思潮发生关联的——对这些思潮，我更愿意称之为"新现时主义"（neopresentism）（与"新历史主义"［neohistoricism］这个标题正好相反，后者事实上只适用于某些思潮）。至少，这种初始的自我解构过程会给更有现时主义风格的评论者提供某些指引。但我希望，它也表明了某种精神，我曾以此自励，开展人类学史的研究——到如今，弹指间数十载韶光已逝，也许我还能继续前行若干岁月。如果有人问，cui bono？（何人得益？）那么，我只想说，众人拾柴火焰高，每个阵营的学者都会受益无穷。

除了这些一般的历史编纂学反思外，还应该对这卷文集本身多说几句。我为每篇文章所撰的小序提供了更具体的语境，说明了它的缘起，也简要地说明了其历史编纂学的或内容方面的特定问题。我没有打算对文章本身加以修订或更新，但有少许删节，少许略嫌密集的插话式补充，并偶然提到一些相关的近期人类学史工作。不过，可以肯定地说，我没有打算全面更新参考文献；对于更详尽的近期文献索引，读者诸君可以查阅各期《人类学史通讯》，以及保罗·埃里克森汇编的书目（Erickson 1984-1988），《伊希斯》（*Isis*）的年度评论书目也可资利用。我尽可能以删减或交互参照的办法，以消除或减少这些文章在引用同一些历史材料时的冗余之弊；但假如这有可能造成行文或论证的断裂时，我只能保留这种重复。

在为人类学家写作时，我很久以来就已经做了一种调整，即采纳（在"人类学史"系列中有所微调）他们的纪录片风格，有简短的随文注，数量有限的实质性脚注，以及一份引用书目名单。虽然这很适合人类学模式（而不是只考虑作者的方便），但它与传统历史学文献注释不同。对于那些对我在"方法论价值"标题下所称的学科话语分化（见第279页[*]）有兴趣的读者也许不无意

11

------

[*]   文中括注"见第×页"，均指原书页码，即本书边码。——编者

义。在此我没有进一步探索这些意义，我只是提到，除了（以内在的时空乱方式）打断行文或论证的流程外，随文注很可能不适合手稿材料的识别。但是，鉴于文献重建是一个重头戏，我保持了我已经习惯的做法——我只能尽可能地压缩插入打断式的随文注，并在此因缩减文献而可能带来的阅读负担，提前向那些对某些问题感兴趣的学者说声抱歉。

在原来的每篇文章中，都有向个人和机构的谢词，他们为我的研究提供了意见和帮助，或者是允许我引用手稿材料。无须一一重复所有的谢词，在此一并谢过，并提请读者在某些细节上查阅原初版本。对于他们对这卷文集的贡献，谨向在芝加哥和在其他地方给予各种帮助的同人们深致谢忱；安东尼·皮卡雷洛帮我编制了索引；贝蒂·斯坦因贝格在编辑文稿方面一如既往地大力支持。最后，内子卡罗尔二十多年来一直给予我足够的自由追寻缪斯——即便有时我会迷路，并在我无路可走时忍耐了我的焦躁。

第1章　民族志作家的魔法
从泰勒到马林诺斯基的英国人类学田野工作

　　我在芝加哥大学人类学系任教的早年间，在好几个场合，我的同事们都敦促我做一点民族志田野工作。我把这既看成赞许，也看成批评：一方面，这是鼓励我参与这个学术共同体的成年礼，从而成为这个共同体的合法成员；另一方面，这也暗示着，假若不亲历这个仪式，我永远也不能真正了解人类学究竟是干什么的。在其他的时候，一些同事倾向于认为我参与本系的活动本身就是一种田野工作——他们这是拿我在参加系会时偶尔做笔记开玩笑。而有时候，我也会装模作样地把我在本系的成员资格以及其他的个人经验和专业经验说成在某些方面与田野经验相近。

　　我的个人经验包括我到我妻子在南斯拉夫的父系亲属家中的几次做客，他们是来自伏伊伏丁那省的农民，其中有一位妇女已经移居贝尔格莱德，嫁给了一位黑山族律师。我记忆犹新，当她和丈夫有一年到帕洛阿尔托来我家做客时，在我那会说双语的塞族岳父帮助下，我试着向她的丈夫询问一些摩尔根的亲属关系问题。对当事人来说，他得给你不断地重新界定那些其中许多已经失效的亲属类别，你还得面对着翻译人这位颇自以为是的编辑角色，虽然他早在1907年就离开了塞尔维亚，却仍然乐于充当贤长（starat）的角色，他毫不客气地把自己的译法当成最权威的，或者当他觉得某个问题无关宏旨时，就会决然地打断它——这次田野

13   经验的方方面面都让我亲身体会到，跨越文化和语言的障碍翻译
亲属类别谈何容易。

当我在英国从事英国人类学史的文献研究时，我开始把我与
重要的老辈人类学家的非正式接触和几次深入交谈看作与访谈对
象之间的工作，也开始把我在事后的记录看作田野笔记。文献研
究本身时不时地会表现出诸多与田野调查的相似之处，尤其当我
一头扎进那些杂乱无章、没有编目的故纸堆时：一方面，与如今
已从一般视野中消失的过去生活的方方面面密切接触是令人愉快
的，甚至是令人兴奋的；另一方面，材料却是乱作一团，有时就
像一堆七巧板，你得在里面搜寻各种板块，以拼成各种拼板，而
盒子上并没有现成的图片。但历史学家的档案却不是民族志工作
者的田野。你不可能面对面地向死去的访谈对象发问；你也无须
担心他们有什么反应，无须担心你的调查怎样影响到他们的生活。
正如我的人类学同事在不少场合郑重其事地告诉我的，文字记录
完全不同于口头陈述。其他类型的经验可能从某个方面来说很像
田野工作（也有助于我理解田野工作），但它们却不是同一类型。

因为我从未亲身经历过融入仪式本身，又感到我的调查在许
多方面都与他们的调查判然有别，于是我始终觉得自己完完全全
是人类学部落中的外人。用一个人类学的习惯说法，我有时也会
把他们认作"我的族人"。但事实上，我与他们的关系却截然不同
于他们与他们的族人间的关系，虽然我从未经过正式的成年礼，
我依然成了这个群体的固定成员，并由此享有全部的权利，在芝
加哥大学，这些权利包括自由地发挥我的教学兴趣。尽管同事们
有时会发一些善意挖苦的评说，我在多年里一直开设田野调查历
史的不定期课程。

未经成年礼却又要传授最主要的部落仪式，在某种程度上，

这个矛盾却由于一个更大的矛盾而有所缓解：虽然民族志田野工作实际上是一个人类学家赢得完整身份的必要条件，却不能说通常的田野训练也是如此。自 1960 年以来，田野工作在实际上、认识论或意识形态等许多方面都陷入了危机，除了这个事实外，这种"自我反观的"自传式田野经验叙述已经变成了一种独特的民族志文体（Rabinow 1977）。田野训练的历史仍亟待探讨；若非如此，任何概括都仍将是印象主义式的。显然，实践是随着不同时期的不同地点和不同民族传统中的不同制度里的不同事物的不同蒙导人而相应地发生变化的。马林诺斯基在田野方法上比鲍亚士做出了更大的贡献，鲍亚士的方法课主要集中于技术语言学和统计学，他的半小时田野前简报一直是逸闻式评论的话题（如，Mead 1959b）。当然，调查者早就开始使用问卷和手册、谱系法等特殊技巧、村落人口普查或不同种群的心理测试（Urry 1984）。田野暑期学校，或在一个特定地点开展的长期联合考察，有时会加以培训（Foster et al. 1979；GS 1980b）。在某些时候（如 1950年代）和场合（如曼彻斯特大学）曾开展过更广泛的方法论反省（参见 Epstein 1967），偶尔也有过系统化的尝试（Werner et al. 1987）。然而，我的总体感觉是，这些训练大都是非正式的，不系统的，而在很多情况下几乎付之阙如（参见 R. Trotter［1988］，他表明，只有20%的"名系"才要求在民族志调查方法上有所训练）。可以肯定地说，有一种普遍流行的观念，那就是，田野工作只可意会，不可言传；一种文化浸礼的认识论观念赋予了一种方法论实践以正当性，虽则这种实践可谓是成败难言。

　　在芝加哥大学，"田野前"席明纳主要讨论一项研究计划的理论问题或概念问题；田野训练不是平时研习课程的正规部分。我自己在那种课程计划中的角色多少是模糊的。我开设的几乎所有课程都与我对人类学史的研究兴趣有关，顶多只是偶然或间接地与通常的人类学发生一点关系。在每一个年级中，有些学生会选修人类学史或参加人类学史的席明纳，少数学生会以此为题写作硕士论文（参见 Bashkow 1991；Hanc 1981；Schrempp 1983）。但是，在少数出现问题的情况下，我会向学生建议说，要想在人类学中谋生，他们最好还是在田野工作的基础上写博士论文。从技术上说，一份"图书馆论文"是可以为人类学系承认的，有一小部分论文就是以历史人类学为题的。然而，问题并不在于正式的规则，而在于对人类学家的文化定义是怎样的。在我尚能记得的以历史题目写作图书馆论文的学生中，只有一个人在人类学系成功地谋到了职位。当然，随着田野工作在许多方面已经陷入危机，人类学也表现出越来越多的历史意味，这种情况现在开始有所改观。在最近一次由学生和教员参加的会议上，有一位十分优秀的"进入田野前的"学生宣称，他对研究"远方的人们"并无兴趣。由于这来自一个对田野工作进行非正式评分的学生类别中的信息提供者，这份（有多大的代表性？）民族志资料传达给我们的意味远不只是令人不安。即使到了今天，当许多从田野民族志起步的资深人类学家自己也转而从事研究有历史意味的题目或文本再分析时，这门学科的传统文化规范仍然是十分强大的。最近，我曾建议一个学生写一份图书馆论文，因为他以前发表的作品已经足以作为历史性民族志叙述的基础了，但在其他人的力促下，他又走入了田野。

　　在这种情况下，不定期地开设一门课程益处多多，学生可以考察他们即将开展田野调查的地区的民族志工作的历史，而我也可以在不同的历史情境中学到一些田野工作的东西。在这门课程的大多数传授中，布劳尼斯娄·马林诺斯基的新几内亚日记已经

备受关注，这部出版于 1967 年的日记引发了"人类学的危机"，
而从那时起，对这部日记的解释始终是人类学家和其他有兴趣的
外人持续讨论的主线。在许多年中，课程的重心都大致与那场讨
论的发展相并行，它从道德和反思的问题（Rabinow 1977）转向
了"民族志权威"（Clifford 1983）和民族志文本创作（Marcus &
Cushman 1982; Geertz 1988）的问题，转向了民族志的"诗学和
政治学"（Clifford & Marcus 1986），在最近又转向了在与学科的
一般理论发展的关系中思考特定的地区传统（Fardon 1990）。虽然
这门课程在一开始专注于田野工作本身，但它已经扩大到包括民
族志实践，不仅包括收集信息的手段，还包括它们随后是如何被
制作成文本的。后来，我试图通过关注单一的国别传统和民族志
地区而将民族志实践和人类学理论的历史联系起来。

　　由于我的外人身份，也由于我实际上并不从事田野考察，人
们有理由质疑我的这种升华做法：在缺乏甚至排斥实际经验的同
时，我却要以通感方式体验之。很有可能，我多少将之浪漫化了，
是在以神话的方式探求一个我并不了解的现实。也有可能，由于
我关注的是人类学的过去而不是现在，我更多地感兴趣于人类学
曾经的面貌，而不是它将来的面貌。但是，在那些拥有特定民族
志兴趣的学生的帮助下，我试图以广泛的历史方法探索田野工作。
退一步说，与许多人类学家相比，我阅读了更多的不同时间和地
点的田野报告，也研究过许多不同的民族志作家的手稿材料。即
使他们的田野笔记的细节经常超出了我的民族志或语言学能力，
这些材料至少也使我间接地洞悉了民族志的过程（参见 Sanjek
1990）。

　　由于我意在写出一部人类学的通史，我希望通过一系列对特
定人类学事件的个案研究实现这个目的。令人诧异的是，虽然田

野工作已经成为人类学研究的独有特征，但至今从未有人从这个立场写作人类学的历史。作为这个方向上的一步，《被观察的观察者》成为"人类学史"系列中的第一卷，而《民族志作家的魔法》则是作为卷中其余诸篇各有侧重的论文的综合性导论。

　　在日常学科生活的私下交往中，人类学家会不时以那些传统上只用于部落集团或民俗社会的词汇称呼自己。由于两者在一种更严格的职业话语看来都是不确定的实体，我们有理由怀疑，这个以调查为生的共同体是否会呈现出其研究对象的某些特征。但它们仍有颇多相似之处，特别在与向来被认为是社会／文化人类学之本构经验（constitutive experience）的关系方面——这是在多重意义上说的，因为正是它使这门学科赢得独立，赋权给其调查者，并生产出其基本的经验素材。即使在一个时代，通过参与式观察，尤其是在一个与调查者不同的面对面社会群体中实施的田野工作，都始终是社会／文化人类学的标志（Epstein 1967；Jarvie 1966；GS 1982b）。

　　作为部落的首要仪式，田野工作是一个精心制作的神话式产物。虽然这个执照神话（charter myth）在不同国别的人类学传统中各有版本（Urry 1984），但它是广为人知的，甚至无须我们再
17　去讲述，即使非人类学家也耳熟能详。它的英雄当然是波兰裔科学家布劳尼斯娄·马林诺斯基，他在第一次世界大战中作为敌国侨民而遭到监视居住，他在特罗布里恩德岛上的一个帐篷里住了两年，然后将成功的社会人类学研究秘术带回了英国（Kaberry 1957；Leach 1965；Powermker 1970）。虽然马林诺斯基到1960年代时已经失去了人类学理论领袖的地位（R. Firth 1957，1981；

Gluckman 1963），但他作为人类学方法的传奇文化英雄的地位却始终是公认的，直到他的田野日记出版后，才蒙受了无可挽回的损失（Malinowski 1967），他的日记揭示出马林诺斯基竟然是一个令人惊骇的马洛们的遥远后裔，他们的库尔兹对他生活和工作在其中的"黑鬼们"早就满怀着极度愤懑的情绪了——那时他还没有撤出黑暗的心，与白皮肤的地方采珠人和商人分享文明的友情（如，Geertz 1967；参见 Conrad 1902）。

　　这种幻灭导致产生了一些著作，要么是拼贴这位英雄的泥足（Hsu 1976），要么努力重塑他的形象（包括一些徒劳之举，想要表明他实际上从未说过那些不雅之语［Leach 1980］）。但从未有人真正从历史的角度探索过马林诺斯基田野工作传统的神话式起源。目前的论文（参见 GS 1968b，1980b）不是为了揭露，也不是为了捍卫，而是将马林诺斯基的特罗布里恩德岛探险历程放入早期英国田野工作的语境，并表明他的丰功伟绩——及其自我传奇化——有助于建立现代民族志传统宣称的特定认知权威（参见 Clifford 1983）。

从扶手椅到田野的英国学派

　　还是让我们从文化英雄登上舞台以前的人类学方法的状况入手吧——因为这也是我们要以历史的眼光加以审视的神话的一部分。我们起步之处是马林诺斯基诞生前的岁月，在神话时代中，这个时刻仍然属于前普罗米修斯时代，信奉进化论的泰坦们坐在扶手椅中，从各种旅行报告中专心地挑选着民族志资料，以证实他们关于人类文化形式之演化阶段的高论。由于进化论人类学的早期主要观点（如，McLennan 1865；Tylor 1871）大都建立在这

类信息的基础之上，进化论人类学家也非常注重提高其经验材料
的质与量。在 1870 年代，他们最初对问题的研究是通过编写《询
问与记录》"来提高旅行家们的人类学观察精确度，确保那些不是
非人类学家能够提供的资料，供本国人类学家作科学研究之用"
（BAAS 1874：iv）。由于相信由国外的绅士爱好者搜集的经验材料
能够成为宗主国的学者—科学家进行更系统的研究的基础，人类
学家实际上追随着其他维多利亚时代中期的科学家的脚步（参见
Urry 1972）。但到 1883 年，已经出现了新的要求，人类学研究的
经验部分和理论部分必须更紧密地结合起来。

　　在这时，E. B. 泰勒恰好来到牛津大学，担任大学博物馆的负
责人和人类学的讲师，他一直与海外从事第一手资料搜集工作的
人保持着定期通信——特别是传教士民族志搜集者洛里莫·费逊
（Lorimer Fison）（TP：LF/ET 1879-96）。而泰勒的职务并不涉及
对作为田野工作者的人类学学生进行定期专业培训，在他的课堂
上经常有一些在殖民地任职、负责提供重要民族志资料的人，这
其中包括美拉尼西亚传教士罗伯特·亨利·科德林顿和几内亚探险
家（后来又担任殖民地官员）埃弗拉德·伊姆·瑟恩（Everard Im
Thurn）（TP：lecture registers；Codrinton 1891；Im Thurn 1883）。此
外，当人类学于 1884 年成为英国皇家学会一个正式分支机构后，
泰勒受命筹建一个委员会，"意在调查和出版加拿大邦西北部落的
体质特征、语言和工业以及社会状况的报告"（BAAS 1884：lxxii；
参见 Tylor 1884）。这个委员会是以美国民族学部为楷模建立的，后
者已经"出于语言学和人类学研究的目的派出合格代表前往西部部
落"，因此，委员会开始着手编辑一份"调查简报"，供政府官员、
传教士、旅行者和其他"愿意掌握或采集详实信息"的人使用。由
此获取的资料由霍雷肖·黑尔（Horatio Hale）编辑并加以综合，他

在"这种研究方面的经验和才干"早在五十年前参加美国远征科考队时就表现出来了（BAAS 1887：173-74；Stanton 1975）。

由于英国皇家学会的早期调查表格已经不再发行，委员会的新简报大都删除了有理论倾向的评论——特别是泰勒修饰了他的《询问与记录》部分（BAAS 1874：50，64，66）。虽然泰勒（显然是最主要的作者）仍然指导调查者去描述他们早已认定的万物有灵论的经验表现形式，但简报已经不再言必称"万物有灵论"了。更引人注目的是，为了到达"野蛮思维的神学层面"，调查者被告诫说，不得询问"不适当的问题"，而更应当观察"宗教仪式是怎样实际表演的，然后再确定它们究竟意味着什么"。与此相似，搜集"用土著语言写定的"并"由娴熟的通事转译的"神话—文本是获知"观念与信仰"的"最自然的手段"，而这正是"审判式盘问"无法从印第安故事讲述人嘴里揭示的（BAAS 1887：181-82）。泰勒终其一生都关心方法的问题，我们可以设想，正是由于他在与洛里莫·费逊这种现场观察者定期通信过程中的长期深入反思，才最终深化了民族志的复杂性。到这时，他已经不再仅仅满足于用调查表格做研究了。我们可以想到，从西北海岸计划的开始，在这种调查结果的基础上，某些"更有前景的地区"将成为黑尔或"由他指导的"调查者的"个人考察"的对象（BAAS 1887：174；参见 J. Gruber 1967）。

从传教士到学院派自然科学家

加拿大西北部落调查委员会只是英国皇家学会在 1880 年代和 1890 年代为了在殖民国家和大英联合王国内开展经验性人类学考

察而设立的机构之一。[1]但是，在当前的情景下，特别值得提及的
是那些作为黑尔的田野调查代表的人员。第一个人选是一位传教
士，他曾在奥吉布瓦人中传教达十九年之久，也曾多次在夏季深
入西部荒远之地，以招收印第安儿童参加他的教会学校（Wilson
1887：183-84）。不过，E. F. 威尔逊牧师很快就被在民族志方法论
历史上另一位更著名的年轻人取代了：这就是由物理学家转为民
族学家的德裔人士弗朗兹·鲍亚士，他于 1886 年秋间在温哥华岛
上的调查工作引起了黑尔和委员会的注意。虽然鲍亚士与英国皇
家学会调查委员会长达十年的关系至今仍未在当前的研究中得到
20　足够的关注（Rohner 1969；GS 1974c：83-107），但值得注意的
是，委员会对他的雇用标志着英国民族志方法从此开启了一个重
要发展阶段：资料开始由从科班出身的自然科学家改行的人类学
家进行收集，这也涉及人类学理论的形成与评价。

　　从威尔逊向鲍亚士的转变也象征着人类学家对传教士民族志
调查者的深层的、长期的和复杂的态度转变。在前进化论的年代
里，詹姆士·考利斯·普利查德（James Cowles Prichard）——另
一个扶手椅理论家，他站在一个多少有些不同的理论角度，也关
心资料的质量问题——更愿意使用由传教士而不是自然科学家收
集的资料，因为后者通常都只是短暂访问当地，也从不学习土著

---

[1]　除了几个专门搜集体质人类学和考古学资料的委员会，BAAS 中几个有民族
　　志兴趣的委员会包括：一个关注"小亚细亚部落"（BAAS 1888：1xxxiii）；
　　一个关注"印度土著人"（BAAS 1889：1xxxi）；一个关注"马绍纳兰土著
　　部落变迁"（BAAS 1891：1xxx）；一个为"联合王国开展民族地理考察"
　　（BAAS 1892：1xxxix）；一个开展"加拿大民族学考察"（BAAS 1896：
　　1xciii）。还有几个委员会，组建的目的是为了支持或监管在英国学会之外发
　　起的科学考察：一个是海顿的托雷斯海峡考察（BAAS 1897：xcix）；一个是
　　W. W. 斯基特（Skeat）的剑桥大学马来亚考察（BAAS 1898：xcix）；一个是
　　W. H. R. 里弗斯在托达人中间的田野调查（BAAS 1902：xcii）。

人的语言（1848：283；参见 GS 1973a）。但是，宗教信仰在进化论范式中的核心地位倾向于接受由那些最初怀有祛除"异教迷信"之使命的人搜集的资料，泰勒在《询问与记录》中发表的主导评论显然也意在推动对野蛮宗教的细致观察，而野蛮宗教在那些心怀偏见的观察者那里很有可能会被歪曲（BAAS 1874：50）。直到两个人类学世代后，直到一群真正受过人类学学科训练的研究者进入民族志领域后，传教士和民族志工作者的现代对立才开始在鲍亚士和马林诺斯基的工作室中确立起来（Stipe 1980）。大多数早期英国自然科学家兼人类学家依旧与传教士保持着实际的民族志关系（GS 1988a）。尽管如此，这一个过渡世代仍然对一种民族志方法的出现做出了重大贡献（不管它与传教士经验究竟有着怎样的潜在相似性），这就是其实施者所称的"人类学方法"。

虽然这个过程之早期阶段中的关键人物是阿尔福雷德·科特·海顿（Alfred Cort Haddon），他的事业最终由另一个博物学家兼民族志工作者瓦尔特·鲍德温·斯宾塞（Walter Baldwin Spencer）继承下来。这两个人都属于后达尔文一代，他们第一次做出了对一个大学生来说最不靠谱的选择，决心"成为一个科学家"（参见 Mendelsohn 1963）。斯宾塞是牛津大学动物学家亨利·莫斯利（Henru Moseley）的门徒（Marett & Penniman 1931：10-46）；海顿则是剑桥大学生理学家迈克·福斯特（Michael Foster）的门徒（Quiggin 1942；Geison 1978）。他们首先都是作为大英帝国边陲地带的大学中的动物学家开始职业生涯的——虽然海顿要更容易从都柏林回到学术中心，而斯宾塞从墨尔本回归则要艰难得多。他们都是在开展动物学田野调查时对民族志资料产生了浓厚的兴趣；他们因新兴趣而赢得了持久声望，也都终生从事人类学家的职业。

21

海顿在托雷斯海峡：从 1888 年到 1889 年

海顿在 1888 年首次出发前往托雷斯海峡，希望一次重要的科学探险考察能够帮他摆脱在担任七年地方教授后的沉闷结局。他的科学目的是典型的达尔文式的：研究珊瑚礁的群落、构造和形成方式。有人已经告诉他，人们对这个地区的土著人"已经了解够多"，他"事先并未打算研究他们"（Haddon 1901：vii）——虽然他随身带着詹姆士·弗雷泽为了推动《金枝》的研究于 1887 年私人印行的小册子《关于野蛮人之习俗、信仰和语言的问题》。但是，海顿刚到达这里，就开始着手收集"古董"，他希望将这些东西卖给博物馆，好补偿一些旅途开支。在马布艾格岛（Mabuaig）上，他停留了一段时间，他与那些早已皈依基督教的土著人一起在营火旁做晚祷，而当他们在夜间用洋泾浜英语聊天时，他开始询问他们在白人到来前的生活是什么样子。当老人们开口"讲述"时，海顿立刻确信，如果放过了这个天赐的民族志良机，它就一去不返了（Quiggin 1942：81-86）。虽然他仍然继续从事动物学研究，他也尽力挤出时间来做民族志调查，而到他离开前，他最初的兴趣显然已经转向了人类学。由于他是一个生物学家，主要关注动物形态在一个连续地区内的地理分布（就像达尔文在加拉帕戈斯群岛那样），所以他最系统的民族志关怀也集中在物质文化方面——他搜集的那些"古董"的排列与分布。但他也记录了大量一般民族志资料，待他回国后，这些资料依照那部"无价的小册子"即《人类学询问与记录》中的分类编写后发表在《人类学会杂志》上面（Haddon 1890：297-300）。

　　在英国学会已经调整了民族志方向的情况下，海顿的资料立刻吸引了人类学领袖们的目光，这毫不奇怪（Quiggin 1942：90-95）。作为一名在民族志方面有过实际田野经验的学术人，他在英国人类学中是罕见的，很快便通过自修主流研究取向的同样过程而跻身先进之列：体质人类学和民俗学。作为英国学会的英伦三岛民族志考察——这是由人类学家和民俗学家在 1890 年代发起的（Haddon 1895b）——爱尔兰部分的主要实施者，他不久便赢得了剑桥大学的体质人类学讲师一职，在许多年里，他同时占有这个职位和在都柏林的教席。虽然他用托雷斯海峡的材料撰成了一部《艺术的演化》（1895a），但他心知肚明，对他原先在 1890 年代构想的民族志专著，他的资料仍嫌不够分量（HP［1894］）。为了获得完整资料，也为了将他在剑桥大学的据点扩大成一个"人类学派"，他开始策划第二次、严格意义上的人类学考察（HP：AH/P. Geddes 1/4/97）。

22

　　对于海顿来说，"人类学"仍然拥有它在 19 世纪英美进化论传统中赢得的无所不包的意义，而这对一个田野博物学家也是同样的，在他看来，动物的行为、喊叫和生理特征都是同一个观察症候群的组成部分。但是，由于意识到某些人类学研究地区已经在技术上超出了他自己的能力范围，而他又急于引入实验心理学的方法以正确地"测量原始人的精神和感官能力"，海顿采用了 19 世纪伟大的多学科航海探险模式——莫斯利就是因其中一次航海探险而名扬天下，并赢得了牛津大学的职位（Moseley 1879）。因而，他寻求"一群同人的合作，每个人都身怀独门秘技"，由此，他们可以在人类学考察中实行分工，一个人做体质测量，另一个人做心理测验，另一个人做语言分析，另一个人做社会学研

阿尔弗雷德·海顿（坐者）和托雷斯海峡科考队其他成员（立者，从左至右）：威廉·里弗斯、查尔斯·塞利格曼、悉尼·雷和安东尼·威尔金（剑桥大学考古学与人类学博物馆惠允使用）

究，等等（Haddon 1901：viii）。

　　就这样，海顿最终同三位实验心理学家一起出发了。他的第一位人选是剑桥同事 W. H. R. 里弗斯（W. H. R. Rivers），里弗斯早年受过医学训练，后来在神经学家约翰逊（Hughlings Jackson）的影响下转而在德国从事实验心理学研究。归国后，里弗斯应弗斯特之邀赴剑桥大学讲授感官生理学，又将实验心理学的第一套指导课程引入了英国（Langham 1981；Slobodin 1978）。里弗斯开始并不想离开英国，于是提议由他的学生查尔斯·迈尔斯（Charles Myers）接替自己的教职；另一个学生威廉·麦克杜格安（William McDougall）也在里弗斯离开前毛遂自荐（HP：WR/AH 11/25/97；WM/AH 5/26/97）。在科德林顿的建议下，海顿从 1890 年开始就与悉尼·雷（Sidney Ray）在语言学资料方面开展合作研究，雷是一名美拉尼西亚语言学专家，他在伦敦以教书谋生，但现在也决定不计报酬地与海顿一起出发（RC/AH 4/9/90；SR SR/AH 6/6/97）。海顿本人的学生安东尼·威尔金（Anthony Wilkin）——这时他仍是一名大学生——也被招入团队，负责照相工作，并协助开展体质人类学方面的调查（AW/AH 1/27/98）。迈尔斯和麦克杜格安的医生朋友查尔斯·塞利格曼（Charles Seligman）也自愿服务，作为土著药学专家加入了这个团队（CS/AH 10/28/97）。

23

在大学、各科学协会和英国及昆士兰政府的资助下，考察队员们最终于 1898 年 4 月乘商船抵达托雷斯海峡。他们都从默里岛（Murray，Mer）开始工作，三位心理学家直到 8 月份才完成对土著人的测验，此时迈尔斯和麦克杜格安已经接受布卢克大公（Rajah Brooke）的邀请（在地区行政长官查尔斯·霍斯的劝说下）作为先遣队前往沙捞越考察。然而，在他们到达默里岛三周后，海顿、雷、威尔金和塞利格曼就离开了，前往莫尔兹比港和巴布亚海岸的几个邻近地区作为期两月的旅行。他们留下塞利格曼沿着大陆向西北方向开展调查，其他三人则于 7 月重返默里岛与里弗斯协同工作。在 9 月上旬，四人一起乘船从默里岛前往基瓦伊地区（Kiwai）与塞利格曼会合，在那里，他们留下雷继续进行语言学调查，其他人则向西南方向到马布艾格岛开展一个月的工作。到 10 月下旬，里弗斯和威尔金回到英国，而海顿、雷和塞利格曼则继续到塞巴伊岛（Saibai）和其他几个小岛作了三个星期的旅行，然后返回约克角半岛，他们于 11 月下旬从那里前往沙捞越和婆罗洲开展四个月的调查工作（Haddon 1901：xiii-xiv）。

我们对调查线路只是择要叙述，正是在这次毋宁说是仓促调查的基础上，完全用洋泾浜英语进行的访谈，最终整理出整整六大卷民族志资料，更不用说还有海顿本人更通俗的叙述性记录（Haddon 1901），塞利格曼后来汇编为《英属新几内亚的美拉尼西亚人》（Seligman 1910）以及霍斯和麦克杜格安的《婆罗洲的异教部落》（Hose & McDougall 1912）的资料，还有大量杂志论文。当然，海顿也援引了他在1888年搜集资料，但他的民族志大量直接引用第二手素材：他在传教士和旅行家们的记录中沙里淘金，极大地依赖由商人、传教士和政府雇员提供的材料，既有现场考察所得，也有他随后通过广泛通信获得的民族志（Haddon：passim）。他最重要的民族志中间人是一位政府校长约翰·布鲁斯（John Bruce），布鲁斯在默里岛上生活了十余年，为默里岛社会学和宗教著作提供了将近一半的素材（Haddon 1908：xx）。这当然不是要贬低海顿及其同事们付出的辛勤劳动，他们确实在相对较短的民族志调查时间内获得了大量资料（我们注意到，其中包括某些最早的民族志摄影［Brigard 1975］），在某些方面，也对民族志方法问题有过相当的思考和敏感。在此不过是要强调，托雷斯海峡调查与即将成为经典人类学模式的田野工作仍然有着不小的距离。

在澳洲实地观察石器时代

斯宾塞（W. B. Spencer）的民族志在风格上更接近后来的社会人类学的民族志。但像海顿一样，它也是作为对动物学考察的背离形式出现的。在牛津大学时，斯宾塞参加了泰勒的课程，观察他演示石器如何制作，并帮助莫斯利和泰勒开始将皮特·里弗斯的物质文化搜集成果列为大学博物馆中一个新的组成部分（SP：WS/H. Govitz 2/18/84，6/21/85）。当他早年间在墨尔本时，斯宾塞也从事各种生物学教学工作，而当他在 1894 年参加合恩角探险考察队深入澳洲中部时，他的身份也是一名生物学家——这是分派给阿德莱德大学生理学讲师 E. C. 斯特灵（E. C. Stirling）的一项人类学工作。然而，斯特灵更感兴趣的是体质人类学和物质文化，而不是澳洲的婚姻类别，而且，当探险考察队在艾丽斯斯普林斯（Alice Springs）需要一名与海顿的默里岛校长相似的角色时，他似乎没有抓住这次良机（Stirling 1896）。弗兰克·吉伦（Frank Gillen）是一名爱尔兰共和党人，在二十余年间，他一直担任洲际电报站长和地方土著人的"地区保护人"。虽然他总是习惯喊他们"老黑"，也把田野调查称作"找老黑"（niggering），吉伦仍然与阿伦达人相处甚好，还搜集了许多阿伦达习俗资料，其中一部分后来发表在考察报告中（Gillen 1896）。他与斯特灵总是不能融洽相处，但很喜欢斯宾塞，两人结为知交——当然，当斯宾塞取笑他的种族绰号时，吉伦偶尔也会发火（吉伦曾经严厉地批评斯宾塞，指责他"狂妄的优越念头，这就是你们像黑鬼一样的种族特点"［SP：FG/WS 1/31/96；参见 Mulvaney & Calaby 1985］）。

　　从澳洲中部地区返回以后，斯宾塞介绍吉伦与费逊（L. Fison）联系，后者是澳洲婚姻级别（Marriage classes）的权威专家，此时已经退休到墨尔本定居（SP：FG/WS 8/30/95）。不久，吉伦和斯宾塞共同组织了进一步的调查——斯宾塞从墨尔本写信提出婚姻级别的进化论问题；吉伦则用他取得的资料回信答复。但是，吉伦很快就不满足于他只能"极好地证明"先前由费逊和豪伊特所做的工作（Fison & Howitt 1880）。他抱怨说，"要想发现事物'为什么如此'，这完全是无望的"，因为"当他们被驱赶到角落时，他们总是到黄金时代（alcheringa）中寻求避难所"，吉伦写报告给斯宾塞说，他正在"追踪考察一个名叫'恩物落'（Engwura）的盛大仪式"（SP：FG/WS 7/14/96）。在许诺为大片地区内的族人供应粮食后，他最终"在经过艰难交涉后"说服了阿伦达长老们，再次举行盛大的定期入会礼（8/n.d./96）。

　　当斯宾塞在 11 月到来后，吉伦把他作为自己的同类兄弟（classificatory brother）介绍给对方，这样，斯宾塞获得了吉伦本人所属的"巫蛴螬"（Witchity Grub）图腾的成员资格。费逊和豪伊特则作为澳洲东南部落的"大奥克尼拉巴塔"（Oknirabata，意为"有影响的人"）和所搜集资料的最终接受者与评判者而被分派给蜥蜴图腾和野猫图腾（根据这两位民族志工作者所画的草图判断）（SP：FG/WS 2/23/97）。虽然吉伦已经预计仪式将持续一周时间，他们最终一直待了三个月之久，在此期间，他和斯宾塞生活在阿伦达人的营地中间或附近，与土著人（用洋泾浜英语和吉伦本人有限的阿伦达语）讨论有关神话和宗教信仰（Spencer & Gillen 1899）。他们的种族态度和进化论理论假设看起来并未对他们的移情自居（empathetic identification）造成多大的影响：在最终发现了"储灵珈"（churingas）的深层宗教含义，并将土著人的信仰与他自己放弃的罗马天主教教义比较之后，吉伦为他先前对待这些圣物的草率态度后悔不迭（7/30/97）。

　　当仪式最终结束时，斯宾塞和吉伦已经获得了土著仪式生活的大量民族志细节，这可是扶手椅人类学家们从未体验过的。弗雷泽——他很快就以通信形式成为斯宾塞本人的蒙导人——感到自己从未如现在这样距石器时代如此之近（Frazer 1931；Marett & Penniman 1932）。尽管是在进化论框架内构思和撰写的，这部于

1899 年出版的专著仍被公认为具有"现代"民族志的风格。《澳洲中部的土著部落》没有使用《询问与记录》中的分类或其他扶手椅式调查表格，而是专注于一次整体性的文化表演。正是由于在这部著作中进化论已在某种程度上失效，并且提供了与公认假设相悖的图腾资料，它的影响才如此深远。在 1913 年，马林诺斯基指出，在那以后，一半人类学理论都是在它的基础上写成的，而十之八九的理论又是受到了它的深刻影响（Malinowski 1913c）。

马林诺斯基无疑也认可这种与他自己而不是海顿相似的民族志风格——当《澳洲中部的土著部落》出版之时，海顿的海外考察队尚未从托雷斯海峡返回。但它作为一种民族志革新的地位却由于斯宾塞本人随后未能产出重大学术成果而大打折扣。他从未想过开创一个人类学流派，恰好相反，他将自己纳入了一个已经确立的澳洲民族学家世系当中（Mulvaney 1958，1967）。正如费逊与泰勒的关系一样，他也成为弗雷泽的一个"现场替身"。虽然弗雷泽一辈子也未离开过扶手椅，他却是一位伟大的人类学田野工作鼓动者。数十年如一日，他都尽力支持约翰·罗斯科（John Roscoe）的调查工作，罗斯科是一位生活在巴干达人中间的传教士，一直以通信形式答复弗雷泽的调查表格。在 1913 年，他甚至想要说服殖民政府任命罗斯科担任东非地区的人类学家（FP: JF/JR 11/27/13；参见 Thornton 1983）。弗雷泽经常说，田野工作者的努力将比他自己的理论沉思拥有更久远的生命力。但他又坚持认为，在民族志和理论之间有着深刻的断裂（这"最好还是留给比较民族学家"[Frazer 1931：9]），这与正在形成的田野工作者的学术传统是正好相对的，而他的封闭风格也使他没能培养出学术上的人类学继承人。由于自觉充任弗雷泽在澳洲的民族志代理人，斯宾塞也在后无来者的境况下离世了。在被挂到殖民地人类学的一个旁支上之后，他被成功地从英国人类学的神话创造过程中移除了，毕竟，宗谱关系在英国人类学中扮演着举足轻重的角色（Kuper 1983）。

"一战"前的"特定地区的深入研究"

27   与此同时，海顿及其同事们被公认创立了"剑桥学派"（Quiggin 1942：110-30）。虽然早期的托雷斯海峡著作中包含着生理心理学、社会组织和图腾制度这些对当时的理论讨论来说极为重要的资料，但与考察本身作为确立这个群体名声的民族志事业的象征相比起来，它的意义并不在于它是经验材料。而足足数年之后，才在大学中打下了牢固的制度基础。在考察队返回不久后，弗雷泽向一般研究委员请示确立民族学定期指导制度的努力也只替海顿争取到了一个低薪讲师资格，取代在他考察期间由 W. L. 达克华斯（W. L. Duckworth）占据的体质人类学职位（HP：JF/AH 10/17/99，10/28/99）。直到 1904 年，人类学研究部才最终建立起来，又过了五年，才又开设了一门正式课程，而海顿也获得了一席高级讲师职位（Fortes 1953）。

不过，从返乡之日起，海顿开始忙着鼓吹更具人类学意味的"田野工作"（这个术语显然借自田野博物学家的话语，大概是由海顿引入英国人类学的）。在他就任人类学会主席的演讲词和通俗文章中，他不断地提到"我们的灰姑娘科学"是如何迫切地需要由那些受过"田野人类学家"技术培训者开展的"鲜活的田野调查"（Haddon 1903b：22）。针对那些"仓促的搜集者"，他强调说，当前的紧迫需要并不是仅仅采集"样本"，而是要花时间

"以耐心的移情从土著人那里发掘出"所采集的材料的深层意义。他始终以一种与合理配置相似的进取精神看待科学工作（这也体现了其温和社会主义政治的特点），海顿建议说，在一个确立考察优先权的跨国指导委员会的支持下，"两三个训练有素的人要始终待在田野里"（1903a：228-29）。他关于这些优先权的看法体现在"特定地区的深入研究"（the intensive study of limited areas）的口号中。

然而，我们尚不清楚海顿用这种即将兴起的深入研究究竟指什么。因出身于动物学，他倾向于开展"生物学区域"的研究。他提议在美拉尼西亚开展一次航海考察，将调查者放在不同的岛屿上，几个月后再将他们接回，这种考察特别强调过渡形态和区域，也将由此澄清一个地区内的形态分布和变化。他最终的民族学目的仍然是要说明一个特定地区内的"种族和群体的性质、起源与分布"，也可以澄清他们在演化发展序列中的位置（1906：187）。即使如此，这显然趋向于一种更密集、更扩大和更深入的民族志——也趋向于区分"概观性"工作和"深入性"工作。

海顿并不是唯一一位为剑桥学派的声誉做出贡献的托雷斯海峡考察队成员。对他们其中的一些人，这次考察只是他们辉煌生涯的起点或重要转折点。雷虽然享有美拉尼西亚语言学杰出专家的声望，但这未给他在伦敦教师的工作外带来报酬丰厚的替代工作（Haddon 1939），而威尔金在返回后的两年中就因在埃及做考古研究时身染痢疾去世。但麦克杜格安和迈尔斯继续成为心理学的领军人物——他们分别撰写了早期社会心理学和实验心理学的颇具影响的教科书（Drever 1968；Bartlett 1959）。在离开人类学前，迈尔斯在埃及开展了进一步的田野调查，塞利格曼和里弗斯则当之无愧地成为他们那一辈中伦敦最卓越的田野人类学家。在托雷斯海峡考察

28

后，塞利格曼（与其夫人布伦达［Brenda］一道）于 1910 年起开始
在英属埃及苏丹开展一系列调查前（Seligman 1932；Fortes 1941），
又成功地在新几内亚和锡兰开展了调查工作（Seligman 1910,
1911；R. Firth 1975）。里弗斯继续他在埃及的研究，又在印度托达
人（Todas）中间开展调查，在"一战"期间回到心理学领域前，
他还两次重返美拉尼西亚开展深入的调查工作（Slobodin 1978）。
虽然他们自己的调查工作在很大程度上仍是"概观性的"，但他们
都在培养新一代田野调查者的过程中扮演着重要角色，而正是这些
新一代调查者的工作越来越带上了"深入性"模式的色彩——里弗
斯在剑桥大学与海顿合作；塞利格曼在伦敦经济学院与英裔芬兰社
会学家爱德华·韦斯特马克一道工作，后者亲身在摩洛哥从事广泛
的田野调查（Westermarck 1927：158-96）。在牛津大学，因马雷特
及其同事在 1905 年创建了一个人类学委员会并招收人类学学生，
因此，这三位托雷斯海峡成员还不时担当几位田野调查者的非正式
校外民族志导师的职责（Marett 1941）。

　　布劳尼斯娄·马林诺斯基就是这个"一战"前团体中的成
员，实际上，这个团体的每一个成员都走进了田野。A. R. 拉德
克里夫－布朗（但他此时尚未用双姓）是第一个；在他的田野
调查中，托雷斯海峡的模式仍然是很明显的，考察队的科学劳动
的所有职责都分配给一个个独立的调查者。布朗虽然通常都给他
的考察列出两年时间（1906—1908 年），但他实际上在田野中待
了不到两年，他的调查显然也十分依赖布莱尔战俘营附近的"通
事"（参见 Tomas 1991）。他想研究未被同化的小安达曼岛人的
29　设想也因他不懂他们的语言而受挫（"我问'胳膊'这个词，昂
格人却回答我说'你弄痛我了'"［HP：AB/AH n.d.，8/10/06]）。
但即便他在安达曼岛的工作与他后来用涂尔干学说的模型重铸

塞利格曼在工作，胡拉。"人类学家必须放弃他在阳台上从访谈对象口中搜集说法的……舒服姿势……必须走进村庄里去。"（Malinowski 1926a: 147，剑桥大学考古学与人类学博物馆惠允使用）

的结果相比在民族志方面并不算突出，这项工作毫无疑问也是朝着一种更深入的田野工作风格迈进了一大步（Radcliffe-Brown 1922；GS 1984b）。

　　在布朗回国的那一年，有另外两位年轻的民族志工作者随同里弗斯的珀西斯拉登托管地考察队前往太平洋西南岛屿。虽然里弗斯本人的工作似乎大都是在从一岛到另一岛的传教船"南方十字架号"上开展的，但杰拉尔德·C. 惠勒（Gerald C.

30   Wheeler，来自伦敦经济学院）和 A. M. 霍卡（A. M. Hocart，来自牛津大学）却开展了更深入的研究。惠勒在西所罗门群岛的莫诺－阿卢人（Mono-Alu）中间生活了十个月（Wheeler 1926：vii）；霍卡与与惠勒和里弗斯在艾迪斯通岛上共同工作了十周后（Hocart 1922），又在斐济居住了四年，在那里，他凭借校长的身份搜集了极为丰富的民族志资料（RiP：AP/WR 4/16/09；参见 HoP）。

在战前的其余岁月里，有半打以上的年轻人类学家走出英国的大学，迈入了田野。布朗在 1910 年重返澳洲西部地区开展为期一年的调查工作（White 1981）。这一年，还有戴蒙德·詹尼斯在古迪纳夫岛的考察（Jenness & Ballantyne 1920），他是一名新西兰的牛津大学学生，他的姐姐嫁给了一个当特尔卡斯托（D'Entrecasteaux）的传教士。两个年轻的芬兰人跟随爱德华·韦斯特马克来到英国，在海顿的指导下进行"特定地区的深入研究"（GS 1979b）：冈纳·兰德曼来到新几内亚，在两年内深入地调查了海顿及其同事们曾在 1898 年考察过的基瓦伊（Landtman 1927）；拉斐尔·卡斯顿则于 1911 年到 1912 年间在玻利维亚大查科的三个部落中开展工作（Karsten 1932）。这个团体还包括两名在牛津大学受过训练的女性成员：巴巴拉·弗雷尔·马拉科，她在美国西南地区的普韦布洛人中调查（Friere-Marreco 1916）；玛丽·恰普利卡（另一个波兰移民），她在西伯利亚北极圈的通古斯人中度过了艰苦的一年（Czaplicka 1916）。而当马林诺斯基于 1914 年出发前往巴布亚南部海岸开展另一次托雷斯海峡调查时，另一位剑桥学派的后裔约翰·莱亚德已经在马勒库拉岛（Malekula）海岸的阿切人（Atchin）中间工作两年之久了（Layard 1942）。

　　因而，我们已经可以说，到第一次世界大战爆发之时，田野工作对于人类学的意义就"如同殉道者的鲜血对于罗马天主教会一样"（塞利格曼语，转引自 R. Firth 1963：2）。这些早期的其他"深入研究"之所以未能在英国人类学的神话—历史上占据醒目的地位（Richards 1939），在很大程度上有可能是个人机遇和制度环境的反映。卡斯顿和詹尼斯很快又投身于十分不同的（和困难的）地区的进一步"深入的"（和扩大的）研究当中去了——他们分别在秘鲁的希瓦罗人（Jibaro）和加拿大的爱斯基摩人中间开展调查（Karsten 1935；Jenness 1922-23）。兰德曼的田野笔记实际上在一次海难中丢失了；他只好雇用了一位潜水人才得以将装有笔记的箱子打捞上来（Landtman 1927：ix）。莱亚德从马勒库拉回来后一直深受精神疾病之苦（Langham 1981：204）。霍卡从斐济返回后，在法国军队中以上尉身份服役四年，在 1920 年代又一直担任在锡兰的政府考古学家（Needham 1967）。恰普利卡则不幸在 1921 年英年早逝（Marett 1921）。虽然他们其中的几位都拥有成功的职业生涯，却没有任何一个人（当然，拉德克里夫 - 布朗除外，但他也是很晚才崭露头角的）在英国学术生活中赢得生前身后名。詹尼斯移民前往加拿大，在那里，他最终继爱德华·萨丕尔之后成为加拿大地理考察队人类学部分的负责人（Swayze 1960）。卡斯顿和兰德曼返回祖国芬兰，从事专职教育（NRC 1938：157）。霍卡在与拉德克里夫 - 布朗竞争悉尼大学人类学教席失败后（MPL：Seligman/BM/ 3/18/24），除了担任开罗大学的社会学教职外，再也没能占据一个重要的学术职位（Needham 1967）。莱亚德投身于荣格心理学（McClancy 1986）；惠勒在与霍布豪斯和金斯堡合作写完《简单民族的物质文化》（Hobhouse et al. 1915）一书后，从此大概就脱离了人类学，转而从事丹麦语旅行记的翻译工作（HP：

31

CW/AH 12/23/39）。即使马林诺斯基也很难在学术生活中觅得安身立命之所；到 1921 年之时，他甚至不得不打算返回波兰（MOL：Seligman/BM 8/30/21），多亏塞利格曼的提携之恩（包括个人给他的薪水补助），他才能在伦敦经济学院站住脚跟（CS/BM 1921-24）。

　　然而，除了滞后的或尚处制度边缘的职业原因外，仍有某种东西深刻地卷入了这些与马林诺斯基同辈的其他学术民族志工作者的散乱记忆。虽然他们当中有些人（特别是霍卡）在他们的田野笔记中显示出他们是非常敏锐的、富有反思的实践方法论者（HoP：reel 9，passim），但他们早期的专著却没有表明他们是有着自觉意识的民族志革新家。与马林诺斯基《西太平洋上的阿耳戈》*最相近的作品是兰德曼那部具有质朴的描述风格的（同时也有着一个冗长累赘的题目）《英属新几内亚的基瓦伊人：一个卢梭理想共同体的天然例证》（Landtman 1927）。从其照片呈现的场景，从他在田野中写给海顿的长信看，兰德曼的民族志情景乍看起来与马林诺斯基在特罗布里恩德岛时是十分类似的。但虽然他记录了实地观察的资料，兰德曼却基本上只用他与单个（也是领取报酬的）访谈人（或者用他写给海顿的一封信里的更合适的说法是，"老师"）在工作上的密切关系来构想他的研究方

---

*　　本书英文标题是 *The Argonauts of the Western Pacific*：*An Account of Native Enterprise and Adventure in the Archipelagoes of Melanesian New Guinea*，汉译本有两种译法，一为《南海舡人》，有于嘉云译本（台湾远流出版社 1991 年版）；一为《西太平洋上的航海者》，有梁永佳、李绍明译本（华夏出版社 2001 年版）和弓秀英译本（商务印书馆 2016 年版）。argonaut 一词源出希腊神话中伊阿宋远征寻求金羊毛一事，以造船人阿尔戈斯而命名为阿耳戈号（Αργώ），那些追随伊阿宋远征的众英雄也由此被呼为 argonauts，即"阿耳戈英雄"。正如本章所言，马林诺斯基以这个神话角色为书名，既是对新几内亚库拉远征队土著航海者们的称呼，更是以阿耳戈英雄自许。为统一文风和理解起见，在此酌译为《西太平洋上的阿耳戈》。——译注

法（HP：GL/AH 8/28/10）。虽然他确实学习了一些基瓦伊语，也写了一篇富有洞察力的论洋泾浜英语作为一种语言的本质的短章（Landtman 1927：453-61），但在其民族志中，许多引用的段落都清楚地表明，他主要是用后一种语言开展工作的。尽管如此，他的努力还是得到了基瓦伊人的善意看待（"这个白人他另一类，都一样和我们这些人"*[HP：GL/AH 4/4/11]），也最终得到了马林诺斯基的赞许。如果马林诺斯基在他的书评中没有提到这位"田野工作的现代社会学方法大师"早在他自己到达特罗布里恩德岛的五年以前就已经进入了田野，那么，他的忽视也许是可以理解的。而在这时候，马林诺斯基作为伦敦经济学院的人类学教授，已经继海顿和里弗斯之后成为"特定地区的深入研究"的主要代表。早在《阿耳戈》出版的前五年，从一种研究策略向一种方法论神话的转变就已经完成了。

里弗斯和"具体"方法

　　但是，要想把马林诺斯基的功绩放进语境中，就必须更趋近地审视一下"深入研究"的演化过程。如果剑桥学派创始人们的实际民族志活动只能间接接近的话，我们还可以用某种办法确定"深入研究"大概指什么，因为早在马林诺斯基出发进入田野前，那个做出最大努力来界定它的人就已经多次非常清楚地表述过这样一种工作涉及哪些方面。当然，那个人不是海顿，而是里

---

*　这是基瓦伊人所说的一个洋泾浜句子，意思是"这个白人虽然是另外一类人，但和我们这些人都是一样的"。——译注

弗斯。由于他是从实验心理学——这是人类科学中在方法论上比较明晰的领域之一——进入民族学的，里弗斯由此也对方法问题有着高度的自觉意识；但他也拥有一种不受约束的（莫斯说"无畏的"）解释想象力（Mauss 1923），并且完全有能力在加诸他身上的严格方法拘束之外，提出一种亲昵假说（pet hypothesis）。正如他在《美拉尼西亚社会史》（Rivers 1914a）中牵强的迁移学说和他随后与威廉·佩里（W. Perry）及格拉弗顿·艾略特·史密斯（G. E. Smith）共同发明的单中心传播论（hyperdiffusionism）一样，后一种思想严重损害了他的历史声望（Langham 1981：118-99）。但在他于 1922 年辞世前十年甚至更早的时间里，里弗斯是唯一一位最富影响力的英国人类学家。海顿在 1914 年曾将他描述为"有史以来最伟大的原始社会田野调查者"（HP：AH Rept. Sladen Trustees），而他的"具体方法"（concrete method）也为马林诺斯基（同样也为其他许多人）提供了可靠的民族方法论典范。

在人类学学科的记忆中，但凡说到里弗斯的方法论贡献时，大都是在十分狭隘地谈论"谱系法"（genealogical method）时才顺便提一下，这是他在托雷斯海峡考察时发展出来的，这听起来像是在说，他的全部工作无非是提出了一种搜集亲属关系资料的便捷手段（而有人现在还会说，这也是值得怀疑的［Schneider 1968：13-14］）。但对里弗斯，亲属关系研究只是一种派生优势，绝不标志着谱系法的施展界限。虽然他不是第一个搜集谱系的民族志工作者，但里弗斯的兴趣似乎源自他的心理学工作，而非任何一位民族志先驱。他的模式显然是由博学的心理学家/统计学家/优生学家弗朗西斯·高尔顿开展的人类遗传研究，高尔顿作为一位人体测量学家，也是英国人类学中的领袖人物之一（Pearson 1924：334-425）。在启程前往托雷斯海峡前，里弗斯就求教过高

33

尔顿（GP：WR/FG 1/4/97），而他搜集谱系的最初目标也与先前激发高尔顿写作《人类能力研究》（Galton 1883）一书的目的如出一辙："发现那些有着密切关系的人在面对各种心理和生理测试时是否也是相似的。"（Rivers 1908：65）然而，在意识到岛民的谱系记忆最多只能上溯三五代时，里弗斯"在海顿博士的鼓励下"也开始为了其潜在的社会学用途而着手搜集资料（1900：74-75）。

只使用少量基本的英语类别（"父亲""母亲""孩子""丈夫""妻子"），里弗斯试着用洋泾浜英语（有时候会被土著通事澄清，或者弄得更复杂）从每一个访谈对象嘴里搜集他的父亲、兄弟姐妹、孩子和表亲的个人名字与婚姻关系："他妻子什么名字？""他怎么叫他的小孩？"确定这些称谓究竟是在他们的"实在的"还是"本生的"英语（即，生物学的）意义上来使用的，而不是引出某种分类性的或收养性的亲属——"他的本生父亲？""他的本生母亲？"（Haddon 1901：124-25）在后一种对于社会性和生物性亲属关系的提炼，以及这种民族志采集的情境中，海顿传达给我们的里弗斯的"现场民族志"（ethnography-in-process）的印象正像捕获一个笑容。谁知道当"本生"（proper）运用到马布艾格亲属关系范畴上时洋泾浜英语究竟传达了什么意思？（C. Howard 1981）但对里弗斯来说，这个方法似乎能够自动纠错甚至消除蒙骗，因为同一套亲属关系可以在不同的场合中（甚至由不同的观察者）从同一（或重叠的）谱系中的不同访谈人嘴里询问出来（Rivers 1899）。因而，甚至在里弗斯回到英国后，马布艾格的"酋长"因急于搞定他自己的记录"以留给后代子孙使用并作为指导"，于是弄出了另一个版本（由一个地方商人记录并转送），而这个版本除了有"微小的差别"外，完全证实了里弗斯本人搜集的资料的精确性（Rivers 1924）。说到底，在访谈人中间对"本来"的意思总会有一致的看法。

不过，里弗斯自己毫不觉得这种怀疑有什么用处。除了偶尔承认会遇到"准确"翻译的困难外，他相信自己正在处理的都是"一些素朴的事实……它们不可能受到偏见的影响，不管是有意识的偏见，还是无意识的偏见，而任何研究对象都是这样的"（Rivers 1914a：I, 3-4）。此外，它们为重构人类社会形态史的"科学"研究打下了基础。虽然从原则上说谱系法要求排除土著人的亲属关系类别，因为这会混淆"真实的"生物性关系，但里弗斯的注意力却不可避免地集中在他所排斥的土著称谓的系统方面。因此，当开始概括所有马布艾格岛民的各种个人名字的谱系时，他使用土著亲属称谓来勾勒"一个理想家庭的谱系"，而这种谱系证实存在着一种"所谓分类式的"亲属关系（Rivers 1914）。在这种情况下，他很快就"重新发现"（Fortes 1969：3）了路易·H.摩尔根的《血亲系统》（Morgan 1871；参见 Rivers 1907）——如果这个术语可以用以恰当地指从费逊和豪伊特以来就流行于澳洲民族志当中的假设的话。里弗斯接受了这种观念，即任何群体的基本社会结构都可以通过其亲属称谓体系而全面地揭示出来。当后来的作者都强调这种系统的聚合模式对于比较目的的用处时（Fortes 1969：24），里弗斯本人却更强烈地感到，他已经发现了一个人类行为的领域，在这个领域中，"决定论法则在严格性和确定性方面是与其他任何精确科学同样适用的"——因为关系系统的"每一个细节"都可以追溯到某种先在的"从婚姻和性关系的规则中形成的社会条件"（Rivers 1914b：95）。即使在抛弃了他早年间用来"对文化进行民族学［历史学］分析"的"粗陋的进化论观点"（Rivers 1911：131-32）之后，他仍然感到他的方法为可靠地重构人类社会发展的主要历史序列奠定了基础（Rivers 1914a）。

　　然而，在这里，我们关心的问题并不是里弗斯对谱系法的
"发明"怎样引发了一套被后来英国社会人类学仍视为核心问题
（随后拉德克里夫－布朗予以非历史化）的理论关怀（GS 1984b）。
毋宁说，只要它仍是分立的，我们关心的是他对民族志方法多少
有些矛盾的贡献。一方面，里弗斯的谱系法的确立提供了一种坚
定的实证主义方法，一种"速效方法论"（quick methodological
fix），受过科学训练的观察者"在没有语言知识和只有非常拙劣的
通事的情况下"能够"在很短时间内"搜集到连那些长期居住在
当地的欧洲居民也不知道的资料，甚至可以充分揭示土著社会的
基本结构（Rivers 1910：10）。这里的模式是里弗斯在"南方十字
架号"传教巡游的短暂逗留期间在甲板上借助通事询问一位访谈
对象时所用的。但他的民族志经验还有其他方面，推动了更复杂
的长期"深入研究"，能使科学观察者获得一种更善解人情、细节
更丰富和眼光更广阔的知识，而这正是以前最好的传教士民族志
工作者的特征。

　　在他更为自信的实证主义环节中，里弗斯倾向于将谱系的　*35*
（概括为"具体的"）方法视为几乎每一个民族志问题的解决方法。
它提供了一个框架，地方群体的所有成员都可以用这个框架来定
位，而更大范围的"谱系内每个成员之社会状况"——居住、图
腾和氏族成员资格，以及各种行为和传记资料——的民族志信息
都可以串联到这个框架上（Rivers 1910：2）。但除了它在搜集社
会学资料方面的用途，它也可以用于迁移、巫术和宗教、人口统
计、体质人类学甚至语言学的研究。更重要的是，它能够使观察
者"通过具体的事实（在这方面，野蛮人是一个主人）研究抽象
问题（在这方面，野蛮人又是茫然的）"（Rivers 1900：82）。它
甚至能够"阐明制约着人们的生活的法则，这是他们自己从来也

不可能阐明的，至少可以肯定地说，他们在明晰性和确定性方面从未达到一个更复杂的文明带给他们的程度"（1910：9）。科学家在观察时不仅能够描述一个特定群体的实际社会法则，他还能够发现其宣称的社会法则究竟"是怎样在行动中实行的"（Rivers 1910：6）。谱系法的威力已经在独立观察者那里得到了证实——"亲临现场的人"，如 G. 奥德·布朗（Orde Brown），他在告诉里弗斯说亲属关系资料无法从某个肯尼亚群体中获得后，就急于尝试一下里弗斯的方法："现在我发现他是对的，而我全都错了，虽然我那时已经对这些人有了三年的经验。"（HP：GB/AH 2/8/13）还有一件事情在里弗斯的田野工作中也是很明显的，虽然它大都是概观性调查的变体，但它的确在较短时间内收获了丰富的资料。

毫无疑问，里弗斯坚信实证主义思想的力量，既来自传统的关于抽象思维能力之演化过程的种族中心主义式假设，也得力于他在这些假设下开展的实验心理学研究（Langham 1981：56-64）。但值得注意的是，在某些方面，他将野蛮人的具体特征归结为词汇的缺乏而不是认知的不足，并表明"他显然不能正确地理解来访者所说语言中的抽象词汇"（Rivers 1910：9）。在这样的环节上，我们会感到里弗斯的实际经验如何推动了一种多少有些殊异的民族志风格，虽然这种风格或许最终不那么科学，但它也潜在地表明他对文化翻译保持着更大的感悟力，以及感到更有必要经由长期的深入研究克服这些困难。

里弗斯也确实尝试着开展过一次与这种"深入研究"相似的田野工作。在 1902 年，他前往印度的尼尔吉里丘陵研究托达人，长久以来，他们的一夫多妻制让他们成为进化论范式的一个重要的民族志例证（Rooksby 1971）。虽然他在运用进化论框架编排托达资料时遇到的困难可能是他随后"转向"传播论的一个重要因

素，但里弗斯只把他的成果看作是对"搜集"和"记录"民族志
材料的"人类学方法的演示"（1906：v）。他只打算逗留六个月，
并借助通事开展工作，但其简短的方法论导论却证明，他是将他
的工作当成一次"深入研究"来做的。他后来增补的对他获得点
滴资料的方法的许多评论都表明，大部分托达仪式记录都来自在
"公共的"早晨和"私人的"下午时间里访谈对象的讲述。但他尽
可能地利用这些时间获得许多可靠的讲述，他宁可为某个访谈对
象的时间付钱，也不愿为某些资料付钱（7-17）。他还到处走动，
亲自观察，而至少在一个场合中，他被允许现场观看托达人最神
圣的仪式之一。但过了一些日子，那位为他安排此事的人的妻子
去世了。这场不幸和降临到其他两个托达向导身上的类似不幸都
被他们的占卜师归结为"神明发怒了，因为他们的秘密被泄露给
了生人"。里弗斯的资料源泉立刻枯竭了，他离开了印度，"心里
明白那是他刚刚触及皮毛的话题"，他还怀疑，还有大量不足甚至
是他没有意识到的（2-3；参见 Langham 1981：134-35，该处认
为，里弗斯本人越来越明显的"民族志移情法"是与他在 1908 年
的考察工作分不开的）。

《询问与记录》1912 年修订版

　　当英国学会成立一个委员会准备在《托达人》出版后对《询
问与记录》加以修订时，里弗斯、海顿和迈尔斯（塞利格曼后来
也加入）都是委员。1912 年修订版的印行——显然是在少壮激
进派和老年保守派之间发生了某种冲突后（Urry 1972：51）——
在许多方面都是一次新的征途。这本手册在表面上仍然面向那些

可以"为国内人类学的科学研究提供有用资料"的"旅行者"和
非人类学家（BAAS 1912：iii-iv）。除了"善意的批评家"论证
"叙述形式"之优点的呼吁外，许多部分仍然反映了"一长串旧
的'主要问题'"，而这恰好是三个泰勒式版本的特征。尽管如此，
"善意的批评家"显然造成了重大影响。考古学家 J. L. 迈尔斯，这
位唯一一位写下了大量文章的撰稿人，将里弗斯的成果描述为一
种确立了新的"田野工作技术标准"的贡献（Urry 1972：51）。
37 很显然，里弗斯为之写作的"田野中的工作者"虽然可能不具备
"先进的人类学知识"，但绝不是偶一为之的旅行家，而是那些在
适当地点开展"深入研究"的人。

整部手册最核心的内容即里弗斯的文章"对方法的一般说明"
可以说是剑桥学派民族志经验的纲领性系统论述。在这里，"深入
研究"与"概观考察"的区别被用语言学术语重写了。因为（正如
在书中其他地方表明的）"语言是我们唯一可以纠正并完成我们对
一个民族的生活和思想的理解的钥匙"（BAAS 1912：186），调查
者的首要任务是"尽可能完整地获得"他们的语言的知识（109）。
为了实现这个目的，手册还编入了美国语言人类学家 J. P. 哈林顿
（J. P. Harrington）的文章《怎样学习一门新语言》——虽然里弗斯
仍然觉得，在辅以土著词汇的同时主要依靠通事完成工作，要比完
全依赖一种"并不完整的语言知识"（124）好得多。在里弗斯给予
谱系法以特殊地位时，其正当性是从完全不同的方面来说的：由于
这个方法能够让调查者"使用当地人自己用来处理其社会问题的工
具"，它也能够使我们在完全排除"文明分类的影响"的同时去研
究"他们的社会分类体系的构造和性质"（119）。

虽然"那些低等文化的人们的思维"的性质仍然被用来证明
里弗斯的第一条方法准则（"抽象始终要通过具体来探究"），但

现在他已经更加强调分类差别的问题："只要分类表现出哪怕是少许的差别，我们就必须使用土著人的语汇"，而"在通过直接询问获得资料的过程中，必须最大可能地慎之又慎，因为极有可能的情况是，这些问题会不可避免地显示出某种文明的分类"（BAAS 1912：110-11）。与此相似，调查者必须注意对方自发说出的资料，即使它打断了调查者的思路：调查者不应当老是抱怨让一个访谈对象不脱离话题有多么困难，他应该清楚地认识到，"土著人也有自己关心的话题，而这种话题可能比调查者自己的话题更有意思"（112）。

里弗斯的"调查者"仍然更接近一个"探访人"而不是"现场观察者"，但他更被强烈地鼓励从"两个或更多的独立见证人那里"获得可靠的信息，同时也要警醒地意识到，这些见证人间的歧见恰好是"一个最有可能产出丰富成果的知识源泉"——"一个不愿意告诉你任何东西的人却经常忍不住要给你纠正错误的信息"（BAAS 1912：113）。只要有可能，调查者就应当用对仪式的现场观察补充口头的叙述，同时"也要善于利用在你逗留期间发生的任何有重要社会意义的事件"，因为"对一个社会规则在其中遭到破坏的具体'案例的研究将会产生……比一个月的口头询问更深刻的洞察力"（116）。最后一点，但不是最不重要的一点是，调查者最终必须学会"共鸣和老练"，否则，"可以肯定，绝不会做出最好的工作来"。虽然他是出于权宜之计才这样主张的（"未开化文化的人通常都不习惯任何对他们的思考和行动方式表现出共鸣的反应"，因此这"马上就会打破他们的沉默"），里弗斯仍然警告说，土著人"马上就会知道，这种共鸣到底是真的还是假的"（125）。

在表明 1912 年版《询问与记录》的民族志新取向显然反映了

新一类学者兼民族志工作者的田野经验时，我们并不是说，这与人类学理论的发展是没有关系的。早在 1890 年代中期的英国，对于进化论的危机感已经很明显了，泰勒在回应鲍亚士对"人类学的比较方法"的批评时已经表明需要"拧紧逻辑的螺丝钉"（GS 1968a：211）。这种不适感在与宗教研究的关系中尤为明显，安德鲁·兰（Andrew Lang）就是在这个研究领域中与泰勒阵营分道扬镳的（Lang 1901）。R. R. 马雷特将科德林顿的美拉尼西亚"玛纳"（mana）解释为一种前泛灵论的宗教现象（Marett 1900），而斯宾塞和吉伦的阿伦达资料又挑起了争论（Frazer 1910），这都共同促成了一种强烈的感觉：扶手椅人类学家用以解释原始宗教的分类和资料都出现了问题。这种不适感反映在马雷特（他从未成为一个田野民族志作家）发表于《询问与记录》修订版里的一篇论文《关于巫术—宗教事实的研究》当中（BAAS 1912：251-60）。这种将巫术与宗教连起来考察的做法既反映了"一般理论的创立者"已经"陷入了争论"，也敦促民族志工作者要从未受"他自己的观点"玷染的土著人"观点"搜集资料（251）。在拒绝使用调查表格时，马雷特认为，"真正实用的话题图表……必须由观察者本人亲自设计，必须适合一个既定部落的社会状况"（255）。观察者不要问"为什么"，而要问"什么"，集中关注仪式所有的复杂又具体的细节——"同时不要使用我们自己的神学概念，以及我们的人类学概念，这都是有害无益的，因为它们本是我们为了理解野蛮人才设计出来的，而不是由野蛮人用来理解自己的"（259）。由此，在这种语境中，"具体的方法"绝不只是一种用以理解野蛮人自己不能明确表达的抽象概念的手段，而是一种收集未受欧洲进化论抽象概念玷染的"具体事实"的方式，就是这种进化论如今似乎也已经出现了问题。

　　作为新版《询问与记录》的补充说明，里弗斯在 1913 年发表
了民族志之必要做法的论述，在这篇文章中，他进一步详细阐述
了"深入研究"的几个方面，而这是不适于在先前的团体合作工
作中发表的。在阐明什么才是最紧迫的人类学调查时，里弗斯缩
小并改进了在剑桥学派的工作中产生的深入研究的概念。一方面，
他明确贬低了一般人类学在传统上关注的话题，或者是由于它们
的资料不会马上消亡（在考古学的情况下），或者是由于对它们的
探究会冒着破坏为深入社会学研究所必需的友好关系的危险（在
物质文化和体质人类学的情况下）（Rivers 1913：5-6，13）。同样，
由于"一个考察队的不同成员的不同活动会在土著人中间引起混
乱和骚动"，他现在极力主张，民族志工作应该由"只身工作的"
单个调查者完成（10-11）。在进一步论证时，他认为，民族志工
作不应当是分离的，因为它的对象是不可分的。在"低等"文化
中（而有几处表明他现在是以复数形式来思考文化的），那些由文
明人划分为政治、宗教、教育、艺术和技术的领域原本都是彼此
依赖的，不可分的，由此，"民族志搜集中的专门做法是无论如何
也要避免运用的"（11）。但是，里弗斯却坚持民族志工作者角色
本身的专门化：因为政府官员和传教士的时间在行使完日常职责
后便所剩无几了，因为他们缺少必要的训练，也因为他们的职业
会使他们陷入与土著观念和习俗的冲突（在传教士的情况下，他
们甚至达到了相信自己"有义务消灭"它们的地步），里弗斯现在
感觉到，民族志最好还是由"单个工作者"开展，尤其是那些有
过"其他科学的严格方法"的特殊训练或经验的人（9-10）。这就
是"深入研究"的前提条件，里弗斯是这样定义的，"工作者要在
一个大约四五百人的共同体中间生活一年甚至更长的时间，研究
他们生活和文化的每个细节；他要熟悉这个共同体的每个成员；

他不应满足于一般的资料，而要用具体的细节，借助地方语言研究生活和习俗的每个特征"（7）。

　　我们马上会想到，这正是马林诺斯基在特罗布里恩德岛上切身践行的。但是，马林诺斯基对里弗斯计划的执行却绝不仅仅是将新版《询问与记录》搬进田野，也不仅仅是被动地遵从指令。它涉及基本调查场所的转移，从布道船的甲板或布道站的走廊转移到村落的集会中心，也涉及民族志工作者角色观念的相应转变，从考察者转变到"以某种方式"加入村落生活的参与者。它也要求在理论取向中发生转变，因为只要"人类学的目的［是］要教给我们人类的历史"（Rivers 1913：5），热闹的村落活动就只有间接的而不是内在的用处。最后，它不仅是执行，也是体现——或者说，恰好是马林诺斯基提供的那种神话般的转变。

40

马林诺斯基从大英博物馆到梅鲁岛

　　在他在特罗布里恩德岛上的神话式经历以前，马林诺斯基本人是扶手椅人类学家的一名学徒。他开始进入人类学的大门实际上是在阅读了弗雷泽的《金枝》第二版（Frazer 1900）之后（或者由他的母亲读给他听［FP: BM/JF 5/25/23]），那是在他不得不因病停止了化学和物理学研究而接受治疗期间。马林诺斯基对弗雷泽的感恩因有着复杂动机的辞藻夸张变得越发复杂，这向来就是一个众说纷纭的话题（Jarvie 1964；Leach 1966；参见Malinowski 1923，1944）。马林诺斯基后来曾说，他当时马上"决心献身于弗雷泽式的人类学"——"一门伟大的科学，值得像献身于比她更早也更精确的姊妹学科一样为她献身"（1926a：94）。

毫无疑问，在马林诺斯基在克拉科大学的博士论文的认识论关怀（Paluch 1981；Ellen et al. 1988）和弗雷泽用以织造他那以走样的民族志细节组成的华美壁毯的巫术、宗教和科学经线之间存在着一定的关联。但马林诺斯基已经认定弗雷泽是英国文学风格中的"杰作"，而他更为自信的自白也反映出，他是如何欣赏弗雷泽令人信服地在一片由他生动再现的场景中对奇异而又一般的人类经验的表述（EP：BM/JF 10/25/17）——"场景/行动关系比"（scene/act ratio），根据文学批评家斯坦利·海曼的意见（Hyman 1959：201，225，254），为弗雷泽的著作提供了"想象核心"，后来在马林诺斯基的《阿耳戈》中也是非常明显的。

　　从文学的观点看，马林诺斯基的人类学可以认为是《金枝》养育而成的秧苗。而毫无疑问，从某些实质的甚至理论的关怀中也可以看出，他与弗雷泽人类学的关联是显而易见的（Malinowski 1944）。但从更一般的方法论和理论观点看，他们的差别也是显而易见的。从剑桥学派内部出发发扬扶手椅推理的传统，弗雷泽针对里弗斯的"具体方法"捍卫他的调查表格探询法（FP：FJ/J. Roscoe 5/12/07）。在 1900 年后十年间，那时他的（多少对他有些非难的）导师泰勒已经开始步入耄耋之年，英国人类学中的理论争论一直围绕着弗雷泽曾在他的论著中给予主题性关注的问题进行着：原始宗教的本质，特别是图腾制的问题——对这些问题，到 1910 年，弗雷泽已经给出了三种不同的"理论"，这都编入了他的四卷本《图腾制与外婚制》（参见 Hyman 1959：214-15）。到那时，英国人类学中的理论不适感正变得越来越剧烈。一个后果是，人们越来越感到对民族志的迫切需要——我们先前提到的感觉是，公认的民族志范畴已经不够了，而现在需要一种不受制于理论假设的资料。但进化论理论本身如今已是大有

41

问题了。里弗斯不久宣称他"转向"一种"历史的"传播论观点（Rivers 1911），而拉德克里夫－布朗早已开始用涂尔干学说重写安达曼岛资料，这导致在他随后与里弗斯的争论中几乎完全弃绝了历时问题（GS 1984b）。

在这时，马林诺斯基在莱比锡跟随心理学家威廉·冯特（Wilhelms Wundt）和经济史学家卡尔·布歇雷（Karl Bucher）学习了一年后，也来到英国学习人类学（Symmons 1958-60）。在由海顿介绍给塞利格曼后，他进入更具世界主义风格的（和社会学风格的）伦敦经济学院，在这里，他成为塞利格曼和韦斯特马克的学生。在大英博物馆中进行深入的图书馆研究时，马林诺斯基积极介入了方兴未艾的图腾制讨论，他是从对弗雷泽关于因提丘马仪式的解释的批评开始的（Malinowski 1912），然后又写了一篇对涂尔干《宗教生活的基本形式》的短评（1913b），而最终的结果则是他那部未经翻译的波兰文著作《社会组织的原始信仰和形式：以图腾制为例对于宗教的发生学观点》（1915b）。尽管这些努力都仍然囿于进化论假设的一般框架，他还表现出另外一种努力，这反映了从最终的起源和长期的历史演变向更历史性的或完全共时性的问题的转变。

从实质论的观点看，马林诺斯基的《澳洲土著人的家庭》（Malinowski 1913a）追寻着由其师韦斯特马克开创的路线（Westermarck 1891），在系统地分析所有可用的民族志文献的基础上（正是这些文献为弗雷泽等进化论者提供了真正"原始人"的标准形象），试图批评诸如"原始乱交"和"劫掠婚"之类的进化论滥调以及整个摩尔根式"分类式亲属"观念。从构造上看，这部书是马林诺斯基最具涂尔干风格的作品：他最初的关怀是想用"社会的一般结构"表明亲属关系的观念和作为社会制度的家庭的观念间的相互关系（Malinowski 1913a：300）。同时，这也可以看成一次方法论演练——这是另一次拧紧泰勒的"逻辑的螺丝钉"的尝试。马林诺斯基明显表现出尤为关注那些并非"从我们自己社会借来的"分析范畴的定义（168）。而他甚至更全面地关注着正在成形的关于民族志证据评价的严格方法。在这样做的时候，他转向了在技术的和专门的意义上的历史，以朗格卢瓦（Langlois）和瑟诺博斯（Seignobos）的历史编纂学著作（Langlois and Seignobos 1898）为范本，运用"严格的历史批评原则"处理重要的澳洲民族志素材，并分析彼此抵牾的证据，这样，未来的田野工作就可以专注于关键的事实问题（Malinowski 1913a：19）。在他对涂尔干社会学多少有些批评意味的评论中，也非常明显地体现出这种取向，他倾向于将涂尔干社会学看作一种不切实际的哲学，它在将一种形而上的"集体心智"具体化的同时，忽略了实际的人类个体（Malinowski 1913b）。马林诺斯基感到，由于"在我们的民族志信息中完全没有想到要将民俗资料和社会学事实联系起来"（Malinowski 1913a：233），或者像他有时所说的，未能将"社会信仰"和"社会功能"——这个术语在马林诺斯基的用法而不是涂尔干式的用法中，经常意味着"实际的行为"——联系起来，因此涂尔干式的解释也受到了限制。从这种观点看，马林诺斯基对澳洲的论述远不只是一次进入田野前的扶手椅演练。

但他进入田野的时间却由于资金的短缺搁置下来。从 1911 年开始，塞利格曼，还有海顿和里弗斯（马林诺斯基也从他们那里接受指导），就寻找各种可能的田野工作场所，包括苏丹（塞利格曼自己的兴趣已经转向此地 [MPL：BM/CS 2/22/12]），以及，退而求其次，波兰的"我们的农民中间"（HP：BM/AH 11/12/11）。不过，直到 1914 年，当英国皇家学会在澳洲开会时，塞利格曼给马林诺斯基争取到了一笔旅行奖金，他接受了这笔经费，作为回报，他担任了英国皇家学会人类学分会的秘书。他在八月会议后进入田野，显然是由塞利格曼特意安排在他本人先前的考察工作所研究的两个族群的边界地区进行更深入的调查（Seligman 1910：2，24-25；R. Firth 1975）。马林诺斯基是在莫尔兹比港开展工作的，他从对一个村庄治安官阿胡亚·奥瓦的调查开始，后者曾是塞利格曼的主要访谈对象，"他与他的叔叔即霍多达伊部落老酋长陶巴达生活在一起"，塞利格曼的谈话就是"在他们宅院的檐廊下"进行的（Seligman 1910：ix；BPL：BM/CS 9/10/14；F. Williams 1939）。

　　但是，马林诺斯基很快就站在预示着他后来的民族志模式的立场上对这些"民族志考察"表示了不满的意见："（1）我很少和野蛮人在现场打交道，对他们的观察非常不够；（2）我也不会说他们的语言。"（Malinowski 1967：13）当他在梅鲁岛上住下来开展更深入的调查时，后一种缺陷得到了补救。等他在一月下旬离开时，他已经能够十分流利地说当地的混合语了（Motu）——这
43　是一项不凡的业绩，因担心人们不相信他，他觉得有必要在公开发表的叙述中"明确地自夸一下我有能力用外国语言获得谈话的支配力"（Malinowski 1915a：109）。"实地"观察的问题并不那么容易解决：在梅鲁岛日记中，马林诺斯基的日子是从这样的话开始的，"我走进了村庄"。但在一种更近距离的民族志风格中也有仓促的印象。在一次他于12月上旬沿着遥远的东南海岸考察几个群体的旅途中，在几个村落里，他停留在 dubu 即男人的房屋里——在一个场合中，他在一次土著人的宴会中连续停留了三个晚上。虽然"臭气，烟雾，人、狗和猪的喧闹"搞得他精疲力竭，但马林诺斯基显然已经感觉到一种更直接地介入当地生活的民族志潜力，他返回梅鲁岛后下定决心"必须开始一种全新的生活"

（Malinowski 1967：49，54-55）。

马林诺斯基后来表明，接下来在梅鲁岛上的几个星期，在当地传教士将他"孤零零地留在土著人中间"后，是他在梅鲁岛上最丰产的时期（1915a：109）。我们从他的日记中几乎无法看出这一点，他讲述说自己在"几乎没有一个人"的情况下被留下来长达一个多星期的时间，但这是由于他愚蠢地拒绝向梅鲁人支付两英镑，这点钱是梅鲁人答应他随同他们的贸易远征队出发的代价（Malinowski 1967：62）。但我们必须从公开出版的梅鲁民族志中提出某些资料反驳这种个人的记录。在讲述他怎样克服理解"巫术—宗教信仰"的困难时，马林诺斯基告诉我们，梅鲁人是怎样在一个特别的时刻相信，他居住的布道空房中有鬼魂游荡着。他的"厨子伙计"和一些过去在屋里睡觉的村民也不再到那里去了。后来，在一个谈论鬼魂的夜晚，马林诺斯基在承认自己忽视了这些事情后，便向他们讨主意，并且获得了大量先前就在他身边的话题的资料。在公开发表的论述中，他是这样评说的："我的切身经验是，向土著人直接询问某种习俗或信仰，绝不会揭示他们的精神状况，而要想彻底地揭示出来，则只能去讨论与对习俗的直接观察或具体事件相关的事实，双方都以实质的方式牵涉在内。"（Malinowski 1915a：275）在最后一个句子中暗含的是与里弗斯在《询问与记录》中正式阐明的风格在实质上完全不同的田野风格。

马林诺斯基绝不是对他的梅鲁岛调查表现出完全的满意（HP：BM/AH 10/15/15）。当他于 1915 年春季在墨尔本分析所获资料时，他作出了判断，单独在土著人中间从事工作要"比在白人住所甚至白人公司中开展的工作远为深入；住得离村庄越近，他越能在实际上看清土著人"（Malinowski 1951a：109）。结论是显然

44 的，他应该住在村里。但正像那些在 dubu 中度过的夜晚证明的，全身心的投入谈何容易。我们已经说过，早在他于 1915 年在伍德拉克岛短期逗留期间，解决方案对他来说便已经很清楚了（Wax 1972：7），在那里，他住在一个离村庄只有六十米远的"棕榈叶帐篷中"——"非常高兴又单独和黑伙计们在一起了［，］特别当我一个人坐着……看着村庄……"（Malinowski 1967：92）。民族志工作者的帐篷——文明欧洲的易损帆布制品——也有着类似的含混性。当把帐门从背后拉下时，马林诺斯基能够在一定程度上把土著人的世界关在外面，当一个极为特定的地区中的极为深入的研究带来过大的压力时，他便退入他的小说世界。

特罗布里恩德岛民：从莱德·哈葛德[*]到康拉德

在名义上拘押他的澳大利亚政府资助下（Laracy 1976），马林诺斯基又在 1915 年 6 月进入了田野。虽然塞利格曼希望他前往罗塞尔岛研究"马辛三角的三点"中的另一个点（MPL：CS/BM n.d.），马林诺斯基仍然坚持来到了新几内亚北岸的曼布

---

*　亨利·莱德·哈葛德（Henry Rider Haggard，1856-1925），英国作家，曾长期居住在非洲，对祖鲁文化颇有兴趣，并且交过一个非洲女友。这段经历让他在后来写成了《她》（1887 年）。在史蒂文森的著名小说《金银岛》问世后，他以五先令赌他可以写出更出色的小说，并最终于 1885 年以他在非洲的丰富经验写成了《所罗门王的宝藏》。《所罗门王的宝藏》的灵感来自《金银岛》：在故事中，亨利·柯蒂斯的兄弟因为到蛮荒之地寻找所罗门王宝藏而失踪，亨利于是带同约翰队长、艾伦·郭德曼（Allan Quatermain）及仆人翁波帕（Umbopa）出发寻找兄弟。在经过长途跋涉遭遇许多事件后，他们终于寻获宝藏，却被巫医贾古（Gagool）陷在墓穴中。不过，他们最终逃出，还找到了他的兄弟。至此，他们回归文明世界，结局皆大欢喜。《所罗门王的宝藏》曾被改编为电影。——译注

尔区（BM/CS 5/6/15）。但他决定留在塞利格曼曾短暂工作过的基里维纳的特罗布里恩德岛人中间，因为他们是当地"整个物质与艺术文化的领袖"（BM/CS 6/13/15）。虽然特罗布里恩德岛人已经彻底"归化"长达十年之久了，但与新几内亚的许多岛屿和沿海地区比起来，他们仍是很不开化的。马林诺斯基是在梅拉玛拉节（mila-mala）期间到达此地的，这是年度周期的仪式顶点，他的注意力很快就被成为他后来专著之主题的现象吸引住了："仪式性园艺"，"精灵信仰和仪式"以及他们"独具一格而饶有趣味的"交易制度（BM/CS 7/30/15）。在特罗布里恩德岛——与托雷斯海峡群岛正好相反——这都不需要从老人们的记忆中抢救，或从残留至今的琐碎材料中重建，或通过笼络人们表演那些僵死的仪式来再现。在这里，可以亲眼目睹。不止如此，这显然属于那种在民族志作家和对象之间有着密切的"融洽关系"的情况——马林诺斯基后来还将他在基里维纳工作的相对安逸感和他在其他地方遭遇到的困难作了比较（Malinowski 1967：22）。在那时候，他显然入迷了。当他获悉他原想向之请教民族志方向的曼贝尔神父要意外离开时，他延长了在特罗布里恩德岛的停留时间，同时写信给塞利格曼为自己停留在一个他已做过考察的地区而致歉。到 10 月中旬，当他解雇了通事时，他已经学会了足够的基里维纳语，这样，在三个星期内，他"每天"大概只需使用"一两句"洋泾浜英语即足矣。在从政府站进发到内陆的奥马拉卡纳（Omalakana）村落后，他写信给塞利格曼说，他"在黑鬼［原文如此］中间绝对是孤独的"。在戒绝了威士忌和女人（"其他白人的消遣品"）后，他却不断地得到"这些该死的好东西"，他只好决定不到曼贝尔去（9/24/15，10/19/15）。除了他在回到古萨威塔（Gusaweta）

45

海岸后享受了两周"托钵僧日子"后（Malinowski 1967：259），
他显然在奥马拉卡纳停留了将近六个月。

在此不是要通过其日记中的"真相"来回答所有关于马林
诺斯基田野工作的问题——他的日记是一份乔伊斯式的文献，要
想充分解释它，必须将之放在与其他材料的索引关系和语境关
系中加以详细考察（参见 GS 1986b，1990）。也许因为它们主
要不是"关于"他的田野工作的，它们并没有说到他的第一次
特罗布里恩德岛考察（Malinowski 1967：99）。我们从后来的反
思中知道，虽然他解雇了通事，但马林诺斯基仍不能"与土著
人流利地谈话"（Malinowski 1935：I，453）。我们还知道，他
仍然深受里弗斯"谱系法"的影响："我的抱负是将'谱系法'
原则发展成一个更广泛的、更有雄心的图式，可以叫'客观
证据收集法'（method of objective documentation）（Malinowski
1935：I，326；RiP：BM/WR 10/15/15）。"至于其方法论关怀的
现有证据，最好的来源是《巴洛玛：特罗布里恩德岛人的死灵》
（Malinowski 1916）这篇文章，是他在第一次和第二次特罗布里
恩德岛之旅中间写成的。

除了一个批评家认为马林诺斯基的（实际上是马雷特的）
口号是"研究仪式而非信仰"的意见（Jarvie 1964：44），以及
除了将之描述为一个"迷途的经验主义者"（Leach 1957：120）
外，"巴洛玛"最引人注目之处在于他试图深入洞察土著人的
信仰，他也坚决认为，对这项任务，任何未经阐释的"纯粹事
实"——以及借助里弗斯的"具体方法"——都是不充分的（参
见 Panoff 1972：43-45）。《巴洛玛》揭示出，马林诺斯基是一个
有着侵略性质的互动型田野工作者。与《询问与记录》正相反，
他坚决捍卫在特定环境下主导发问的做法（Malinowski 1916：

264)；他质疑土著人视为当然的信仰（208)；他提出其他的可能性（227-28)；他让它们彼此掐架（167)；他将他们，用他自己的话说，逼到"形而上之墙"上面（236 ）——有时也把自己逼到这种同样的境地。由于拒绝接受如下观念，即我们"可以把一堆你发现的'事实'包在一张毯子里，然后带回来供本国学者概括"，他坚持认为，"田野工作永远只能存在于对杂乱的社会现实的解释和使之服从于一般规则当中"（238 ）。至少在一个关键的场合中，这种方法似乎使马林诺斯基陷入了迷惘：他的商人朋友比利·汉考克（Billy Hancock）后来写信给他说，*46*土著人从来不纠正他们以前对巴洛玛化身的解释，因为他们怕"与博士的想法发生矛盾"（GS 1977a ）。但马林诺斯基的民族志风格也产出了大量的、各种各样的资料。与海顿和里弗斯的民族志笔记形成鲜明对比的是，海顿的笔记中充斥着数量惊人的二手资料，或来自印刷品，或来自与"现场的人"的通信（HP：passim ），里弗斯的笔记有着会使我们联想起"具体方法"的示意图特征（RiP：passim ），但马林诺斯基的田野笔记中则充满了他亲身观察的素材，它们在很大程度上都是用土著语言记录下来的（MPL：passim ）。

从实质性的观点看，《巴洛玛》是一篇探究个人与集体信仰之关系的论文；从方法论看，它试图以一般方式处理由这种信息导致的问题，尤其处理因不同访谈对象的差异而导致的问题。一边是"始终支离破碎的信仰"，另一边则是对"土著人怎样想象巴洛玛的归来？"这个问题"有时几乎无望的不充分的和矛盾的"答案，那么，怎样才能把这两者综合起来呢（Malinowski 1916：241 ）？也许因为他从本心上不愿使之与自己陷入抵牾而宁愿让它们相互抵牾，马林诺斯基的解决方

案——在分析其田野资料时事后得到的——是区分"社会观念
或信条"（在制度、习俗、仪礼和神话中体现的信仰，因"全
体成员都相信和实行"，它们绝对是标准化的）、"土著人出于
信仰的目的的一般行为"和个人、群体、专家甚或共同体大多
数成员的看法或解释（252-53）。这种文化观念与个人看法的区
别（经常与"规则与规范"和实际行为的区别叠加在一起）恰
是马林诺斯基后来所有方法论戒律的特征，也是他更有理论意
味的民族志作品的特征（参见 Malinowski 1922b：24）。这经
常被看作具有反涂尔干的色彩，可它同样也有反里弗斯的色
彩。虽然它明显地赋予一种充满了单一土著信仰的习俗领域或
制度领域以特殊地位，它也特别重视文化规则与个人冲动间的
冲突，这让野蛮人社会"看上去并不是一个始终合乎逻辑的图
式，而是一个由许多冲突组成的沸腾的混合体"（Malinowski
1926c：121）。

　　在澳洲停留了一年半后，马林诺斯基又在 1917 年 10 月下
旬回到了特罗布里恩德岛。他回归这个事实本身有着重大的方
法论意义。在他于 1916 年返回悉尼不久，马林诺斯基仍然打
算，一旦整理完"特罗布里恩德岛材料"，他就投身到塞利格
曼的罗塞尔岛考察计划当中（HP：BM/AH 5/25/16）。但显而
易见，他对"深入研究"之必要性的理解是在休整的间隙中形
成的，而当政府拒绝了他访问罗塞尔岛的请求时，他又自由地
返回了基里维纳（Laracy 1976）。他在途中给弗雷泽写了一封
信，提到说，"当他在田野中时"，许多研究题目"更基本的方
面"是怎样"很快就变得习以为常了，以致竟然逃出了自己的
注意力"；与此同时，"一旦离开了土著人"，记忆也不可能取
代"直接的现场观察"。因此，他在澳洲休整期间，花费了大

量时间检视所有材料，以总结出一份"简要提纲"，这又提出了"一系列"他现在必须开始探究的"全新问题"（FP：BM/JF 10/25/17）。

虽然马林诺斯基在这段时间内没有住在奥马拉卡纳，他在离开一段时间后返回同一地区的做法（如果其他许多人类学家的经验也适用的话）也有助于进一步增强他与特罗布里恩德访谈对象的交情。这无论如何也不是一种"社会平等"关系，根本不像一位怀旧的（并显然有着美国民主倾向的）评论者说的，这是参与式观察的条件（Wax 1972：8）。马林诺斯基的两三个新几内亚"伙计"扈从（至少在一个场合，他还殴打过其中一个 [1967：250]）会使人想起殖民地"小贵族"的形象，这也显示在他日记中某些部分的想象中（140，167，235）。但在一个像特罗布里恩德岛（这里的酋长高坐在一个台子上，这样平头百姓们就无须匍匐在地上爬过去了 [Wax 1972：5；参见 Malinowski 1929a：32-33]）这样的分层社会中，社会平等原本就是一种有问题的观念。马林诺斯基以每天提供半根烟为代价，被允许在奥马拉卡纳一个严格划定的中心区域搭一顶帐篷（Malinowski 1935：I，41），他显然也是被作为高等级的人对待的（Malinowski 1929a：61），而他无疑也无须在他的邻居村庄头人托乌拉瓦的面前弯腰走路，与其他任何可以轻易得到的身份相比，所有这些都在他眼前打开了更多的特罗布里恩德岛生活领域——虽然也在某些方面"扭曲了他的视角"（参见 Weiner 1976）。

关键问题是他与土著人的互动方式以及他能够与土著人建立的关系的性质。只要田野工作者的活动可以分成不同的方式（参与、观察和询问 [Wax 1972：12]——或者说得更中立一些，做、看和说），那么可以肯定，马林诺斯基（从此像其他每

马林诺斯基在工作，奥玛拉克纳。"主人的感觉：是我在描述他们，创造他们。……这个岛屿虽然不是由我'发现'的，却是第一次被以艺术的方式体验到，在智识上被掌握。"（Malinowski 1967：140［December 1，1917］，236［March 26，1918］）（海伦娜·韦恩·马林诺斯基和伦敦经济学院惠允使用）

一个田野工作者一样？）更多地通过后两种而不是第一种方式收集到了更多信息。但人们会认为，从收集资料的角度看，参与在某种程度上是一种情境现象——正如他在第二次特罗布里恩德岛之旅的日记中经常而且非常简短地提到的他的实际田野工作时表明的："我走进一个园子，和特亚瓦人谈起园艺和园艺巫术。"（Malinowsli 1967：276）在更简短地提及诸如"Wakayse-Kabwaku 的 Buritila'ulo"之类的事物时（291），甚至更难说究竟是哪种模式。那是他在日记里唯一一次提到的田野工作中的重大事件，这种竞争性的食物夸耀庆典在《珊瑚园巫术》有更细致的重述（Malinowsli 1935：I, 181-87）。虽然他的日记表明，马林诺斯基的大量谈话都是在给访谈对象提供烟草的情况下单独进行的，但显而易见，大量民族志都是在他观察的事件和"出席"（assist）的仪典中获得的——assist 是一个模糊的词，它或许反映了法语 assister* 的意义，但被马林诺斯基恰到好处地掂来指某种程度的参与。在许多情况下，他的参与都受到了严格的限制。他的日记揭示出，当土著人出海开始库拉远征时，他总被留在海岸上（1967：234，245）——而《阿耳戈》一书则明白地表明了其中的缘故：当马林诺斯基被允许在 1915 年底参加的一个库拉远征队遭到逆风吹回后，托乌拉瓦将这次坏运气归咎于他在现场（Malinowsli 1922b：479）。但如果他有时不得不依靠简单的对答，马林诺斯基显然认为这是一种很低级的工作风格。虽然他感到，具体资料和文本的搜集是一种正确工作风格的基本组成部分，他的（经常在实践中实现的）方法论理想仍然是在梅鲁岛确立的那种理想：与一个或多个对活动或事件有着彼此（如果不同的）经历的访谈对象进行讨论。唯其如此，才能"将土著人的行为纳入土著人的意义"（Malinowsli 1935：I，86）。

　　就他与特罗布里恩德岛人之关系的性质而言，如果我们仅仅在有选择地阅读日记中比较统一的部分的基础上作出判断，是非常错误的（Hsu 1979）。我们在不简化孤独、挫败和侵略性或这些情感通常得以表现的进化论词汇，在拒绝那些明确的种族蔑称

*　　　Assister，有"出场""列席""参加"等义。——译注

时[2]，我们也必须牢牢记住，日记充当着释放马林诺斯基在其日常
关系中不能或不愿表达的情感的安全阀。在方法论原则的层次上，
马林诺斯基坚持认为，"个人友情能够带来自然而然的信任和亲
密的流言"，这是至关重要的（Malinowsli 1929a：282-83）。这些
"友情"究竟有多么真实，对这个过于复杂的问题我们在此最好
不要妄下断语。我们可以猜想，它们与几乎所有民族志关系一样，
也有着内在的模糊性和不对称性（参见 Forge 1967 中富于启发性
的评论）。但可以肯定地说，将马林诺斯基归纳为"一个憎恨土著
的人类学家"，这是非常冒失的（Hsu 1979：521）。

　　至于特罗布里恩德岛人对他的反应，我们可以肯定地说，当
他们厌烦了他的问题或因他偶尔的发脾气而受到伤害时，他们冷落

----

〔2〕　在马林诺斯基日记刊行版本书中复制了一张波兰原文的扫描页（Malinowski
　　　 1967），在这个基础上，有人认为（Leach 1980），马林诺斯基实际使用的
　　　 词是 nigrami，而 nigger 则是一个不准确的译法。我以前的学生爱德华·马
　　　 迪内克研究了波兰克拉克大学所藏的大量马林诺斯基档案，我从他那里确
　　　 信，nigrami 并不是波兰语中的固有词汇。马林诺斯基日记的英文版译者诺
　　　 贝特·古特曼告诉我，马林诺斯基翻译了英语口音的种族蔑称（nigr），并
　　　 加上了波兰语词尾"-ami"，波兰语起了一个工具箱的作用（参见 Symmons
　　　 1982）。本文引用的几处资料表明，马林诺斯基在特罗布里恩德岛写日记的时
　　　 候就知道并使用了这个英语蔑称，这是很明显的。他的用法有十分复杂的含
　　　 义（参见 GS 1968b）。当然了，这不能由此"证明"他是一个十足的种族主
　　　 义者。但我们也不能因此就说这个词没有种族贬义了。斯宾塞对吉伦用这个
　　　 词的反应以另外一种方式表明了这一点。海顿在 1890 年代留下的一份未出版
　　　 的资料中说，"nigger"是"一个侮辱性的词，有憎恶和傲慢之义，就像犹太
　　　 人看待 Gentile（异教徒，非犹太人），希腊人看待 Barbarian（不说希腊话的人，
　　　 野蛮人），以及中国人仍然说的'洋鬼子'"（HP：〔1894〕）。确实，早在 1858
　　　 年，亨利·梅因爵士就指责那些鄙视他们黑皮肤同类的气质的人：如果一个
　　　 英国人无论在脑子里还是在口头上都把一个印度人当成一个 Nigger（"黑鬼"），
　　　 那么，他怎样看待一个 Bheel（印度的比哈尔人）或 Khond（印度的刚德人）
　　　 呢？（Maine 1858：129）这些例子表明，用法的关键在于种族关系的地理空
　　　 间格局。Nigrami 在马林诺斯基的第一本新几内亚日记中并没有出现，niggers
　　　 也没有出现在这个时期的通信中，而只有等到他在殖民地边缘地带住了几年
　　　 后，它才出现。

了他。但日记和民族志——特别是《野蛮人的性生活》，这部著作最能揭示出他的日常民族志行为中最难以估量的部分——中的许多细节都证实，他与他们保持着良好的日常关系。显然，如果我们过于看重《阿耳戈》中的讽刺字句，无疑是犯了错误，这些文字表明，他是被土著人当作一个少不了的讨厌鬼而接受的，当然，这也因为他"向对方赠送烟草而得以缓解"（Malinowsli 1922b：6；参见 Young 1979：14-15）。他的访谈对象（我们会注意到，他们在民族志中通常都是以可以辨认的个体出现的）的数量，他帐篷里的 kayaku 或聚集的人们（Malinowsli 1967：103），人们在他患病时为他实行的巫术（Malinowsli 1922b：224），所有这些都证实他不只是一个少不了的讨厌鬼。毫无疑问，在特罗布里恩德岛人的记忆中，他仍然是一个欧洲人，在许多方面都与他们完全不同——有些方面是非常微妙的，甚至是矛盾的，就像他广泛搜集的个人巫术那样，即使特罗布里恩德岛人也只知道其中一小部分（Malinowsli 1929a：373；参见下文第 252 页）。但他显然也是一种特定类型的欧洲人——他们的惊讶就表明了这一点，尽管他在其他许多方面完全不是传教士式的，但他会坚持生物性亲权（physiological paternity）的"传教士观点"（Malinowsli 1929a：187）。甚至在他死后，他显然仍作为"唱歌的人"（Hogbin 1946）留在人们的记忆里，毫无疑问，这是由于为了吓退 mulukwausi 即飞妖，他用瓦格纳曲调高声唱着"吻我的屁股"之类的歌词（Malinowsli 1967：157）。

　　由于所有负面效果的影响，人们会淡忘马林诺斯基日记在深入洞察其最终民族志目标方面的作用。在梅鲁岛日记中，马林诺斯基仍然处在里弗斯的影响下，他在 1916 年向海顿将里弗斯描述为他的"田野工作保护神"（HP：BM/AH 5/25/16）。正好相反，第二部特罗布里恩德岛日记却揭示出马林诺斯基经常与里弗斯发生争论，不仅在他的"具体"方法论模式方面，也在他的"历史"
解释模式方面（Malinowsli 1967：114，161，229，254，280）。
如果《美拉尼西亚社会史》是从进化论转向历史的结果，那么，
历时方法在民族学研究中的地位却是成问题的。他与里弗斯不一
样，里弗斯（在其职业生涯中的这一点上）愿意将心理学问题搁
51　在一边（Rivers 1916），而马林诺斯基无论从性情上还是从民族
志经验上都推动着他直面这些问题。他并不全然排斥历史——直
到 1922 年时，他仍然在谈论怎样以里弗斯式的模式从事迁移研究
（Malinowski 1922b：232）。但我们已在《巴洛玛》中看到而在特
罗布里恩德岛的早期部分更为明显的是，心理学问题是［他的］
调查中最为根本的"："发现什么才是［土著人的］主要激情，他
的行为动机，他的目的，……他最基本的思考方式"（Malinowsli
1967：119）。在这一点上，他认为自己"回归到巴斯蒂安"——或
者说，在英国的语境中，回归到弗雷泽。但与进化论者正好相反，
马林诺斯基的社会心理学并不基于某种假说性的历时序列，而是
基于一种当前民族志情境中的连续事件，这可由一种力图比里
弗斯达到更深层次的方法近距离地观察到。这种对比显示在他为
构想中的民族志所写的前言中："［简·］库巴利作为一个具体的
［即里弗斯式的］方法论者；米克卢霍－马克莱作为一种新的类
型。马雷特的比较：早期民族志工作者作为探矿人。"（Malinowsli
1967：155；参见下文第 219 页）正是在这种对于民族志表面现象
的考察和对于其深层心理学意义的发掘的潜在对比——以及对于
转变中的民族认同的发掘——我们才能理解，马林诺斯基何以会
如此公开宣称他的最终人类学雄心："里弗斯是人类学的莱德·哈
葛德，而我是康拉德。"（R. Firth 1957：6；参见 MPY：BM/B.
Seligman 6 6/21/18；参见 Kirschner 1968；Langham 1981：171-77）

《阿耳戈》作为历史神话

这种自我表白的警句当然有着多重的含义，而我们也可以在其中发现马林诺斯基民族志方法的线索——对民族志这个词，我们现在不是在记录田野民族志资料的意义上使用的，而是在它随后在出版专著中表述的意义上使用的（参见 Marcus & Cushman 1982）。马林诺斯基本人（他在选择使用形容词时绝不是任意的）准确地意识到"粗糙的信息材料和最终的权威表述结果"存在着深刻的差异（1922b：3）——或者像他在其他地方同样富于启发性地表达的，在"无比琐碎的信息（它们散布各处，十分混乱，甚至其可信度也各不相同）"和"最终的知识理想"存在着深刻的差异："原生态的黑鬼［原文如此］在我们关于人的理解方面作为例证和证据。"（MPL："Method" n.d.）问题是如何"让我的读者相信"，提供给他们的民族志资料是"客观地获得的知识"，而不简单的是"一种主观地形成的观念"（出处同上）。在明确表述的层次上，马林诺斯基通常都以我们会在一个受里弗斯方法论影响之下的物理学家转民族志者那里发现的方式讨论问题。正如在"对物理科学或化学科学的实验性贡献"一样，关键之处在于"非常坦率地说明"自己的方法（Malinowski 1922b：2）。但虽然马林诺斯基对其方法中的某些方面给予了足够详尽的（虽然其揭示力并不那么充分）注意，但他对其他方面的认识通常却不那么明显。我们从他的警句式宣言中推测出一种认识，民族志者最终是一种文学匠人。尽管如此，他的确定模式全都来自科学，我们也必须用我们自己的文学批评方法解说他的创作手法（参见 Payne 1981）——而由此也可以充分地理解他确立自身权威的方式，在我已经表明的意义上，这是所有现代民族志权威的原型（参见 Clifford 1983）。

52

　　最直接地确立权威的尝试是在《阿耳戈》的导论部分（Malinowski 1922b：1-25）。在该部分，马林诺斯基在三个主要标题下面集中阐述他的"方法原则"："民族志工作的适当条件"（6）；现代"科学研究"的"原则""目标"和"结果"的知识（8）；以及在"搜集、处理和整理"证据时运用的"特别的方法"（6）。后者也集中在三个小标题下面："部落生活的原则和规律"的"具体证据统计文献"（17，11）；为了给部落构造的"骨架"充实"血肉"而对"实际生活和典型行为的不可测度方面"的搜集（20，17）；为了说明"典型的思考和情感方式"而对土著人的观念与说话所作的"语言材料集成"（23-24）。用特定的方法论戒律来看，马林诺斯基的导论没有超出里弗斯在《询问与记录》中提出的。但他的方法并不是脱离实际的原则，而是整体的个人风格。他那些显然更具创新性的方法论戒条——"民族志日记"的写作，"概要式图表"的制作和对于结果的初步勾勒——所有这些都强调民族志者要扮演一种富于建构性的提问角色。但这里面真正重要的是将这种"积极的猎手"放在一个特定场景中。在脱离了"白人群体"后，他会"自然地"寻找由并非他的"自然伙伴"的土著人组成的社会，与他们进行"自然的交流"，而不是依赖于"领报酬的而且常常十分无聊的访谈对象"。在"或多或少像土著人那样唤醒每一个早晨"之后，马林诺斯基发现他的生活"很快就以十分自然的做法与周围环境融为一体"。当不再重复地"违反礼节"后，他不得不"学习怎样正确地行动"。在"以某种方式"参与村落生活后，他不再是"部落生活的一个麻烦"（7-8）。如此一来，孤独成了民族志知识的必要条件，他借助这种手段，以一种自然的方式从内部观察文化，并且由此"真正理解土著人的观点，他与生活的关系，并认识到他是怎样看待他的世界的"（25）。

虽然马林诺斯基试图将"民族志工作者的巫术"表述为如实地"运用一些常识原则和通行的科学法则"（6），他的实际问题并不在于告诉他的读者怎样完成最终的占卜工作，而在于让他们相信这项工作是能够完成的，而他也确实完成了这项工作。如果要将"空洞的顺序表"移译成"个人经验的结果"（13），那么，他自己对土著人经验的体验同样也必须成为读者的体验——科学分析必须动用文学技巧才能完成这项任务。

在这种情境下，马林诺斯基的弗雷泽式身份（而或许还包括他在特罗布里恩德岛帐篷里的小说阅读经验）确实对他的民族志助益甚大。早在 1917 年，他就向弗雷泽说过，正是"通过学习您的著作，我才开始认识到，生活描述的生动性和鲜活性是无比重要的"（JF：BM/JF 10/25/17）。在他的著作中，弗雷泽的"场景／行动关系比"被用来将读者以富于想象力的方式引入马林诺斯基重建的事件的实际环境中："那时，我们顶着酷暑走进果树和棕榈的深荫，并发现我们已经置身一片巧夺天工、装饰精美的房屋中间，它们三三两两地散落在绿荫之中……"（1922b：35）但或许更为重要的是我们可以称为"作者／读者并置"的技法："想象一下，你突然被抛在土著村落附近的一片热带海滩上，孑然一身，全部器材堆在四周，而带你来的小艇已是孤帆远影……"（4）当马林诺斯基以这种颇为含混的自传式风格在开篇部分向我们介绍他的方法论附论时，我们不仅被鼓励与他一起经历他的民族志"磨难"，也——分享由其经验确立的权威——与他一起跟随着特罗布里恩德岛民从事他们"危险而艰难的事务"。正如马林诺斯基最初为本书所起的题目（《库拉：一个东新几内亚的土著事功与历险的故事》[HP：BM/AH 11/25/21]）表明的，他的民族志从根本上说具备一种叙事结构。从修造 waga 即独木舟开始，通过独木舟的下水和出发，我们踏上了一次雄心勃勃的海外冒险历程，穿过皮鲁卢海湾（中间专门叙述了沉船故事），又经过安富列特、特瓦拉和萨纳洛阿，然后停下来在萨卢布沃纳海滩上举行巫术仪式，最后在多布进行最高潮的库拉交换，并踏上返乡的旅程——在家乡，我们目睹了多布人的回访，并将"内陆库拉"的终端和它"其余的枝权"联系起来。由于马林诺斯基一直在旁边不断适时地介入，为我们解说特定的民族志细节，或者对库拉的社会学、神话学、巫术和语言做出更广泛的探讨，我们追随着特罗布里恩德岛民经历了定期地聚积他们所有的生活能量的史诗般的事件。最终，我们得相信，我们已经瞥见了他们的"世界观"和"［他们］与之息息相关的并生活在其中的现实"（517）。

54

　　　这绝不是马林诺斯基的叙事风格已经实现的所有内容。库拉篇章是非常典型地从提到当前的行动或场景开始的："装饰一新的独木舟现在随时准备下水"（1922b：146）；"我们的船队从北向南，首先到达了古马斯拉的主岛"（267）。确实，有一些地方还提到了"现在"和"过去"的对比，有几章实际上是以一种历史传播论为特征的推论结尾的（289）。但是，马林诺斯基一贯运用一位批评家所说的"能动句法"以主动语态和现在时态来写作（Payne 1981：427）。在始终引导读者目睹正在发生的库拉事件的同时，他让读者相信，这些事件代表着特罗布里恩德岛民今天的生活。先前的民族志总是将作者本人重构的行为描述成似乎是现在的活动，而随后的民族志（包括他自己的）也并不追随《阿耳戈》的事件—叙事形式。但只有马林诺斯基的《阿耳戈》才确立了现代民族志通常坐落的现时语境的合法地位：对于这种含混的、就其根本而言无时间性的时刻，我们称之为"民族志现在时"（ethnographic present）（Burton 1988）。

正如其实际发表时所用书名造成的荷马式（和弗雷泽式）反响那样，在这个原初的民族志场景中，除了以叙事方式重建实际经验外，还有着某种意味深长的东西。在讨论到特罗布里恩德岛民的沉船神话时，马林诺斯基认为，"要区分哪些是纯粹的神话虚构，哪些是基于实际经验的"并不总是那么容易（Malinowski 1922b：236），而除了他公开表明的方法论外，很显然马林诺斯基本人有时也没有明确地做出区分。一位细心的读者会从公开出版的作品中意识到，在 1915 年那次倒霉的基塔瓦岛远征外，他实际上从未跟随一支库拉远征队航行过。在某个地方，他实际上也明确地告诉我们，他的大部分叙述都是"重组的"，他认为，对一个"曾经大量观察过土著人的部落生活，而对比较敏慧的访谈对象也知之甚深"的人，这种重组既不是"空想"，也不是"难事"（376）。但我们始终被含混的语句（"我已经看见了，确实跟随着他们"）鼓励着相信，他不只是坐在小艇子里（Malinowski 1967：242）。同样，虽然细心的读者可能会注意到，他有时的确会向访谈对象支付报酬（Malinowski 1922b：409），但如果没有他的日记，我们也不会怀疑他究竟多么频繁地回到比利·汉考克在古萨威塔的住宅，把它当作"遇上疾病和在土著人中过得厌烦时的"避难所（6）。从这部日记中，我们了解到，他的时间计算多少是不可靠的——从总体上说，他在田野中实际度过的时间并不像在《阿耳戈》中说的那么长（参见 Malinowski 1922b：16，1967：216）。

　关于事件场景的某种时间上的含混性当然只是制造神话过程的一个方面。另一个方面是用具有原型意义的人物填充神话的时刻。在这种语境中，考虑一下《阿耳戈》的人物造型是非常有意思的（参见 Pyane 1981）。大多数占据核心地位的当然是"土著人"：他们可由部落集团或地位识别出来，通常都用"野蛮人"

（在私人日记中，则用"黑鬼"这个蔑称）的类别来称呼，但马林诺斯基十分明确地拒绝将"原始经济人"这个原型用到他们身上——这正是他要努力破除的观念（Malinowski 1922b：60）。虽然他们不时地被涂上了高贵野蛮人的奇异色彩，但更经常地被以非常平凡的色调加以描绘。虽然这部作品是围绕着他们的冒险历程组织的，而他们在一个场合也确实被称为"荷马式的英雄"（295），但他们事实上绝不是马林诺斯基的传奇的英雄。他对他们的态度经常是那种"友善的嘲弄"——这种文学样式正是现代民族志的特征（Payne 1981：421；参见 Clifford 1988；Thornton 1983）。民族志作家不仅能够与他们共有他们的世界观，他还知道他们绝不可能知道的事情，也能够阐明"即使连现象在其中得以发生的人们也不明白的现象"（Malinowski 1922b：397）。

这些现象连第二个人物群体也是不明白的："一小群头脑褊狭的人"，他们在从前"完全错误地理解了土著人"——即行政官员、传教士、商人，所有这些人"都充满了一般务实家不可避免的褊狭的、先入为主的判断"，他们"常年住在当地，……但对他们的真实情况却几乎一无所知"（Payne 1981：421）。其中有些人显然体现了马林诺斯基在与真实的土著人打交道时的痛苦经验——特别是梅鲁岛的传教士萨维勒，他实际上为马林诺斯基提供了宝贵的资料，但他的"地下交易"却促使马林诺斯基公开宣称"憎恶传教士"（Malinowski 1967：31，42）。在《阿耳戈》的方法论导论中，他们都被描述成"一群稻草人"，正是在与他们的强烈对比中，马林诺斯基的方法的价值得以凸显出来。即使先前践行具体方法的里弗斯式民族志工作者也被潜在地指责为从未走下宅屋的走廊。

与这两类人物形成鲜明对比的是第三类人物，他们自成一类，具有英雄般的性格：民族志工作者。与第一人称单数的同位并置并未对他的真实身份造成影响（Malinowski 1922b：34），而这种并置也以图像形式在"民族志工作者的帐篷"等照片中得到肯定，这些照片被有计划地安排在本书的开始和结束部分，它所叙述的探险历程之前和之后（16，481）。在将自己与其他所有欧洲人区分开来的同时，本书的方法论导论证实了他的占卜力量。在全书的结尾部分，我们已经完全明白，只有他，这个在彼处孤身历险并以其孤独为手段获得了占卜知识的人，才可能真正引导着我们也驶入黑暗之心。

　　照此来看，《阿耳戈》本身就是一种历史神话（euhemerist myth）——但它神化的对象不是其在表面上讲述的特罗布里恩德英雄，而是那位带回了民族志知识金羊毛的欧洲伊阿宋。早在苏珊·桑塔格（Susan Sontag）运用列维－斯特劳斯分析"人类学家作为英雄"的模式前（Sontag 1966），马林诺斯基就已经为自己创造了这个角色。但他的目的并不仅仅服务于自己，这明显表现在他为导论所写的未发表的笔记中，在其中，他不只关心作者权威的问题（怎样"让我的读者相信"），他更关心民族志初学者身处的场景，他们在进入田野时"心里充满了对各种陷阱和障碍的恐惧"（MPL："Method"n. d. ）。在这种语境中，显而易见，《阿耳戈》的导论实际上从不是在"真实地"描述马林诺斯基的田野经验。描述只是他用来创造说服力的工具。即使（参见他后来的风格相对平实的"无知与失败之自白"［Malinowski 1935：I，452-82］）他想使民族志工作新手"预先意识到，我们有一种方法能够克服"所有那些"非常难以超越的初始困难"（"Method"，n. d. ）。不只如此，他还想证实新手们将要从事的田野工作的合法性。对作为一般读者的民族志新手，问题不在于向他们逐条罗列方法原则，而在于让他们相信任务是能够胜任的。在这种语境中，《阿耳戈》的每一个方面——结构与论点，风格与内容，逸事与戒律，暗示与陈述，疏忽与包容——所有这些都促成了生效的历史神话。

几年后，在写到"原始心理学的神话"的角色时，马林诺斯基强调了其实用功能与合法化功能的混合：神话是"相关活动的证明和执照，甚至经常成为实际的指南"（Malinowski 1926a：108）。它"不是为了满足科学兴趣的解释，而是以叙事方式复兴一种原初的现实，讲述神话是为了满足深层的宗教需要、道德欲望、社会服从、断言甚至实际的要求"（101）。在表达、强化和对信仰编码、保证"仪式的灵验"时，它"在仪式、庆典，或社会或道德法则要求得到证实，要求证明自身的古老性、实在性和神圣性的时候发挥着作用"（107）。马林诺斯基在日记中明确地说到他想"在社会人类学中发动"的"革命"（Malinowski 1967：289），而如果不知道他业已或多或少有意识地在《阿耳戈》中为其核心仪式准备了一种神话式执照，那么，我们就很难读懂他后来的文章，难以明白其最终的热望是一种"露天的人类学"（Malinowski 1926a：147）。

马林诺斯基的神话执照和现代民族志

无论他是否已经以有意识的神话样式从事这一工作，马林诺斯基已经成功地向读者和民族志新手证实了其方法的权威性。詹姆士·弗雷泽爵士这位世界首屈一指的民族志读者为这部著作写下了如下出版评语："像土著人那样在土著人中过了长时间的生活之后"，马林诺斯基的笔下诞生了"丰满的而不是扁平的形象"——绝不像莫里哀笔下的"穿得像人样的木偶",而像塞万提斯和莎士比亚笔下的"立体的"人物,"不是取自一个形象,而是多个形象"(Malinowski 1922b: vii, ix)。塞利格曼的民族志口味就像他的田野工作风格一样平实(R. Firth 1975),因此也不会给人留下如此深刻的印象。尽管《阿耳戈》是献给他的,但他仍然认为《巴洛玛》是马林诺斯基最好的著作,而将他后来的作品看成是出于普及的目的才写的(MPL: CS/BM 8/5/31)。随着里弗斯不久之后去世,海顿成为剑桥学派在公开场合的代言人,他赞扬这部著作是"民族学调查和解释的最高体现",它将"在指导未来的田野工作者方面显示出无与伦比的价值"(Haddon 1922)。

　　它在这方面的作用反映出一个事实:一战前人类学家们在早期出版的任何一部著作都没有这样明确而深入地关注民族志方法(与解释方法正好相反)(参见 Radcliffe-Brown 1922)。他们最初的民族志报告都是非常单调的专著出版物(Hocart 1922; Karsten 1923; Landtman 1917),他们的方法论自觉意识在一个场合中曾明确地表现在马雷特富于启发性的序言评论中:"旅行将是人类学研究的理想方法。"(Jenness & Ballantyne 1920: 7)在这种语境中,《阿耳戈》的第一章(在海顿的帮助下由一家主要商业出版社印行[HP: BM/AH 12/20/21])是"田野工作的现代社会学方法"的最易理解的陈述——对非人类学家更是如此,他们未必愿意阅读里弗斯在《询问与记录》中的章节。在有效地将其他人实际上同样也拥有的经验挪为己用(包括"民族志工作者的帐篷",例如,韦斯特马克也曾在摩洛哥搭建过[Westermarck 1927: 158]),并立刻以具体的叙事形式将之定型和表达出来后,马林诺斯基不仅证实了他自己的田野工作,也证实了"现代人类学"的田野工作(参见 Panoff 1972: 54)。作为一个怀有远大抱负和非凡企业家

58

才智的人，他有能力化身为一场方法论革命的代言人，这场革命既发生在人类学当中，在某种更重要的意义上，也发生在非人类学的学术共同体和知识共同体当中。

到 1926 年，他作为［美国］社会科学研究委员会汉诺威会议的"主演"，马林诺斯基已经赢得了那个共同体内一个关键部门的芳心：洛克菲勒基金会的"慈善家们"。在 1920 年代后期，他担任他们的主要非正式顾问，这大大出乎格拉夫顿·艾略特·史密斯的意料，后者无论如何也想不明白，为什么"研究人类的唯一方法是在一个美拉尼西亚岛屿住上一两年，去听那些村民嘴里的家长里短"（RA：ES/Herrick 2/13/27）。在一段时间内，艾略特·史密斯在大学学院的传播论门生威廉·佩里主持的席明纳在抢夺学生研习人类学方面与马林诺斯基展开了竞争。但由于洛克菲勒基金会在资助国际非洲学院的田野工作者时要求他们必须在马林诺斯基的席明纳上学习一年，马林诺斯基方法论的超凡魅力最终赢下了这场竞赛（见下文第 193—195 页）。那些想在英国获得社会人类学家身份的人大都成为马林诺斯基的门生，即便有些人后来改换门庭到拉德克里夫－布朗门下寻求理论激情，他们也仍然公认马林诺斯基是始祖般的田野工作者（Gluckman 1963，1967）。甚至在拥有鲍亚士版本的田野工作神话执照的美国，马林诺斯基的影响也是深入人心，这表现在 1926 年后人类学家不断远渡重洋和定期访问。虽然铁路和汽车推动了更短期的田野工作，年轻一代民族志工作者似乎更愿意将他们自己与马林诺斯基的模式相比较。因而，索尔·泰克斯（Sol Tax）决心效仿马林诺斯基的"民族志的理想方法"（他却不知道马氏只在日记中才会提到那些"厨子伙计"），于 1932 年夏季来到狐狸族人中间开展调查工作，"把帐篷安扎在土著人的营地中间"，但他发现印第安人总是嘲笑他的愚蠢，因为

"我本来可以只花五分钟就可以走到下面的小镇，却要待在外面，还像女人一样自己烧火做饭"（Blanchard 1979：423）。

"帐篷"这个核心的神话符号堪称魅力无穷，这证实了某些最终的观察结果。马林诺斯基似乎在他的席明纳上要比现在更为集中于讨论田野工作方法的细节，而他的学生从田野中寄来的信函也表明，那些概要图表得到了非常认真的对待（Richards 1957：25；参见 MPL：AR/BM 7/8/30）。但他证实的田野工作风格较少关注具体的戒律，而更关注如何将自己放在一个可以获致某种体验的场景中。就像那些上演特罗布里恩德魔法的场景一样，这个场景从一开始就是胁迫性的，因而也是危险的，在其中，"个人机遇和偶然因素"经常决定着成功或失败。正如马林诺斯基（在模仿马雷特时）在"原始心理学的神话"中表明的，魔法的功能在于"架通人们尚不能完全主宰的重大活动中的裂缝和不足"（Malinowski 1926a：139-40）。因而，田野工作的特定方法论戒律和民族志知识的含混目标间的沟壑必须由马林诺斯基本人所称的"民族志工作者的魔法"来填充（Malinowski 1922b：6）。而正如在原始心理学中神话特别在"产生了社会学张力时"发挥作用那样，在人类学心理学中，神话也特别在产生认识论张力时发挥作用。

虽然他非常乐观地相信，只要人类学家迈出"理论家的封闭研究"，从"传教士宅院的廊檐下"走向"广阔的人类学田野"（Malinowski 1926a：99，146-47），就会一马平川，但显然马林诺斯基自己也时时感到了那种张力，我们可以猜想，那些继其踵武者也不会例外。然而，当我们回眸反顾时，我们会痛感到，对田野工作方法的某些基本假设的讨论几乎付之阙如（参见 Nash & Wintrob 1972）。有人或许会觉得，在马林诺斯基的民族志壮举面前，无须多此一举。即使那些其研究并不符合其戒律，甚或并不以

59

之为模式的人也受惠于他那先声夺人的原型。因而，速成语言能力的问题很少被作为一般问题（参见 Lowie 1940）或者在与特定民族志专著的关系中提出来——尽管很少有民族志新手拥有马林诺斯基那般的语言天赋。在大约四十年间，马林诺斯基的神话执照起着支撑民族志事业的作用，鼓舞着几代满腔豪情的民族志工作者"献身于这项伟业"。但等他的日记发表后，不断变化的殖民地环境已经从根本上改变了民族志工作者的场景；而在持续的认识论不适感（无疑因他们的出版物而得到了增强）的语境中，对于许多人类学家来说，是时候全面地检视所有寓于那看似清白的咒语当中的物事了："民族志作家的魔法。"

第2章　美洲印第安语言研究的鲍亚士计划

　　虽然本文直到 1974 年才发表，但它是为了参加 1968 年 2 月在芝加哥纽贝里图书馆举办的语言学会议撰写的，那对我来说也是一个关键的过渡年份。在回忆那次会议的发起时，戴尔·海姆斯（Dell Hymes）表明，"观念的萌芽"是在社会科学研究委员会 1962 年举办的人类学史研讨会中产生的——那是我正式以人类学史学家的身份初次亮相（Hymes 1974：vii；参见 Hymes 1962）。在纽贝里会议前的秋天，我正在宾夕法尼亚大学，我在人类学博士后训练的两个阶段的第一段时间里修习了海姆斯的人类学语言学课程——第二个阶段则以我到芝加哥大学人类学系任职为止。但这时候，我已经发表了几篇人类学史的论文（Stocking 1960，1968a），以及关于人文科学之历史编纂学的历史主义与现时主义（presentism）的研究计划（1965）。那篇论文最初打算与海姆斯合作开展研究，他也添加了一段论证语言人类学史之必要性的长文，我将之作为一个"启蒙现时主义"的例子。在语言学会议召开前，那篇文章已经送达与会者，而我的任务就是在一般层次上谈论"超越'教科书'编年史和护教学"。然而，我加入一个在技术上有着更高要求的人类学研究领域的简单（而短暂）的成年礼使得这样一个具有一般意义的倡议看起来过于狂妄了。因此，我转而选择试图在语言人类学的历史编纂方面作出实质贡献。

　　实际上，那份计划不无冒昧之处。我对弗朗兹·鲍亚士早期的语言学通信和出版物的评论表明，一份早先仅依据公开发表的材料所作的论述（Voegelin 1952）实际上进行了某种现时主义式的歪曲。但是，在将"鲍亚士计划"重新放回其语境时，我也不无犹豫，因为有些问题多少超出了我的学术能力。只是在一般容许的范围内，也在拥有合格资质的作者的鼓励下，我后来才勉为其难，应会议组织者之邀，写了一篇简短的历史学论文。在那篇文章中，我大致遵循着库恩式理路，对下述看法提出了批评，"科学语言学是从某个点上'开始'的——由此一切都是同一个不间断的话语世界*的组成部分"（Stocking 1974e：511）。即使在像鲍亚士这样离我们如此之近的形象中，"我们也必须拒绝接受下述观念，即我们是在切近地或直接地观察语言学的过去"（514），在表明这种立场的同时，我坚持认为，历史学与其说是一门专业学科，不如说它更是一门伦理学科，它首先要求研究者具备所有与人类学田野工作者相似的态度：不仅要像在剧院中那样，对"语言学方法和理论的真正本质"的怀疑有着清醒的意识并将之搁置起来，同时也要对其信仰有清醒的意识并将之搁置起来。

　　但矛盾的是，这次向语言学史深处的短暂探险的总体效果让我相信，一个非语言学家所能写出的那种历史必定会受到诸多限制。我不仅难以接受某些具有明显的现时主义倾向的解释，我在"阅读《美洲印第安语言手册》方面，或解释鲍亚士的田野笔记或

---

　　*　　Universe of discourse，又译为"论域"或"全域"，逻辑学术语。指讨论或辩论涉及的一切对象、事件、性质、关系及思想等。——译注

萨丕尔的报告方面"也有困难（Stocking 1974e：518）。作为一个
历史学家，我不惮于处理"牵涉到种族和语言的关系、语言学理
论和进化论学说的关系或语言的起源和哲学的广泛问题"。但也有
"对一种微观历史研究的真实需要，这只能由拥有专业语言才能的
人来完成"（同上）。

　　我不打算解决在这份声明中隐含的所有问题，它回应（但并
不是重复）了"内在主义"科学史和"外在主义"科学史的传统
（无疑也是过于简单的）区分。实际上，我自己的历史（也是"人
类学史"系列的历史）虽然特别关注专门史和微观史，但意在解
决更一般的和更广泛语境下的问题，而不是学科的学术发展或观
念发展。由于有一种抱怨意见认为，其兴趣实际上是复古论的，
而与当今人类学家面临的问题并没有清晰的关系。但在人文科学
的历史研究可能采用的许多形式中，我仍然愿意认可更具学术技
术取向的历史学的正当性，在这种历史学中，尽管不再强调其断
裂性，有一种长期积累的方法论的、实质性的和观念性的发展。
从这种观点看，纽贝里会议对我来说是迈向承认在历史理解和当
前学科关怀之间更密切的相互关系的一步（既然我不无问题地自
我定义为"人类学家"）。

　　从民族志方法历史的观点看，所谓"鲍亚士计划"应该放在
与发端于 1900 年左右的一般人类学进程的关系中看待。由于鲍
亚士不像马林诺斯基那样提出了一种方法论宣言，但从他在 1904
年向一个委员会所作的陈述中，却不难得知他的民族志目标，由
于他同时为美国民族学局（Bureau of American Ethnology）和美
国自然史博物馆两家机构工作，却被指责在分发他搜集的材料时
有不公之嫌，委员会受命对此展开调查。问题在于用政府资金搜
集的民族志材料的所有权和归属，在为他在两个机构间分发资料

62

的做法辩护时，鲍亚士提供了一份对田野民族志工作者使命的简要陈述。"我已经授命我的学生"，他说道，

> 着手搜集某些东西，用他们便于在土著语言中获得信息的任何手段去收集，去获得为解释其原文所必需的语法信息。因此，他们的旅行会得到下述结果：他们会获得样品；他们会获得对样品的解释；他们会获得相关的原文，这些原文部分地涉及样本，部分地涉及抽象的东西；他们也会获得语法素材。材料可以这样分配：语法材料和原文送交民族学局，而样品则送交纽约博物馆。（引自 GS 1977b；参见 Hinsley 1981）

虽然鲍亚士是在自然科学中接受训练的，但他的民族志目标是传统人文科学学者的目标：为没有历史记载的无文字民族创造一批基本材料，这些材料与欧洲学者在研究他们自己的文化史时所用的材料是相似的。这包括：他们的艺术与工艺的物质遗留物；他们用自己的口头语言讲述其历史和文化生活的文学材料；以及源自口头语言的语法材料——所有材料多少都直接表现了民族的"天性"，尽可能避免了外部观察者的文化范畴强加给他们的"音变"（alternating sounds）（参见 GS 1974d；M. Smith 1959）。"鲍亚士计划"应当被看作这种更广泛的民族志策略的一个组成部分。

弗朗兹·鲍亚士在20世纪美洲印第安语言学中扮演着核心的角色，《美洲印第安语言手册》（简称《手册》）（Boas 1911a）

在某些方面也是那项研究的纲领，这当然已是常识了（Emeneau 1943：35；Hymes 1964：7-9）。但卡尔·福吉林（Carl Voegelin）所谓"美洲印第安语言描述的鲍亚士计划"（Voegelin 1952）的特征，以及《手册》所赖以产生的思想、制度和人际关系情境，都是值得进一步研究的问题。福吉林对这些问题的处理却不无推测和臆说之嫌，也仅仅依据《手册》本身的内在证据。在这个基础上，他表明很有可能是由鲍亚士亲自"执笔撰写了基本语法，然后由另外一位或多位人类学家润色而成"。也许更重要的是，他说：

> 如果鲍亚士在今天写作的话，我们会感到，他可能不太适合担任茨姆锡安语、夸库特语和切努克语纲要的执笔人（在他自己的田野工作的基础上），以及达科他语纲要的合作执笔人，而更适合担任《迈杜语、福克斯语、休帕语、特林枝语和海达语的结构性重估》（在由狄克逊、琼斯、迈克逊、戈达德和斯旺顿等人搜集的田野笔记的基础上）的执笔人——简言之，我们最好还是将鲍亚士视为《手册》第一部分大部分纲要的执笔人。（440-41）

接着，福吉林从四卷《手册》中最终发表的二十条语法中推导出一个比鲍亚士在《导言》中所言"一般的描述计划"更详尽的模式（Boas 1911a：vi）。但随后的部分却表明，与鲍亚士本人的构想相比，福吉林版本的鲍亚士"总体计划"表现出某种不同的，结构也更完善的特征。但幸运的是，这些问题并非只能从公开出版物的内在分析才能解决。本文不过抛砖引玉而已，或许有朝一日，比我更有语言学才智的学者可以充分利

64   用美国哲学学会和史密森学会人类学档案中的手稿材料，最终
完成这项历史研究。[1]

《手册》的问世

　　《手册》是鲍亚士与美国民族学局的语言学联系出产的主
要成果，这种联系可以追溯到鲍亚士作为人类学家的职业生涯
的开始。在 1885 年秋天，他写信给民族学局，请求获得一份
约翰·韦斯利·鲍威尔《印第安语言导论》（Powell 1880）的副
本，以指导分析爱斯基摩人的语言材料，这些材料最初收入后
来由民族学局基于其巴芬兰爱斯基摩著作印行的报告（BE：FB
10/3/85）。他的请求表明，在这个时候，鲍亚士对自己的语言学
多少是不自信的，而其他证据也表明，他没有受过正规的语言学
训练，也几乎没有全面接触过欧洲比较语言学传统。确实，在
这一时期的某个时候，他结识了海曼·施泰因塔尔（Heymann
Steinthal），后来至少还有过一次交流。但即便鲍亚士后来的工
作使得这次会面有一种特殊的回顾意义，它仍然是转瞬即逝的：
鲍亚士后来"后悔从未认真对待"施泰因塔尔的论文（Jakboson
1944：188；Harrington 1945：98；BP：HS/FB 9/15/88）。当鲍
亚士着手分析爱斯基摩语言材料时，得到 H. J. 林克（H. J. Rink）
助力甚多，后者是一个在爱斯基摩人中间居住多年的丹麦人，并

──────────

[1]　除了我没有受过语言学训练而带来的限制外（参见 GS 1974e），我还应该提
　　　到，这项研究在很大程度上建立在 1909 年通信的基础上——这段时期包括第
　　　1 卷中十条原理以及第 2 卷中萨丕尔的塔克尔玛原理的提出与完善（虽然后
　　　者直到 1922 年才刊行面世）。

实际上负责为鲍亚士翻译爱斯基摩人的文本（BE：FB 9/15/85，10/3/85，10/30/85，5/13/87）。

　　从那时起，作为一个未经专业训练的新手，鲍亚士在第一个十年的西北海岸一般田野考察期间获得了语言学技能，这也表明他大都是自学的。有证据表明，他可能阅读了弗里德里希·穆勒（Friedrich Muller）的《科学大纲》等著作（BP：H. Hale/FB 4/30/88），并在整体上熟悉了欧洲语文学传统。他显然也读过与他有关的其他欧美语言学著作。通过他在英国科学促进会的工作中与霍雷肖·黑尔（Horatio Hale）建立的密切关系，鲍亚士很快熟悉了源自加拉廷（A. A. Gallatin）的美国语文学传统。但他与黑尔的关系也越来越对立，这也证明了其他资料已经证实之事：他自己的田野工作情境造就了其"专业自修"的语境。正是在从不同的印第安访谈对象口中记录神话与口头传统的过程中，他

66

"鲍亚士计划"时期的弗朗兹·鲍亚士——采自1906年即他获得博士学位二十五周年之际出版的《纪念文集》（美国哲学学会惠允使用）

解决了正字法的问题，并发展出语言分析的独特方法（Jakobson 1944：188；Lowie 1943：183-84；Dell Hymes，个人交流；参见 J. Gruber 1967）。[2]

　　但在一段相对短暂的时期内，鲍亚士已经运用这种经验对传统"音变"研究法展开了总体批评，这其中蕴含着其成熟语言学著作中许多典型的相对主义命题（1889；参见 GS 1968b：157-60）。而在更早的时候，他已经非常自信，将他在调查和讨论西北语言问题的基础上写成的报告主动寄给了鲍威尔，他还提出了一份撒利希语调查五年计划（BE：FB/Powell 8/8/88；FB/H. Henshaw 12/3/88）。然而，鲍亚士实际上只能从民族学局得到一部分语言研究资助，以补充他正在为英国人类学会开展的一般民族志调查工作（FB/Powell 12/22/88；FB/Henshaw 3/8/90）。不止如此，他在此时期的通信表明，除了对撒利希

----

[2]　由于本文是在 1968 年完成的，我没有来得及参考黑尔考察鲍亚士曾在其论文《音变论》中同样考察过的问题的论文（Hale 1884；参见 Boas 1889）。在这篇论文中，黑尔回顾了他偶然在 1882 年曾经进行过的一种实验。他和亚历山大·梅尔维尔·贝尔教授同时记录了一个易洛魁访谈人所说的词语，在许多例子中，黑尔记录为"r"的音，贝尔则记录为"l"。在这一基础上，以及根据传教士词汇表中的证据，黑尔断定，"中间发音"的一般现象并不"在于说话者的发音，而在于听话者的耳朵"——"当声音被含混地发出时，……听者由于不熟悉这种特别的声音，会不自觉地做出实际上并不存在的区别。"这种观点多少是鲍亚士式的，而有人会以此来支持雅各布·葛鲁伯的观点，即黑尔是鲍亚士人类学的主要要素的一个重要来源——虽然葛鲁伯本人并没有这样明确说过（Gruber 1967）。虽然鲍亚士很可能非常熟悉黑尔的论文，但我在黑尔本人写给鲍亚士的通信中没有发现任何地方曾提到这一点，而黑尔提供的资料和鲍亚士使用的资料也没有重叠的地方。不只如此，论文之间的差异是非常之大的：在黑尔的文章中，完全找不到鲍亚士用心理—生理学术语进行的论证的丝毫痕迹，而从根本上说，黑尔在替换语音的基础上过分强调了语系内部的分化过程。在总体上，我仍然倾向于减少黑尔对鲍亚士的影响，不但在这一方面，在其他问题上也是如此。

语的深入调查兴趣外，他仍然花费大部分精力从事地区考察、词汇表、语法"记录"和语系归类问题等方面的考察（FB/Henshaw 1/24/89，10/20/89，3/8/90）——也就是说，他在大多数时候仍在鲍威尔的框架内工作，实际上很少全面、深入地研究语法结构。

这种模式大概要待到鲍亚士在 1890 年接触切努克语后才开始有所改变。虽然在一开始，问题只是确定它与撒利希语的关系，鲍亚士很快就着迷于语言本身的复杂性（BE：FB/Henshaw 5/16/90，7/14/90），而他在 1890 年代的语言学努力大都是研究切努克语系的几个分支，力图"说明"它的结构（FB/Powell 1/18/93）。

但令人遗憾的是，鲍亚士与民族学局的关系在 1894 年（由于更严厉的环境）大大削弱了，由于民族学局的人事变更，威廉·霍姆斯（William Holmes）被派往了芝加哥，他失去了在田野博物馆的工作。一年半以后——显然是为了部分地补偿这种不公待遇——鲍亚士得到了一个固定职位，负责民族学局的编辑工作。虽然他差一点就答应了，他还是接受了另一份任命，这样可以在纽约永久安顿下来（BP：retrospective account by Boas，1911；BE：FB/Powell 6/19/95；FB/W. J. McGee 6/27/95，1/26/96）。

不过，从 1896 年开始，直到《手册》印行前，鲍亚士与民族学局的关系始终是十分密切的（虽然并不总是融洽的）。不只如此，很显然，他们的关系是在一种与当初破裂时不同的情境中恢复的。他后来对其早期语言学著作的回顾性评论表明，大约从这时起，鲍亚士认为他自修的语言学能力已经达到了相当专业的水准（Boas 1900：708）。而民族学局早在 1880 年代后期就认为他

是一个有强烈上进心的新手，现在明确地认可他是一位（虽然还
不是唯一的）印第安语言领袖学者。也是从这时开始，我们发现，
有证据表明，鲍亚士正在不断地做出系统的努力，训练那些在专
业水平上开展语言学工作的学生。在 1899 年后，那时，约翰·斯
旺顿正在南达科他准备修改由 J. 欧文·杜尔西牧师为民族学局搜
集的苏语（Sioux）文稿，那些在鲍亚士的哥伦比亚语言学席明纳
中受训的学生每年都在民族学局资助下开展语言田野调查。

　　最后，对于鲍亚士的语言学取向本身，有人会认为，他后
来在 1893 年世界博览会人类学会议上宣读的《太平洋北海岸地
区的语言分类》一文标志着他对分类问题之早期兴趣的顶点。在
这篇论文的最后段落，他表明需要对语言结构展开更深入的研究
（Boas 1894：346）。而他自己在 1890 年后期为民族学局开展的工
作大都是持续分析他先前在切努克人和茨姆锡安人中搜集的材料。

　　《手册》的准确构思时间尚不明朗。在后来某些时候，鲍亚士
68　分别提到了 1895 年、1897 年和 1898 年，还表明"他打算修订约
翰·韦斯利·鲍威尔的《印第安语言研究导论》"，这部书已经不再
印行，也开始"显露出它的不足之处"（Boas 1911a：v）。但事实上，
晚至 1898 年，鲍亚士索取并收到了两份鲍威尔《导论》的副本，他
将之送给了手下的田野工作者（BE：FB/McGee 4/15/98，4/21/98）。
另一方面，前一年的一封信也表明，鲍威尔已经在构想某种鲍亚士
正准备开展的重要语言学研究计划（FB/McGee 4/12/97）。

　　但第一次特别提到《手册》是在 1901 年春天，鲍亚士写了一
封信给民族学局执行官 W. J. 迈克吉（W. J. McGee），回忆起他们
"曾经常常讨论出版一本北美语言手册的迫切性"，并表明他最近
在《美国人类学家》上发表的夸库特语法纲要（Boas 1900）是作
为他正在构思的工作模式。鲍亚士感到，他已经"训练了一批足

够的年轻人，有条件系统地开展这种工作"，而在与美国博物馆、哥伦比亚大学、哈佛大学以及加州大学的合作中，有可能开展必要的田野工作，并有望在五六年内完成《手册》（BP：FB/McGee 4/4/01，4/20/01；参见 6/18/02）。迈克吉和鲍威尔在回信时也表示支持，在下一个月，鲍亚士就接到了民族学局荣誉语文学家的任命（McGee/FB 4/5/01，5/22/01；S. P. Langley/FB 5/23/01）。

　　虽然田野工作在 1901 年和 1902 年夏季开始了，但整个方案却仍然处在起步阶段，而当迈克吉在鲍威尔于 1902 年辞世后不得不离开民族学局时，整个计划不得不重新协商（Hinsley 1981）。鲍亚士与民族学局新任负责人威廉·霍姆斯的个人关系很是淡漠；而鲍亚士先前与迈克吉及民族学局的关系由此成为随迈克吉离职而带来的混乱问题。语言学工作资助一度大幅削减（BP：Holmes/FB 1/6/03）。但到 1903 年，《手册》计划在经过修订而更加细化后，最终获得了支持，而鲍亚士也向他青睐的合作者们发出了邀请（FB/Holmes 3/5/03，5/9/03；Holmes/FB 11/25/03，12/8/03）。

合作团队的创立

　　为了处理《手册》作者身份的问题，在此更全面地检讨一下人员构成，是不无裨益的——不仅包括那些名字印在书内的合作者，也包括那些已在此前出现和没有出现名字的人。我们注意到，从一开始，传教士和一批老资格的民族学局成员就均被排除在外。（出于当前的目的，民族学局新晋成员斯旺顿和曾经是传教士的戈达德是局部例外。）这些忽略绝不是偶然的，这在确定《手册》的思想语境及其作者群之合作模式方面有着莫大的关系。

69

如果我们想当然地认为鲍威尔和民族学局全面地介入了语言学研究，那么，这必然会歪曲《手册》的历史意义。虽然鲍威尔的美洲语言分类更是词汇学的而不是形态学的，这是众所周知的事实，但鲍亚士《手册》究竟在多大程度上体现了印第安语言研究中的根本转向，仍然因数量巨多的文献书目（其中传教士语言学家写了大量的条目）而暧昧不明，这些书目都收入了民族学局于 1891 年刊行的《美国墨西哥州北部的印第安语系》（Darnell 1971a）。民族学局成员确实搜集了相当多的语言学材料，但在鲍亚士时代之前，他们却很少以扩大语法分析方式发表著作。而除了所有这样的材料，除了在数十年间对美洲印第安语言的"复合"或"综合"特征加以推测外，大量禁得起专业检验的——至少在弗朗兹·鲍亚士和爱德华·萨丕尔看来——对特定印第安语言细致而系统的研究仍告阙如，鲍亚士对这两个 19 世纪重要的语言学者群体的态度反映了这种评价。[3] 从 1896 年开始，鲍亚士为民族学局重新开展的活动实际上排斥了传教士（以及其他人）进入"美洲印第安语言研究机构"。当传教士写信给民族学局请求查阅未刊手稿材料或寄上自己的手稿请求出版时，这个问题就会作为日常事务提交给鲍亚士。可想而知，鲍亚士会表明，传教士不具备科学语言学的知识，或者他只能查阅民族学局已经刊行的著作，或者——在一个场合中——当传教士的著作好于某些著作时，它也不需要出版，因为鲍亚士手下的调查人员正准备在同一个部落中开展调查工作（BE：FB/McGee 4/11/98；FB/Holmes 12/7/03,

───────

〔3〕 Sapir 1971a；但请参见卡尔·福吉林的评论："鲍亚士的先驱们都研究一种语法内部的组成要素，而不是研究广泛的语法，虽然某些最好的例子，如杜尔西对衣阿族—奥托族个人标记的研究，仍然存在 BAE 档案手稿中"（个人交流）。关于鲍亚士与民族学局工作的关系，参见 Darnell 1969。

11/23/04，1/31/06，7/14/06，1/8/08；Holmes/FB 3/25/07，1/15/08；
BP：Holmes/FB 12/8/03；Holmes/Verwyst 5/9/07；参见 FB/A. Huntington
1/30/06）。

　　至于民族学局的人选，则非阿尔伯特·加切特（A. Gatschet）　　*70*
莫属，对这位老学者的才华，鲍亚士曾经评价极高。不过加切特的
身体状况堪忧，他实际上在《手册》成稿前就去世了。尽管如此，
在 1900 年，鲍亚士向迈克吉提议说，加切特应该为他曾研究过但
尚未刊印的每一种语言写一份三十页纲要，这样，他在漫长职业
生涯中搜集的大量资料在其身后仍能供其他调查者使用（BP：FP/
McGee 2/4/00；McGee/FB 3/1/00；参见 FB/J/ Dunn 11/7/07；BE：
FB/Holmes 11/26/07，12/5/07）。这项任务与按照鲍亚士初衷实施的
《手册》纲要准备工作十分相似（虽然在工作量上要远为困难），在
鲍亚士的构想中，每种语言包括文献都可以在总共五十页篇幅内加
以综述（BP：FB/Holmes 3/5/03）。这样，鲍亚士甚至没有提到加
切特承担《手册》工作的可能性，这再次表明了他对民族学局语言
学家的总体态度，我们尤其要考虑到，他可是不止一次在各种场合
贬损过老一代美国人类学家的才能，以及加切特 1890 年发表的克
拉马斯语法研究中的进化论假设（FB/Z. Nuttall 5/16/01）。

　　鲍亚士没有纳入其计划的一个民族学局成员的命运更有说服
力。鲍亚士希望休伊特（J. N. B. Hewitt，一个长期受雇于民族学
局、有些孤僻的塔斯卡洛拉人后裔）写一份易洛魁语法纲要。在
霍姆斯几年居间敦促休伊特而无果后，鲍亚士最终成功地——在
他本人也开始研究易洛魁人后——直接与休伊特就方案进行了交
流。他很快发现，虽然休伊特可以流利地说两种易洛魁方言，拥
有丰富的易洛魁语言细节的知识，并且能够"分析每一个词"，但
他"显然对整个语言语法没有清晰的认识"。虽然鲍亚士提出他可

以帮助休伊特长住纽约，这样他自己就可以"向休伊特提问而全面整理他的知识"，但这种安排从未实现，而他构想的易洛魁语纲要也就此搁浅（BP：FB/Holmes 5/9/03；FB/Hewitt 8/30/07；BE：FB/Holmes 10/30/07，1/27/08，3/8/09，8/1/09）。[4]

71　　休伊特不是唯一遭到"淘汰"的潜在撰稿人。即使在嫡系门生中，鲍亚士也严格筛选。好像是刻意显示自己的语言学能力，鲍亚士认为，他在克拉克大学的第一个博士生亚历山大·弗朗西斯·张伯伦（A. F. Chamberlain）不足以承担库特奈语（Kootenay）的研究，因为他总是迷失在细节当中，而"基本的东西却被忽略了"（BE：FB/Holmes 6/5/05，5/3/08）。即使在哥伦比亚大学安身之后，虽然鲍亚士早在筹划《手册》时就提到要招募一群有希望的年轻人，他也先后经历了几次失败。一个学生是埃米尔·赛特勒（Emile Seytler）博士，虽有才华，却因不负责任而被拒绝；另一个叫作亨宁的，更适合做一个文书而不是科学家（FB/McGee 1/26/96，11/4/97，11/25/97，3/5/98）。而即使在他后来向迈克吉举荐的年轻人中，也有一个有名的淘汰人物。鲍亚士在最早时候曾列举了两种他计划包括在内的语言，打算交由 H. H. 圣克莱尔研究（BP：FB/Holmes 3/5/03）。圣克莱尔实际上连续几个夏季都在开展田野调查工作，《手册》第 2 卷中的两份纲要（塔科尔麻语和科萨语）提到得益于他搜集的田野笔记。但圣克莱尔的主要工作是从事肖肖尼语（Shoshone）的研究，至少在一开始，鲍亚士对他的

----

〔4〕　休伊特事件对鲍亚士的方法论假设有着饶有趣味的含义（参见下文中描述的这种观念：语言应这样来描述，似乎土著人能够定义其自己语言的分类范畴）。显然，关键变量实际上是鲍亚士的正式训练。威廉·琼斯（他的限定知识仍然包括一口流利的福克斯语）在鲍亚士手下完成研究生学业后成为一位《手册》的合作者。

语言学才华评价颇高（实际上，是圣克莱尔亲自践行了鲍亚士的第一次尝试，将速记法作为一种田野技术使用）（FB/Holmes 5/9/03，6/2/03）。但令人遗憾的是，圣克莱尔并没有"感到有必要定期报告自己的工作进程"，而鲍亚士发现这种"不与总部沟通的做法……是不能容忍的"（BE：FB/Holmes 1/19/03，2/13/03）。显然正是由于圣克莱尔的对抗情绪，他被从合作者团队中清除出去了，由此也被从美洲印第安语言学界清除出去了（BP：FB/St. Clair 2/8/05）。

　　除了鲍亚士淘汰的那些人外，这有一个人主动将自己淘汰了，这也说明了最终形成的合作团队的性质。当参加团队的邀请书发出后，鲍亚士要求他在哥伦比亚的第一个博士生、如今已是加州大学人类学教授的 A. L. 克虏伯撰写一份尤罗克语纲要（BP；FB/ALK 12/11/03）。一开始克虏伯并不太情愿。他不能确定什么时候有空，他宁愿选择尤基语，而他也想知道鲍亚士在收到稿件后"怎样处理它们"（ALK/FB 12/27/03，2/21/04，3/27/04）。当他同意参加后，他写了一封短信，在信中痛苦地表示，他认为自己的学者品性不允许自己断然拒绝"精神导师"，因此只能表示服从（3/27/04）。当《手册》又要延迟几年才能刊行时，克虏伯在 1908 年表示，他应该收回尤基语纲要，因为他现在感到他在语音方面犯了错误，但又腾不出时间开展进一步的田野工作。他宁愿把已经发表的约克茨语资料提供给鲍亚士，同时表示说，他理解鲍亚士"会一丝不苟地编辑所有的稿件"，而且会在编辑这份稿件时"得到您想要的东西"（2/1/08）。鲍亚士归还了尤基文稿，还简短地表明，他宁愿不用约克茨语（2/11/08）。

　　在六位早期见到纲要刊行的参加者中，没有一个人像克虏伯那样表现出反抗之举。有四个人曾经是——或仍然是——鲍亚士的博士研究生。在这些人中，三个人显然仍保持着对他的依赖关

72

系。与圣克莱尔不同，他们在田野中会定期向总部报告，而他们的信件也清楚地表明，他们与鲍亚士是一种学生和导师的关系。爱德华·萨丕尔一度在他的通信中以"yours very respectful"结尾（BP：ES/FB 7/4/05）。约翰·斯旺顿在几个场合中明确表示，鲍亚士可以以任何一种他愿意的方式润色自己的手稿（JS/FB 2/2/05，5/31/05，11/27/07）。威廉·琼斯在最终改定他的福克斯语手稿前就在菲律宾群岛去世了，这也让鲍亚士有完全的自由来做同样的事情。

除了这三位参加者外，威廉·塔尔比泽（William Thalbitzer），一位在印欧语文学正宗传统中受过训练的丹麦学者，曾经出版了一部爱斯基摩语音学著作，在心态而非学派方面，都表现出惊人的鲍亚士式风格（Thalbitzer 1904：xii）。鲍亚士显然在心目中对他怀有十分深刻的印象，而他——仍然对自己的英语能力不够确信——更急于得到鲍亚士的帮助，并愿意给予鲍亚士想要的东西（BP：WT/FB 2/13/07，12/20/07，6/1/08）。普林尼·戈达德（Pliny Goddard），虽然曾是一个世俗传教士，如今在加州大学师从本雅明·伊德·惠勒攻读语言学博士学位，并与克虏伯来往密切，克虏伯虽然对鲍亚士怀有抵触情绪，但他在美洲印第安语言的基本方法方面显然是鲍亚士式的。戈达德也急于取悦鲍亚士，最后还正式感谢鲍亚士在完善自己的休帕语（Hupa）纲要方面所做的工作（PG/FB 10/20/08）。罗兰·狄克逊（Roland Dixon）在加入哈佛大学人类学系前，首先作为鲍亚士指导的博士研究生从事迈杜语（Maidu）语法研究，他向来特立独行，但在语言学观点方面没有根本的差别。与此相矛盾的是，虽然萨丕尔的塔科尔麻语（Takelma）纲要实际上是他的博士学位论文，但就其纯粹的语言学才华而言，可谓独秀于林。他是一个例子，表明在思想影响的潮流中已经出现了部分的逆转。确实，鲍亚士将自己的切努克语（Chinook）纲要交给萨丕尔，请他写一篇从语义方面论述语音独特性的短文（FB/ES 3/29/09，3/31/09，4/5/09）。

　　在那时，显而易见，这个团队的互动状况十分符合福吉林对《手册》作者身份的解释。鲍亚士进行非常严格的筛选，而在大多数情况下，他亲手训练这群仍然有着极大依赖性的年轻学者，在他眼中，他们应当"献身于"他一手发动的方兴未艾的事业：在科学基础上，创立美国的印第安语言学，其基本假设是由他费尽心血确定的。而我们也确实在他的通信中发现了一些支持福吉林解释的段落。在他最紧张的编辑工作期间，在 1908 年 1 月，鲍亚士向威廉·霍姆斯抱怨说，"也许您没有意识到最终编定所有纲要要耗费多少精力，其中有一些纲要完全是我亲自动手重写的"（BE：FB/WH 1/20/08；参见 8/30/07，3/8/09）。然而，同一时期的其他通信似乎表明，鲍亚士在这里指的是圣克莱尔的肖肖尼语纲要，但这份纲要后来从未刊行；指他自己的茨姆锡安语纲要；指斯旺顿的苏语纲要，他的名字作为合作撰稿人出现；或许也指斯旺顿的特林枝语纲要，他自己的名字并未出现在其中（BP：FB/Swanton 1/13/08；FB/Laufer 3/11/08；BE：FB/Holmes 1/27/08，5/6/08，6/3/08）。就其余的纲要而言，通信表明，不管鲍亚士的编辑角色多么广泛，他作为作者的角色却不是如此。他实际上明确拒绝对克虏伯的约克茨语纲要加以"结构性重述"。他也明确地将对琼斯的福克斯语手稿的一些增补工作分派给了杜鲁门·迈克逊（Truman Michelson），理由是他自己腾不出手来做这件事（BE：FB/Holmes 8/9/09）。塔尔比泽的爱斯基摩语纲要尽管感谢鲍亚士"帮助修订和完稿"，是鲍亚士编辑工作中最后一份委托他人并最后刊行的纲要（BP：WT/FB 6/1/08，7/18/08），而其多少有些歧异

的特征表明他并未对它重改。[5] 当狄克逊感到证据并不支持鲍亚
士的意见，并感到自己应该在校样中增添新材料时，他似乎十分
抵触鲍亚士（Dixon/FB 3/2/09，3/8/09）。而对戈达德的休帕语纲
要，鲍亚士的修改意见也是这样提出来的，从总体上也具有十分
歧异的特征（FB/PG 11/23/07，PG/FB 12/18/07，10/20/08）。

确实，正是鲍亚士编辑工作的特征给作者身份的问题提供了
最重要的证据。他实际上花了大量精力关注诸如标题与排版等体
例统一问题（BE：FB/collaborators 7/16/04；FB/Holmes 1/8/08），
也有证据表明他的成果呈现计划既服从严格的语言学标准，也服
从美学标准。只有一次，他感到纲要"并不符合本书的整体规
划"。但这不是语言学的问题——鲍亚士认为萨丕尔的塔科尔麻语
纲要是非常优秀的。只不过，它对原来计划来说过于详细，篇幅
也过长，要么放到卷末，要么放入第二卷（实际上也是这样刊行
的）（FB/Holmes 6/24/09；参见 Darnell 1990：16-24）。

在各种纲要的实质内容上，鲍亚士的编辑工作大都处理如何补
充新的材料，而不是对分析本身进行加工。第一批手稿是在 1904 年
底收齐的，但计划拖延了太长时间，以致后续研究也经常编入进来。
鲍亚士本人前往卡莱尔印第安学校，并于 1908 年在纽约与印第安访
谈对象一道工作，这显然有助于修订苏语和茨姆锡语纲要（BE：FB/
Holmes 1/27/08；2/12/08，4/15/08）。即使当夸库特语纲要已经排好
校样，他仍然感到，根据他最近对语言的更深理解，他必须增添不
少材料（FB/Holmes 6/24/09，6/28/09，8/1/09）。同样，他经常要求

_74_

---

[5] 塔尔比泽的纲要在证实鲍亚士对《手册》的影响的特征方面是很有启发性的。
     塔尔比泽曾经在威廉·汤姆森和奥托·耶斯佩森手下受过训练，他努力在欧洲
     传统之外追随鲍亚士的方法。他在描述上的背离表明，其他人（那些都与鲍
     亚士一起研究的人，但戈达德除外）相当认可塔尔比泽所做的工作。

合作者增加例子以阐明特定的语法要点，或者扩大他们的一部分论点。从通信判断，他提议的修订显示出十分醒目的特征：为了强调他感到的两种语言间的形态学关系，他向戈达德建议重新分析休帕语的动词，向斯旺顿建议重新分类特林枝语的前缀，也同时向他们建议增添一份动词形式的图表（BP：FB/PG 11/23/07，12/28/07；FB/JS 11/25/07，12/26/07；参见 Boas 1911a：133，190）。总体上，在我看来，除了《手册》目录表明的，没有证据（斯旺顿的特林枝语纲要也许是一个例外）能够表明，他对任何作者身份有特殊贡献。

对进化论语言学的批评

这种结论当然部分地依赖于对本文开篇第二个问题的回答：鲍亚士模式本身的目标和性质。福吉林表明，鲍亚士"对语言结构表现出持续的兴趣"和他"始终坚持分析语言结构以方便比较"，这与他以传播论而非发生学解释语言的相似性是联系在一起的，而"鲍亚士计划"的设计目的是"为了获得这种解释必需的跨发生学可比较性"（Voegelin 1952：439）。或许反映了福吉林自己对类型学和结构的持续兴趣，[6] 他对"鲍亚士计划"的分析（在"语音"、"过程"和"意义"等标题下）在我看来似乎赋予它比鲍亚士本人更多的结构一体性。因而，福吉林以"语音"为例表明，

75

---

〔6〕　除了它与福吉林长期的学术兴趣的关系之外（参见 1955；Voegelin & Voeglin 1963），鲍亚士计划论文似乎是在他写作另外两篇关键论文的情境中写成的，在后两篇论文中，描述模式、结构性重估、类型学等问题在他的思考中是最重要的——这由下面的事实得到证实，三篇论文的每一篇文章都在脚注中提到了另外两篇（参见 1954；Voegelin & Harris 1952）。

我们可以用系统的"比较法"以各种方式重新处理辅音，这样，它们可以在嘴里按照从前往后的接触点顺序，从左向右逐个读出来：b-d-g；p-t-k；p′-t′-k′。福吉林以这种形式提出了一个"美国印第安语言的一般化步骤模式"，以证明我们可以怎样"清楚地"看到鲍亚士的"总体计划"。福吉林确实注意到，鲍亚士实际上接受了合作者提供的任何方案（443）。他没有注意到的是，即使鲍亚士自己的语法在辅音安排顺序方面也是不同的（Boas 1911a：289，429，565）。这一点可能是微不足道的，但这其中的关键实际上是一个重要的历史问题：鲍亚士究竟是一个披着历史外衣的现代结构主义者，还是他更关注十分不同的问题，也就是说，辅音排列根本不是关键，抑或较不系统的排列可能是更合适的？

在转向讨论"过程"（process）问题时，福吉林表明，鲍亚士通常所称的"语法过程"（grammatical processes）可以根据它们与意义问题的关联排成一个连续体。根据随后的字母类型学，A 到 E 代表着"非语义过程"，而 F 到 K 则代表着"语法过程"本身，整个序列反映了实际说话的连续体，"语音置换"在一端，而"词语顺序"则在另一端（Voegelin 1952：445-50）。毫无疑问，在某种意义上，鲍亚士深切关注着实际说话的连续体；而出于我在下文将要讨论的原因，他实际上贬低了对句法问题的讨论，并将之放在每份纲要的最后部分。尽管如此，在我这个外行人眼里，福吉林的类型学与《手册》书页上的东西只有很弱的派生关系。福吉林所称的第一半连续体大都只是在独立的"语音学"部分中处理的材料。至于"语法过程"，在我看来，福吉林在含混地用说话连续流的"表现"来对界定问题时，就已经把问题弄得模糊了。鲍亚士本人在界定语法过程时，却是看它们在表达由"单一"或"特定"语音群表现的观念间的"关系"时怎样发挥功能，他表明，事实上只有两个这样的过程：一个过程是"在特定顺序中的组合，这可能会与各组成要素的交互语音影响结合在一起，另一个过程是语音群本身的内部变异"（Boas 1911a：27）。事实上，那些在不同语法中被列为语法过程的现象，至少在词语学层次上，要更加分化。它们包括"词缀"、"后缀"、"重叠"、"元音变化"、"词根变更"、"位置"和"并置"以及（在一个场合中）"合并"。从整体而言，鲍亚士的"语法过程"与其说呈现了一个"连续体"，不如说呈现了一种可能的方式，在单个语音群的基本观念，在世界的每种语言中，每一种体现都是有所不同的。

　　至于"陈述鲍亚士计划的下一个任务"，福吉林列出了"意义"——确定"由语法过程表现的观念"或（换一个同义说法）"语法范畴"。据福吉林的看法，鲍亚士对这些方面的讨论是一种（后来由萨丕尔和沃尔夫重新发行的）"期票"*，"我们最终会获得反映在新大陆各种原始人的土著语言中的各种世界观（*Weltanschauungen*）的可靠资料，由此也能够对它们与欧洲语言的世界观加以可靠的对比"。正是在这种语境下，福吉林表明，鲍亚士后来的合作者们"轻视了他那些单篇论述语法范畴的论文中的观念，而鲍亚士则更加热心"（Voegelin 1952：450-51）。实际上，甚至在第 1 卷中，那些论述"表现在语法范畴中的观念"的论文在后来的发展运用方面是很不均匀的；鲍亚士自己在处理的时候也不一致。在很大程度上，这些文章只是简要陈述了随后进行的语法分析的一般主题，而弱化或缺失可能不像福吉林说的那么关键。但重要的一点是，与其说它们是一种期票，倒不如说它们体现了一种分析前提，正是这种分析前提，而不是任何描述结

---

*　　指语言学理论中著名的萨丕尔—沃尔夫假说。

构，构成了鲍亚士的美洲印第安语言学研究计划的基础。各种十分歧异的描述可以并且确实并存在于这个前提之中。确实，它实际上需要这样一种多样性。

为了理解为什么这是实际的情况，我们有必要更细致地考虑鲍亚士构思《手册》的情境。首先，让我们简单地看一看几条19世纪后期美国印第安语法。马太的希达茨语纲要（Matthews 1877）和利格斯－杜尔西的达科塔语纲要（Riggs-Dorsey 1893）都是用我们在今天仍然学习的八种词类编排的：名词、代词、动词、副词、形容词、介词、连词和感叹词；这些都是基本分类；而虽然加切特的克拉马斯语从鲍亚士的观点看来更令人满意，但在他的陈述中仍然能够看出这种分类法的意味。在讨论词形变化时，加切特认为，在进化论观点看来首先是生理（即语音）原理和心理原理的产物，"最终都必须服从于理性逻辑……语法范畴就是这样建立的"。在此以前，只能看到与逻辑原理相反的传统原理。逻辑原理的存在只关乎词类的定义程度，而从这种观点看，雅利安语显然站在进化论尺度的最高处（1890：I，399）。

其他19世纪的材料表明，"语法过程"也可以用进化论来看。鲍威尔的《导论》（鲍亚士的《手册》就是要取而代之）区分了一系列与鲍亚士并无大异的"语法过程"。但鲍威尔以进化论眼光将它用作解决进化论问题之道，这个问题是由如下事实引起的：观念的增长速度远远超过表达观念之词语的增长速度。语法过程是用少量语词表达大量观念的手段。在一般"组合"过程下面，鲍威尔列出了其中四种方法：并置法、复合法、黏着法和变形法。但这些方法也被称为"阶段"，而虽然鲍威尔倾向于认为即使词形变化也是野蛮状态的残留，他无疑坚信英语是世界上最高级的语言，因为其语法过程是高度分化的（即，词语的派生是由组合完成的；而句法则是由定位完成的），也因为词类是高度分化的（Powell 1880：55-58，69-74）。

　　但这绝不是在错误地暗示说，所有 19 世纪美国关于印第安语言的思想都是遵照我刚才所说的路线系统地编排的。毋宁说，是反复出现的主题和不言自明的假说。不只如此，这些都可以统一纳入不同的框架。鲍威尔早先坚持认为，美洲印第安语言与印欧语言只有程度上的差别，而不是本质的差别（1877：104；参见 Brinton 1890：319）。然而，这不是一种反对进化主义民族中心论的观点，而是一种针对 19 世纪另一种广泛流行的美洲语言观：它源自彼得·杜邦索（Peter Duponceau）、威廉·冯·洪堡、弗朗西斯·列勃（Lieber）和海曼·冯·施泰因塔尔等人，他们认为，印第安语言与世界上其他语言有着本质的差别——它们具有"合并""综合"或单词句（holophrastic）的特征。当鲍威尔在 1891 年从事词汇学分类的同时，丹尼尔·加里森·布林顿几也从形态学角度对美洲语言进行了分类，他坚持区分这三种过程（Brinton 1890：320-22）。布林顿认为，美洲语言的构词法是多式综合的，动词形态的结构是合并式的（名词要素和代名词要素被合并到动词词干），而从作为多式综合与合并过程之基础的心理冲动的观点看，则是单词句式的，这种冲动是"以一个词语表现整个命题"（359）。但是，合并是它们最突出的语种特征，而布林顿花了大力气来解释任何明显的例外，认为所有美洲印第安语言都是合并式的（307，366-388）。鲍威尔更愿意考察过程的多样性，这实际上是将"合并"排除在名单外了——这导致了布林顿后来对他的指责（358；参见 Darnell 1988）。

　　这里的问题不是 19 世纪各种语言学思想之间的差别。有些思想认为言语起源于句子，有些思想认为起源于词语，有些认为起源于名词，有些认为起源于动词；有些思想具有种族中心论的性质，有些则多少具有相对主义的特征。关键是那些想要综合上述思想的假说，不管是以系统的方式，随意的方式，甚至是自我矛盾的方式。由此观之，布林顿有时过于夸大了印第安言语的优美，有时会论证雅利安语词形变化在语言的完美程度方面并不比阿尔衮琴语的合并更好（Brinton 1890：323）。但他同样能够以进化论观点看待他的形态学类型，他认为，高级语言区分了"材料"要素与"形式"要素；合并"远远没有达到屈折语言的层次"；在合并之外，美洲语言"没有句法，没有词形变化，没有名词和形容词的变格"（336，342-43，353）。他甚至写了一篇文章，在美洲印第安语言的基础上提出了旧石器时代言语特征的假说。他在这篇文章中指出，它们现在的特征证明，旧石器时代言语既没有时态，没有语气，也没有人称；"在原始人的语言中完全没有我们所称的'语法范畴'"；而合并过程则证明了"渐进式的"或进化式的"语法发展"。在论证过程中，布林顿就美洲印第安语言的经验现实发表了大量分类观点："抽象的一般词汇"是"缺乏的"或"少见的"；它们唯一的性状区分是有生命的和无生命的；而"语法的性状区别普遍存在于雅利安语言的语法中，但在我所知道的任何美洲方言中则是完全不存在的"（405，406，407）。

　　鲍亚士对进化论语言学家提出的特定问题的深刻关注在 1888 年 11 月就已经很明显了，他写下了《音变论》一文。现在还不能肯定，他是否已经熟悉了布林顿的旧石器时代语言观，后者是在同一年将论文提交给美国哲学学会的。不过，他的行文论证表明他对此很是熟悉：布林顿解释为旧石器人"含混的""波动的"以及尚不成熟的语言遗留的东西，在鲍亚士看来，实则不过是如布林顿这样一个在自身语言中找不到对应的人对"同一个语音的替代性感知"罢了（Boas 1889：52；Brinton 1890：397-99；参见

GS 1968a：158-59）。确实，鲍亚士在《手册》导论中讨论"语言范畴"时的观点显然建立在他在二十三年前用以解释音变时的逻辑之上。"因为语言想要表达的全部个人经验有着无穷的变化，而其整个范围则必须由有限数量的语音群表达，那么，显而易见，扩大的经验分类必然构成了所有有声言语的基础"——并不像鲍威尔暗示的，只有发达的人类语言才是这样，而是总体的人类语言都是如此。这些分类"全都存在于各种大大小小的人类群体之中，至于这些分类的局限，则必须从不同的观点才能确定"，"在不同语言中有着极大的材料差别，决也不会服从于同样的分类原则"。英语提供了许多"水"的词汇变化形式，而爱斯基摩语则提供了许多"雪"的词汇变化形式。"选择这些简单词汇的原则必须在某种程度上取决于一个民族的主要兴趣"，而出于这种原因，"从另一种语言的角度看，每一种语言在分类方面都是任意的"。每一种语言"在另一种语言看来都是单词句式的"，而"单词句表达法绝不是原始语言的根本特征"（Boas 1911a：24-27）。

正是在这种语境中，鲍亚士为前文提及的语法过程下了定义。然后，他继续论证道，"自然的表达单位是句子"，他又指出，我们的词语概念完全是人为的，显然只是分析的结果，而"同样的语素有时以单独的名词出现，有时又以一个词的组成部分出现，……出于这种原因，我们不能将它看作一个独立语素复合体"。在表明了对利格斯和杜尔西牧师语法分析的观点后，鲍亚士以他一贯的婉转风格下了精辟断语：

> 在词语与整个句子的关系中充分地讨论词语的概念是非常重要的，因为在美洲语言的形态学研究中，这个问题扮演着重要的角色。（1911a：27-33）

然后，鲍亚士转向了"词干和词缀"的问题，他继续指出，"一个句子中包含的观念分离为材料内容和形式变异，这是一个任意的过程，这种任意性大概首先是由各种不同的观念造成的，而这些观念可以以同样的方式通过同样的代名词和语气要素表现出来"——这绝不像布林顿和其他人认为的，是进化式演化的结果。将材料内容作为"词典编纂学的素材"而将形式要素作为"语法的素材"，这种处理方法无非是一种种族中心主义印欧语言观的结果。在美洲语言中，这种区分经常是含混和武断的，这归功于"如下事实，进入词形构造的要素在数量上是十分巨大的"（33-35）。

鲍亚士然后接着讨论"语法范畴"，并拒绝接受每一种语言都存在印欧式"分类体系"的看法。印欧语言依据性状、复数和词格对名词进行分类，依据人称、时态、语气和语态对动词进行分类。一方面，鲍亚士认为，类似区分会以与我们不熟悉的十分不同的方式来完成；另一方面，由于每一种语言在涉及一种必须要表达的观念时都会"选择心理形象的这个或那个方面"，在此基础上，完全不同的区分也是可能的。如果像布林顿所说的，在美洲语言中确实"在总体上缺少真正的性状"，那是因为"性状原则……只不过是大量可能的名词形式分类中的一种"。与此类似，我们说"the man is sick"（那个人生病了），而一个夸库特人实际上必须说"that invisible man lies sick on his back on the floor of the absent house"（那个看不见的人躺着生病用背部靠在空房的地上），因为可见性和近距离的范畴在夸库特语中是强制性的（Boas 1911a：35-43）。

包含在所有这些当中的，当然是如下观念，即，在他们的词汇和形态学中表达的语言之间，存在着根本的（虽然受文化的制约）心理学差异。这些心理学差异最终要以比较的方式进行编目，这种观念确实是一张期票。但对之进行分析的方法要建立在它们的存在之上，却不是一张期票。

语言的分析策略

鲍亚士在《手册》方面的通信的统一主旨是"分析"这个词。他向迈克吉的第一个提议表明，他在 1900 年所撰夸库特语法论文的主导观念是"用分析方法描述语言，总结出语音学、语法过程和语法范畴的基本原理"（BP：FP/McGee 4/4/01）。两年后，在向霍姆斯重新提出详尽计划时，鲍亚士写道，"我的计划是让纲要成为严格分析性的，也必须确定基本的分析立场，以供所有合作者贯彻执行"（FB/WH 5/9/03）。前前后后，鲍亚士给出了一些标准和演示，表明他所说的"纯粹分析性的"究竟指什么。最重要的一种分析策略牵涉"按照它们自然发展的样子呈现语法的基本特质，就像如果一个爱斯基摩人在没有任何其他语言知识的情况下呈现他自己的基本语法观念那样"（FB/Thalbitzer 1/30/07）。换言之，"语法范畴"可以通过分析语言本身从内部推导出来，而不是从外部强加。因而，我们必须努力"尽可能将印欧语言的观点完全排除在外"，在描绘语法范畴时，"不参考印欧语言的［范畴的］当前分类，因为这只会模糊美洲语言的基本特质"（FB/J. Dunn 11/7/07）。

正是在这种语境中，我们必须理解鲍亚士在 1904 年 7 月向合作者们所作的详尽指令。确实，他完成了一份夸库特语纲要的草稿（显然也包括"总论"），要求合作者"像这里采用的那样，也遵守划分为部分和段落的做法"。的确，他将自己最近所作的切努

克语词汇表研究（Boas 1904a）作为处理该部分的模式（BE：FB/
collaborators 7/16/04）。但通信和随后得到的语法结果清楚地表明，
夸库特语纲要的标题是说明性的，而不是必需的。制约着题目顺
序的关键原则表现在他后来写给休伊特和塔尔比泽的信件中：

> 我发现用这种方式在所有的纲要划分形态学主题是很
> 方便的，我首先用这种方式处理过所谓"词源学过程"，或
> 者进入一个词或句—词的构造中的要素；也就是说，我实际
> 上处理了与句法本身并无关系的每一个形态学部分，也处理
> 了这一部分被确定后的所有句法因素（如代词部分，等等）。
> （BP：FB/JH 8/30/07；参见 FB/WT 1/30/07）

布林顿和其他进化论者都将句法视为一种进化论演变的结果，
并降低了它在美洲语言中的作用。鲍亚士指出，我们可以而且实
际上用不同的替换过程处理语音群的交互关联这个问题，这些语
音群表现了不同的观念，就美洲语言的特征而言，这些过程最好
被视为"词源学"（或词语构造）的问题，同时，他又将传统句法
问题的处理策略降低到次要地位。然后，鲍亚士做了两件事。一
方面，他强调在印第安语言中存在着大量的"句法"；另一方面，
他实际上表明，传统句法观念本来就是一个民族中心主义的概念。

82 在转向语法本身来看待鲍亚士的指令是如何执行时，我们会
注意到，对每一种语法的强调确实集中于语音群交互关联的词源
学过程，集中于各种语音群传达的各种不同类别的观念。凡是在
以系统方式处理传统"词类"时，它们通常都作为小标题安排进
在此基础上的框架之中——虽然在戈达德的休帕语纲要中，我们
仍能发现词类的旧结构。句法通常都安排在纲要的最后部分，在

"句法小品词"、"句法关系"或"句子特征"等标题下，加以简短的讨论。除此以外，我们还会看到这样一些场合，在其中，资料描述或解释通常都是有意无意地批评那些对印第安语言或原始语言的一般概括，我曾表明，这种概括正是 19 世纪进化论语言学思想中流行的做法：如果布林顿认为印第安语言很少有连词，那么，鲍亚士就会提到，切努克语中有大量连词（Boas 1911a：636；Brinton 1890：344-45）。另一方面，我们注意到，鲍亚士很少将"合并"视为一个语法过程。看起来，这部著作的潜在主题是，在讨论美国印第安语言时，无须考虑 19 世纪许多语言学家认定为核心结构原理的特定过程。

　　除了在分析方法上有这些明显的相似性，在语法方面，最引人注目的是它们的显著差异。在我已指出的一般框架内，分析的标题及其描述顺序更加多变。但现在的论证事实上正需要这样一种多样性。如果目的是以其"内在形式"描述每一种语言，并以纯粹的内部分析推导它的范畴，还有，如果像鲍亚士向克虏伯指出的，选择哪些语言必须服从于"拥有尽可能多的独特心理类型"的愿望（BP：FB/AK 4/4/04），那么，可以说，描述的多样性就是对于分析方法之共识的合理结果。（或许正是在这种语境中，我们必须理解"非语义过程在语法过程中的""散布"［interspersing］，而福吉林建议用"排除了单一模式的复杂表述"填充纲要［Voegelin 1952：445］。）鲍亚士事实上在其"导论"中十分明确地为这种总体多样性奠定了基础：

　　　　由于不同语系间的根本差别，一个可取的做法是发展每
　　种语系的独立词汇表，并只在各种案例中寻找统一性，无须
　　人为地曲解术语的定义，就可以获得。（Boas 1911a：82）

83　　放在对 19 世纪假说的批评语境中来看，坚持描述印第安语言形式和过程之多样性和变异性，只不过是对当前没能论及合并的做法的反拨。

　　依照对于这一点的讨论，我们也许就能够更好地理解，何以会像福吉林所说的，在"手册第 1 卷中的一条语法"中出现的"专业词汇表"是如此地"奇特"。福吉林特别提到了"复合法"（composition）和"溶合法"（coalescence）。他指出，"复合法"被"广泛地"用于"综合所有的线性词素"，这可以出现在一个词中（作为前缀出现在词干前面，作为中缀出现在词干中间，以及作为后缀出现在词干后面），而不是在通常的狭义上将复合法用在复合构词中——（通常）两个词干的序列当作词缀的基础（Voegelin 1952：440）。在克虏伯此时发表的一篇论文的段落中，也许表明了《手册》何以会在福吉林描述的意义上使用这个术语：

> 若是根据对自己的或其他的语言形式分别将同一过程指为"复合法"和"合并法"，那就大错特错了。总有一天，语言学家在从事他们的专业研究时，将不会再假设，语言必定在性质上截然不同或有好有坏，而会假设在它们中间贯穿着同样的根本过程，也会意识到，只有从它们在类型和方法上根本的统一性观念出发，才有可能真正理解其饶有趣味的、重要的多样性。（Kroeber 1911：583-84）

克虏伯实际上是在凭空给"合并"下定义（Kroeber 1911：583-84；参见 1909a，1910）。他的做法引起了爱德华·萨丕尔的异议（Sapir 1911）。但萨丕尔显然也同意潜在的问题，特别是在他自己对"溶合法"观念的评论中。

福吉林认为，"溶合法"在《手册》中被当作"一种化学隐喻，用来描述当一个词缀与一个词干相并置时发生的变更和缩合（contraction）"，而萨丕尔"显然觉得这个隐喻有些好笑"，在其塔克尔麻语法纲要中"轻微地讥笑"过它（Voegelin 1952：440）。他们在这段时期的关系的性质决定了萨丕尔不可能在他由鲍亚士指导的博士论文中拐弯抹角地嘲笑鲍亚士。但更重要的是如下事实："溶合"这个词只是偶尔见于《手册》，它是在常识而非专业术语的意义上使用的。萨丕尔谈论的是一件完全不同的事，直接涉及我正在谈论的一般问题。福吉林引用的段落是在对塔克尔麻语形态学的一般讨论中，萨丕尔抨击了把"合并"、"多式综合"和"黏着"等术语当作"引导词"来描述美洲印第安语言，尤其是塔克尔麻语的一般结构的做法：

> 如果我们研究塔克尔麻语中词干与派生要素和语法要素结合成为一个词的方式，研究词干本身从语法目的出发所经历的元音和辅音变化，那么，不管细节变化有多大，我们很难发现塔克尔麻语和所谓"屈折"语言间的一般方法有切实差别。在定义"屈折"时，一般来说，与那些黏着型语言正好相反的屈折型语言使用了有着不可分的精神价值的词语，在其中，词干和各种语法要素已经完全丧失了独特的个性，而是"以化学的方式"（！）溶合到一个词形—单元当中；换言之，词语不是由语音素材简单地拼凑成的，每一个词语都是某种特殊概念（词干）或逻辑范畴（语法要素）的必然象征。（Sapir 1922b：52-53）

虽然萨丕尔并没有用很多词来表明这一点，但是，屈折语词以化

学方式溶合而黏着语词则仅仅黏合在一起，这种观念只是我已经
讨论过的那种思维的变体——以略微不同的形式，这种观念可以
上溯到威廉·冯·洪堡（1836；参见 GS 1973b）。萨丕尔讥笑的，
根本不是鲍亚士，而是 19 世纪语言学的某些一般假设。

确实，萨丕尔继续与鲍亚士对"美洲语言特征"的总体讨论
（Boas 1911a：74-76）保持一致，他指出论证，从一种观点看，
塔克尔麻语是黏着型的，从另一种观点看，则是合并型的，而从
另一种观点看，又是屈折型的，而"更客观的、不受羁绊的语言
研究"——鲍亚士会称为"分析性的"——"无疑会揭示出比公
认的屈折型更普遍的东西"。问题是，由于只考虑"琐碎的特征"
如性状，以及个例情形如"屈折标准"，研究的方向被严重地扭
偏了，实际上，"屈折只涉及方法，而不是主旨"（Sapir 1922b：
54）。只需将萨丕尔的意见稍微延伸一下，就能够理解鲍亚士计
划的全部要旨：语法类别关乎研究方法（更准确地说，过程）和
文化重心——而无关乎任何一种主题的种族中心论或进化论先验
观念。

鲍亚士和语言结构的比较

迄今为止，我们的讨论大致廓清了鲍亚士计划的核心问题，
不过，仍然有几个与其产生和含义有关的问题值得稍作探讨：鲍
85 亚士对美洲语言分类问题的态度；他与语言思想传统和世界观的
关系，这种思想和世界观通常都从沃尔夫和萨丕尔经由鲍亚士和
（有时也包括）布林顿追溯到威廉·冯·洪堡；以及他与随后产生
的美国结构语言学传统的关系。

　　关于第一个问题，我已经提到了福吉林的看法，在他看来，《手册》的目的是推动"跨语言发生学比较"（cross-genetic comparability），这对"传播语言学"有着根本性的意义。虽然这种解释不乏某种基础，但也有一些值得深思的复杂之处。在其语言学工作的第一个十年间，鲍亚士对语言分类的发生学方法当然不乏兴趣，而他早期对结构之系统研究的兴趣实际上表明，比起传播问题，他更关心发生问题。在 1888 年从西北地区返回后，他给鲍威尔写了一封信，他在信中提出，尽管特林枝语和海达语中都有一些借词，但它们的"语法结构"是"如此地相似，必定是同一个语族的遥远分支"（BE：FB/JP 8/8/88）。在他 1893 年的论文中仍然可以明显看到这种兴趣，在这篇论文中，他对深层结构研究的倡导被认为"在语言科学的当前状态中"解决了西北海岸四个语群之"语种联系"的问题（Boas 1894：346）。各种通信都表明，至少在《手册》的早期阶段，鲍亚士认为《手册》是对美洲语言的"形态学分类"，而之所以选择语言，是为了推动在一个广阔地理区域内比较不同的心理类型（BE：FB/Holmes 2/13/04；BP：FB/Kroeber 4/4/04）。我已经提到，他坚持认为，戈达德和斯旺顿证实了他已经在特林枝语和阿萨巴斯卡语中发现的关系，这与他早期对海达语和特林枝语之亲缘关系的意见是一致的，他实际上是将萨丕尔的纳迪尼语系[*]中的三种组成语言联系起来了——考虑到鲍亚士后来对萨丕尔的发生学重建工作的看法，这个事实尤其令人感兴趣（Boas 1911a：46；Sapir 1915；Boas 1920a；Darnell 1971b）。

---

[*]　　纳迪尼语系，由萨丕尔提出的一个北美印第安语系，它包括阿塔帕斯肯语、特林枝语和海达语。——译注

另一方面，毫无疑问，鲍亚士对这些问题的思考经历了一个发展过程，这反映了我们也能在他对其他人类学领域的思考中看到的越来越强的怀疑论（GS 1974d）。从其职业生涯的一开始，鲍亚士就坚持"不成熟的分类"。当克虏伯和其他人在 1905 年着手重启鲍威尔的美国语言研究方案时，鲍亚士的反应（虽然在这个时候，只是一份词汇表的问题）表明他在内心深处固守着分类问题。在否定了克虏伯起草的报告后，他向 F. W. 霍奇指出，他更*86* 喜欢一份简单的陈述，"在从事美洲语系研究的专家中，下列名字是当前正在使用的，因此在目前也是值得推荐的"，在这份名单后面，可以增补一份"由我们的加州朋友和其他专家组成的"名单（BP：FB/FH 11/1/05）。也许对目前来说更重要的是如下事实，鲍亚士似乎认为，语言的"分析"策略从根本上说是共时性的，而非历时性的。他向戈达德指出，后者提出的替代方案将各有起源的要素组合起来，这与前一个方案没什么差别。这只有在"纯粹的分析策略"中才是可行的，在其中，通过类比等做法变得类似的要素将成为单一语法分类体系的组成部分（FB/PG 12/28/07；参见 Boas 1911a：82）。不只如此，尽管鲍亚士亲自编订了特林枝语和阿萨巴斯卡语纲要，在总体上，我们在《手册》中显然看不到任何一种对两种语言的系统比较。最终，虽然比较分析曾被构想成《手册》的顶点，但它实际上从未被尝试过。

在下一个十年期间，当鲍亚士的门徒在美洲印第安语言之发生学关系方面的研究越出了他的范围时（Darnell 1990：107-31），他发出了批评性的质疑，也许是为了反击，他精心阐述了在《手册》"导论"中已见端倪的传播论观点（Boas 1911a：47-53）。即使在《手册》当中，鲍亚士也不愿意假定，特林枝语、海达语和阿萨巴斯卡语的结构相似性是同源的结果，尽管他在这时仍然倾向于弱化"一种语言有可能在另一种语言中引发形态学特质突变"。到 1920 年代，他在这个问题上的立场已经发生了彻底的转变，他更愿意相信，形态学特质的传播能够"改变语言的基本结构特征"，还特别否定了他在 1893 年的意见，即某些西北语言的形态类似性"证明，这种关系十分类似于如印欧语系语言之间的关系"（Boas 1920a：367-68；参见 Boas 1917，1929）。如果如这种证据表明的，与鲍亚士相关的极端语言传播论事实上必须在他后来与某些学生间的龃龉情境中才可理解，那么，不太可能的是，《手册》是特意迎合传播论语言学的迫切需要，才偏重于说明"（不管有无联系的）语言间的结构类似性"，而不是"语素列表中的同源性"（Voegelin 1952：439）。恰好相反，它至少部分地开始尝试从形态学角度考察发生学关系。但这个目的从一开始就服从于对语言本身加以充分"分析性"描述的目的，而到了写完"导论"的 1908 年，"语言的最后分类"这个总问题已经无限期地推迟了（Boas 1911a：58，82）。这正如在美洲文化的如山经验素材面前，推导文化发展之规律的可能性不得不退却一样，在美洲印第安语言的经验复杂性面前，语言之发生学分类的可能性——即使站在与词汇立场正好相反的形态学立场上——也已经开始退却（参见 Kluckhohn & Prufer 1959：24；Kroeber 1960：656；GS 1968a：210-12，1974e）。

87

　　《手册》与威廉·冯·洪堡传统的关系仍然是比较复杂的。鲍亚士后来指出，他对语言学的最大贡献在于像施泰因塔尔那样，描述了每一种语言，在每种语言与其自身内部系统的关系中而不是在与外来类别的关系中分析语言（Lowie 1943：184）。施泰因塔尔也许是洪堡最优秀的欧洲门生，而这也似乎意味着一个明确的亲族，从鲍亚士到萨丕尔和沃尔夫，传递着一张语言和世界观

之比较研究的"期票"（参见 R. L. Brown 1967：14-16；Hymes
1961a：23）。

另一方面，有证据表明，鲍亚士的语言心理学方法至少部分
的是来自他自己的田野经验，而不简单的是德国传统的输入。他
在一封于 1905 年写给卡内基学会负责人的信中指出：

> 美国人类学有一个值得注意的特征，小语系是非常繁多
> 的，我们还完全不清楚它们的起源。过去十年间的研究表明，
> 在语言的心理基础的相似性而不是语音的相似性的基础上有
> 着更大的统一性。这种假说是建立在如下观察之上，在几个
> 地区之内，相邻语言虽然在词汇上是不同的，但在结构上是
> 相似的。这种现象的心理学含义仍然是完全模糊的，很有可
> 能会在对这些语言分化地区的彻底研究中得到廓清。（BP；
> FB/Woodward 1/13/05）

不止如此，布林顿是洪堡在美国的杰出门生，他称赞施泰因塔尔
对所有美洲印第安语言的"合并"特征的看法，甚至支持那种极
端种族决定论和进化论教条主义的立场（Brinton 1895）。关键之
处在于，在 19 世纪后期的环境中，洪堡的思想已经与各种进化论
和种族主义假说绑在一起，而对这些假说的拒斥，则是鲍亚士本
人的人类学基石。事实上，不是其他任何一个人，而是布林顿，
才是鲍亚士抨击的靶子（参见 Darnell 1988）。

88　　在这种情境下，毫不令人奇怪，鲍亚士在《手册》中对语言
和文化之关系的论述并非没有含混之处，甚至有明显的抵牾。首
先，与他对人为分类的总体怀疑一致，鲍亚士在"导论"中足足
用了前十页篇幅提出，它们的历史发展是独立的，剔除了种族、

语言与文化之间的任何关联，不仅现在如此，在任何假定的原始状态中也是如此（Boas 1911a：5-14）。在开始集中思考"语言和思维"的关系时，鲍亚士明确地认为，"一种部落文化和他们所说的语言间的任何直接关系"都是绝不"可靠的"。恰好相反，如果原始人缺少某些语法形式，那是由于他们的生活方式不需要它们。如果这种生活方式改变了，这些形式无疑会发展出来，因为"在这些条件下，语言会受文化状况的塑造"，而不是相反（67）。

同时，鲍亚士接着论证说，语言过程可以让我们深刻地洞察文化决定论的过程。就像语言分类一样，主要的文化分类、价值和规范都是以无意识方式唤起的。它们之所以有差别，那只是由于随后经过了第二轮合理化过程。在鲍亚士对传统种族主义假说的批判中，这个观点是一个重要的环节（参见 GS 1968a：222，1974e）。然而，它也提供了一种手段，可以迂回地重新引入一部分他先前拒绝的语言决定论。如果"所有语言中最基本的语法概念"的发生证实了人类在心理上的基本统一性，那么，同样真实的是，我们是用语词思考的，而我们所用的语词也必然成为我们思想的先决条件。因而，"语言表现"在多大程度上服从于"民族的习俗"，以及后者是否"是从无意识形成的词语中形成的"，这仍是一个"悬而未决的"问题。在预示着他的门生克虏伯将在 1909 年提出的一个观点中，鲍亚士举出了亲属关系类别为例。然后，在几乎绕了一个大圈子之后，鲍亚士总结了"导论"的这一部分，他认为，"语言的独特特征都清楚地反映在世界观和习俗当中"（Boas 1911a：67-73［写于 1908 年］）。

这个说法并不是要刻意地削弱鲍亚士与洪堡和施泰因塔尔的德国传统的关系。他在"导论"中对"内在形式"的强调——这对他们都是一个理论专门术语——足以证实一条重要纽带。但他们对鲍亚士思想的主要影响是支持了一种彻底的语言相对论，而拒绝任何形式的语言决定论，后者可用来支持种族决定论或进化论梯级序列。为了进一步说明戴尔·海姆斯的意见，或许我们在89这一点上有必要以回顾的眼光从洪堡思想谱系中清除"普罗克拉斯提斯*式的类型学和进化论分类"（Hymes 1961a：24）。在19世纪后期的情境中，这些分类都充满着种族主义的意味，这显然与现代人类学思想的总体主旨是不相容的。如果随后对语言学和世界观的人类学关怀可以顺理成章地从鲍亚士追溯到洪堡，那么，在这一方面仍然有某种断裂性，而这恰好是某些评论轻易地忽略了的。[7]

说到鲍亚士与此后结构语言学的关系，从福吉林将鲍亚士归入在他身后才出现的框架之前发生的事情中就已经很清楚了。在某种意义上，认为鲍亚士证实了"单一层次的结构化"，这或许是有用的（Voegelin & Voegelin 1963）。但如果结构的观念意味着（在我看来）"从一个系统的内在关系来推理而不是从现实的具体碎片来推理"，那么，在我看来，海姆斯正确地指出，鲍亚士的语法已经"条理化了"，但"在整体上，它们尚未实现结构化"（Hymes 1961b：90；参见 Hockett 1954），而他在1908年表明，语言的"分析"研究是纯粹共时性的，这表明他有着与索绪

---

* 普罗克拉斯提斯（Procrustes）是古希腊传说中的阿提卡强盗，他将人放在一张铁床上，比床长的人会被他砍去长出的部分，而比床短的人则被其强行拉长。他后来被提修斯用同样手法杀掉。——译注

[7] 在评价布林顿在这个谱系中的潜在角色时，这种断裂性似乎是特别相关的。布林顿是鲍亚士的人类学思想潜在的批评对象（不管是在一般的语言学还是在文化理论上），以及洪堡传统更直接地通过施泰因塔尔——他显然阅读过施泰因塔尔的著作，虽然并没有跟随他学习——而传承到他，从这两个事实来看，我认为，鲍亚士不太可能以任何确定的方式通过布林顿与洪堡发生关系（参见 Hymes 1961a；Darnell 1988；R. L. Brown 1967；GS 1968）。

尔相似的观点。但同样也很清楚的是，他不太愿意简化到系统上面。确实，他给合作者们的指令提醒他们不要试图将他们的分析弄得过于规整。冗余和矛盾无疑总会存在，因为"在任何一种语言中都不可能发现一个完全按照逻辑运行的心理学体系"（BE：FB/collaborators 7/16/04）。正如海姆斯所指出的，鲍亚士最好还是被看作"为他后来有结构化思想的后继者扫清了道路，但并未占领他们的高地"（Hymes 1961b：90；参见 1970；Jakobson 1944：195，1959）。

　　海姆斯是在证实鲍亚士的语言研究方法与民俗研究方法的一致性时提出这种解释的。这种一致性实际上是鲍亚士人类学的总体特征之一。因而，他的观点，即人类根据种族、语言和文化进行的分类并不会导致同样的结果，因为每一个方面都会受到历史进程的分化影响，正好是与他认为词素、语音和语法构成"语言分类"之基础的观点并行的（Boas 1911a：5-14，44-58）。而虽然其文化思想的有些方面确实给"系统"方法打下了基础，但他本人在这个领域中的总体取向（在其他领域中也是一样）却是反系统的（参见 GS 1974e）。

90

　　还有更充分的理由。鲍亚士整个人类学都是在抵制单一类型学思想和"不成熟的"或"武断的分类"，在他看来，这正是关于人类的进化论思想的特征。他对种族"类型"和文化"阶段"的批评直接进入了他的语言思想，在很大程度上，这仍然是有意识地对所谓原始语言之传统进化论假说进行相对主义的抵制。正如鲍亚士人类学的其他领域，它也拥有与进化论同样的目标，即在时间中阐明演变，但它首先是通过在现在观察过程的做法完成这一目标的。它是（或试图是）严格的经验性的，它全力关注的是如何发展出充分的描述方法。

在此，让我们返回著作的题目。它是一本"手册"；无论它后来有着怎样的实际用途，它当初是为了指导印第安语言的田野研究的目的构思的。正如鲍亚士在 1903 年向霍姆斯指出的，"一方面，我们一定要牢牢记住最重要的一点，编写一本书，向收集者表明怎样记录印第安语言；另一方面，通过这十个例子表明，美国语言的真实面貌究竟是怎样的"（BP: Fb/WH 5/9/03）。

为了实现充分描述的目标，鲍亚士极力强调对原文的搜集，一些后来的作者曾因他们的口述记录过程导致访谈对象人为地简化句子结构，而对这种搜集的效用提出了质疑（C. F. Voegelin：个人交流）。虽然在这个时候挑起这个问题，确有离题之嫌，但这实际上有助于将鲍亚士的语言学取向——以及他的整个人类学——更坚实地放进语境。在几个场合中，鲍亚士都写信给民族学局捍卫原文，因为民族学局认为他们的出版是很不经济的。他向霍姆斯指出，如果没有一种"语言文献"的完整知识，任何人都无法开展对突厥人或俄罗斯人的"古代文明"的研究。对于美洲印第安人，实际上没有这种文献资料可资利用，而获得可用的资料正是人类学的一项关键任务：

> 我自己出版的著作表明，我认为这种工作实际上应该优先于其他任何工作，因为它是所有未来研究的根基。否则，要想在我们搜集材料的基础上达到我们的结果，并进行深入的研究，就根本是不可能的。……想一想，要是我们只有一两位学者提供的少量语法，而没有建立这些语法的活材料，印欧语文学又会是什么样子呢；这些材料不正是语言的哲学研究必须当作基础的材料吗？（BE: FB/WH 7/24/05）

91

鲍亚士指出，这是任何基于"旧有的传教士语法"的研究都远远不及的，在后一种情况中，语法特征是如此的含混，如果没有新的、丰富的原文，我们的理解将永远是不充分的。"正如我们现在寻求新观点，将来的时代也会寻求新观点，无论什么时候，都必须有原文、丰富的原文可供使用。"（BE：FB/WH 7/24/05；参见BP；FB/Wh 11/2/03）这段文字尤其深刻地揭示出，它表明，虽然鲍亚士缺少欧洲语文学训练，他仍然认为语言学（以及文化人类学）是一种对于成文文献的研究。如果没有这些成文文献，我们就必须提供。但他并非没有意识到，记录原文的方法会造成某些歪曲——他用留声机进行的实验就清楚地证明了这一点（BE：FB/WH 11/3/06）。

然而，到现在，更重要的是，在实现一个传统目标的过程中，传统方法是怎样实现转变的。有人说，"在冷酷的事实上"，鲍亚士"是一个代理人，他比其他任何人都强调学者应当关注那些陌生的语言，这些语言只是我们用来理解'我们的原始当代人'的低等而又遭人蔑视的文化的工具"。并非如此。与其他任何人相比，正是在确定研究方法的过程中，他改变了对这些语言的进化论式负面评价。正是在这个层次上，现代美国语言学家几乎无一例外地承认，鲍亚士是"这个国家中所有从事描述语言学工作的学者的精神导师（*guru*）和先祖"。正是在这个心态、假说和方法的层次上，《手册》堪称"这种研究的'宣言'"（Emeneau 1943：35）。

第3章　人类学作为"文化斗争"
　　弗朗兹·鲍亚士职业生涯中的
　　科学与政治

　　本文是应美国人类学会主席瓦尔特·戈德施密特（Walter Goldschmidt）之邀，在学会执行委员会支持下为庆祝规划与发展委员会的创立写成的，这个委员会鼓励人类学家从事非学术的职业。本文发表的文集显然是为了应对 1960 年代晚期与 1970 年代早期人类学中普遍存在的危机感才出版的。但其目的并不在于发动一场激进的"重新发明"人类学运动（Hymes 1972）；作为主编，戈德施密特努力坚持，他不是"在这里提出那个最近流行的口号，'实用性'"（Goldschmidt 1979：11）。毋宁说，"由于第三世界国家和美国部落中的民族志工作［正］越来越难以开展，学术机遇［正在］走向没落的尽头"（8）。

　　在这种当前关怀的语境中，这部文集试图克服反功利主义偏见，自从"二战"后"从华盛顿起飞"以来，这种偏见已经让人类学变身为社会科学中最具学究气的门类（Solmon et al. 1981：157-58）。如果人类学家不去投身"公共事务"，那是由于学院人类学家相信"实务活动没有价值"（Goldschmidt 1979：9），并不"在这方面花工夫对他们进行训练——也许更准确地说，是［已经］训练他们不要在这方面花工夫"（8）。因而，这部著作的目的显然是要"通过提到它在过去的用处，确立人类学的［当前］用途的合法性"（1），因为"这被看作是在 20 世纪最后二十五年间保存一种可行的人类学必需的"（10）。大多数作者都是实践人类学家，"公认的人类学领袖本身都直接介入人类学的运用"，他们被鼓励提到同样卷入运用的"所有知名人类学家"的名字，相信"这些名单就像一份今日人类学家名录那样"（1）。简言之，其目的在于通过叙述"人类学家在多大程度上在历史上介入公共事务，以及表明这些活动既是有价值的，也是令人钦佩的，并通过历史宪章肯定这些活动的合法性和正当性"，来鼓励"人类学重归实务世界"（2，9）。

戈德施密特发现一个反常的情况，即"对我们学科进行严肃的历史考察［不得不］由历史学家从外部发动"（Goldschmidt 1979：10）；这种反常性得到了如下事实的证实，两位被请来研究"我们早期的发展阶段"（10）的历史学家都发现很难挣脱当前目标的羁绊。柯蒂斯·辛斯利（Curtis Hinsley）据说相信，"在人类学中有一股"脱离公共事务的"长期趋势"，而"新政和'二战'发起的短暂逆转遂成为一种反常现象"（7）。我自己对弗朗兹·鲍亚士的职业生涯的论述集中在鲍亚士独特的学术"科学行动主义"的张力与矛盾。用编者的话说，强调"对他的态度和取向而不是他的特别行动加以评价"，这是他未曾预料到的（个人交流，2/21/1977）。

十五年以来，显而易见，从数量来说，人类学比它过去少了"学术"意味：虽然最终获得博士学位的"标准"人类学家都是从田野工作起步的，依靠"非应用性的题目"获得一个学术位置，但这个群体中有59%的成员都从事非学术工作，这一部分人虽然在学术地位上较为低下，在报酬上却更为优厚（*Anthropology Newsletter* 5/91, p. 1）。这些数字是否会有助于改变职业规范或促使人类学更密切地介入公共领域，仍是一个悬而未决的问题。究竟什么才能成为长期的趋势，什么只是短期的反常现象——或者说什么是短期的革命性变化，而什么是长期的进化留存物——并不简单的是一个历史角度的问题，而是当前进程的结果，就人类的能动性而言，这些过程的后果在于它们有可能引起变革。

作为一个从事 19 世纪后期和 20 世纪早期人类学研究的历史学家，我已经考察了两个这样的重要转变。但作为那种历史编纂学经验（以及我自己的人类学训练的局限）的副产品，我强烈地认同于在所谓"经典"时代（约 1920—1965 年）产生的人类学。在考察从那以来的发展过程时，我倾向于在某些根本的方面更强调延续而非变化。这种倾向或许由于我长期在人类学系供职而得到了进一步强化，这个系仍然坚持学术取向，它对当前关怀的反应在思想上一直扎根于所谓的人类学研究的深层结构之中。

因强烈地认同于鲍亚士，我无疑是在与我自身经验的共鸣中来阅读他的。而那种阅读经验如今已成过去，只会偶然地重新激发出来，因为它原本是在 1976 年以前的二十年间进行的。对于我，我曾一度设想的传记是另一本并未写成的书——而到这时，其他人已经承担起那个令人生畏的任务（Cole 1988；参见 Hyatt 1990）。同时，这篇文章最接近我对他的整个职业生涯的一般考察。关注他终生为文化进行的斗争的反讽性和含混性，或许不仅能够有助于我们理解鲍亚士，也有助于我们理解人类学传统本身。

从他进入俾斯麦德国的科学开始，直至在抗击德国纳粹主义的军事斗争期间辞世，弗朗兹·鲍亚士的人类学始终深刻地介入当时的政治环境，而在大部分时间里，他也都努力运用人类学改变那种环境。考察他工作中科学和社会的交互关系，将有助于把我们对鲍亚士的理解放入特定的历史语境。正如他的人类学思想中科学与历史的关系阐明了学科的思想结构中持续存在的张力一样，他的科学工作和他的政治活动的关系也向我们透露出人类学和公共生活的关系中更一般的东西（参见 Hyatt 1990；Levenstein 1963；Wolf 1972）。

从俾斯麦德国到镀金时代的美国

鲍亚士生于 1858 年，这是自由革命前第十年，也是德意志帝国宪法在 1871 年最终正式确定排斥德国犹太人之前第十三年。他的家庭是已经同化的犹太人，他们已经挣脱了"教义的镣铐"，并欢呼"1848 年革命的理想"（GS 1974c：41）。[1] 在鲍亚士本人对这些理想的叙述中，教育和机遇的平等，政治和思想的自由，对教义的拒绝和对科学真理的探索，与全人类的认同和献身于全人类的进步，所有这些都是与他的人类学导师鲁道夫·魏尔啸（Rudolf Virchow）类似的"左翼自由主义"姿态的组成部分。但等到鲍亚士成年之时，这些理想在德国已经面临着严重的威胁。为反对天主教会的传统宗教权威而进行的文化统一的民族国家的斗争——魏尔啸称之为"文化斗争"（*Kulturkampf*）——实际上导致了宗教的分裂和对自由主义原则的冒犯。俾斯麦在背弃了自由主义之后，开始

95

96

―――――――

〔1〕　在写这篇论文时，我运用了以前发表过的著作，在许多地方，在开列的资料中有更完整的文献。在引用 GS 1974c 中重印的鲍亚士资料时，我会使用文集而不是原来的出处，在 Boas 1945 中重印的鲍亚士早期论文也是如此。为了尽量减少随文注的负累，我在引用鲍亚士专业论文（Boas 1972）的微缩胶卷版时都只注明日期，因为它们都是按照年代编排的，我所有的引用都来自鲍亚士自己的原文。

着手将新兴容克阶级和大工业联盟与保护关税和反社会主义法案结合在一起。鲍亚士的大学生涯目睹了自 1873 年经济大萧条期间兴起的反闪族运动的最高潮，而他的脸上也留下了他在回击反闪族言论时落下的疤痕。尽管他深切地认同德国古典文化、德国民族国家和德国自由主义的传统，鲍亚士在于 1883 年前往巴芬兰开展爱斯基摩民族志调查时，仍然强烈感觉到，他正与德国日渐疏远。当他从北极地带返回德国后，他发现俾斯麦已经奠定了德国对其他非洲和新几内亚"原始"民族的殖民帝国的基础，他的文化认同似乎受

在尼德兰弗里德里希亲王 15 步兵团中服兵役期间的弗朗兹·鲍亚士（左二），1881—1882 年（美国哲学学会惠允使用）

到了进一步的挫折（Holborn 1969；GS 1968a：135-60；Tal 1975）。

在这种情况下，鲍亚士开始考虑离开德国。他的叔叔亚伯拉罕·雅各比——他后来将他描述为"一个马克思的狂热拥护者"（9/24/41）——是"四十八人团"（forty-eighter）的成员之一，他们在美国的成功医学生涯以个人方式体现了美国不愧是一个政治自由和充满科学机遇的国度。在他写给叔叔的一封信中谈及自己的未来时，鲍亚士声称科学不能完全满足他："我要在此生中有所创造。"作为德国教授会的一个成员，他从未能"在政治上停止对不道德的利己主义进行口诛笔伐，并因此被判永远缄口"。而在美国，地理科学仍未真正建立起来，他看到了成功的希望是如此之大，而他在"德国却看不到任何有同样价值的东西"（GS 1968a：150）。在两年中，鲍亚士——此时已经完成了从物理学向民族学的转变——实际上永久在美国居住下来了（参见 ibid. 133-60）。

当他在美国开始科学生涯时，有几个后来始终贯穿于鲍亚士职业生涯中的主题就已经确立下来。对他的观点有根本意义的是，他决定献身（这在魏尔啸看来是文化斗争的根基）于科学和理性思想，反抗传统的非理性权威。但是，鲍亚士的早期经验却使得这种对立中的每一个要素都变得含混起来。一个曾致力于理性与科学世界观的德意志民族国家却产生了一种自私的科学和一种在情感上永不餍足的文化，而鲍亚士本人就有遭到驱逐的危险；恰好相反，一个被认为受低等理性支配的"原始"爱斯基摩社会却产生了一种文化，它"能够更好地说明"人类能力是如何充分体现的。在这种情境下，鲍亚士科学生涯的政治意义可以被视为一种重新评价的和对分的"文化斗争"：一方面，它是一种为寻求普遍理性知识而保存文化状态的斗争，而另一方面，它也是一种捍卫其他文化世界之合法性的斗争。但对于鲍亚士，任何与所谓

97

进步主义人类学态度和浪漫主义人类学态度的含混对立有关的伦理及知识论问题，都从未成为一个严重的问题。对他而言，科学仍然始终是一项在伦理上不证自明的活动。在回顾时，他将自己的工作看作是对一种统一的科学和政治立场的表现：对于"含混信念在传统权威中的心理学起源"的科学探讨将以政治的方式完成，在我们认识到传统的镣铐之后，我们就有能力打破它们（GS 1974c：42）。但在1880年代，似乎又有希望在德国实现这样一种目标，而他的解决方案实际上撤出了他的本土社会世界的严酷现实，而进入了一个似乎更开放、更广阔的政治和经济领域——在这个国度中有许多机遇，一个雄心勃勃的年轻学者有机会实现他对科学真理和个人成功的双重追求。

正相矛盾的是，鲍亚士移居的美国也进入了一个彻底物质主义和自利的镀金时代。毫无节制的资本主义扩张和不断增长的经济与政治权利的集权化正在造就重大的社会不平等，将许多群体都抛入了经济增长的周期性力量的支配之下——而没有俾斯麦用以从社会主义手中赢得德国工人阶级的社会保险。如果机遇仍然在向欧洲的被压迫人民招手的话，那么，美国的主流传统则以极强的文化破坏力冲击着其境内的少数族群；而鲍亚士曾在孩提时候在"皮袜子"故事中听过的高贵美国野蛮人的生活，此时也已经退守到保留地（Washburn 1975）；美国黑人的经济和政治地位正在达到其获得解放以后的最低点（Logan 1965）。美国正处在针对欧洲东部"新"移民的长期排外情绪高潮的早期阶段（Higham 1955）。其内部扩张最终宣告停止，这个国家很快就开始了向海外扩张的帝国主义（La Feber 1963）。

鲍亚士个人也感到了这些力量的冲击。在1890年，他的疤脸成为马萨诸塞伍斯特人的仇外情绪的袭击焦点，这些袭击针对着克

拉克大学的 "讲师们"，这些讲师解剖狗尸，脱下学童的衣裳，声称是测量他们的身高（Daily Telegram，3/12/90）。激进创业精神甚至渗透到科学世界之中，这也影响了他的学者生活现状，他在 1890 年代不断地变换工作，在一年多时间里没有固定职业，直到他在家庭和个人关系上都搭上了一个重要的学术创业家 F. W. 普特南（F. W. Putnam）为止，普特南最终帮助他在纽约永久安身。在这段他努力为他自己和他的学科在美国学术生活中争得一席之地的时期，鲍亚士的科学不仅是不证自明的，而且在很大程度上也是以自我为本位的。因此可以理解，从他的移民地位看——他感到，自己作为 "一个外国人"，在 1894 年受命在美国科学促进学会发表分会演讲，意义重大（BP：FB.parents 6/22/94）。他以 "由种族决定的人类能力" 为题发表的演说实际上包含着他后来公开发表的种族研究著作的萌芽。但虽然他是在他认为的 "通俗" 层次上演说的，它仍然被埋在学会《简报》故纸堆里（GS 1974v：221-42）。除了他写给加拿大新闻出版界的信件以捍卫夸库特人举办夸富宴的权利外，这似乎是他在 1900 年前进入公共领域的唯一证据（La Violette 1961：67-75）。

"进步年代" 的实用性学术行动主义

直到他在哥伦比亚大学确立了地位，鲍亚士才开始更积极地回应公共问题，他的第一次反应饶有趣味地在一般意义上阐明了其立场的某些含混性，以及人类学的含混性。鲍亚士后来确认了他在 1898 年对美国生活前景之幻想的破灭时刻，"在那个时期，侵略性帝国主义表明，理想只是一个梦幻"。回忆起他在与德国朋友的"热烈讨论"中争论说"殖民地统治"与美国基本价值是不相容的，他回应了他的"深切失望"，那时，"在西班牙内战结束时，这些理想全都破碎了"（GS 1974c：331-32）。不过，他在那时作出的积极反应带有较大的实用意味。

在 1901 年 1 月，罗卜·库恩银行和公司的老板、德籍犹太人雅各布·席弗在鲍亚士的请求下向美国博物馆捐献了一万五千美元，开展一项中国资料搜集项目——双方达成了协议，这笔经费应该由一个七人委员会支配，其中就包括"强盗男爵"E. H. 哈里曼（E. H. Harriman）和詹姆士·希尔（James J. Hill），他们那时正为争夺对北太平洋铁路公司的控制展开竞争（4/7/02）。作为东亚公司的秘书，鲍亚士在此后几年间花费了大量精力推动对东亚文化的研究和指导，以及与新"美国属地"有关的其他方案（包括为哥伦比亚大学和耶鲁大学共同发起的"领事和商业业务"的培训项目）。他经常提到，这个工作的"实际"价值在于"我们国家的商业利益和外交贡献"（10/12/01）；而我们会猜想，这些事务与希尔有着重要的关系，他长期以来就有兴趣开展东亚贸易，以填充向西航行的空船舱。但显然并不重要，我们可以从委员会成员希望支付现金这一点推断出来。鲍亚士本来希望最终能够募到二百五十万美元，争取十二个教授职位，并在博物馆中开辟一个新展馆，但他在 1904 年只在申请菲律宾考察项目时征集到七千八百美元（2/15/04）。由于缺少充足资金，又陷入鲍亚士和博物馆管理部门的冲突当中，委员会最终在 1905 年解散了（12/28/05）。

虽然这段插曲不足以支撑将人类学视为帝国主义之"女佣"的过于简单的观点，它也确实表明了人类学研究的情境性决定因素。鲍亚士显然是在回应"外部"事件和进程，但他的活动却大都是由思想和制度发展的"内部"学科动力引发的。他的海外研究兴趣直接源自杰瑟普北太平洋考察（Jesup North Pacific Expedition）遵循的传播主义理论原理，这次考察于 1896 年开始启动，考察北美和东亚的文化关系。他自己的"实际"目标不得不服从于这项研究，以及在思想和制度上提高人类学——鲍亚士式人类学——的地位。正如在那以后实际发生的，协调人类学与社会之关系的关键因素是资助研究的问题，而环境决定论是以一种间接的制约方式而不是以一种正面的指示方式起作用的。在当前的情况下，鲍亚士能够获得搜集中国物品所需的资金，却无法获得在塔加路族（Tagalog）中间开展田野工作所需的资金。这都是他确定的目标，但鱼与熊掌不可兼得，他也不得不听命于赞助人。

　　然而，实用性的学科关怀不是鲍亚士东亚工作的唯一动机。还有一种"伦理目标"。如果不理解"他们的思维模式"，就不可能研究"异域文化的代表"（6/18/02）。这又要求必须"合理地评价不同种族的成就"（4/7/02）——只要我们还坚持我们当前对科学文化的"片面"强调，这种目标就不可能实现，因为这只能引导我们"低估导致产生与我们截然不同的文化差异的不同思想"（6/18/02）。但如果鲍亚士用跨文化理解和文化自我批评取代了"白人的负担"*，他并没有否定或语及美国在海外的经济和政治利益的实质。他显然认定，如果经过适当的宣传，人类学的世界观一定会压倒经济或外交自私主义的力量。

100

　　这种超然的、理想的专业人类学使命观面临的某些困难，在鲍亚士于 1905 年在墨西哥发展人类学的尝试中也显露无遗，在那时，他的东亚工作已经搁浅（Godoy 1977）。在迪亚兹政权中政

---

*　这是吉卜林写于 1898 年的一篇长诗的题目"白人的负担"。吉卜林在诗中认为，白人统治世界并在整个世界范围内传播文明不但是他们在道德上的义务，而且是他们的一种负担。——译注

要的支持下，鲍亚士能够在 1910 年调动为建立美洲国际考古学与民族学学校所需的资源。虽然学校教员大都是美国和德国的学者，鲍亚士认识到，要想在墨西哥传播人类学，人类学就必须本土化。墨西哥学生必须接受训练，调查报告必须在地方出版，而所有实物和样本（除了复制的材料）必须保留在国家博物馆中以鼓舞本土学者并"培养大众观念"。但是，鲍亚士虽然想要传播专业人类学，但他从未能真正地理解从一开始就在他学校周围发生的革命政治动荡——他还将这场革命比作肯塔基山区"治安队与土匪"的战争。虽然他在纽约新闻界为墨西哥辩护并反对威尔逊出兵干涉，他的解决方案实际上仍是强权主义式的："只有实力才能带来解放——一个克伦威尔，或一个拿破仑，或一个迪亚兹。"（11/12/13）由于这种失败，学校不得不在 1914 年关门。

除了这些国外的努力外，鲍亚士在国内的人类学工作在 1900 年以后的十八年间更多地转向外部。哥伦比亚大学教员大都在"进步时代"*卷入了大学以外的公共事务，鲍亚士也不例外。即使这样，鲍亚士对国内公共问题的回应仍限制在专业范围内，而在他推动人类学的方法中仍有一些精英论的意味。他于 1905 年从美国博物馆离职，是对"将所有科学工作屈从于'幼儿教育工作'的政策"的抗议，而科学过于迎合大众口味这个话题也一再出现在他在这一时期的通信中。但在他的研究中，有相当一部分都针对着一个关键的民族问题：不同"种族"群体有能力适应美国现

----

*　　指美国从 1890 年到"一战"前爆发的针对工业化弊端的全国性抗议活动，一批有识之士力图在政治、经济和社会等方面进行基本改革，史称"进步时代"（Progressive Era），其领导人包括政界的伍德罗·威尔逊、西奥多·罗斯福、罗伯特·拉福莱特、乔治·诺里斯，知识界的约翰·杜威、威廉·詹姆士等，还包括新闻界和文学界的"黑幕揭发者"等。——译注

代工业文明环境中的生活条件。随着对"新移民"和 1900 年后
种族骚乱的爆发所引发问题的不断关注,移民和黑人的地位问题
也引起了许多自由主义者的注意。考虑到鲍亚士在这段时间内在
纽约形成的个人背景和关系网络——以及他本人的科学工作(他
曾在一段时间内关注遗传问题)的影响力——一点也不令人奇怪,
他必定已经卷入其中。以他一贯的做法,他基本上是将这个问题
当作人类学工作的发展和推动问题考察的。

　　虽然他写了几篇关于黑人文化成就的论文,并应杜博伊斯
(W. E. B. Du Bois)之邀在亚特兰大大学毕业典礼上发表演讲,只
有在他因离开美国博物馆而不得不寻求新的研究资金来源时,鲍
亚士对这些问题的真正兴趣才开始发展起来。在写给"道德文化
运动"(鲍亚士的几个孩子就在其学校中接受教育)领导人费利
克斯·阿德勒的信中,鲍亚士提出建立一所"非洲博物馆",向公
众展示"非洲文明的最好产品",还可以对美国黑人开展深入的
文化、解剖学和统计学研究(10/30/06)。鲍亚士向洛克菲勒、卡
内基和塞奇基金会申请五十万美元造价和每年四万美元资助,但
未获批准,而当美国移民委员会的资金提供了在同一地区开展资
助工作的替代方式后,鲍亚士转而开始研究移民形体的变化(GS
1974c:202-14,316-38)。不过,他仍然继续为有教养的大众写作,
并发表关于种族问题的演讲,最终汇集成为他于 1911 年在波士顿
和墨西哥城就"原始人的心智"所作的一系列演说。

　　鲍亚士对美国"种族问题"的分析与诊断不仅受到其批评
传统假设的人类学使命的极大制约,也受到了他所批评的许多当
时的种族假设的制约。尽管他在"情感与理智的不同平衡方式"
(Boas 1911b:208)基础上肯定了其他具有同样价值的文明的可
能性,他仍然假定,当前的关键问题是移民和黑人是否有能力适

应美国生活的文化标准。不只如此，他也在相当大的程度上采用
了当时流行的观念看待美国黑人：根本的问题是"当前无疑可以
在我们的黑人群体中发现的难以容忍的特质究竟在何种程度上取
决于种族特质"。与流行假设的不同之处在于，他认为，黑非洲
文化成就的证据表明了这些缺陷在很大程度上"取决于我们［白
人］应为之负责的社会环境"（271）。同样，鲍亚士假定，与观
察到的生理差别相对应，"在黑人种族的精神构造方面必定也有差
异"；但他感到，这些"不重要的差别"（5/11/07）并不能证实以
下假设，即"现代生活中对人类肉体或心灵的任何要求"都会证
明"超出黑人的能力以外"（1911b：272）。如他那个时代的许多
作者一样，鲍亚士最终是以生物学眼光看待"熔炉"问题的。无
论对移民还是对黑人，身体融合是解决"种族问题"的最终方案。
移民将大都在一百年间实现融合；而虽然最近通过的反种族通婚
法案会"延缓白人的血液流向"黑人，但它们绝不能"阻止混血
的渐进进程"（GS 1974c：329）。同时，科学支持着美国的基本价
值，即每一个个人都应根据其自身的德行加以评判，因为各种特
质因频繁传播而造成的交叉让我们不可能简单地在种族的基础上对
个体特征作出任何假设。但就目前来说，黑人必须努力"通过逐步
提高［他们的］生活标准，由此从根本上抨击对［他们的］种族的
蔑视情感"（315），由此最终赢得解放——而人类学也将以"真相"
针对"情感"展开同样的斗争（参见 Meier 1963；Willis 1975）。

_102_

"一战"中的情感民族主义和理性普遍主义

　　理智与情感的对立（现在甚至遭到了带有更多个人情绪的

指责）是鲍亚士在"一战"期间讨论公共问题的著作的主题。除了对进化论假设的一般批评姿态外，鲍亚士在 1912 年仍然说到，较大社会单位在内部的和平发展乃是"人类社会的无情法则"，这必然会超越现代民族主义的"实际困难"和欧洲白人的"所谓种族天性"。民族团结不是在"客观特质"而是在"主观理想"的基础上建造起来的，它在历史中的"恒常变体"本身就证明了它们被取代的可能性（1945：100-3）。但战争从另外一个多少不同的角度解释了民族主义的问题。鲍亚士在早年间就痛感于德国在欧洲国家"错误而自私的斗争"中扮演的角色，他的这种情感如今又因威尔逊政府站到同盟国阵营而在美国激发的强烈反德情绪进一步复杂化了（Rohner 1969：274）。鲍亚士公开表示反对美国卷入战事，并批评意在证实其合法性的公开宣扬的普遍价值，他以此来捍卫祖国的文化传统和军事策略，在他看来，德国的潜艇作战是唯一能对付威胁其生存的封锁政策的有效手段（3/30/17）。

在这种情境中，鲍亚士开始更加强调情感的地方团结，这与理智的普遍团结是正好相对的——虽然他仍然区分了"观念的民族主义"和"政治与经济权力的帝国民族主义"（Boas 1945：122）。身为一个科学家，他知道，人们更喜欢运用人类理智"证实他们的感受和行动方式"，而不是"塑造他们的行动和改变他们的情感"（157）。但是，他对卷入历史的民族理想之绝对价值的怀疑却促使他捍卫它们的持续存在："就我们所知，人类从未能挣脱传统的镣铐，进步要求必须有民族特性的长期存在"——因为只有"在与异域类型的思想的对比中"才能"认识我们自身思维的传统基础"（182）。只有如此，我们方能实现"真正的人类理想"，它们就像科学一样，是"建立在一般化概念之上的，脱离于在每一种特殊情况中决定着其形式的特殊社会场景"（183）。同时，鲍亚士承认一个国家有权限制"一种具有完全独立特征的文化类型"的移民，虽然从"全人类的观点看"，他希望所有的移民障碍都能够取消（181）。他采纳了一种相似的爱国精神的双重标准——他自己"服从于人道主义"的爱国精神，以及"大多数人类"的爱国精神（156）。如果对"人类历史的理性回顾"——这是"我终生的事业"——教导他，前者拥有"更高的价值"，它并没有赋予他"将三千年来一直被赋予最高价值的任何东西都贬为恶行的权利"（159）。不过，它确实赋予他捍卫和扩大普遍的与科学的价值领域的义务——这实际上涉及对美国民主制和他自己的价值体系进行批判性重估（参见 Purcell 1973）。

19 世纪自由主义曾引导着鲍亚士来到了美国，却在战争岁月里在集体主义的影响下被改变了，这使他再一次转向了欧洲。他感到，美国民主选举形式实际上是在特定历史状况下发展起来的，并不等同于民主的"基本原则"。后者与国家对"个体公民的权利和福利"的服从有关（1945：147），并可以通过与美国试图连同其宗教、道德和生活标准一同强加给世界的"自由制度"十分不同的方式而实现（GS 1974c：332）。真正的民主也不必然意味着个人在根本上享有毫无限制的自由，在这个国家中，这是作为"人口稀少的年轻国家"的丰富资源的结果而发展起来的——这种状况如今正在消失，就像它曾在欧洲经历过的那样。"成熟年代"已经使鲍亚士明白，个人自由必须是与整个共同体的需要相一致的（334）。确实，他现在感到，社会正义的需要要"远远高于个人自由的需要"——这是"对开展有益工作的能力的补偿"——而国家有权利"要求个人服务于共同体"（1945：162，166）。在调和个人自由与这些集体要求时，鲍亚士倾向于划清行动与思想——

在遵守法律的义务和对此批评的职责之间——虽然他仍然承认，当某种法律冒犯了"个人的基本信念"（160）时，应当强制个人积极服从。

美国知识分子在批评上的总体失职、爱国情感以及"甚至在我们东部大学中的"反德情绪之强烈显然给鲍亚士造成了重大的个人震动（12/15/16，参见 C. Gruber 1975）。在战前，鲍亚士一度以精英论的口吻说到了"轻信的公众"和"冷漠的大众"，现在则得出结论说，"有教养阶级"由于深受"历史传承观念的持续灌输"，他们的"心态"实际上"要比人民大众更强烈地受到特定传统观念的影响"——后者的意愿"一般来说比那些阶级的人更有人性"（1945：64，136-39）。唯一体现了自由反战表达的政治运动事实上是社会党，而在 1918 年，鲍亚士虽曾在先前投票支持麦金利（William McKinley）和休斯（Charles E. Hughes），如今则宣称支持社会主义者（Gs 1974c：335）。虽然他早先曾向一个社会主义者团体表明他"不可能接受任何政党的纪律"（1915），他仍然一度成为社会党成员，还接到过当地组织者写给"亲爱的鲍亚士同志"的信件，和他讨论与其家乡新泽西格兰特伍德学校系统有关的政治活动（2/20/18）。

在这种情况下，鲍亚士很快在战争结束后就殖民主义问题发表了唯一一次重要公共言论。虽然他的部分动机是为德国殖民地政府的记录辩护，并表明"体制固有的"邪恶并不"限于任何一个国家"，但鲍亚士现在则"从总体上谴责殖民主义是一种经济剥削形式"，由于它肆意毁坏"土著人神圣而宝贵的"文化形式，最终造成了"千千万万人因饥饿而死"。由于担心"临时收费"必将变为"永久财产"，鲍亚士极力抨击国联提出的托管制，并由此认可了英国工党提出的"国际控制"方案，它承诺将"重视"土著人公开表达的意愿，保护土著人的土地所有权，并将殖民地税收用于促进土著人的发展——鲍亚士与许多赞成"间接统治"的鼓吹者一样，认为应该"在土著人的文化生活基础上小心建设"的过程中施行统治。虽然在世界上大多数地区（包括美国），保护主义政策已经过时了，鲍亚士仍然感到，它仍然可以运用到那些*105* "还未有大量欧洲人居住的"地区（Boas 1919）。

正如他的殖民地观点表明的，鲍亚士的社会主义转向显然是在他日渐浓厚的悲观主义和深层价值预设的双重作用下促成的。他认为，人类苦难的彻底解脱是一个在现代文明的特殊条件中产生的虚幻目标。世界的运转和伦理责任的冲突将始终给人类造成痛苦，对此，"人类必须乐于承受"（Boas 1928：120）。虽然他鼓吹"激进的社会调整"是为每个儿童提供平等机会必需的措施，鲍亚士仍感到，完全的个体平等是"不可能实现的"——人类的成就和报酬将会并应该随着他们的"勤勉、精力和人格力量"的变化而发生相应的变化（Boas 1945：162-63）。他确实像关注遗产税征收那样关注着保护关税的取消。而尽管他认同大众的需要，显然，他仍然认为知识分子是重大文化变迁的唯一源泉——这种变迁从不可能彻底"抛弃过去"（140）。他的公共活动仍然大都继续致力于保护文化批评的环境，尤其是教育和科学制度。

在战争年代，这些环境条件遭到了严重的削弱，而人类学本身似乎也面临着被高涨的民族主义情绪颠覆的危险（GS 1968a：273-95）。在国家研究委员会那些刻薄的硬科学领导人眼中，人类学就是一种带有强烈种族主义色彩的体质人类学，而他们的战时人类学委员会实际上就包括种族主义辩客麦迪逊·格兰特。虽然鲍亚士及其追随者一直抵制"对文化人类学的科学反动"，在战后激进排外主义与反激进主义的歇斯底里期间，在这个学科专业组织内部仍然一度兴起了一波本土主义运动。由于鲍亚士猛烈抨击有些人类学家利用他先前建立的墨西哥关系网替美国政府从事间谍工作，人类学"美国化"的结果招致美国人类学会强烈指责鲍亚士，并撤销了他在学会的职务。

从鲍亚士的观点看，关键问题是科学如何才能成为一种不受特殊主义传统力量制约的人类活动。他承认国家有权利在战时对个体公民提出要求——而事实上他直到战争结束时才提出这个问题。但如果政治家、外交家和战士可以"因他们的天职"而服从于特殊主义传统道德标准，那么，科学家就其科学角色而言却必须保持他们的独立地位："如果我们不能决心坚持对科学家的第一位的和基本的要求，不能在与科学工作的关系中坚持绝对的忠诚，我们就只能放弃完成任何值得为人类献身的事情的希望。" *106*（1/21/20；GS 1974c：336）正如阿尔福雷德·克虏伯指出的，这种冲突是"科学团结"与"爱国团结"的冲突；而由于两者都投票给一方，后者赢得了支持（1/18/20）。在这时候，鲍亚士对这片收养他的土地的幻灭感已经跌落到了低谷；他后来回忆说，"在战争结束后，我感到，我在情感上彻底与美国决裂了"（Rohner 1969：296）。

为民主和思想自由而斗争

如果历史——它"从来都不是理性的"（Boas 1945：182）——看起来已经背叛了他对美国前景乐观而自由的希冀和他对人类总体进步有条件的然而真心的信仰，它却没有毁掉鲍亚士个人献身于为人类文化而斗争的进步（*vorwärts*）精神，无论是在其特殊的传统表现还是在普遍的理性表现之中。在 1920 年代早期，他开始着手通过德奥科学与艺术临时学会重建祖国的文化制度，他还不时公开地反对那时正在其收养国甚嚣尘上的"北欧谬论"。但虽然他在 1928 年发表了关于"人类学与现代生活"的重要言论，鲍亚士在"一战"后的大部分精力仍然局限于学科本身内部。

正相矛盾的是，以"部落二十年代"（Tribal Twenties）*为顶点的本土主义运动却造成了一个连带后果，在种族问题研究方面投入了更多的资助。尽管在人类学内部出现过短暂的反动潮流，鲍亚士们最终在学科内保持了他们的支配地位（GS 1968a：296-307）。在这种情况下，鲍亚士能够利用对种族问题的兴趣进一步沿着他自己的观点开展研究。在国家研究会于 1923 年确立的生物科学研究项目下，他的三个门徒都获得了开展种族和文化问题研究的资助。从鲍亚士的通信中可以清楚地知道，他将赫斯科维奇（Herskovits）的黑人体质人类学研究、米德的萨摩亚人成年研究以及克林堡（Klineberg）的种族心智差异研究视为共同构成了对种族差异之文化要素问题的抨击。不只如此，鲍亚士的影响也超越了其门徒的工作。到 1926 年，他在 NRC（国家研究委员会）美国黑人研究委员会中扮演着重要角色，而在 1928 年，他则是由 NRC 和社会科学研究会共同举办的会议的发起人之一。在其他社

---

* Tribal Twenties，直译为"部落二十年代"。1920 年代是美国历史上的一个特殊年代，各种社会思潮和社会运动风起云涌，有"咆哮的二十年代"（Roaring Twenties）、"爵士年代"等称呼，"迷惘的一代"也发端于 1920 年代初。"部落二十年代"可以说是美国本土主义运动的最高峰，这种思潮和运动发端于 19 世纪中期，有着浓厚的排外主义色彩，排斥天主教、犹太教以及亚洲和拉美移民等，旨在保护美国白人主流文化和价值观。这场运动最终促成了 1924 年《移民法案》（又称《约翰逊—里德法案》）。这场运动以排外主义为主，但对人类学来说，实际上反而在一定程度上促进了美国社会对印第安文化的关注和投入，印第安文化也在一定程度上被视为美国本土文明的一个组成部分。"部落二十年代"以一种隐喻性的说法表明了这种文化观和价值取向。——译注

会科学学科内部的内在发展和这一时期的跨学科运动推动的思想影响语境中，鲍亚士在种族与文化问题方面的观点——这在 1919 年时仍然是一股相当小的潮流——到 1934 年时已经大有变为社会科学正统之势（参见 Barkan 1988）。

107

到那时，鲍亚士本人在这些问题上的立场已经发生了重大变化。赫斯科维奇的研究——出乎鲍亚士的意料，这项研究显示出"整个有色群体肤色加深"的趋势（Boas 1928：177）——削弱了他原来的假设，即种族问题的最终解决办法将是生物学的。与此同时，鲍亚士的文化决定论观念也得到了发展，因为他对社会环境的精细差别和文化对运动习惯和生理功能的影响更为敏感（55，138）。但在复杂的现代文明中，文化决定论实际上有利于增强个人的自由和变化的可能性。在一种"多元文化"里，儿童会面对各种"彼此冲突的思潮"，这将防止传统行为成为"不假思索的"，并充当"真正自我反省"的外在刺激因素（154，158）。在这种情境中，鲍亚士越来越相信，种族和人类行为及心智差别只有微不足道的关系或者根本没有关系（1938a：v）；而且，因他现在已经抛弃了生物性同化，他转而希望，通过有意识地控制文化过程本身，人类仍然有可能消除种族偏见——通过社会群体尤其是儿童的教育和创造，在其中，其他凝聚原则将超越种族（Boas 1928：8；1940：16）。因而，捍卫思想自由比以前更加重要，而事件过程也很快更加紧迫地要求保持民主的形式。

鲍亚士公共生活的最后阶段是从纳粹在 1933 年春建立了独裁政权时开始的（参见 Purcell 1973）。鲍亚士在德国有很多亲戚和朋友，他最近一次在 1931 年访问了他们；而他长期以来就积极参与支持德国文化机构的活动——直到最近，他还将个人图书馆中的一部分资料送给了他原来任职的基尔大学。现在，这些基本的

文化纽带却突然陷入了危险的境地。虽然鲍亚士对犹太人和自由
主义者被从文化机构中"无情地清除"（4/25/33）的命运感到非常
震惊——而有消息说，他的图书被焚烧了，不过这后来又被否认
了（1/18/37）——他起初却宁愿相信，这种极端暴力只不过是一
些"暴徒行为"（4/21/33）。攻击德国犹太人的进一步报道和纳粹
政权在美国煽动反闪族言论的证据终于让他相信，对"德国旧有
文化价值"的威胁加剧了（11/14/35）。直到 1935 年，他才辞去他
在 1900 年后不久参与创办的美国德意志研究会的职务，后者的文
化交流活动包括一定程度上与德国政府开展活动。不过，到那时
候，他已经花了两年时间参与到各种对抗纳粹政权以及支持其牺
牲者的活动中。

108　　　鲍亚士的重点集中在对种族言论的抨击，而如他的一贯做
法，他感到"抨击如今已经席卷世界的种族狂热情绪的唯一方
法是破坏掉它所宣称的科学基础"（10/4/33）。为了达到这个目
的，他成功地筹集到了足够资金，推动一个双重研究项目。一方
面，通过研究人类群体的"各种变化形式"，鲍亚士试图表明，遗
传是"家族性的"，而"作为一个种族因素"，它却"是没有任何
意义的"（12/29/33，4/24/37）。另一方面，他组织了一系列以其
早先工作为模式的移民头形研究，其目的在于证明，各种通常被
假定为种族特征的人类特征——形体、姿势、犯罪、精神病、智
力和性格——都受到"外在的、特别是文化状况"的极大影响
（10/4/33）。与这种研究努力相平行的，是试图通过新闻出版界、
无线电广播，甚至运动图片（虽然并不成功）普及人类学研究的
成果。他印在薄包装纸上的小册子《雅利安人和非雅利安人》据
说由德国地下抵抗纳粹组织广泛地散发（Herskovits 1953：117）。

　　　由于法西斯侵略速度在他于 1936 年从教学职位上退休以后

的时期内更加快了，鲍亚士"拯救文化价值"（3/18/38）和"阻止对文明生活之……基本原则的攻击"（3/17）的尝试逐渐进入了一个更有公开政治意味的阶段，最终在 1939 年随着美国民主和思想自由委员会的创立达到了高潮。虽然他区分了"理想"民主制和"偏执"民主制——后者"作为现代极权国家的基础是与思想自由正好相对的"（Boas 1945：216）——鲍亚士再次倾向于强调构成了美国政治生活之神宠论形式的基础的普遍价值。如果我们的建国文献中的自由"并未完全实现"，鲍亚士仍然感到，"在我们的《美国宪法》中构想的和在我们的日常生活中展现的民主是我们在任何时候都必须捍卫的财富"（177）。只有当大众——鲍亚士现在将知识分子也包括在他们里面——能够抵制煽动，并自行判断问题时，这才是可能的。在实现这种目标的过程中，美

终生坚持个人"文化斗争"（*Kulturkampf*）的鲍亚士在晚年（美国哲学学会惠允使用）

国委员会的工作"大都集中在教育问题上"——特别是通过与纳粹主义对抗的科学组织，并坚决捍卫"进步教育工作者"免遭大学保守官员的攻击和司法机构的政治迫害（9/11/39，6/4/42）。

在这种情境中，鲍亚士不可避免地不得不考虑共产主义的问题（Iverson 1959：201）。他私下承认，苏联实现"人类每一个成员的平等权利"的社会主义理想的方法与极权主义手段"有很多的共同之处"（7/20/39），而他也痛苦地意识到在这个国家中思想自由所受的桎梏，在这个国家中，"人类学要想得到承认，就必须是马克思主义的和路易·摩尔根式的"（2/21/39）。然而，在公开场合，他却采取了"统一战线"的姿态——即使这样做可能会危及美国犹太人委员会一直为他的种族研究捐助的资金。鲍亚士站在如下立场上表明了他的姿态：他不能"影响外国"——虽然在其他情境中，他曾有所努力——而且，在这个国家中，真正的危险并不是极端的极权主义而是"法西斯意识形态的蔓延"（7/20/39）。只要人们"在一个我们希望合作的特定问题上"同意他的看法，他们对其他问题的观点是无关紧要的（1945：202）。尽管"怀有社会责任的热切情感和缺乏实际经验的"年轻一代可能会"采取极端的观点"（4/27/41），他们"对理想的情感投入却不应当遭到压制，而应该用健康的、批评性的思想加以控制"（1945：191）。

不管这种姿态可能有着怎样的含混性，首先是纳粹入侵苏联，然后是"珍珠港事件"，先后化解了鲍亚士的问题。他对普遍理想的献身曾不完美地体现在美国政治民主制、苏联社会主义和德国古典文化中，现在则统一于"热情支持所有对希特勒主义及其代表的所有事物的抵抗"（12/12/41）。但这并不意味着国内斗争的缓和。在1942年，鲍亚士迈入了人生中的第八十五个年头，他的精力日见衰老，但他强打精神继续对抗偏见——包括可能会对"任

何敌国" 动用的 "任何文化沙文主义"（12/15/41）——还参加了
要求释放厄尔·白劳德*（Earl Browder）的集会活动。他的公共
生活一直延续到生命的最后一刻，在 12 月 29 日的午宴上，他还
未来得及说完一句话（"我有一个新的种族理论……"），就永远地
倒下了（Mead 1959a：355）。

文化相对主义和冰冷的真理之火

虽然在此进行全面重估颇有不自量力之嫌，但我们仍不可避
免地要对鲍亚士作为一个科学活动家的生涯作一些一般性的评论。
让我们将鲍亚士的活动家角色所带来的某些限制（参见 Levenstein
1963；Hyatt 1990；Willis 1972）作为一个参考点。即使在他转向
社会主义后，他也不太关注经济资源和政治权力的再分配问题。
他也没有积极卷入美国印第安人问题——虽然他私下里非常激烈
地反对任命约翰·科利尔为印第安事务专员，认为他是一个 "煽
风点火的人"，只能将 "印第安人与白人邻居的经济关系中固有
的困难弄得更加严重"（1/16/33，3/17/33；参见 Hertzberg 1971：
305）。虽然对于这些疏忽可以有各种解释理由，但在这些疏忽背
后有一个公因子，即对以技术为基础的历史进程持有一种宿命论
态度——一方面，是在西方欧洲文明内部崛起的集权化经济体系，

---

*   白劳德（Earl Browder, 1891-1973）：美国共产党和国际共运的著名领导人，
     担任美国共产党总书记等领导职务长达十五年（1930—1945）。他在 1944 年
     4 月出版了纲领性著作《德黑兰：我们在战争与和平中的道路》，提出 "美国
     特殊论"，并于 5 月宣布取消美国共产党。他在 1946 年 2 月被开除出美国共
     产党。他因此也被国际共产主义阵营确定为 "修正主义" 和 "右倾机会主义"
     的代表人物。——译注

另一方面，当它直接面对那些在技术上更原始的文化时，它的力量是摧毁性的。

如果这在鲍亚士人所共知的反经济决定论观点看来是自相矛盾的，这与他的一般历史观念却并非是不一致的。鲍亚士从未彻底抛弃 19 世纪对单一人类"文明"进步的自由信念，这最终建立在理性知识的积累基础上——技术就是这种知识唯一最明显的表现。在他自己的文化适应经验中深嵌的某些价值——科学知识、人类友情和个人自由——实际上已经逐渐在人类历史之中实现，这不仅是在一般的意义上，也体现在特殊形式的"现代"文明中，鲍亚士的语言经常表明，这指"我们自己的文明"（Boas 1928：206）。鲍亚士对这个文明很不满意，而他的疏远态度最终表现在他对"文化"之现代多元定义的贡献中，这建立在其他价值体系的合法性之上。但在鲍亚士看来，人类学不会造成一种"一般的相对主义态度"（2/17/41）。正好相反。不仅有在人类文明历史上逐渐实现的普遍价值，也有在不同人类文化中以不同方式实现的普遍价值——"基本真理"尽管在"特定社会"中各有不同的形式，但"对人类而言都是共同的"（2/17/14）。不过，鲍亚士本人没有开展在经验层面上揭示这些价值的系统比较，而他偶然提到这些价值也表明，它们也深深地嵌入了他自己的文化适应经验。由此，他认为潜藏在人类各种伦理行为之下的共同道德观念就是尊重社会公共群体的"生命、福祉和财产"（1928：225）。

除了这种深层的乐观、普遍的理性主义，在鲍亚士的人格中还有一种被压抑的情感—审美潜流，而他的生活经验已经让他痛苦地意识到非理性因素在人类生活中发挥的作用。从正面说，这些趋势实现在不同的人类文化形式当中；从负面说，每个群体都在情感的作用下保留他们的习俗，然后在怀旧情绪中将它们理性化，并赋予它们以准普遍主义的价值。这种对立——以及在其表面下的更广泛的对立，这正应和了德国传统中"文明"与"文化"的对立（参见 Kroeber & Kluckhohn 1952）——始终贯穿在鲍亚士的职业生涯中，几乎在每个历史时刻，它都会表现为一种深切的悲观主义。

在这些态度范围内，鲍亚士遇到了现代世界的问题。虽然科学介入了这些问题——既造就了技术进步，也造成了价值冲突——它们在根本上却是情感的产物，而非理性的产物，主要与人们划定群体的方式有关，这些群体既是一般人类价值的适用范围，也是技术进步果实的分配范围。与此相应，鲍亚士的科学生活致力于研究两种现象——种族和文化——这种排他性（exclusivity）就是以此界定的，而其科学知识的主旨是说，如此界定的群体是在历史的深刻制约下形成的。如果说，鉴于这些特殊群体（particularistic groupings）仍将在目前的历史阶段中长期生存下去，他愿意承认它们具有某种临时价值（contingent value），那么，在科学真理的非临时领域中，它们却没有永久的地位。

虽然鲍亚士在其著作中有时会以相对主义眼光看待科学理性本身，在总体上，他仍然终生怀有一种理想的、绝对的科学观。最终，他拒绝认为科学家应当放下研究，全身心地投入反纳粹斗争："在为了真理而寻求真理时，我们必须让这堆激情的冰冷之火始终燃烧着。"（Boas 1945：1）而尽管他在申请研究基金时经常表现出功利主义色彩，他对人类学研究的实际用途持有——或者到晚年时开始持有——保留观念。通过"纯粹科学""获得的知识之用途"是一个"完全无关的"问题（Boas 1928：16）。确实，人类学可以"阐明我们自己时代的社会过程"——可以向我们表明"应该做什么，避免什么"（11）。但由于鲍亚士在发现一般社会法则

112

方面日渐增强的悲观论，并且感到各种变体的社会理想会利用始终不确定的社会科学知识，人类学的实际用途必定是有限的。它更多地告诉我们，应当避免什么，而不是去干什么。在面对社会时，它的姿态是抵抗性的，而不是建设性的。但是，在抨击歧视、褊狭以及捍卫文化多样性时，它也全力捍卫科学活动本身的文化环境。由此，在面对"现代文明"中依然盛行的特殊主义文化假设和伪普遍主义假设时，它也为对它们的系统批评打下了基础。它的最终运用在于"实现让对传统知识之爱服从于澄明之思想的重任，而我们［科学家］将与我们民族中的大众共享之"（Boas 1945：2）。

　　归根结底，在鲍亚士的思想中，在情感特殊主义和普遍主义理性之间，他最终站在后者一边，由此也缓解了两者的张力。但尽管如此，特殊主义仍然在他的终生伟业中扮演着十分重要的角色。由此，在鲍亚士对"原始人心智"的态度方面，他基本的欧洲中心主义也应当放在这种语境中理解。一方面，在捍卫非欧洲民族之心智能力的同时，他也捍卫他们全面参与"现代文明"的能力；另一方面，在捍卫其文化价值的同时，他也确立了批评那种文明的一个阿基米德支点。对这样一种外部参考点的需求是鲍亚士职业生涯中的主题之一，而它也带有一种文化评价的双重标准：一种普遍主义的标准，他以此批评他所生活的社会；一种相对主义的标准，他以此捍卫文化的他性。不管这种需要的情感根基如何，对于鲍亚士，外部的文化他性不但是在社会领域中获得科学知识的一个基本先决条件，也是在社会中赢得个人自由的一个基本先决条件。正如"对一般社会形式的科学研究"要求学者"必须免除所有在我们［自己的］文化的基础上建立的价值观"（Boas 1928：204），真正的自由也要求我们"能够挣脱过去强加在

我们身上的镣铐"（Boas 1945：179）。如果没有外在的文化参考
点让我们意识到这些价值观和镣铐，那么，科学知识和真正的自
由都是不可能的。这是鲍亚士终生为捍卫文化进行的斗争的根本　*113*
意义。

从今天的角度看，我们也许会质疑，鲍亚士究竟在多大程
度上充分意识到了他自己的传统镣铐。许多在 19 世纪的自由主
义者看来具有普遍意义的价值，在今天看来，不过是在特定的文
化历史语境中产生的。对于今天的许多人类学家，鲍亚士的观点
必定是很天真的理想主义性质的，无论在道德意义上，还是在
认识论上，都是如此。在一个后殖民世界里，其内里的欧洲中心
论不能不冒犯许多人。它对人类学家之政治角色有限的捍卫的观
念——到"二战"时正在经历深刻的改变（见下文，第 165—168
页）——在那些 1960 年代和 1970 年代成长起来的人们眼中，必
定是不充分的。在质疑鲍亚士的行动主义中的假设时，人们同样
也会质疑它所取得的成就。四十年的宽容教育既没有消除歧视，
也没有大大地增强"澄明之思想的力量"——更不用说从根本上
改变美国的社会秩序了。

但即便他从未超越 19 世纪的自由价值，鲍亚士仍然将它们
最具一般人文关怀的方面呈现给世人，而直到今天，我们仍然感
激他对我们的文化生活的贡献。在某种意义上，他将个人历史转
变成了科学范式：犹太人在德国的经历为他提供了一个族群外观
原型，而它实际在生物学意义上是多源的，它自身也完全融入了
德国民族文化，它更以多重方式丰富了现代文明的一般生活文化。
在传入美国后，在那个原型基础上建立的科学观有力地支持了某
些美国根本价值观，而在 20 世纪早期，这些价值观仍是亟须强
化的。对于这个目标，到他辞世之日，鲍亚士对传统种族命题的

批判和他对现代文化概念的贡献，其功绩何其之大。而虽然在今
天看来，他的批评眼光及其人类学激进主义均限于一定范围之内，
但他在探讨人类学与公共生活问题时坚守的立场，却无疑如以往
一样合理："人类学观点全然立足于这样一个愿望，那就是：永不
墨守成规，永远不要把我们的社会结构中的任何事物都视为理所
当然的，要随时准备以批评的眼光检视所有那些伴随着强烈情感
勃发的态度，那些伴生情感越是强烈，我们就越当如此。"（Boas
1945：179）

第4章 美国人类学的观念和机构

对两战间历史的思考

如本书中其他文章一样，本文也是站在一个含混的学科立场上写的——在开始，认同"我们的"部落，到最后，替缺少个人在学科近期历史中的文化适应经验的"史学家"致歉。但如前一篇论述鲍亚士的论文一样，它实际上也是受人类学专业学会之命，作为纪念学会七十五周年纪念刊行的三卷《美国人类学家论文集》其中一卷的导论。

我编辑的那一卷文集夹在由人类学家编辑的两卷中间：一卷考察从 1946 年到 1970 年的时期（Murphy 1976），另一卷则是一部包括 1920 年以前时代的文集的再版（De Laguna 1960）。后者包括一篇长文《美国人类学的发端》，这是一位引导我踏入人类学领域的人：欧文·霍洛韦尔（A. Irving Hallowell），对人类学史的重要贡献。虽然只分派给我一段较短的时期，而我的文章也没有太大的雄心，霍洛韦尔的时间跨度模式给我印象颇深，它包括了美国人类学传统中所有的学术潮流（Hallowell 1960；参见 1965）。

虽然在 1975 年美国人类学会已经感到了各种离心力，这些张力在数年内将导致一种联系松散的重构工作，它仍然在原则上（就像今天一样，但多少更为脆弱了）包括芝加哥大学某些深信不疑的同事称之为"神圣捆绑"的"四大领域"：考古学、语言人类学、生物人类学（旧称"体质人类学"）和文化人类学（旧称"民族学"）。因为我是通过与所有四个领域都有关的种族观念研究才进入这个学科的，在这个时期，进化论及其批评使得它们的关系具有了理论上的意义，我仍然坚持认同"人类学一体性"的趋势。弗朗兹·鲍亚士这位我自己强烈认同的人类学家在1904年就已预见到，随着这门学科的各个分支科学沿着在实质和方法上都更趋专门化的路线向前发展，它最终会走向分裂（见下文，第148页）。由此，四大领域不确定的统一状态成为我论文的有机主题。

它的框架源自美国人类学会历史上的两个事件，这与分派给我的那段时期的边界是相当一致的——而这不完全是巧合，因为战争及其后果为人类学的观念和机构的交互激发带来了契机。虽然我的工作大都考察人类学观念的历史，但我从未认为自己是一个研究观念本身的历史学家，而是考察人类行为主体在广阔语境中宣示的观念。这些行动主体通过特殊机构共同提出了某些观念，在我看来，这些机构无论在概念还是在方法论上都值得优先研究——一方面，它们构成了一个纽结，许多学科内外的力量通过它发挥作用；另一方面，它们提供了一个研究的焦点，可以从很多方向展开研究。

作为第一次考察20世纪早期开始的人类学史的尝试，本文以概要形式综合了我先前所做的许多鲍亚士研究，这些研究足足花费了我的学术生涯中的第一个十年。它也从我曾主持的一个最成功的研究生席明纳中受惠良多，这有助于我集中于并补充我自己对一个时期的考察，而对这段时期的历史尚未有过系统的研究。我自己的努力显然是探索性的，现在看来，或许在某些方面已经过时了，或者是有问题的——特别是在范式和起源隐喻的运用方面。也许更重要的是，我对结论已经有了一些新的想法。在三年中，主持每一年的"昨日人类学"研究生席明纳时，我倾向于将"二战"和"人类学危机"之间的时期视为学科历史上的一个独

立阶段，在其中，美国成为世界超级大国反映在美国人类学的国　*116*
际化中（参见 Cohn 1987：26；Wolf 1964）。就两战之间的时代而
言，自从我的论文首次发表以来，已经出版了相当多的著作。然
而，就我所知，还没有人尝试将这一时期美国人类学的所有主线
综合起来；由于人类学的持续分化已经呈现出将自身复制在这一
领域的历史编纂著作中的趋势，再次冒险提出一种包容性的"四
大领域"解释，仍需花上一段时间。

人类学会历史的角色

对于那些每年都要遭受美国专业学会会议的混乱状态折磨的
人，他们可能会怀疑，这些会议是否真的能在一门思想学科的发
展中发挥重要作用。其实，它们现在的分离状态本身就是一个历
史的现象。我们部落中的有些长老会回忆起这样一个年代，大多
数人类学家都是熟人，他们可以举行一场狂欢会，虽然不一定围
绕着同一堆营火，但至少会在一个适当规模的集会上。毫无疑问，
在美好而古老的民俗社会（*Gemeinschaft*）的日子里的集会具有与
部落仪式相似的永恒节律特征。考察一下两战间的美国人类学会
简报，我们就会明白，任何一个年会都与其他年会非常类似。当
然，也有一些清晰的时间节点，在这些节点上，学科的组织史成
为某些重要历史变化的焦点——在这个点上，我们一下就能抓住
各条思想和制度发展的主线，它们交织在特定个人的交互关系中，
应对学科"以外"更广泛的力量的冲击。不管是偶然的历史巧合
还是预先设定的方案，有两个这样的时刻几乎可以说是两战间的

标志性事件：一个是弗朗兹·鲍亚士在 1919 年会议上遭到公开发难，一个是美国人类学会在 1946 年以后的改组。[1]

对鲍亚士的发难事件作为缩影

117   对鲍亚士的发难及其后果标志着美国人类学历史上一个重要阶段的高峰：由鲍亚士本人创立、领导的，其追随者所称的"美国历史学派"的兴起与巩固。虽然从思想角度看，美国人类学的范式转换早在一代以前就开始了，并在 1911 年以前肯定已经完成了，在那时，鲍亚士出版了他最重要的文化人类学、语言学和体质人类学著作（GS 1974d），但这场学科革命的最终完成则要花费更长时间。在下一个十年间，人类学会成为一个重要的竞技场，而正如罗伯特·罗威评论的，"我们每一个代表正义之母的儿子"每年都被告诫，在参加会议时要时刻准备战斗，以对抗那些死抱着过时的社会进化论观点不放的华盛顿人类学家。在将"软弱的兄弟"和"混血的"哈佛大学考古学家们驱入战壕后，鲍亚士一派直到在 1919 年前都始终成功地把持着学会及其出版途径，那时，鲍亚士致信给国家研究委员会（NRC），揭露某些没有指出名

---

[1]   由于大部分内容都来自我在人类学史著述十分式微之时所撰的论文，这篇文章在当时开始撰写时就没有随文注，但每一部分都有简明的参考文献索引，只有原文引用段落才有少量脚注，并在注中提到以这些段落为序的人类学论文——所有这些文章都是在《美国人类学家》上发表的。从那以后，人类学论著进入了一个高峰期，有些早期的参考文献已经过时了。在那时，我提到我极大地受益于库恩（Kuhn 1962）和希尔斯（Shils 1970）。在随后的每一部分，对发难事件及其后果的叙述摘自 GS 1968a：270-307，在那里可以找到更充分的文献。

字的人类学家在中美洲工作时实际上充当了美国政府的间谍。

"一战"后爆发的排外情绪和反激进主义歇斯底里情绪导致不久后便发生了"帕尔默大搜捕"*（Palmer Raids），由于鲍亚士的信件是在这一情境中写的，它无意中充当了一次反革命未遂运动的催化剂。在针对信守和平主义的鲍亚士移民群体的爱国义愤煽动下，又加上尖刻的"硬"科学机构针对文化人类学的反动，那些在鲍亚士重新界定美国人类学的过程中被压制、积攒的怨恨力量终于短暂地爆发了。他们一度威胁到了，如果不是扭转了范式转变，至少也打破了美国人类学多少不确定的、在一定历史条件下形成的统一状态，随之带来的是文化人类学研究的科学地位和资助面临的严重潜在后果。

关键问题是人类学在国家研究委员会中的代表，这个成立于1916 年的委员会是为了支持成熟的研究计划。在战争期间，其人类学分委员会的功能被确定为是体质人类学方面的，而其成员包括几个种族主义人类学家——还有两个重要的优生科学家，他们是在国家研究委员会重要的生物科学家的坚持下被安排在这些职位上的。在人类学委员会升为常任理事分会的过程中，由谁出面、出于何种目的在国家研究委员会中为人类学分会做陈述，这个问题再次浮现出来。时任研究会主席约翰·C. 梅里厄姆（John C.

---

* "帕尔默大搜捕"（又译为"帕尔默搜捕行动"）是美国政府在 1919 年至 1920 年针对外国人发动的一次大规模恐怖行动。当时在华盛顿发生了一系列恐怖主义爆炸案。司法部长帕尔默下令在全国发动大规模清洗非美籍人行动。只要与美国本土共和党、共产主义劳动党以及俄罗斯工人联盟有联系的外国人，一律成为打击对象，而不问他们是否真正卷入了爆炸案。政府逮捕了至少近一万名嫌疑者，大都没有法院签署的逮捕令；同时还进行大面积的"搜查和财产没收"行动，拒绝被捕者请求律师帮助的申请，以及被捕者依《美国刑事诉讼程序法》所享有的质证权。但最终没有任何证据表明被拘捕的外籍人与炸弹投掷或炸弹制造有牵连。——译注

118 Merriam）感到，美国人类学不能只研究美国的印第安人。相反，
它必须服从于美国的海外利益，而在国内，则必须处理美国人口
的种族构成成分等迫切问题，与心理学、生物学和神经学密切合
作，开展研究。正如鲍亚士们对信息的解读，"我们的文化材料随
处都能获得，我们绝不是科学家，现在是放下我们手里的事情脚
踏实地的时候了"。从他们的观点看，问题是"科学的自主"。他们
一直在学科内为他们认定的专业标准努力奋斗着，他们也坚持由学
科自身（这时是由他们控制的）确立这些标准的权利。这些标准是
非常宽泛的，甚至将鲍亚士派的对手们也包括进来，但还没有宽泛
到包括麦迪逊·格兰特的程度，他是一个种族主义的业余古生物学
家，那时被安排增补进了国家研究委员会人类学分会。

在一段时间内，鲍亚士能够在这种外部的挑战面前维持一条
专业联合阵线，而早在 1919 年，他确立了一条原则，驻国家研究
委员会代表应该由人类学会推举。但是，由于他致国家研究委员
会信件引发的歇斯底里后果，这条原本脆弱的统一战线终于土崩
瓦解了。在 12 月召开的年会上，"混血儿们"和"软弱的兄弟们"
与鲍亚士的敌手联合向他发难，将他逐出了领导职位，并迫使他
从国家研究委员会辞职。在随后一年，反革命分子们妄图接管
《美国人类学家》，最终完成政变。但是，这一次，鲍亚士派——
动员了他们所有的力量，娴熟地与中立派谈判，并抓住一个关键
环节迫使达成妥协——最终击破了所谓的玛雅—华盛顿团伙，并
挽救了人类学会统一阵线。因普林尼·戈达德（Pliny Goddard）的
策略一直多少存在争议，于是，他的《美国人类学家》主编位置
由性情温和又在鲍亚士派中处于边缘的约翰·斯旺顿接管，直到
1923 年，鲍亚士一派夺回了控制权，由罗伯特·罗威接手。

学科有机统一状态的维持——鉴于他们曾经几乎一败涂地，

鲍亚士派某些人物决意作出牺牲——带来了重要的后果。人类学的"科学"地位（这在很大程度上是它与进化论传统联合、与生物科学结盟的产物）终于保住了——这不仅对体质人类学，对所有分支学科也是如此，而更重要的是，对将要支配这个学科的文化人类学取向更是如此。

鲍亚士人类学的世界观

这种取向当然源自弗朗兹·鲍亚士，在塑造 20 世纪美国人类学的特征方面，他与其他任何人相比，都堪称厥功至伟。[2]这当然不是说，即使在 1920 年，美国人类学的所有特征都要归功于鲍亚士的影响。除了他自己的工作对此前工作的诸多继承，在鲍亚士框架外的华盛顿和坎布里奇两地及其他地方之思想脉络的延续，以及其他思想影响力的输入，在很多方面，鲍亚士派的特征可以说反映了美国人类学工作当时的环境。因而，在很大程度上，"抢救式民族志"（salvage ethnography）的特征实际上源自民族志假设的一般传统、有限的资金、博物馆的实物取向、人文学科的文献取向和各门当前科学的硬"事实"本质主义经验论——美国印第安人的生存状况也是如此，在经过三个世纪的种族灭绝冲突后，他们已经沦入了边缘保留地生存状态，他们的传统文化更多地存在于记忆而不是日常生活的沉闷现状中（参见 J. Gruber 1970）。无疑，不管鲍亚士是否住在美国，抢救式民族志的特征都会反作用

---

〔2〕　对鲍亚士观点的讨论在很大程度上基于 GS 1974d，更充分的文献可在彼处找到；除非特别注明，引文都出自 GS 1974c。

于人类学理论。但即使有这些保留，也难以夸大鲍亚士的影响，而绝对有必要理解其潜在的假设。

鲍亚士的人类学观点或许最容易以否定的形式加以描述，虽然这做法是他必定会反对的。他在 1880 年代在新康德哲学的影响下从物理学转向民族学的思想之旅，涉及他对自己早期的物质论和地理决定论的拒绝。到 1896 年，当他的人类学姿态已经确立后，他开始系统地面对主流的进化论取向。作为一种学科范式和一般文化意识形态的表现，这种多少统一的理论假说试图将白皮肤文明人和黑皮肤野蛮人共同放入一个由猿向上延伸的发展阶梯，然后以科学方式解释前者相对于后者的优越地位。在对现存文化形式加以比较时，进化论者试图重构发展过程，并将之纳入一个宿命论式的科学框架，由此证实从一开始就设定的文化优越性，以及以那个假说作为基础的身体的支配地位（参见 GS 1987a）。

对于那些并未感到与机器文明严重疏离的人，显然有足够的理由赞同这种假说。但鲍亚士作为德裔犹太人在文化上的边缘地位、他早期的田野经验以及他在美国确立自身专业地位的困难，都有助于创造一种可以发展系统批评的实验性立场。在论证野蛮人和文明人的心智无论在根本原则还是在当前行为上都相似时，鲍亚士并不把人类精神的统一性看作一个不断增长的实用主义理性过程，而更是一个无意识起源的分类和情感性的、不假思索的习惯行为之怀旧式理性化过程。在拒绝承认对外部刺激的理性反应有规律性时，他也怀疑人类文化发展是有规律的。文化"成就"不是渐进理性的功能，保存在不断增大的头颅当中，而更是一个传播、借用和再阐释的历史过程。由于文化现象受到各种历史力量的作用，它们绝不会以统一的步伐向前迈进。它们的发展并不会遵循统一的序列，也与任何假定的人种类型阶序没有关系。虽然一般进化过程无疑是存在的，但若要通过比较重建其过程，或确定其法则，就必须先行研究它们的特定历史表现形式。它不能靠轻易的假设就肆意妄说，某种文化类型提供了对所有其他文化类型加以评价或分类的标准。

可以说，鲍亚士对分类问题的思考实际上包含着其大多数人类学假设的萌芽，不仅在批评方面，在建构方面也是如此（虽然并不太明显）。在回应进化论的意见，即在人类文化中（就像其他任何地方）"同因必同果"时，鲍亚士认为，这个原理不能倒过来说——我们不能从"同果"推出"同因"，很显然，类似的现象实际上可以是由不同过程造成的。鲍亚士的人类学著作引发了这个问题的改变：同样的文化形式可能拥有不同的功能；一个既定的正态分布可能隐藏着两种不同的"类型"；同样的声音实际上在不同民族的观察者耳朵里也是完全不同的。在民族学中，鲍亚士坚持说，"所有事物都是独特的"。但是，独特性不是存在于单一文化要素中的东西；它也是历史过程的反映，并且只能在一个既定部落的整体文化语境中才能理解。

对于鲍亚士，研究人类的学者面临的最大危险是"草率的"或"任意的"分类。一方面，分类会因观察者的先在经验变得复杂；另一方面，又会因制约着所观察现象的历史过程而变得复杂。由于后者非常多变，并不必然发生相互关联，分类想要包括的要素越多，分类就越是任意，而以一个要素进行分类产生的结果会与以另一个要素进行分类的结果截然不同。只有我们探究了表象并厘清影响人类生活之进程的历史复杂性，才有可能捕获那些并不"存在于学者头脑中"的分类，它们在某种意义上是源于并内在于现象本身的——唯其如此，我们才能对因果过程加以比较和概括。

121

　　从这些假设出发，鲍亚士对进化论展开了系统的批评，这些批评，连同其中隐含的清教徒式方法论姿态，经常被看作他几乎全部的人类学观点。但虽然从未得到系统的阐述，在这种否定的批评中隐含着一种更明确的取向。通过颠倒人类学理解的过程，我们可以产生一幅文化的基本过程的画面。在人类感官中揭示的现象世界根本上是一个连续体，无意识的分类过程将秩序强加给这个连续体。虽然分类在一定层次上反映了一般精神过程，但这样产生的分类在内容上因不同群体而异，而一旦确立起来，也会构成一张独特的筛子或滤网，新经验必须经由这张筛子或滤网才能吸纳进来。因之，文化过程既是歧异的，又是重新整合的；同样，在某种意义上，文化分类既是后天的，又是先天的。虽然它们是历史的产物，它们"目前是完全下意识地在每个个体和整个民族中发展的，而在我们的观念和行动的形成中是最有力的"。随后的文化整合是一种心理学现象，根本上是在观念而不是在外部条件的基础上进行的。由于基本上是非实用性的，它的固有特征乃是无意识内化的分类、模仿和社会化过程以及看似自觉的二次解释的结果。不只如此，文化整合是一个历史的现象，而不是一个逻辑的现象。文化接触的偶然增加，要素的恒常交换，以及二次解释的怀旧式系统化，都从各种方向造成了动态的、过程中的整合，它从不是完全稳定的，而是服从于运动和漂移。其特征最好用诸如"主题"、"焦点"、"风格"或"模式"，而不是"结构"或"系统"等术语来描述。在所有这些当中，它都反映了它的起源，即对民族"天赋"或精神（Geist）的浪漫观念。

　　若想理解鲍亚士的科学取向，必须将他放入他与两种研究传统的特定关系中，他在开始自己的人类学生涯时所写的《地理学研究》一文中对此作过描述：物理学传统和历史传统（Boas

1887）。物理学家并不"按其呈现在脑海中的样子研究整个现象，而是将它分解成各种要素，分别对它们加以考察"。与此类似，只有当事实导向一般法则时，事实对他才是重要的；通过比较一系列现象，他试图"分解对所有人都一样的一般现象"。相反，在研究复杂现象时，历史学家坚持平等的科学有效性，其要素似乎"只在观察者的头脑中才会联系起来"。他不仅对要素感兴趣，而且对"整个现象"感兴趣，而只有当一般法则有助于解释其实际历史时，才会引起他的兴趣。他以"理解"方法寻求"永恒真理"，像歌德那样，"以爱的方式去体悟"整个现象的奥秘，除非它的"每一个特征都是清楚和明晰的"，"才会考虑它在一个系统中的位置"。

就性情和训练而言，鲍亚士是一个自然科学家，深受要素之原子论分析和机械因果决定论传统的熏陶。但是，到他成年之时，却已进入这样一个时代，这个传统正开始经历一个认识论反省的过程，他的早期工作就是这个过程的表现；而他也受到历史主义传统的深刻影响，这个传统也正自发地经历重组的过程。但虽然他必须阅读马赫的著作，并且必定已经阅读了狄尔泰的著作，他并未接受科学法则的约定论观点，也未接受未经证实的"精神科学独立于自然科学"之断言。物理学方法和历史方法都是用传统术语构想的，在他的著作中，它们仍然是有张力的，虽然并不是相互抑制的。科学法则必须等候成长历史的研究；但历史（通过对要素布局的研究以实证方式加以考察）在实际上是如此困难和复杂，以至于几乎无法实现。最终，鲍亚士既放弃了科学法则，也放弃了历史重构，直到 1930 年代中期，罗伯特·雷德菲尔德公正地指出，"他既没有写作历史，也没有为科学体系铺路"。

除了对进化论的反应，鲍亚士的人类学深刻地扎根在 19 世纪传统之中。正如他自己意识到的，其目的在根本上是在 19 世纪后期科学情境中重塑的前进化论传播主义民族学的目的："人类类型的产生"（GS 1973a，1987a）。其基本取向是历史的，但它努力重构的（并希望使之服从于科学法则的）历史是在所有方面的人类多变性的历史。因而，鲍亚士的人类学在原则上是无所不包的，其范围包括语言学、体质人类学和考古学，还有对人类文化的研究——虽然实际上文化分析（或民族学）是鲍亚士的核心领域。最重要的是，鲍亚士的人类学是经验性的。虽然它在根本上试图解释何以"世界上的部落和民族"会各有差异，它必须首先追溯"现在的差异究竟是怎样发展起来的"——而在此之前，它必须确切地描述它们，如果有可能的话，对它们进行分类。在这一层次上，与先前的工作有着相当大的连续性：一方面，是经常提及的鲍亚士田野工作中的"自然史"取向；另一方面，是实质的连续性，鲍威尔对北美大陆的基本民族志描述和"绘图"项目直到 1920 年才告完成（参见 Darnell 1969）。

但与 19 世纪的人类学传统相反，鲍亚士的经验主义却是全面批评性的，它从一种相对主义观点抨击在所有领域中流行的分类和类型学假设，这既是在方法论意义上，也是在评价的意义上说的。复杂的或那些在鲍亚士看来有可能推翻某种法则的例外，都会得到优先考虑。在科学中，如果不是在政治中，鲍亚士是坚定的保守主义者。在这种情况下，这不是要否认，他的严格归纳方法不仅有排斥科学一般化的效果，而且有排斥建立概念框架的效果。但他的清教徒式方法论偏好是美国人类学中的一场"伟大的改革运动"（Harris 1968：261），这却是没有疑问的。

确实，谁不希望超越"改革"而"革命"呢，谁不希望正在创造社会科学历史上如"范式"转换那样的重要环节呢？可以肯定，鲍亚士派自视为科学革新者——不无矛盾的是，虽然他们思想中有一种反科学倾向，他们却自认是真正的"科学"人类学的唯一传播者。他们来自外部，他们的年轻，他们对制度基础的创立和控制，他们密切的共同体生活，他们重写学科历史的欲望——在这些和其他"社会学"维度上，他们的革新无疑具有库恩式的特征。在实质上，在鲍亚士对进化论的批评中隐含的文化和文化决定论观念为一种全新的学科世界观奠定了基础，虽然其含义要很晚才发展起来。而虽然在这一层次上，鲍亚士人类学可以被看作只是每个社会科学研究领域中都正在发动的广泛思想运动的一种表现，其假设迥然不同于同一运动中那些最重要同类的含义：从爱弥尔·涂尔干经由 A. R. 拉德克里夫 - 布朗传入现代英国社会人类学的传统。与鲍亚士的假设正好相反，后者是建立在下述原则之上的：同果必有同因，社会事实可以"以某些共同的外部特征预先确定"，社会"物种"可以根据"组成要素的性质及其组合模式"加以分类，而"一次良好的实验足以确立一条法则"。无须讨论细节，我们只需看一下，亚历山大·戈登威泽对涂尔干《宗教生活的基本形式》以及阿尔福雷德·克虏伯与威廉·里弗斯关于亲属术语意义的争论显然在范式假设方面是截然不同的——虽然在后一种情况下，英国人类学内部的摩尔根思潮才是对手，而并非所有鲍亚士一派人士都同意克虏伯的意见（GS 1974d）。

　　然而，尽管他们有发动革命的决心，鲍亚士人类学显然只有一种不完善的范式特征。毫无疑问，若要发展，就要占领鲍亚士定下的几个制高点，首先在几个领域内批判进化论，然后研究一系列经常是由鲍亚士指定的问题。根本目标是解释人类在所有方面表现出的变异性，而人们可以清楚地看到，在几个

124

分支学科中都贯穿着方法的统一性。更特别的是，鲍亚士式田野调查有目的地搜寻证据，以阐明"形式与意义的社会心理纽结"，并为历史重建工作提供基本资料。与调查对象对事物何以如此的记忆或精神生活的细节相比，由于它们"已经固定在语言、艺术、神话与宗教中"（Voget 1968：333-35），对当前行为的观察就没有那么重要了。与此相似，人们也会在分析文化现象时发现一种共同的抨击模式，诸如"要素"、"过程"和"模式"等。它是在 1890 年代鲍亚士的民俗学研究中发展起来的，也明显地体现在他下一个十年的语法研究，以及他那些一流的门徒的著作中："每一种语法都由那些写作民族志的［同一些］人重写了。"（Hymes 1970：257）

　　甚至在某些环节上，在鲍亚士们看来，人类学具有某种"标准科学"的"解决难题"的特征——就像克虏伯写信给萨丕尔说的，如果他自己选择放弃证明瓦肖语属于奥坎语系这个任务，克虏伯和罗兰·狄克逊愿意承担这项工作。但到那时，他的门徒想在美洲印第安语间建立发生学关联的努力已经在方法论上引起了鲍亚士的不安，他的语言学方法论越来越受制于其文化人类学的传播论假设。因而，这种情况实际上证明了范式隐喻的局限。在克虏伯建议下，爱德华·萨丕尔在 1916 年修正了历史重建原理，而在以后几年内，他们又进行了一系列努力，试图在教科书中总结那时已在论文和专著中完成的考察成果（Sapir 1916；Lowie 1917；Kroeber 1923；Goldenweiser 1926）。但是，鲍亚士阵营内任何试图在一种范式的理论综合意义上发展"标准科学"的趋势，都在鲍亚士方法论清教主义和总体的反理论姿态面前遭到了挫败，在他的思想中，科学取向和历史取向毕竟是不相容的。

　　我们必须在这样一种框架中看待鲍亚士们是否真正形成了一个"学派"这个伪问题。至少在发难事件的时期内，他们无疑自认是一个学派。他们对大一统的抵制是从 1930 年代开始的。此时，革命阶段已经终结，在那个阶段，他们在抨击进化论、建立牢固经验基础以及机构控制等方面都是统一行动的。但鲍亚士范式在为"标准科学"提供基础方面的不足，该群体随后在各个取向上的（也许是"自然而然的"）发展，以及来自外部的替代性、批评性取向的兴起，还有对所有这些都有所反映的制度发展，都共同重新确定了群体认同。克虏伯曾在 1931 年亲口说过"鲍亚士学派"，但到 1935 年，他却断言说根本不曾存在过这样一个东西（参见 L. White 1966：3）。

　　也许更有说服力的比喻表现在克虏伯的评论中，他说鲍亚士是"一个地地道道的家长"——一个权威的、毋宁说是冷酷的父亲形象，对他的孩子们，只要他感到"他们真正地与他保持认同"，他就会抚养他们，而一旦有变，他就会冷落甚至惩罚他们。简言之，我们最好还是像鲍亚士门徒自己的用法表明的，将他们看作人类群体统一性的不同模式：家庭。这个家庭与后维多利亚时代大家庭的心理动力机制有颇多相似之处：某些成年男性后代的俄狄浦斯式反抗、被放逐的儿子们、阋墙之争、代际与性别分化——这最明显地表现在家长在面对年轻的女儿们时表露的温柔之情，她们喊他"鲍亚士老爹"，并接受了一个男性多少有些暧昧的爱心，他帮助许多女性迈入这个学科，但他也仍然认为，在那时的世界上，妻子和秘书不应享有专业化的所有特权（Modell 1974）。

　　但除了心理动力外，另一个准生物学的家庭类比也有助于我们理解鲍亚士门徒——也许某些其他思想运动也是同样的吧。因

"鲍亚士老爹"和一群鲍亚士门徒在哥伦比亚大学人类学野餐会的合影，约 1925
年（从左至右）：内尔斯·尼尔逊（一位无法辨认身份的女士正在拉他的胳膊）、
弗朗兹·鲍亚士（他的脸部被艾斯特·戈德弗兰克挡住了一部分，艾斯特·戈德弗
兰克与格特鲁兹·鲍亚士一起挡住了后面一位无法辨认身份的女士）、罗伯特·罗
威、普林尼·厄尔·戈达德、威廉·奥格本、格拉迪斯·雷查德、尼尔逊夫人（史
密逊学会，国立人类学档案馆惠允使用）

而，鲍亚士的基本人类学观点可以视为一个基因库，它包含着有
限数量的遗传特征，有些是显性的，有些是隐性的，它们在他的
后代身上的表现受到他们亲缘性的思想关系的遗传及其显性性状
（phenotype）的发展环境的影响。如此一来，在一个父系世系下
126 出现了极大分化，但这种分化却受制于思想之父最初的基因构造
和他在学科环境中的持续现身，同样也受制于某种思想内婚制的
局势。

在这种语境中，我们也许可以用相互对立的基因特征看待
鲍亚士的历史与科学的紧张关系。在理论层次上，科学的概括
与历史的理解是正好相对的；在方法论层次上，对要素做严格

归纳与对整体现象的移情体察是正好相对的。在鲍亚士那里，这四种基因是同时存在的，虽然第一种和最后一种都显然是隐性的。而在他的门徒那里，这些特征却都各自明显地表现出来了。最典型的鲍亚士门徒都表现出混杂的风格，无论是在理论层次上（如戈登威泽），还是在方法论层次上（如莱斯利·施皮尔［Leslie Spier］），抑或兼而有之（如梅尔维尔·赫斯科维奇）。但有些门徒却表现出纯粹的历史取向（如保罗·雷丁［Paul Radin］和露斯·本尼迪克特）。有些门徒（尤以克虏伯为最）却经历了好几个不同的阶段，有时候是这种取向，有时候又是那种取向明显地表现出来。如果稍微改变一下这个比喻，我们可以说到父系血统以外的遗传影响。罗威在欧内斯特的影响下接受了双重的新实证主义经验论；克虏伯和萨丕尔则在亨利西·李歇特和威廉·文德尔班的影响下接受了德国历史主义的二次传入。雷丁与美国实用主义有着密切关系；玛格丽特·米德则建立了与英国功能主义的纽带。不管他们个人的基因构造怎样，所有人都受到鲍亚士抚育的影响——人们可能会感到，克虏伯是一个施本格勒，努力要挣脱归纳法的束缚，这在他的思想中是隐性的，很可能只是由早期家庭环境强加给他的。他们大都继续——虽然在很多情况下都是被动的——应答家长持续的批评性现身。但没有谁不受历史主义倾向的影响，虽然其显型的表现都十分不同。而无论在谁那里，科学一般化取向也都无一不以混杂的形式表现出来。当像莱斯利·怀特这样一个调包婴儿被放进鲍亚士的育儿所时，他的真实基因构造最终暴露了自己（参见 Barret 1989）。

127

　　这种多少有些浅薄的类比无疑不能推得更远——虽然在鲍亚士家庭的心理动力语境中，它可以让我们更好地看待类似的家庭纠纷，诸如克虏伯断然宣称的"超机体性"（见下文，第135页），或雷丁后来对其所有同道的历史主义抨击挑起的（Radin 1933）。但重要的一点在于，鲍亚士的门徒们各以不同形式体现了在此阐明的鲍亚士基本假设，他们的工作大体上都是沿着它所包含着的路线前行的——虽然有时候他们在执行某条路线时会超出鲍亚士本人的科学与历史禁欲主义允许的范围。这样，两战期间的美国人类学史可以视为在一个不断变动的思想与制度语境中对鲍亚士在其人类学生涯之初就已经确定的立场的不同运用。

演化的机构框架

对1920年代美国人类学的机构框架，我们需要记住的重要事情是，人类学究竟是在多大程度上在非学术或准学术语境中开展的。[3] 只有大约一半专业人类学家担任学院或大学教师；不只如此，半打左右人类学专业院系都与人类学博物馆或一般博物馆保持着某种关系。在一些情况下，摩擦削弱了这些关系，但只有一个例子，从未发展出这种密切关系（芝加哥大学），在1920年以前，那里的学术人类学从未能真正起飞（GS 1979a）。即使是政府部门美国民族学局，自1879年成立后就启动了比其他任何一个机构都要多的人类学研究，也是在与国家博物馆的关系中开

128

[3]　此处对变化中的制度结构的叙述是承接着GS 1968a最后一章开始的，并大量利用了《美国人类学家》中的资料——人类学会和其他学会简报，《简讯》（"Notes and News"）中的资料，等等——以及相关机构的出版物，对其中的一些资料，我在1975年秋季席明纳班上的学生已经做了一些研究；又见Frantz 1975。

展工作的（Hinsley 1981；Darnell 1969）。除了政府人类学的拨款外，研究大都得到了个人慈善家的资助，这些资助主要通过博物馆；大学提供给人类学研究的款项是少之又少的（Darnell 1970；Thoresen 1975）。

同时，研究机构虽然承担了某些培训职责，它们却是人类学研究人员的消费者而不是生产者。从这个观点看，哥伦比亚大学和哈佛大学院系在人类学学科的全部机构生活中扮演着关键的角色。在它们之间，有一种实际的劳动分工，哈佛大学专长于考古学和体质人类学，而哥伦比亚大学则专注于民族学和语言学。到1920 年，它们总共培养了四十位博士学位获得者当中的三十位，其余的则散布在六个不同的机构中，其中只有宾夕法尼亚大学和加州大学（伯克利分校）仍然在研究生层次上实行积极的教育（Thomas 1955）。

在将机构领域作为一个整体描绘时，我们会看到三个主要人类学工作中心——纽约、坎布里奇和华盛顿——每个中心都自有一套彼此相关的机构，有以地方为基础的学科社会，自己的出版渠道，并且在某种程度上有自己的分支学科重心。在这三个中心间，每个中心都以复杂的方式与另外两个中心联系在一起，也与其他领域的机构联系在一起。后两个中心——伯克利分校和拥有田野博物馆的芝加哥大学——可以视为分离的，它们拥有独立的机构和研究重心。其他中心——其中包括耶鲁大学和费城的几个机构——最好还是视为围绕三个重要中心之一运转的卫星。在内地，许多机构甚至连与主要中心的卫星联系也没有，它们构成了三十九个小规模私立学院和国立大学中的大部分，在这些大学中，人类学教学通常都在其他院系中（MacCurdy 1919）。更经常的情况是，这种教学都是由没有人类学学位的人开展的，他们经常都

加州大学（伯克利）人类学系教员，约 1921 年。在人类学系和希腊雕像博物馆所在的"锡棚"前的合影（从左至右）：罗伯特·罗威、莫妮卡·弗兰纳丽（助教）、T. 格雷（助教）、A. L. 克虏伯（加州大学伯克利分校 P. A. 赫斯特人类学博物馆惠允使用）

是社会学家——这与主要的人类学系形成了鲜明的对比，因为这些人类学系在发展与社会科学的纽带方面走得非常缓慢。

　　这种机构框架对人类学学科的形成有着特殊含义。在三个主要中心集中了相对多元的结构，这让一个规模虽小却团结、忠诚的团体有可能在人类学会中发挥重要的影响，直到 1920 年，这个学会仍然只有不超过三百名个人会员，又只有少数会员愿意参加理事会会议以处理重要事务。随着老一代进化论人物的终结和鲍亚士在华盛顿和坎布里奇的影响，除了偶尔围绕发难事件形成的群体外，没有出现任何一个团结的替代性团体。在 1922 年成立的中部各州分会（Central States Branch）为中西部学校提供了一个活跃的地区性论坛，它在两战之间成为学术人类学的重要成长地区。在同一时期内，学会个人会员翻了一番，理事会也因新训练博士的逐渐增补而有所扩大。但这种发展并未对学科控制产生影响。一旦鲍亚士的门徒们在流产的反革命运动后夺回了地位，人类学学会的权力便开始集中到那些"老家伙"手里——他们要么是鲍亚士门徒，要么是丧失了任何其他相关团体的中立者——他们一个接一个地占据了大都是荣誉性的政府职位。最重要的职位是那些最能体现人类学学科的思想兴趣或专业兴趣的职位——特别是《美国人类学家》主编，以及在三个国家跨学科研究委员会上的代表职位。在所有这些当中，鲍亚士派尤为强大，施皮尔继罗威之后在 1933 年担任主编，鲍亚士门徒控制了跨学科研究委员会中的人类学代表资格，只有 1920 年代早期一段短暂的时期是例外。所有这一切的后果不仅仅支持了鲍亚士的权力——他们早就一枝独秀了，更重要的是，在我们将要思考的其他潮流的语境下，它推动了"民族学"对这门学科的支配。

　　然而，民族学特征本身就深受开展人类学研究的机构框架的影响。虽然考古学对于鲍亚士门徒只是一种次要的活动，但考古学和民族学在博物馆语境中的传统联系肯定强化了人类学理论的历史取向，正如博物馆收集工作的实物取向支持了对民族志资料收集的态度一样。更重要的是，整体文化区域研究法虽然在某种意义上是民族学局的北美大陆普查计划自然产生的结果，却受到博物馆展示问题的严重制约。除此以外，博物馆语境——在其中，除了语言学外的所有分支学科都以视觉形式呈现出来——显然有助于强化人类学学科的包容趋势。博物馆取向的影响直到 1920 年代仍然可以感受到，这仍然是一个博物馆的兴盛时期——虽然到那时，经济大萧条迫使博物馆活动不得不大幅减少，但其重要性早已因其他机构发展而遭到了削弱。

　　这其中一些内容早在发难事件时就已经明显地表现出来了。所谓玛雅团伙实际上是一个围绕华盛顿卡内基学院于 1913 年成

130

立的考古学系形成的团体，而在 1920 年代，它对该系的资助也有相当自由的尺度。在那一时期内，和平时代的国家研究委员会通过卡内基和其他慈善基金会的捐助大量资助了人类学研究。与此同时，社会科学内不断兴起的跨学科运动也最终促成了社会科学研究委员会的成立，它基本上是由洛克菲勒慈善基金会资助的。在 1925 年，人类学也接到邀请加入委员会，而到 1930 年，人类学学会也被允许加入美国学术协会委员会。与其他基金会活动一起——如洛克菲勒对大学院系或它们于 1928 年建立人类学图书馆的资助（GS 1982a）——所有这一切都导致人类学研究的经济基础发生了重大变化。政府资金仍然发挥着作用，不久后还因为罗斯福新政的社会福利政策而有所增加。但在个人捐助者的角色中出现了显著的衰落，他们对人类学的兴趣大都是通过博物馆实现的——博物馆乃是慈善和营利天性的传统会场。从此，对人类学研究的慈善捐助大都经由基金会董事会流通，致力于一般的文化和社会福利目标，也经常通过中间团体进行，在这些团体中，专业代表发挥着重要的影响（见下文，第 179—211 页）。

131

另一个到 1919 年才开始发生的机构变化也在类似路线上产生了重要影响：学科的学术扩张，以及其大学内部纽带脱离博物馆、迈向社会科学的再定位。20 世纪 30 年代早期，在芝加哥大学、西北大学、密歇根大学、威斯康星大学和华盛顿大学建立或重建了人类学系——几乎无一例外地都与社会学系有关系。到 30 年代后期，独立的人类学系的数量已经增加到二十多个，其中有一打左右结合了人类学和社会学（Chamberlain & Hoebel 1942；Thomas 1955）。在耶鲁大学，人类学在 1931 年与社会学一道重建起来，而同一年哈佛大学社会学系的建立也有助于重新定位该校的人类学。人类学学科不断参与到社会科学研究委员会发起的各种研究项目当中，在这种情境下，最终导致美国人类学的社会科学成分得到了极大增强，而这在鲍亚士抨击进化论的时期却多少有些弱化。这种发展的一个方面表现为英国功能主义的直接影响。拉德克里夫 – 布朗在芝加哥大学执教长达六年，而马林诺斯基后来又在耶鲁大学待了三年（GS 1984b，1986b）；劳埃德·华纳，他是罗威的学生，在澳洲从事田野工作时曾受教于拉德克里夫 – 布朗，1930 年代前期他在哈佛大学影响深远（Warner 1988）。与此同时，鲍亚士门徒填充了许多新的学术职位，他们也一直现身于所有的主要科系之中，这都有助于制约各个渠道内的社会科学冲动，这些渠道即便并不始终是鲍亚士一派的，也与英国功能主义有着明显的区别。

这些机构发展对人类学研究的重心和性质都产生了一定影响。在硬科学反对文化人类学以及美国海外利益不断扩大的情境下，那些早已萌芽的意图扩大以北美为重心的人类学研究的潮流如今也得到了极大的增强。第一届泛太平洋科学大会和 1920 年的贝亚德·多米尼克考察开创了一系列太平洋考察活动，最远直到菲律宾和荷属新几内亚。虽然对太平洋地区的美国人类学研究从地理分布而言是极不平衡的，但到两战期间，玻利尼西亚已经成为一个重要的研究区域，伯尼斯主教博物馆在其中发挥着核心的机构作用（Bashkow 1991）。1920 年代也是哈佛大学、田野博物馆和哥伦比亚大学发起非洲研究的年代——虽然直到 1930 年以后赫斯科维奇才开始在非洲从事田野工作，这推动非洲研究成为美国文化人类学中的一个重要组成部分（Jackson 1986）。

到 1934 年，罗威以过去十年间在《美国人类学家》上发表的论文的数字表明，大约有五分之一的论文研究的是新世界以外的地区。但是，其中有一部分不是以田野考察为基础的，而对博

132

士论文的印象式分析也表明，除了新项目以外，海外研究在两战期间的美国人类学中总体上占不到很大比例。也有一些例外——特别是西北大学（在整个时期内只有五篇博士论文）和哈佛大学，在这两所大学中，一些体质人类学和考古学博士学位都是在美国人类学范围以外获得的，而在 1930 年代早期，一次对爱尔兰的人类学考察结合了劳埃德·华纳的共同体研究法和考古学与体质人类学研究法（Arensberg 1937）。但从总体上看，美国人类学家的兴趣占据着支配地位，而最重要的单个民族志地区，不论在研究的数量还是重要性上，大都集中在美国西南部（GS 1982a）。

同时，随着中美洲文明的考古学工作的扩张（Brunhouse 1971；Willey & Sabloff 1974）以及由北美民族志者对这些地区和其他地区的开拓（Sullivan 1989），美国人类学活动的范围也得到了极大的扩张。早在 1932 年，《南美印第安人手册》计划就曾经在全国研究委员会上讨论过，虽然其目的无非是鼓励开展这方面的研究以便能够最终完成这个计划，它也缺少足够的资金完成整个任务，直到 1939 年，史密森学院才重新启动了这个项目。到那时，战后研究兴趣的扩张显然已经奠定了良好的基础。虽然美国人类学仍然以美洲为主，而除了少数例外，美国人类学家的海外研究也未对人类学方法和理论产生重大影响，但这个学科已经不再局限于鲍威尔式框架，而 1920 年以前的鲍亚士派则基本上都受限于这个框架。

在同一时期内，曾在 1920 年代的关键时刻特别受惠于埃尔希·克鲁斯·帕森斯（Hare 1985）的民族志工作，如今也有了更加坚实的经济基础。正如在《美国人类学家》上由国家研究委员会对国家考古学考察所作的长篇年度总结中表明的，1920 年代人类学研究的主要部分都是考古学性质的。而虽然将人类学改造为硬科学的尝试并不成功，但由国家研究委员会启动的大多数早期人类学工作仍然被以生物学方式定位为是对实际的"种族"问题的处理。几位以考古学（拉尔夫·林顿［Linton & Wagley 1971］和佛瑞德·伊根）或体质人类学（赫斯科维奇）起家的重要文化人类学家的职业生涯或许就反映了这个时代的研究优先权。但到20年代末，鲍亚士在国家研究委员会中的影响以及国家研究委员会以外新的国家性跨学科社会科学机构的建立最终成功地以社会或文化方式重新界定了国家研究委员会的"种族"研究。同时，社会科学研究委员会（SSRC）为文化研究提供了额外的资助基础，到1930年，卡内基学院已经决定扩大其中美洲研究的纯考古学取向。与洛克菲勒基金会共同经由美国学术团体协会（ACLS）资助文化研究和语言学研究，这些发展都为文化研究奠定了更坚实的资金基础。洛克菲勒基金会在1933年决定不再资助抢救式民族志的全球性项目，但洛克菲勒的资金在随后几年内仍继续流入已经启动的项目（见下文，第200—201页）。在这种情境下，民族学在经济大萧条年份似乎比在1920年代早期开展得还要好。考古学和体质人类学博士的比例在1920年代几乎占到一半，但在下一个十年中却急剧减少。到1945年，大约总共有三百四十名人类学博士，至少二百三十名是民族学的，而此外有二十名是语言学的（Thomas 1955）。

除了学科本身的地区重心和分支学科平衡的这些变化以外，机构发展看起来也非常有助于调整人类学研究的实质和方法。从博物馆向基金会和研究委员会基金的转变本身就已经多少削弱了旧有的以实物为取向的历史民族学的机构基础（见下文，第207—211页）。但这种变化也产生了积极影响。国家研究委员会和社会科学研究委员会对种族和移民之实际社会问题的早期兴趣显然影

响了人类学工作的实质性关怀。赫斯科维奇主持的非洲—美洲长
期项目从美国黑人的体质人类学开始，最终却以一个文化涵化研
究的跨大陆项目结尾，这正是在这种情境中才会发生的（Jackson
1986）；与此相似，雷德菲尔德的特波茨兰项目最初是作为对某个
移民群体的一项背景研究提出来的（Godoy 1978）。如果文化涵
化研究可以由此被看成对种族接触问题的实际兴趣的结果，那么，
早期的文化与人格工作则可以视为国家研究委员会和社会科学研
究委员会对"种族"精神差别之兴趣的转变形式，在这种跨学科
的情况下，人类学家与各种心理学家密切携手走到了一起（GS
1968a）。同样，不断变化的民族志地区取向、英国功能主义的影
响以及人类学与社会科学研究委员会和大学中日趋经验化的社会
学的密切关系，共同推动形成了今日共同体中更具行为主义意味
的研究——虽然更积极的参与观察法早已在鲍亚士传统中生根了。

简言之，有充分证据表明，在 1920 年后，人类学机构框架的
变化不仅仅反映了学科内部的思想进程，它实际上也塑造了这些
进程。一方面，它们创造了延缓或促进某些学科内发展潮流的渠
道，另一方面，也提供了一个重要的渠道，外在社会和文化过程
由此影响了作为一种思想探索的人类学。由这些机构过程形成的
一个重要发展是，我们今天所称的"文化人类学"（鲍亚士派却通
常仍称之为"民族学"）的性质、取向和学科内角色都发生了深刻
的变化。

从民族学到文化人类学

民族学的核心概念当然是"文化"，它便于我们简明地考察

两战间的民族学理论。[4]由于鲍亚士对系统概念化（systematic conceptualization，与对概念的批评相反）持抵制态度，他的门徒由此难以从其著作中（或者说，在辨识他们曾经拥有的鲍亚士式构成要素时）提炼出构成原则。在这段时期开始时的情况非常清楚地表现在罗威《文化与民族学》这部鲍亚士门徒最早的民族学综合著作中。在指出文化（就如 E. B. 泰勒在 1871 年所定义的）"是民族学的唯一且全部的内容"，并且拒绝接受对文化现象进行心理的、种族的和环境决定论等解释以后，罗威却"吃惊地发现，我甚至弄不明白什么才是［文化的］决定因素，为了澄清我自己的想法，也为了让'传播'成为故事的主角，我必须与普林尼·戈达德进行一次长谈才行"（Lowie 1959：128）。在下一个十五年间，传播仍将在美国民族学思想中扮演核心角色，虽然随着时间的流逝，它的范围开始不再那么宏大。

　　到罗威写作的时代，文化理论中的一些问题已经开始浮出水面，从长远看，它们也将变得越来越重要。当克虏伯更加激烈地论证文化自主性时，几位鲍亚士门徒同人立刻对他的"超有机"观念作出了激烈的反应。虽然他们也同意文化之重要性的说法，戈登威泽和萨丕尔却仍然感到，在论证历史和科学的分离，拒绝民族学研究的心理学方面，排斥个人对文化发展的影响，以及在给实际上不过是为选择现象命名的具体化方面，克虏伯实在是走得太远了（Kreober 1917；Godenweiser 1917；Sapir 1917b）。但其实早在这以前，这些概念问题的意义就已经被充分意识到了。在随后几年间，人类学所受的迫切压力不但没有能够澄清概念，相

135

---

[4]　除了正文中所引资料，在民族学发展方面，可用的资料包括：J. Bennett 1944；Eggan 1968；Goldenweiser 1941；Harris 1968；Kroeber & Kluckhohn 1952；Lowie 1937；Radin 1933；Singer 1968；Vincent 1990；Voget 1968。

反，还造成了鲍亚士所说的"不成熟的分类"。当克虏伯评论罗威对摩尔根式假设的长篇批评《原始社会》（Lowie 1920）（这部著作标志着鲍亚士人类学关键阶段的高峰）时，他明确地感到了这些压力。抛开鲍亚士方法的可靠性不说，在克虏伯看来，其结果却"毋宁说是贫瘠的"："只要我们仍然只能继续给这个世界提供对具体细节的重组，一直对更广的结论表现出否定的态度，这个世界也就不能从民族学中有一丁点儿受益。"（Kroeber 1920：380）

在博物馆收藏品陈列和此前数十年间的民族学探讨中发展出来的假设基础上，并对意在捍卫萨丕尔《从时间角度考察美洲土著文化》一书某些内容的方法论警示表示支持的同时，克虏伯和克拉克·威斯勒带头尝试将鲍亚士历史民族学提升到一般层次上，这将向"遥远的科学领域中的工作者和怀有一般思想兴趣的人"证实它的地位（Kroeber 1920：380）。从地理分布和文化要素在空间中的联结入手，假设传播模式是均匀地从一个"文化区域"的中心向周边开始的，这样就能确定分布更广的特质必然是更古老的特质，他们试图在时间中重建发展的序列。"年代区域"原则，再加上传统进化论的类型复杂性观念，以及可用的有限考古学证据，为以地层法排列西半球的各种文化奠定了基础，其高峰位于中美洲、秘鲁和太平洋西北海岸。尽管克虏伯早期坚持应当把科学研究和历史研究截然分开，但总体方法却深受生物学假设的影响，并促使威斯勒和克虏伯两人都开始研究文化和环境区域的关系。到 1929 年，威斯勒已经走上了更具社会学风格的道路，但克虏伯却更系统地坚持了文化区域兴趣（Driver 1962；Freed & Freed 1983；Reed 1980；GS 1974f）。在 1920 年代后期，他的几个学生试图发展定量方法解决这个问题，而在 30 年代，有些学生在克虏伯的"文化要素考察"方向上开展工作——他们大都不是心甘情愿的，但又找不到其他渠道获得研究资助（GS 1991b）。到那时，由于人类学观念已经发生了变化，这使得文化"清单"研究法在雄心万丈的研究生眼中已经僵死了，而克虏伯本人的整体历史主义已经再次证实了自身。

毫无疑问，我们可以从 1920 年代的文化区域综合体中推导出某些对于文化本质的观点，这些观点在将某种人类学取向传入邻近社会科学时确实产生了影响。比如说，威斯勒在《人与文化》一书中提出的"一般模式"为比较单个部落文化的"方案"或"模式"提供了一个分类框架（Wissler 1932）。但在总体上，这种研究路径的具有方法论意义的单位却是有助于确定文化区域"类型"的单个"特质"和"特质复合体"而不是"纯粹的社会单位"，威斯勒认为，后者"作为文化单位是没有什么价值的"（Wissler 1922：269）。通过确认那些在方法论和本体论上都不确定的文化实体，文化要素研究法支持了一种文化学取向，它能够并且确实直接引发了整体观或形态观。但是，它对理解文化过程却没有什么贡献，无非表明了文化的传播，无论如何，这在 1920年代就已经完成了。无疑，文化区域观刺激了生态学思想的发生，并继续充当一种有用的一般分类工具，但到 1920 年代中期，通过分析共时性资料达到起源分类的尝试已经遭到了严厉指责。鲍亚士和威尔逊·沃利斯批评了年代区域分析隐含的假设（Boas 1924；Wallis 1925）；莱斯利·施皮尔（L. Spier）也在 1929 年对此进行了批评，他的博士论文在研究太阳舞时为总体方法提供了一个重要模型，明确否定它在历史重建方面所起的作用。迪克逊在一年前以温和而不失严厉的口吻批评这种观点（Dixon 1929），不是将之放在更牢固的基础上，而是将其搁浅在历史的泥滩上。

1920 年代民族学的陈腐氛围在很大程度上是那种我们刚刚

137 讨论过的工作的必然结果，也许反映了克虏伯、迪克逊和威斯勒在制度中的突出地位——他们分别是伯克利、哈佛和美国博物馆中的中心人物，他们还分别应对硬科学对文化人类学的批评。但到 1920 年代，鲍亚士已经提出了替代性的发展路线，他很快宣称"传播研究已经完成了"。他的"民族学方法"标志着一个重大转变（鲍亚士后来表示这种转变早在 1910 年就开始了），即从对要素扩散过程的研究转向文化的"内在发展"这个更困难的问题，也就是说，要研究"涵化""文化活动的相互依存"以及"个人与社会的关系"（Boas 1920b）。回头来看，这种说法可以看作是一种对两战间人类学的期待，虽然有非鲍亚士甚或反鲍亚士特征的外部科学化潮流也指出了这一点。实际上，此时发生的，是在从历时分析法到共时分析法之自发转变的情境下，鲍亚士分析中的核心部分何者为重的转变——从"要素"到"过程"和"模式"。从此，重点落在了"可以在目前观察到的动态社会变迁"。在这个十年的最后，鲍亚士实际上认为，"假如我们完全了解了社会的整个生态、地理和文化的场景，如果我们详细地理解了社会成员的反应方式和作为这些状况之整体的社会的反应方式，我们不需要关于社会起源的历史知识，就可以理解它的行为了"（Boas 1930b：98）。

　　但即使在 1920 年后，这种转变仍然没有完成。正如米德指出的，"鲍亚士对研究问题的步骤有着严格而又谨慎的看法"（Mead 1959a：269）。在 1930 年代成熟的一些新取向实际上扎根于在特质分布框架内完成的博士论文。本尼迪克特、赫斯科维奇、A. T. 霍洛维尔和米德都遵循着这个模式——实际上尤里安·斯图尔德和莱斯利·怀特也是如此，虽然他们都是在鲍亚士的门徒而不是鲍亚士本人的指导下工作的（GS 1974a；Jackson 1986；Darnell 1977b；

Mead 1928a；Hanc 1981；Barrett 1989）。虽然他们确定无疑地针对德国和英国学派中后来的进化论者和极端传播论者，这四位人类学家都旨在解决美国传播论民族学潮流中的理论问题：文化要素的稳定性，它们的相互关系的特征，在特定文化情境中对它们的阐释，将文化区域概念运用到其他地区的可行性，文化区域边界的问题，人与环境关系的心理学性质。在每个人那里，都多少显示出了未来研究将要采取的方向，但在每个人那里，我们都能感到因分析的二手性质而带来的局限。这四个人做的都是图书馆论文，而在每个人那里，田野工作都为更综合的或过程性的方法提供了催化剂。

在这四个人的研究中，第一个产生重大理论影响的是本尼迪克特的形态心理学（GS 1974a；Modell 1983；Caffrey 1989）。虽然对于本尼迪克特来说，文化分化过程是非常传统的鲍亚士风格的，但她的方法受尼采、狄尔泰、斯宾格勒、埃伯林和萨丕尔的影响，主要关注历史上突然出现的"文化形貌（configuration），这些形貌塑造了人类生活的模式，并制约着其承载者的情感和认知反应，如此一来，他们是不可测度的，每种人都选择某种行为类型，并排斥相反的行为"（Benedict 1932：4）。本尼迪克特曾经受到 1920 年代心理学思潮的影响（荣格和格式塔），她特别关心个人偏离的问题，但她更感兴趣的是以心理学术语对文化进行归纳，而不是人格如何在特定文化语境中确定的过程（Handler 1986）。她的工作有助于建立文化整合观，而且，通过集中关注文化塑造的情感和价值取向，她也为人类行为的解释提供了一个宽泛的框架。但虽然本尼迪克特至少在原则上允许不同文化有着不同的整合程度，她仍然遗留下许多没有回答的问题，如决定其发展的要素，它们对人类行为的影响，以及个人行为在特定文化语境中的多变性，等等。不只如此，除了在一个宽泛的比较层次上，她的工作也没有推动文化比较，或文化过程的广泛运用。虽然她自己的工作缺少任何明显的时间维度，本尼迪克特却坚定地站在鲍亚士二元论中的历史主义一方。

随着 1930 年代文化与人格运动逐渐发展起来，其中一些问题也开始得到更系统的考察——部分是为了回应本尼迪克特的工作，部分是对其他影响的反应。萨丕尔与之截然相反，他更强调个人对文化过程的推动作用（鲍亚士本人也同样强调这一点），这在社会科学研究委员会组织的跨学科研习班上产生了深远影响，在确定霍洛维尔以更分化、更动态的方法考察文化与人格时也尤为重要（Darnell 1960，1990）。与此同时，心理学方法与理论模型开始扮演更明确的角色。弗洛伊德的贡献——他曾在 1920 年代扮演了鲍亚士门派的替罪羊角色——在玛格丽特·米德的工作中以更易为人接受的新弗洛伊德主义形式获得了肯定，同时也在 1930 年代后期哥伦比亚大学亚伯拉罕·卡迪纳主持的席明纳上得到了肯定（Manson 1986）。旨在解决精神变态和异常问题的精神病理学取向是一种重要影响，而新行为主义学习理论也产生了影响，特别是通过耶鲁大学人类关系研究所发挥的作用（Morawski 1986）。与 1920 年代相反，在那时，智力测验是最吸引人的心理学方法，而到此时，开始广泛地采用各种心理学标准和技术。与心理学影响并行，马林诺斯基和拉德克里夫-布朗版本的功能主义也对"科学化"潮流做出了贡献——一方面强调生物学因素在制约文化行为方面的作用，另一方面则更多地关注社会结构如何在文化和人格中间担当中介变量。在该时期的最后阶段，这些发展似乎都预示着有望以更分化的、系统的比较方法解决鲍亚士的"民族天性"这个老问题，也能够取代人类心智差异的种族主义解释方法。人类本质的文化可塑性仍然是人类学的基本信念，但更多地强调其更稳定的方面和一般修正过程。综合来看，文化与人格运动的不同表现在美国人类学中扮演着如此重要的角色，以致有些文化批评家担心，这个学科的独立性会因其屈服于心理学而受到威胁（参见 GS 1986a）。

至此，我们已经沿着整合论取向走向了心理学路线。我们也可以将它重新置于 1930 年后对人的更为"科学"的研究方法再度获得肯定的语境中，在社会学的脉络中追溯。虽然鲍亚士不再谈论一般规律，但鲍亚士二元论中的科学倾向却从未完全消亡。虽说有些鲍亚士门徒在 1920 年代曾将精力耗费在生物学方面，但对社会组织的问题也一直保持着浓厚兴趣，在其中，科学成分是非常明显的。即使对摩尔根式假设的批评（比如在印第安人狩猎地域方面始终有论文发表［参见 Feit 1991］）也有助于支持他的相关性；而到 1920 年代末，霍洛维尔和其他人的历史研究在证明了交表婚广泛存在的同时，实际上证实了一个重要的摩尔根式（和里弗斯式）假说（Hallowell 1937）。但是，对社会组织发展之一般过程的持续兴趣却要极大地归功于罗伯特·罗威的影响——他强烈地感到有必要明确拒绝鲍亚士假设，即同果不必同因。虽然他是摩尔根最严厉的批评者，但与其他任何人相比（威斯勒可能是一个例外），罗威在 1920 年代都始终怀有一个终极目标，即发展一种系统比较的社会科学人类学（Murphy 1972）。

到 1932 年，鲍亚士人类学中微弱的社会学倾向开始得到外来支持。社会进化观已经在社会学中延续了一段时间，虽然在 1920 年代早期关于文化的人类学思想已经传入该学科。到 1920 年代末，影响渠道在某种程度上颠倒过来了，社会学中残余的进化论开始反过来影响人类学。雷德菲尔德在思想上受惠于他的老师

（和岳父）罗伯特·帕克，这一点明显地体现在他的著作《特波茨兰》（*Tepoztlan*）中，这本书证明了"一般类型的变化，即原始人如何变成文明人，乡下人如何变成都市人"（Redfield 1930a：14；参见 GS n.d.）。乔治·默多克的学术背景源自威廉·格雷厄姆·萨姆纳的传统，这一点明显表现于他对"文化科学"采取的折中方法（Murdock 1932），克虏伯的超有机体论、行为主义心理学、威斯勒的普遍模式和萨姆纳的跨文化比较法都被融入一个后进化论框架，强调在时空中以语言为媒介传承的社会习俗之适应性价值。人类学对社会学的新借鉴也有助于为另一条整合论思想的主线开辟道路，即英国功能主义，它在 1920 年代人类学重建论环境中几乎没有发生影响。马林诺斯基的精神生物学功利论十分契合默多克的取向，而他于 1930 年代在纽黑文大学度过了最后的岁月，这并非是不适宜的，在 1930 年代，纽黑文也迎来了理查德·索恩瓦尔德、查尔斯·塞利格曼和爱德华·埃文斯－普里查德（GS 1986b）。

　　然而，更重要的功能主义影响来自拉德克里夫－布朗，他于 1931 年秋到芝加哥大学执教，那时他刚刚完成对澳洲社会组织类型的比较综合研究。他认为，这种方法可以很快地应用于美国印第安人资料，虽然这种假设看来过于乐观了，但毫无疑问，拉德克里夫－布朗在鲍亚士门徒中间的现身带来了相当大的影响。这无论对他们的思想还是对他本人的思想都是如此。他曾一度坚持区分"民族学"和"社会人类学"，他认为前者是对"过去的文明史进行推测性重建"，而后者的目的则在于"发现人类社会的自然规律"。正如雷德菲尔德指出的，"在美国，没有一个人［曾经］提出一种严格的非历史的科学方法，没有一整套在实现最终的科学目标过程中可供开展特定工作的自成一体的概念和

程序"（Redfield 1937：xii）。拉德克里夫－布朗认为他能够胜任
这个任务，但他在大多数美国人类学家那里并未如愿，不过，这
确实对人类学中已经进行的对历史与科学之关系的重新思考有所
贡献（Kroeber 1935a；尤请参见 Boas 1936）。与此同时，一般术
语造成概念混淆的趋势也促使拉德克里夫－布朗最终澄清了他已
经成熟的社会结构取向。为了突出他自己的方法，他摈弃了"文
化"的用法，而使用"社会结构"和"社会系统"；在回应美国
人类学家的随意用法时，他坚持涂尔干式的"功能"观，用有机
术语说明社会系统的内在稳固性。在这种情境下，拉德克里夫－
布朗为美国人类学家展示了一门"社会的自然科学"。它无论如
何也不应是一门心理学，其主题并不是"文化"，文化没有具体
的存在形态。毋宁说，它的有效整合单位是"社会"——"一个
共同体中可见的结构系统"——其"系统比较"将能够发现社会
形态学、社会生理学的规律，并最终发现社会的演化规律（GS
1984b）。

141

　　许多美国人类学家都因他们在拉德克里夫－布朗身上看到的
那种自命不凡的弥赛亚式风格而疏远了他；即使在芝加哥大学，
他也没有赢得（如果有的话）坚定的门徒（Steward 1938）。他最
重要的学生弗瑞德·伊根——他曾受到莱斯利·施皮尔的影响——
的工作试图调和民族学和社会人类学的方法（Eggan 1937）。尽管
如此，拉德克里夫－布朗的思想仍然以散在的方式发生了影响，
尤其在更一般的迈向社会学的再定位情境中。这个时期最有影响
的教科书即拉尔夫·林顿的《人的研究》（Linton 1936）——这部
著作强调诸如"地位"和"角色"等社会学概念，以及"文化"
与"社会"等概念的分离——从拉德克里夫－布朗那里受益良多，
林顿在 1930 年代早期就与拉德克里夫－布朗有过非正式的（和不

完全友好的）接触（GS 1978a）。在更一般的层次上说，拉德克里夫－布朗的美国之旅显然推动了美国人类学的科学化潮流，支持了一种更有功利论、适应论风格的文化观，并从一个特定的角度推动了摩尔根传统的复兴。

在这种情境下，可以看到，1930年代的发展体现了整合论和科学化倾向的第三次表现（Hatch 1973b）。与心理学和社会学倾向相反，这可以称作"经济学"路线——虽然只有赫斯科维奇（他在根本上仍属鲍亚士阵营）专门从事经济分析。马文·哈里斯的"技术—环境论"可能是一个更好的说法，因为它重新肯定了环境和技术决定论，它曾淹没在鲍亚士门徒们对进化论的批评声音中（Harris 1968）。这种被压制的决定论的两位代言人斯图尔德和怀特都是在鲍亚士门徒指导下写作关于特质分布的博士论文的，这时开始倾向于一种更整合的文化观。斯图尔德对政治和社会组织发展的生态学解释显然反映了他在克虏伯、爱德华·吉福德和罗威手下所受的训练（Hanc 1981）。然而，和怀特一样，他认为文化整合是对外部力量的一种适应性的、功利性的反应，而不是以主观的情感性或观念性的方式解释。怀特的认识论假设从一开始就是完全反鲍亚士式的，这体现了一种根本的分歧——虽然他认为他的唯物主义"文化学"和克虏伯的唯心主义超有机论是一样的（Barrett 1989）。怀特甚至在1930年以前就重新发现了亨利·摩尔根，他利用1930年代兴起的科学主义思潮激烈地抨击鲍亚士阵营，指责他们为了一种"混乱的大杂烩主义"而拒绝了摩尔根和泰勒更具概括力的"唯物主义"进化论（参见 L. White 1987；Carneiro 1981）。

虽然在这一时期唯物主义倾向还有其他的表现，斯图尔德和怀特的影响却基本上是一个战后现象。怀特只能孤立地蛰居在密

莱斯利·怀特（密歇根大学），带领一个人类学实验室研究生田野考察队在新奥赖比的霍皮普韦布洛，1932 年（从左至右）：艾德·肯纳德（哥伦比亚大学）、杰西·施派罗（耶鲁大学）、怀特、弗莱德·埃根（芝加哥大学）、米什卡·梯提耶夫（哈佛大学）（由乔安娜·埃根提供）

歇根大学，那时，它还不是研究生培养的中心，而斯图尔德直到1946 年林顿改到耶鲁大学任教时，他才填充了林顿在哥伦比亚大学的位置获得学术职位。尽管对一般方法的兴趣越来越浓厚，但最有影响力的新兴人类学思潮却仍然反映出它们是以鲍亚士式的历史民族学为根基的。文化与人格运动如此，在融合了许多新思潮的文化涵化研究中同样也很明显。

　　对涵化的兴趣有不同的表现。一种最早的、最令人感兴趣的研究是由米德在考察南太平洋期间在威斯勒指导下完成的（Mead 1932）。然而，最重要的个人却是雷德菲尔德、赫斯科维奇和林顿——他们都是 1920 年代末和 1930 年代早期坚持社会学取向的

143

中西部机构体系内之翘楚。在特波茨兰和犹卡坦开展田野工作期间以帕克式眼光阅读威斯勒的著作时，雷德菲尔德发展了他的兴趣："为了理解文化的过程，交流的模式和性质应该是我们关注的中心，而不是文化特质的地理分布。"（Redfield 1930b：148）严格的历史研究根本无法说明今天犹卡坦的"紧密结合的要素整体"。然而，文化变迁的历史过程可以靠观察四种当前的文化情境加以考察，其空间布局可以转变成一种类型学的时间序列（1934）。

赫斯科维奇研究涵化的方法来自他以鲍亚士式眼光对黑人不平等状况的证伪理论的关注，他实际上是从将涵化定义为对一种异己文化的全盘接受开始的——他那时就感到，在美国黑人身上最好地证明了这一点（Jackson 1986）。然而，他在苏里南的田野工作（其中多次提及城市和乡野中的"非洲主义"）促使他提出了两半球计划以开展比较研究，在其中，他根据非洲主义的强度将美国的不同黑人文化群体排列起来。他认为，接触情境的特征对文化的各个方面都会产生不同的影响，由此他开始修正自己先前的美国黑人涵化观。与雷德菲尔德不同，他的工作表明，其源泉仍然是"文化要素"这个历史传统。他倾向于强调，涵化研究在调和历史取向和功能取向方面能够发挥作用，而各种人类学方法可以统一在涵化问题研究中。

林顿走向涵化研究要更晚一些，是在他于1930年代早期大量吸收了拉德克里夫－布朗的思想以后，但他的涵化研究方法却完全是折中性的（Linton 1936；Linton & Wagley 1971）。虽然他关注文化要素的传播问题，他也强调文化要素的意义和形式如何改变，互动的社会与心理因素如何制约着要素的整合以符合已经形成的文化模式，以及整个过程如何导致不同的后果——包括重新肯定传统文化价值在"本土主义"运动中的作用，还有两种文化如何以"化学"混合而不是"机械"混合的方式发生"融合"。在这种情境下，这三个人在 1936 年共同起草了提交给社会科学研究委员会的涵化计划备忘录，尽管后来遭到批评，并不得不做出修改，但它仍然是两战间美国人类学最有代表性的文件之一。从文化要素的分布，到要素的传播过程，再到以心理学方式构想的要素整合，它十分典型地体现了鲍亚士历史民族学的转变过程（Redfield et al. 1936）。

某些老派鲍亚士信徒对这种转变的反应更加说明了它的特征。虽然鲍亚士并未阻止对每一种新思潮的反应，但可以公允地说，他本人对此还是持支持态度的，而他最后一份一般方法论说明实际上可以看作是重新肯定了其认识论二元体系中的"科学"方面（Boas 1938b）。在他的第一代门徒中，威斯勒（曾经属于折中派）对许多新的开创者都持鼓励态度，戈登威泽也完全站在赞成的立场上。当然了，萨丕尔在文化与人格运动中有筚路蓝缕之功，在文化理论领域内更是如此。抵制——主要来自克虏伯、罗威、施皮尔和雷丁——采取了不同的形式。有一种趋势是以居高临下的姿态将新思潮纳入传统取向当中。因而，克虏伯和罗威只是将功能主义等同于一种整合观点，并表示说，在这个意义上，鲍亚士民族学在根本上始终都是功能主义的（Kroeber 1943；Lowie 1937：230-49；GS 1967a）。我们也可以认为，凡为"真"的，并不必是"新"的，反之亦然。因而，雷丁和罗威一方面坚持，美国最好的田野工作者都始终对文化的"含混"要素感兴趣，另一方面，在一次田野考察中是不可能熟悉一种语言或一种文化的。这些抵制者绝不是一个共同群体——雷丁曾经毫不留情地批评克虏伯的量化重建做法。但他们都分别强烈地认同民族学是一门历史学科。这样，虽然罗威在某些方面与拉德克里夫－布朗走得很近，但他却从历史角度解读后者著作中的某些相似部分。施皮尔尽管在文化要素重建的功用方面有所转变，他仍然拒绝承认涵化研究在根本上应当是"社会学"而不是民族学的（Meggers 1946）。克虏伯对雷德菲尔德《特波茨兰》的评论意味着，他同样区分了对当前社会的社会学研究和对历史社会的民族学研究（Kroeber 1931）。而对雷丁这个坚定的历史主义者，1920 年代所有针对"定量方法的反应"都因不肯承认民族学的历史学天职而蒙受了损失（Radin 1933）。

　　在那时，在有些人看来，科学取向和历史取向似乎是泾渭分明的（Kroeber 1936）。现在回头来看，我们或许会看到，在各种历史人类学中实际上出现了分化——克虏伯试图将历史从时间维度中解脱出来，而雷丁则是鲍亚士人类学中一个坚定的历史主义和解释学反潮流的典型。毫无疑问，各种形式的历史民族学仍然是人类学学科里的一股力量。因而，威斯勒在耶鲁开设的研习班对源自斯旺顿和弗兰克·斯佩克（Frank Speck）以文献分析为主的民族史方法的发展做出了贡献（参见 Payne & Murray 1983）。不过，更重要的当代思潮却表现在那些融会了历史方法和功能方法的人身上。回过头来，我们会看到，我们最好还是将总体发展看作在一个本就有进化论倾向的鲍亚士传统中如何接纳新的科学化思潮的过程，在其中，历时维度被简化为"现在中的过程"（process in the present）。

　　尽管罗威极力捍卫"老派"（horse and buggy）[5]民族志工作者（Lowie 1940），新的田野工作方法和理论取向却在交互激发

————————
〔5〕　horse and buggy，是美国人在汽车时代到来之前常坐的一种马车，此处是以这种旧时乡村地区常见的交通工具指代老一代人类学家的时代。——译注

的关系中发展起来，而到这一时期末，有迹象表明，人们越来越复杂地思考文化理论，在其中，新思潮有各种不同的表现。克莱德·克拉克洪就是这一运动中的早期人物，他进入人类学的道路颇为曲折，这促使他广泛接触了各种理论观点。但在拉尔夫·林顿担任主编期间——他可能是"二战"期间唯一一个"代表性人物"——《美国人类学家》发表了一系列文章，在一般理论层面上探讨"文化"的本质（Kroeber 1946；参见 Kluckhohn 1943a；Bidney 1944）。并没有一个可以普遍让人接受的概念化，而克拉克洪仍然怀疑，"我们能否在文化的本质及其运作方式方面发现任何基本的东西"（Kluckhohn 1944：88）。尽管如此，在克虏伯提出"超有机论"以后的二十年间，人们提出了各种各样的问题，都得到了更明确的表述；而我们可以看到一些新出现的思潮，在稍后几年里，克虏伯和克拉克洪将全面地对这些思潮进行百科全书式的评说（Kroeber & Kluckhohn 1952）。

　　尽管文化仍然被认为是历史的积淀，但关注点却集中于分析其共时的或微观的历时性过程方面。其自身的本质仍然保留了下来，不过却以更富哲学意味的复杂方式进行了抽象化而非具体化，并且，文化和社会也明确区分开来了。在研究人类行为的方方面面（无论是正式的还是非正式的）时，人们现在坚持认为应当区分实际的行为规范和理想的行为规范。人们开始逐渐用观念或象征的措辞来谈论文化领域，而"物质文化"的观念则被认为是用词不当。文化是生活的交流方案。但虽然文化学习或传播过程仍受到极大的强调，个人的创造活动却越来越受到重视。与此同时，最重要的一点是，人们越来越强烈地感到，文化拥有某种稳定的内在结构，不是在其承载者能够明确感知的层面上，而是在其实际行为之下的内在核心价值。虽然这些结构的公度性仍然

146

是一个悬而未决的问题，但对"文化"的观念做概念澄清，这本身就证明了发展统一范畴的倾向，由此也为更系统的比较打下了基础。

有些人类学家，如莱斯利·怀特，在某些方面仍然置身于我们方才描述的框架之外，或者强调新思潮的其他方面——他们坚持认为，应当考察文化行为的适应性或调整性的方面。但是，美国人类学中的一流人物都不约而同地采用了一种探讨文化本质的一般方法，这是千真万确的。不只如此，尽管克拉克洪抱怨说，心理学家、经济学家和社会学家在阅读鲍亚士为《社会科学百科全书》所撰的关于"人类学"的文章（Boas 1930b）时通常都感到"失望"或"没什么收获"（Kluckhohn 1943b：30），这种意见的核心从根本上说仍然是鲍亚士式的。虽然人类学家现在都用"结构"或"系统"说事，但新整合论取向却扎根于鲍亚士的"要素、过程和模式"图式，这一点是显而易见的。

为了更好地理解这一点，我们可以对"模式"和"系统"这两种整合方式作一番抽象的对比。虽然"结构"的观念都适合于并能架通两者，我们仍然可以说，"模式"和"系统"代表着两种完全不同的，甚至在某种意义上是两个极端的整合观。言外之意，这两个词意味着一系列正反对立：重复与分化，并置与互赖，开放与封闭，偶然与必然。从语源学上说，我们会注意到，"pattern"（模式）这个词源自古老的法语词"patron"，直到1700年以前，不论在形式上还是在意义上，始终都与其英语同源词没有区分——一个模式，就像保护神一般，是值得模仿的东西。因而，在某种意义上，在模式的观念中存在着一种心理学的、审美的和人文的偏好，正如"system"（系统）这个词的核心意思是典型的自然科学性质的。在前一种情况下，总体整合的方面是未决的和后天的——它是历史过程的结果；而在后一种情况下，它却是概念本身固有的。

　　鲍亚士民族学虽然从一开始就认为文化整合是理所当然的，但在实际上却是从对文化区域中的要素分布的研究走向这种整合的。一方面，有效分析单位要小于拉德克里夫－布朗作为分析实体的有特定社会边界的民族群体，另一方面，却又大于他的群体。出于各种原因——比如，缺少可见边界，整合过程中潜在的历史和心理学观念，以及用"要素和过程"而非"要素和格局"进行分析的基本取向——与"系统"相比，"模式"是一种从这种路径中产生的更确当的整合方式（参见 Hymes 1961b）。1923 年，由于本尼迪克特"从人类用分散要素营造文化这个人类本质的基本事实"出发，并将"结果是一个在功能上相互关联的有机体"这种观念斥为"迷信"，她最终达到的整合具有一种后天的、非系统性的形态学特征，这是毫不奇怪的（Benedict 1923：84-85）。在1923 年，并不是所有鲍亚士信徒都认为有机的相互关联性是一种"迷信"，但在总体上，可以公允地说，本尼迪克特代表着鲍亚士人类学的运动方向。如拉德克里夫－布朗一样，鲍亚士门徒并不是从一种先验的涂尔干式系统观出发的。他们是从要素到模式的。沿着这条道路，他们带着在一个封闭系统内功能互赖性的整合观，开始考察文化接触，这些观点中的某些要素被纳入他们自己的思想模式当中——诚如鲍亚士指出的，"最终总会有某种定型，这样可以融会那些明显矛盾的观念"（Boas 1938b：672）。但他们的"文化"的稳定核心在根本上仍是鲍亚士式的。即使当他们开始将模式说成系统，将文化说成"一个由诸多模式组成的系统"时，他们的表述也经常暴露出一个有着完全不同的整合方式的起源。因而，当克莱德·克拉克洪说，"每种文化都有一个结构——它不

147

是随意地把所有不同的有各种生理可能性和各种效用功能性的信仰与行为模式拼凑起来，而是一个相互依赖的系统，以其觉得适当的方式来区分、安排其各种模式"（Kluckhohn 1943a：226），这时他已经不由自主地首先认可了一种整体性（wholeness），而这恰好可以追溯到鲍亚士早在五十年前就已确立的二元认识论体系。

专业化的离心力

尽管其文化假说有着潜在的统一性，到 1945 年，鲍亚士民族学的转变在研究领域的自我意识方面仍然引发了许多问题。[6]由于新思潮具有跨学科的特征，它们倾向于在其思想边缘处发展。关于文化与人格的论文大都发表在人类学家经常阅读的杂志上。不只如此，由于经常受到老一代人类学家的抵制，新思潮在制度层面上也被迫走向边缘。《美国人类学家》在文化与人格方面只刊发了很少论文，它显然不太认可尤里安·斯图尔德的工作，甚至曾经抵制过涵化研究。然而，他们的边缘性却使得这些思潮困扰着一些坚守历时观的人类学家，后者担心这个领域正在失去它的中心。回过头来看，在某种意义上，这显然是实情。正如戴尔·海姆斯在另一个情境中指出的，"这两种维持着同一个参考框架——

_148_

----

〔6〕 在本文写完后，人类学分支学科史研究已经赶上了人类学史本身的研究。除了正文中提到的其他题目，见如下：体质人类学，可见 Spencer 1981, 1982；Boaz & Spencer 1981；以及 PAN（_Physical Anthropology News_）；语言人联系，见 Hymes 1983；Murray 1989；Cowan et al. 1986；Patterson 1986；Willey 1988；以及 _Historiographia Linguistica_；考古学，见 Meltzer et al. 1986；Patterson 1986；Willey 1988；以及 BHA（_Bulletin of the History of Archaeology_）；以及人类学会为美洲考古委员会召开的考古学史活动。

美国印第安人研究，历史民族学的问题——的活动"已经走向了
边缘（Hymes 1970：270）。虽然直到战后，这一过程才告完成，
但 1945 年的名称改变却反映了这一点。"民族学"不再坚持是考
察人类文化多样性的。许多人类学家如今都将"民族学"和"社
会人类学"区分开来——这不再是在拉德克里夫－布朗的意义上
使用的，而是分别指传统思潮和新思潮。在几年内，"民族学"将
基本上被"文化人类学"这个名称取代。

　　这种分支学科的自画像问题从整个人类学更根本的离心趋势
来看可能更令人不安。虽然它已经成功地挺过了责难期，可正如
鲍亚士在 1904 年指出的，人类学的包容性团结不过是一个历史的
结果。鲍亚士甚至感到，在各门分支学科越来越严格的专业训练
的压力下，"有迹象表明，它会走向分裂"。确实，"生物学方法、
语言学方法和民族学—考古学方法"已是"如此独立"，一个人
类学家根本无法全盘驾驭它们（Boas 1940b：36）。他自己的考古
学活动是有限的，但鲍亚士实际上在这个分支学科的方法论发展
过程中发挥了重要作用；而他对其他领域的控制（虽然这反映出
他的自学专业化过程）却是无可争议的。他的一些门生在两三个
分支学科内都做出了重要贡献，而人类学研究计划也大都仍是以
包容性的方式进行规划的，教学人员也经常被要求在多个分支学
科内授课。拉德克里夫－布朗在芝加哥大学的逗留并未能打破这
一神圣捆绑，而只是增加了"社会人类学"作为第五个组成部分
（GS 1979a）；克拉克洪始终都在哈佛大学教授每一个分支领域。
即使如此，在专业认同的层次上，分支学科间的沟通在两战期间
仍然是有问题的。

　　这部分的是由于正在进行的方法论专门化、制度的多样化
以及不断变化的参照群体，但也与不断变化的理论取向有关。在

多重意义上，人类学的统一是一个历史的结果。这并不是仅仅因为，一些方法论都在特定历史阶段汇集在对非西方人的研究下面，而是由于在广泛的意义上，整个解释框架本身就是历史的。进化论传统和民族学传统都以各自的方式关注着人类历史的方方面面。在这种情境中，民族学中的任何脱离历史重建的运动都只能意味着人类学的统一。不只如此，虽然人类学的传统历史学取向已经提供了一把保护伞，所有分支学科的兴趣都可以汇集到这把伞下，但实际上，它在每个分支学科里的地位都是不同的、含混的，而这些分支学科的专门化实质和方法论关怀绝不都是历史性的。

离心趋势首先表现在体质人类学当中，在欧洲大陆上，它实际上已经抢占了"人类学"这个称呼，并有望演变为一门独立学科，它要求必须有医学或生物学方面的训练。无独有偶，在美国也是如此。确实，在原则上，鲍威尔将人类体质研究包括在"人类学"这个标题下面，尽管他的机构叫作民族学局，而鲍亚士在他之后给这种整合增添了一些实质性内容。不过，尽管在这个国家中人类学是一个包容性的概念，但实际上，大多数体质人类学家却从中脱离出来，仍然倾向于其他科学。

在这些人中间，最重要的人物当属阿莱什·哈德里卡（Aleš Hrdlička）（Stewart 1981）。鲍亚士对移民头颅的测量工作具有深远的革命性意义，而哈德里卡则受到静态的欧洲解剖学传统的影响，强调种族"类型"对骨骼尤其是头骨的决定性作用，并且不关心生物学机制的影响。然而，在其学术生涯的早期，哈德里卡就卷入了一场对鲍亚士历史民族学更有正面意义的论战：即 F. W. 普特南和 W. H. 霍姆斯关于美洲人类年代的论战。虽然他在美国博物馆中开始受到普特南的影响，但当哈德里卡在 1903 年进入政府人类学后，他却成为霍姆斯的坚定支持者。在抨击建立在形态学观点上的每一项所谓"发现"后，他成功地从西半球放逐了早期人——他是如此的成功，以至于到了 1930 年，谁若还是宣称美洲人类超过两三千年，就会被认为是异端邪说。由于这样一种有限时间的视野，再加上没有一门发达的历史考古学，民族学看来似乎在考察美洲人的历史方面相较于其他任何学科都是一种更适当的方法。

150

　　尽管如此，毫无疑问，哈德里卡是一门越来越自觉的体质人类学的提倡者和领头人——虽然他的取向更是一种解剖科学，而不是美国人类学的其他大部分分支学科。早在 1908 年，他就开始策划创办一份独立杂志，而在 1918 年，在鲍亚士遭到发难的情况下，他终于成功地创办了《美国体质人类学杂志》（Hrdlička 1918）。他在 1924 年还打算创建一个独立的专门组织，但解剖学家认为这是一场分裂运动，他的努力也遭到挫败，但到了 1930 年，美国体质人类学学会与美国解剖学学会共同举办了第一届会议。哈德里卡成为新组织的首任主席，他的杂志社也被指定为官方团体（M. Trotter 1956；Boaz & Spencer 1981）。

　　在成立大会上，哈德里卡将哈佛大学毕业的青年体质人类学家哈利·夏皮罗叫到一旁，告诉他要像躲避瘟疫一样躲开统计学（Shapiro 1959）。在多重意义上，这件小事都预示着后来出现的思潮，在随后十多年间，这些思潮将对这个分支学科产生深远的影响。到 1930 年，人类学系训练的人开始在体质人类学中发挥重要的作用（Spencer 1981）。他们大都来自哈佛大学人类学系，受教于欧内斯特·胡顿，他是一位折中派人类学家，最初实际上在剑桥大学作为罗德学者接受了文化人类学训练（Hooton 1935）。虽然他是一位体质类型学者和生物决定论者，胡顿却运用统计学方法，而他的一些学生也不可避免地受到鲍亚士的影响，将更具动态的、过程性的统计学方法运用于体质人类学。胡顿本人也对生物学研究和社会学研究的"关联性"非常感兴趣，他的学生——他们都在一个分支捆绑仍然未受触动的系里接受训练——倾向于接受那些正在改变民族学的思潮。这当然是鲍亚士亲手训练的几个人的实际情况，也是威尔顿·柯罗曼的实际情况，他在芝加哥大学获得了博士学位。

然而，除了一批新的体质人类学家，还有其他人。在1929年，生物统计学家雷蒙德·珀尔创办了《人类生物学》，在这份杂志上，论文的分布状况与"生物人类学"差不多——这与哈德

151

1920年代后期的哈佛人类学家（从左至右）：（坐者）A.M.托泽、C.C.威洛比、E.雷洛兹、R.B.迪克逊；（立者）E.A.胡顿、C.S.库恩、H.J.史平登、A.V.基德、F.R.伍尔辛、S.J.格恩西（哈佛大学皮博迪考古学与人类学博物馆提供）

里卡杂志上清一色的解剖学和人体测量学论文是截然相反的。在下一个十年间，体质人类学开始感到了新思潮的冲击力，到 1942 年，这些新思潮导致了一种新综合进化论在生物学中的崛起，并同样导致了一种"新"体质人类学的诞生（Goldstein 1940；参见 Haraway 1988）。人类化石出土数量的迅速增加给进化论问题重新注入活力，而遗传思想也开始产生影响，特别是通过对人类血型的分析。

到 1940 年代中期，年轻一代开始反抗哈德里卡的统治。在福尔松、新墨西哥等地的发现在用地质学标准测定时期后，为美洲古代人类的大量存在提供了令人信服的证据，到 1937 年，哈德里卡几乎是站在体形学立场上与这种思潮孤军作战（Stewart 1949）。人类骨骼材料继续被用来重建历史上的族群关系和迁移，就像哈德里卡和胡顿都曾经使用过一样。但是，一方面，出现了历时研究的倾向，并延伸到宏观进化的层次上，另一方面，这些历史研究又被简化成了鲍亚士式的"现时过程"在体质人类学中的翻版。后一种倾向特别明显地表现在年轻一代人中间。柯罗曼认为，文化区域的概念与"对于早期人类体形人类学的体质类型研究"是相通的，因此，他呼吁一种"开放模式的动态演化"研究。骨骼学和头骨测量学是不够的；用夏皮罗的话说，他们需要的是一种将人类当作"活生生的动态的和运行着的有机体"的研究（引自 Goldstein 1940：204-5）。

到 1942 年，当美国体质人类学家协会（AAPA）成员达到了一百五十名时，新趋势已经足够强大，迫使该机构不得不做出调整。当哈德里卡从《美国体质人类学杂志》主编位置上退休后，新格局出现了，对这份杂志的控制直接转到了学会手里。虽然新主编 T. D. 斯图亚特本人的取向更是传统的，但他承认学会应该

"放宽对变化的态度"，他许诺要调整对头骨测量学一边倒的状况，并承认应用体质人类学和"其他的进步主题"（Stewart 1943）。

在语言学中，离心趋势也可以在与欧洲学术传统的关系中来看。在这里，鲍亚士的工作也产生了革命性的意义。它对无文字语言的关注以及它坚持从语言的内在范畴来分析语言，这实际上为现代描述语言学奠定了基础（见上文，第91页）。但在考察语言的历史发展问题上，随着岁月的流逝，鲍亚士的眼光却越来越保守，这实际上等于否认欧洲比较语言学假说可以应用于美洲印第安语言研究，因为传播影响的涵化很难将类似的语言追溯到同一种原始语言。在运用相似性确立遗传关系时，语言学家必须首先解决从古老要素借来的分类体系的问题。

鲍亚士最杰出的学生爱德华·萨丕尔在入门以前是从事日耳曼语研究的，并未受到类似的气质和方法论局限（试比较一下鲍亚士的"为真理而寻求真理的激情的冰冷之火"和萨丕尔的"以才智的冷铁刺穿真理的热情"[Boas 1945：1；Sapir 1920：498]）。在1910年代，萨丕尔与克虏伯和其他几位鲍亚士的门生一道简化了鲍威尔1891年分类体系中的五十五个美洲印第安语系，在这些语系中间建立了遗传关系——在萨丕尔那里，这最终导致他提出了六大"超级语系"假说（Darnell 1971b）。毫不奇怪，这种方法引发了他与导师的论战，从两种历史过程的模式或许能够说明他们各自的观点：一种模式源自比较语言学，强调同源异流；另一种模式则源自鲍亚士的民俗研究，强调异源同流（Darnell 1974；Hockett 1954）。虽然在鲍亚士和萨丕尔的思想之间有如许鸿沟——确实，这种鸿沟是最根本的——我们最好还是将这两种"模型"视为在同一个鲍亚士框架内对文化过程之不同阶段（分化阶段与重新整合阶段）的强调。尽管如此，双方强调的重点是不同的。萨丕尔对"古代遗留"的关注——那些"潜藏在语言复合体核心深处的基本结构特征"，外在传播影响对它们是无能为力的——不仅推动了对更遥远的语言关系和文化史的重建（Swadesh 1951），也意味着一种对于语言以及文化本身的更具"结构主义"色彩的观点。因而，萨丕尔在 1920 年代早期关于语言（"最独立的、最具顽强抵抗力的社会现象"）的思想逐渐汇聚成形，他最终提出，"文化行为的复合模式……有着非凡的稳定性，尽管其内容是千变万化的"（Sapir 1921，1929：82）。

　　萨丕尔的思想对民族学文化观的影响已经得到了很好的说明（Sherzer & Bauman 1972），要在这里论述其语言学的所有方面，也是不可能的（参见 Darnell 1990）。我们要强调的是他在结构语言学形成过程中所起的作用，可以说，是他和伦纳德·布龙菲尔德共同创立了这门学科。虽然语音分析的基本原则看似源自鲍亚士在"音变"方面的研究工作（Boas 1889），但他自己关注的却是语法范畴和过程，而不是语音系统。萨丕尔认为语言是在一个封闭系统内由一些有限的有着确定关系的要素构成的，在这一方面布龙菲尔德走得更远，这已经远远超出了鲍亚士。到两战间的末期，这种发展最终排斥了鲍亚士的"单元与过程"（item and process）描述模型，而代之以"单元与排列"（item and arrangement）模型。到那时，后来的布龙菲尔德门徒——他们不但隐藏了萨丕尔对结构主义的贡献，也隐藏了布龙菲尔德本人早期的历史兴趣——坚持认为，语言学的"科学"方法只能是一种纯粹的"对观察到的事实进行共时的、静态的排列和分类"，而不是"以历时的或动态的方法进行呈现和归属"（Hymes & Fought 1975：958）。但在 1930 年代，萨丕尔及他的一些早期门徒的方法——与后来的布龙菲尔德结构主义和以前的鲍亚士描述主义都

相反——完全是以比较语言学模式进行的历史主义研究——虽然
本雅明·沃尔夫在改进鲍亚士和萨丕尔的语言与世界观之关系的
思想方面更为人所知（Sapir 1936；Whorf 1935）。在某些方面，
1940 年代中期的情况与民族学差不多，正如卡尔·福吉林认为应
将共时和历时方法结合起来（Voegelin 1936）。但到了这一时期
末，与民族学相比，语言学的反历史倾向有过之而无不及，由此
也在总体上削弱了这两个领域的关系。

　　这个过程也反映在机构的发展中。在大部分时间里，鲍亚士本
人都扮演着重要角色。他在 1917 年创办的《美洲印第安语言学杂
志》以不定期出版的方式一直延续到 1939 年，然后一直到"二战"
后才复刊；鲍亚士在担任美国学术团体协会（ACLS）委员会主席
期间也主持着美洲土著语言研究项目，在 1927 年到 1937 年间，这
个项目总共花费了十万美元从事八十二种语言的研究（Flannery
1946）。但是，鲍亚士的影响力在新趋势和新机构的发展过程中逐
渐削弱。从数量上看，哥伦比亚大学的语言学论文要多于其他地
方；但一旦萨丕尔建立了一个学术基地（先是在芝加哥大学，然
后在耶鲁大学），他的学生显然就会发挥更大的影响力。不只如
此，在美国语言学学会于 1925 年成立后，语言人类学就在一个更
大的由那些认同"语言科学"的学者组成的共同体中找到了自己的
位置，他们认为，这种"语言科学"能够架通自然科学和人文科学
（Joos 1986）。尽管语言学最终在大学中赢得独立的制度性认可还要
等待一代人的时间，但学会及其会刊《语言》和暑期语言学研究中
心却为语言学脱离于哲学、现代语言研究或人类学而赢得自己的专
业身份奠定了基础。虽然鲍亚士是语言学学会早期的主席，萨丕尔
和布龙菲尔德却在实际事务中发挥着更重要的作用，而语言人类学
家只占其成员的一小部分。早期的暑期研究中心在学术取向方面既

不是人类学的，也不是结构主义的，直到 1937 年，萨丕尔才引入了在分析无文字语言过程中与当地访谈对象进行的人类学工作，布龙菲尔德继续使用这个方法。这种人类学方法的输入对描述语言学的方法论产生了长远影响。但是，随着萨丕尔和沃尔夫（以及鲍亚士）相继辞世，布龙菲尔德及其门徒开始确定其最终胜利的结构主义的特征，它具有一种极端的共时性和"反精神论"的科学倾向。以《语言》1940 年编委会成员的变动为标志，布龙菲尔德派的优势地位通过确定战时语言学工作的优先性而得到了巩固，这也有助于将注意力从美洲印第安语言身上移开。因而，在总体上，相关问题非常类似于拉德克里夫-布朗和鲍亚士学派的民族学论争，在语言学中，对共时性科学方法的鼓吹赢得了无可争议的胜利。

155

研究者已经指出，在这种情境中，两战之间的末期标志着"语言学与文化人类学的关系已经降到了最低点"（Hymes 1970：269）。在语言分析上，复杂的结构主义方法的发展已经使 1930 年代那些受过广泛训练的人类学家跟不上该领域的发展步伐；而颇有讽刺意味的是，少数参与了这个过程的人类学家，由于他们在人类学转向海外期间专注于美洲印第安人研究工作而远离了人类学。在该阶段末期，实际上已经出现了后来的和解迹象——如，列维-斯特劳斯参与纽约语言学圈（Linguistic Circle of New York），后者在 1945 年开始出版《语词》，部分是为了对抗主宰《语言》的布龙菲尔德方法。但当拉尔夫·林顿为了召开一次研讨会而界定人类学的范围时，他将语言学描述为人类学中"最孤立和最自足的"分支学科。尽管他声称希望语言学最终与人类学是相关的，但他仍然觉得最好还是在"当前这一卷里"忽略语言学（Linton 1945：7-8）。

考古学在两战间的发展历程遵循着与体质人类学和语言学有

所不同的模式，虽然最终结果又对其作为一门分支学科的地位提出了严重的问题。在考古学中，所谓的内在因素更为重要，因为在美国人类学主流传统以外没有重要的实质性或机构性核心。尽管哈佛大学和哥伦比亚大学已经出现了职业分工，当鲍亚士在1904 年说到学科的专业化离心倾向时，仍然觉得没有必要区分民族学方法和考古学方法。正如美国皮博迪考古学与民族学博物馆这个名字所表明的，在这个国家，这两个研究领域在一段时间内仍然是密切相关的（Hinsley 1985）。当然，只是对美洲本土考古学来说是如此，它完全独立于古代和中东文明的考古学。确实，1879 年成立的美洲考古研究中心曾经出版了一系列美洲主义的论文，于 1899 年成立了一个美洲考古学委员会，并曾经于 1907 年在西南地区建立了一个美洲考古学院（Elliott 1987l；Chauvenet 1983）。不过，考古学仍然主要关注旧大陆，而优秀的美洲主义考古学家们仍然委身于美国人类学会。然而，与欧洲相反，在欧洲，非地中海考古学的人类学特色表明出现了一种遵循进化论框架的史前研究，"一战"前的美洲主义考古学在发展理路方面既不是进化论的，也没有多少历史意味。一方面，霍姆斯和哈德里卡压制了所有想在西半球发现古人类的尝试；另一方面，即使在美洲本土的公认残迹中，也没有明显的时间取向（Wilmsen 1965；Meltzer 1983）。其方法基本上是描述性的，挖掘工作主要是为了丰富博物馆的收藏，而不是解决历史问题，除了少数单独的例外，没有人尝试运用地层学方法，而这在欧洲早已运用五十多年了（Willey & Sabloff 1974）。

不过，在 1910 年后，美国考古学却发生了一场方法论革命。曼纽尔·贾米奥在墨西哥山谷，内尔斯·尼尔逊在美国西南部引入了严格的地层学发掘法；克虏伯和施皮尔开展了对陶瓷碎片的测序研究；对出土物品进行更系统的类型学分类的研究方法也发展起来。到 1924 年，A. V. 基德在新墨西哥上佩科斯谷的长期发掘为首次开展详尽的区域综合研究奠定了基础。依据年代学方法考察西南部每一个亚区的遗址，基德能够从总体上勾画出普韦布洛文化史。三年后，他组织召开了一次会议，这次会议产生了"佩斯科分类法"，这种方法指导着下一代考古学家在该地区的考察工作（Woodbury 1973；Givens 1986；Taylor 1954）。到那时，其他发展也开始了，这使得新的年代学取向无论在深度还是精确度方面都有了大幅度提高。几乎与佩科斯会议同时，福尔松考察队也开始极大程度地扭转对美洲古代人类的看法；而基德的综合方法也已经开始借鉴 A. E. 道格拉斯的年轮年代学方法，这是考古学家从其他科学中借来的第一种方法，它能够测定一个绝对年代和相对年

费伊·库珀和爱德华·萨丕尔送别保罗·雷丁和约翰·布莱克本（他在芝加哥大学考古货车里），1926 年（芝加哥大学图书馆特殊藏品馆提供）

代（Kidder 1924）。到 1930 年代中期，在西南部地区发展起来的新考古学方法已经在北美其他许多地区得到运用（Fitting 1973）。因而，尽管考古学在萨丕尔的《时间视角》中根本没有位置，但在二十年之内，考古学已经替他实现了愿望，"它能够比过去更好地阐明美洲文化史"（Sapir 1916：398；参见 Griffin 1959）。

虽然这项工作大都是由没有获得人类学博士学位的人完成的，但其领袖人物却试图在鲍亚士式外衣下发展出专业人类学。贾米奥是鲍亚士的门生，后者帮助他设计了墨西哥山谷的考察工作，而尼尔逊则是从伯克利的人类学系来到西南部地区的。克虏伯和施皮尔当然是鲍亚士的门徒了，而基德也曾在他的指导下学习。不管他们对鲍亚士本人的政治立场有何看法，哈佛考古学家都出自一个人类学系，这个系的三位领袖人物中的两位（迪克逊和阿尔福雷德·托泽）在广泛的意义上都是鲍亚士风格的。而正如我们已经提到的，当基德在 1929 年接手卡内基的玛雅研究项目时，其意图仍然包括当时的民族学工作。考虑到这种专业人类学的取向，一点也不奇怪，在 1920 年代，美国考古学仍然受到萨丕尔的《时间视角》和克虏伯与威斯勒的文化区域观的强烈影响，而在 30 年代，它又开始反映新的民族学思潮。考古学家因此致力于批评文化区域假说（Strong 1933），而有些考古学家开始提倡新的形貌方法和功能方法。令几位年轻考古学家感到焦虑的是，尽管考古学有新的年代学维度，但美洲考古学仍然只停留在描述的层面上，只关注细枝末节，而对文化行为或文化过程的一般理论却没有做出什么贡献。在这种情境下，到两战之间的末期，新兴的共时功能主义观点已经广泛传播开来（Taylor 1948）。

到那时，考古学也感到了制度离心趋势导致的后果，虽然是在应对来自语言学和体质人类学的离心趋势。在这两个领域中，机构分离的决心反映出一种独立的思想认同感。相反，考古学家在面对"眼前的羞辱"时却在很大程度上"甘愿接受他们"在人类学中的"边缘位置和次要地位"（Willey & Sabloff 1974：131）。他们对专业自我认同问题的关注毋宁说是对他们眼中的外来严重威胁的抵抗性应对——其中一种威胁被概括为业余考古学这种"快速蔓延的火灾"（Guthe 1967：434）。相对而言，这一时期的考古学的主要困境是考古资源无比丰富，而专业考古学家又十分匮乏。负责国家考古学考察工作的国家研究委员会打算提供一个办公室和一个主管人员，一边协调它帮助开展的各种地方考察活动；还有，尽管有地区性会议组织处理各种共同问题，但专业考古学家们仍然觉得，他们正在失去控制。当罗斯福新政决定失业者可以从事考古挖掘工作时，这个问题又加剧了。在 1934 年，情况突然发生了变化，考古学家原先觉得他们只能花上几千美元雇用几十个工人，而现在他们发现有一千多个人愿意给他们干活（Fagette 1985；Lyon 1982）。

在这种情况下，虽然专业考古学家仍然强烈地认同人类学，但为了将业余考古人员纳入同一个框架，由专业考古学家指导并加以控制，他们开始逐步建立自己的组织。在 1934 年 12 月，美国考古学会成立了，将专业考古学家和业余考古人员分成两组。从会员数量来说，这个组织获得了巨大的成功，并在规模上迅速接近了美国人类学会。但是，业余 / 专业的关系问题却始终困扰着学会，在这一时期内，也从未得到圆满解决。不只如此，尽管学会创立者坚持认为，考古学会的成立绝不是一种分离运动，但它实际上加速了人类学内部的分离趋势，因为重要的考古学论文越来越多地发表在新办的《美国古人类》上（Gethe 1967；Meltzer et al. 1986）。

到 1945 年，各个分支学科的这些分离趋势成为许多人类学

家的心病，尽管他们各自的思想活动重心各有不同，但在原则上
仍都以包容性的鲍亚士方式来规划自己的事业。确实，这些分支
学科内的思想发展大致相当于两战之间的民族学思潮。然而，这
并不必然是一个整合要素，因为民族学本身正在失去历史兴趣和
统一主题，而这在维持美国人类学的统一状态方面曾经发挥着如
此重要的作用。分支趋势实际上助长了民族学中的共时研究取向。
因而，一方面，古人类的纵向延伸让旨在重建美国文化史的民族
学方法显得越来越无望；另一方面，新考古学方法在解决同样问
题方面却提供了更可靠的方法。而不管他们的思想探索究竟有何
动机，如今，在这个国家里，三分之一的人类学专业研究人员在
不同分支学科内逐渐组建了自己的专业组织，却是一个不争的事
实。不只如此，如果说专业人类学系仍然能够用一个框架将各个
分支学科统一起来，但发展毕竟还是全面发生了，这对在两战之
间成熟起来的以学术为宗旨的人类学产生了不可估量的影响。

从文化批评主义到应用人类学

有人已经指出，从 1895 年到 1945 年的半个世纪是"美国人
类学家和美国学会"之关系中的一个单独阶段。[7] 在"资本主义胜
利"阶段之后和"军工复合体"阶段之前，是一个"断续的自由
改革"时期，这个时期重新肯定了社会对自由资本主义的个人主
义的权利，而社会和政治领域也对那些原先被排斥在外的种族与
文化少数族群开放了（Wolf 1972；参见 Vidich 1974）。相应地，

---

〔7〕 关于应用人类学的发展，除了文中所引资料，又见 Van Willigen 1980。

这一时期的人类学强调人类的可塑性，并在文化与人格运动中发现它的独特表现。这些宽泛的概括有其用处，我们当然能够用这个框架来看待鲍亚士的不信任票。一边是鲍亚士的铁杆信徒，许多人都是新近的移民，通常都有犹太背景，在政治上不那么激进，对战争持和平主义甚至是冷漠的态度，并对他们所融入的文化在总体上有所批评。在另一边则是"老派美国的"哈佛考古学家和华盛顿民族学家，他们的爱国热情（如果不是民族中心主义式文化认同的话）明显地体现在不信任票中。在后一群人中，有一些无疑是进化论时代的遗老，正如鲍亚士一派中也有许多人是进化论时代之后的文化多元主义的代表。即使如此，鲍亚士一派以 2∶1 输了，这个事实表明，我们必须以更分化的眼光看待制约着人类学发展的一般历史过程（GS 1968a：270-308）。

　　首先，这有助于区分自由多元主义的人类学发展过程中的批评阶段和建设阶段。在第一个阶段，人类学的贡献大都是批评性的和方法论的：在抨击进化论理路时，它提出了一种替代性的世界史框架以容纳美国工业文明的发展。然而，我们在此主要关注后来的建设阶段，在这个阶段，文化与人格、文化价值和其他整合问题的研究方法都更系统地发展起来。在后一个阶段——粗略地说，是两战之间——有三个影响深远的历史时段，它们都对人类学研究的特征产生了重要的制约作用："一战"后向"常态"的回归，在其中，美国传统乡村和现代多族群城市的文化价值冲突尤为激烈；在随后的经济大萧条和对新政的政治反应中，价值关怀虽然继续表现出来，但整合问题的"适应"问题却逐渐浮出水面；最后，是纳粹主义不断扩大的威胁以及美国参加"二战"，在其中，文化整合问题再一次以探讨国民性和价值认同的方式被提出来，虽然适应问题并未被忽视（Carter 1968；Pells 1973）。

160

　　然而，在所有这三个时段中，我们可以区分出西方人类学传统中两种不同的态度模式："浪漫主义"模式和"进步主义"模式，以及对催生了这个传统的文明的深刻矛盾心态。虽然从未真正逃脱其文化认同的界限，浪漫主义模式却在一种疏离感的驱动下认同于异域文化，试图保存其"异己性"（otherness），由此肯定这个人类精神潜能和谐共处的文化世界的可能性。相反，进步主义模式则在民族中心主义的驱动下以自身文明为样板消除了任何残存的矛盾，试图将异域文化的危险"异己性"同化在单一的进步世界过程中，它只具有一种命中注定的历史合法性。就它们在行动主义中的表现而言，浪漫主义态度走向了社会批评主义，而进步主义态度则走向了社会工程学。在鲍亚士的二元论体系中，浪漫主义模式是历史主义的；而进步主义模式则是科学主义的。

161 但正如鲍亚士二元论体系能够纳入同一种思想取向，浪漫主义和进步主义的态度模式也能够并存于同一个学派。我们无疑可以看到，极端的综合是可能的；但是对于理解两战之间的时期，坚持划分不同的理想类型，是大有益处的。以这个观点看，我们可以很公允地说，就其主导方向而言，鲍威尔式进化论是进步主义的，而鲍亚士式民族学则是浪漫主义的。

　　然而，历史上始终有各种因素调和着这两种模式的对立。因而，直到"一战"前，鲍威尔和鲍亚士取向之间的对立一直是很模糊的，这是由于，美国人类学中的行动主义冲动始终不是很强。鲍威尔在组建民族学局时承诺的在印第安人保留地政策方面的实用性只在最一般的层面上才有所实现（Hinsley 1981）；鲍亚士代表少数族群的行动主义则直到其人类学生涯的最后阶段才缓慢而明确地服从于他的专业角色（见上文，第98—100页）。虽然他从1900年开始坚持人类学在解决国内种族问题和海外国家利益方面能够发挥实际作用，但他自己在这两个方面的努力始终都是为了促进人类学知识本身。确实，不论鲍威尔还是鲍亚士，虽然方式各有不同，但他们首先关心的是如何建设其学科的自主地位与科学地位。对于他们，在争论人类学的实用性时，基本考虑通常都是如何资助人类学考察——在人类学现代历史上的所有阶段中，这始终是协调人类学与社会之关系的关键因素。

在这一背景下，我们可以简要地思考一下两战间后一种关系中的主要潮流。在总体上，这一时期是人类学行动主义不断增强的时期（Goldschmidt 1979；Partridge & Eddy 1978）。早在对鲍亚士的发难期间，人类学介入实际事务的问题就已经被尖锐地提出来了。确实，困扰着鲍亚士的问题并不是人类学的误用，而是科学角色的滥用——他抨击的四个人披着思想工作的外衣却滥用了他们的考古学家身份，这违反了"为真理献身"的基本科学信条。尽管如此，不信任票本身以及隐含在人类学与国家研究委员会之关系中的问题都表明，浪漫主义模式和进步主义模式在两战间早期已经发生了严重的对立。在战时的排外情绪、"美国化"呼声、1920 年代早期高涨的限制移民运动的情境中，公然打着种族主义旗号的进步主义极大地增强了。鲍亚士培养出来的几个人类学家实际上要么马上遭难，要么充当了其自然的媒介而身陷其中。我们若是翻阅一下当时的文献，就会惊奇地看到威斯勒赤裸裸的种族主义和克虏伯对种族遗传论的认可——虽然最具有历史意义的鲍亚士式反应可能正是鲍亚士本人做出的，他动用手头的基金开展了"实用"研究，以支持他对种族主义假说的批判（GS 1968a：270-308）。

不过，战后早期的其他潮流极大地在知识分子中间（即使不是在整个美国文化中）推动了浪漫主义思潮，他们也许第一次明确地意识到自己的群体身份（见下文，第284—290页）。由于战前进步主义运动的逆流以及战争后果导致的幻灭感，知识分子开始从政治转向文化自我批评。在疏远了主流商业文化的消费价值观和美国乡村的清教式观念这道最后防线，并拒绝了"美国文明道德"（但仍然受到更早的"美国生活的光明前景"的鼓舞）后，他们试图发现能够促成建立真正的民族文化的价值观。1920年代的鲍亚士人类学就以各种不同方式投身于这种知识情境中。纽约先锋派的格林威治村和D. H. 劳伦斯、梅布尔·道奇·鲁汉的西南部都是重要的鲍亚士式氛围；鲍亚士一派成员们也为杂志写一些诗歌，为自由周刊写一些论文。我们要是忽略了这个背景，就没有办法理解萨丕尔的《真文化与伪文化》一文或米德的《萨摩亚人的成年》。在《我们的道德转变》和《美国的文明》——这是鲍亚士派参与的1920年代早期出版的两部重要思想论集——与正在兴起的文化与人格运动的关怀之间，在主题上实际上有明显的连续性：多民族国家如何实现文化整合的问题；在性别角色快速变化时期的人格问题；一旦"正义与谬误最终追随其他绝对君主国家在流放中走向空虚之境"后的价值问题（Kirchway 1924：vi）。

这种浪漫主义潮流的顶点当然是本尼迪克特在1934年出版的《文化模式》。本尼迪克特的这部著作是两战间唯一最有影响力的人类学著作，它向美国一般读者提供了一种鲍亚士式的文化决定论观点，由文化相对论教义得出了顺理成章的结论，每一种人类生活方式最终都是无法通约的（Hatch 1983）。但在经济萧条的后期，文化相对论的某些内在矛盾开始显现出来。显然，对本尼迪克特而言，文化相对论并不必然意味着对所有的文化形式都持一种无是无非的态度。在她为了"判断我们自身文明的主要特质"而研究的三种文化中，两种文化都可以看作是对清教传统和强盗贵族传统中的最坏方面的拙劣模仿；而祖尼人的阿波罗式整合显然是针对威胁着西方文明的"肆意泛滥的革命、经济与情感灾难"才提出来的（Benedict 1934：248-49）。简言之，虽然本尼迪克特《文化模式》的基本姿态仍然是浪漫主义的，但我们同样也能够从中看到卷土重来的社会工程学倾向，这种倾向在玛格丽特·米德这样的鲍亚士信徒那里始终都是非常强烈的（Yans-McLaughlin 1986）。

　　到 1934 年，在经济混乱和重启政治改革的氛围中，进步主义倾向（如今已经大大地淡化了早期的种族主义色彩）显然再次站稳了脚跟。我们无疑应在这种情境中看待文化整合的某些科学主义方法。在对功能整合的不断强调和 1930 年代美国社会面对的问题与文化的适应性方面之间，显然有着一致性——虽然考虑到 1930 年代激进政治的勃兴，人们或许会对具有明显唯物主义色彩的潮流和行动主义倾向抱有比它们实际更强大的期望（参见 Vincen 1990：152-224）。不管怎么样，新政实施早期确实出现了两种由联邦政府主持的人类学"应用"方案：一种是农业部下属的水土保持局，另一种是印第安事务局下属的应用人类学司（Kimball 1979；McNickle 1979）。然而，虽然这些尝试在处理"土著人管理"问题时遵循着与英国"间接统治"经验类似的路线，却并未获得令人满意的成功，而印第安管理局的经验表明，进步主义与浪漫主义倾向的紧张关系仍然是一个实际的因素。

　　重要的是，率先采取行动的是新组建的印第安管理局，而不是美国人类学家。除了少数例外，后者都从未代表美国印第安人参与任何行动事务，在他们的眼里，印第安人的文化是注定要悲惨地走向衰亡的（Kelly 1980）。然而，罗斯福总统任命的印第安事务局长约翰·科利尔（John Collier）曾经深受鲍亚士人类学的影响；而从总体上说，1934 年《印第安人重新组织法》标志着一个转变，从《道斯法案》的强制同化政策转向了在许多人看来具有积极意义的保护主义政策。有些人反对直接干涉印第安人的生活——克虏伯虽是在 1920 年代少数参加科利尔的印第安人保护协会的人类学家之一，但据说他很不愿意举荐学生到已经就任局长的科利尔手下工作。不过，在总体上，当科利尔带着提案参加几次专业会议时，人类学团体仍然做出了善意的反应。即使是这样，应用人类学司只维持了不到三年。尽管远离了刻板的进步主义，印第安管理局仍然推动了在人类学家看来是过快的变革；相反，后者仍然对研究留存至今的土著模式而不是"在保留地生活中出现的新的社会价值观"感兴趣（G. Foster 1969：201）。科利尔毅然与芝加哥大学共同启动了一项大规模的"印第安人的人格与行政管理研究"项目，最终产生了对五个部落的重要专题研究（McNickle 1979：58）。然而，其结果仍然是含混的。民族学局的政策与人事变动（包括科利尔的离职）限制了这个项目的实际影响，它过早地在 1947 年寿终正寝了；从理论的观点看，其影响在于支持了保护主义取向。虽然人类学家不再以"濒危印第安人"的观点思考问题了，但他们以矛盾的心态直接介入涵化问题，其结果却是强化了每种文化之内在核心价值将永久稳定的感觉。

在应用人类学开始直接介入实际事务的岁月里，人类学家也开始应对因希特勒在德国夺取权力而引发的种族主义与反民主威胁。当鲍亚士面对着与"一战"期间截然不同的情境时，作为一名德裔美国犹太人，他奋起反击纳粹主义（见上文，第 107—108页）。除了他人类学日常工作外（他现在越来越关注种族问题），他承担了许多政治活动，露斯·本尼迪克特克服了她内心深处对行动主义的强烈憎恶，担当起鲍亚士助手的角色（Modell 1983；

Caffrey 1989；Mead 1959a）。到 1938 年，人类学会在此前虽然很少超出自身狭窄的专业范围说话，此时也通过了一项决议，谴责德国的"科学"种族主义（Barkan 1988）。

与 1920 年代早期的对比是非常明显的。这时候，鲍亚士式的文化决定论教义由于推动了其他分支学科的内在潮流，已经重新确定了社会科学内部的思想环境，在生物科学中的分量也越来越增强了。新的时代开始了，鲍亚士人类学开始作为"科学的声音"向文明的美国人发表关于种族与文化的观点。虽然在 1920 年代从外部输入人类学的种族主义思潮导致许多人类学家接受了种族遗传论，但如今，由于担心它们会支持纳粹种族主义，米德成功地抑制了个体遗传的气质差别假说（Yans-McLaughlin 1986：204）。另一方面，随着对纳粹主义的抨击的增强，文化相对论教义虽在过去一直是自由宽容的和平鸽，现在也开始有了某些信天翁（albatross）[8] 的特征。用它来捍卫一种民主文化中的种族平等和文化多元主义是一回事；但当那种文化本身受到威胁时，本尼迪克特本人觉得有必要"超越相对性"，去"发现社会凝聚的方式和手段"，在人类对自由的普遍渴望中寻找文化价值观的共同立场（Mead 1959a：385）。

从社会批评主义的一致传统出发，随着意识形态斗争变成军事斗争，鲍亚士人类学家的反纳粹行动主义促使他们义无反顾地直接介入了（Yans-McLaughlin 1986）。在这种情境下，在美国人

165

---

〔8〕　在西方传统中，信天翁往往被视为一种神鸟。最广为人知的是英国诗人柯勒律治所作长诗《古舟子咏》，讲述一个老水手因杀害一只信天翁而遭受不死不活的惩罚。因此，albatross 一词又有"负累"的意思。作者在此取其双关义，指文化相对论一旦被推到极端境地，即有沦为一种种族主义的危险，如在德国纳粹主义时期即是如此，故说它也是一种"负累"或"障碍"。——译注

类学家对美国参加"二战"的意见方面没有出现根本的分化。虽然与早期的鲍亚士派成员相比起来，新一代人类学家的领袖们在文化背景方面更加靠近"旧美国"传统的中心之处，但他们在反纳粹方面都站在同一个立场上。这当然不是说，他们没有政治分歧。拉尔夫·林顿在 1919 年曾身穿空军远征队军装返回研究院而远离了鲍亚士，而如今，当他继鲍亚士后任职于哥伦比亚大学时，他却十分反感共产主义势力，而鲍亚士当初却保持了足够容忍的态度（McMillan 1986）。但就战争期间的努力本身而言，人类学家在总体上是与美国民众一样团结的。

　　这种献身是与美国政府在 1941 年以后大量提倡"应用人类学"的举措相吻合的（Goldschmidt 1979：Pt. III）。到 1943 年初，据估计有超过一半的专业人类学家都将全部的时间和精力献身于与战争有关的事务，另外的四分之一则投入了一部分时间（Beals 1943）。这种估计可能有些随意，但毫无疑问，有大量人类学家都介入了与战争有关的广泛活动。本尼迪克特和米德为国家研究委员会研究饮食习俗。约翰·恩布里（John Embree）、约翰·普洛文思（Johan Provinse）与其他人则为战时移民局分析强制迁移下的日本人的混乱共同体（Spicer 1979；参见 Starn 1986）。一个联合发起的民族地理委员会为军事机构和其他战争机构提供地区信息和人员资料，并鼓励研究者公布研究项目。尤里安·斯图尔德在史密森学会组织成立了社会人类学中心，利用（并推进）了国务院的"睦邻政策"，将人类学家送往许多拉美国家进行教学、开展研究（W. Bennett 1947；Foster 1979）。本尼迪克特、克拉克洪、亚历山大·莱顿和其他人类学家加入了战时信息办公室的外国道德研究部，他们开展了许多研究，包括对罗马尼亚、泰国和日本的国民性研究，以及战略轰炸对日本民心影响的研究等（Mead 1979）。在华盛顿以外，仍留在大学里的人类学家参加了语言培训项目，为军事政府培养人员，并从事与战争有关的研究（Cowan 1979）。比如，弗瑞德·伊根在芝加哥大学为军队主持操办了远东民政事务培训班（GS 1979a）；林顿在哥伦比亚大学协助为军事政府培训太平洋群岛的海军官员（Linton & Wagley 1971：61）；默多克在耶鲁大学主持了一个海军项目，搜集太平洋民族的资料（Bashkow 1991）。当然，还有一批人类学家实际上就在军队或海军中服兵役。

　　所有这些战时活动都对人类学职业产生了深远的影响。甚至在美国参战以前，有几位出身哈佛大学的人类学家，在埃尔顿·马约（Elton Mayo）的早期工业研究和罗迪·瓦纳尔（Lloyd Warner）的社区研究的影响下，就与玛格丽特·米德和其他人一起共同创建了应用人类学会。在几个月后，学会开始出版一份杂志（《应用人类学》），目的在于倡导一门以实际行动为宗旨的"人类关系科学"，研究人类有机体的相互协调以及与环境的协调，从而最终消除"由于技术变革带来的人类关系的失调状态"（1941〔1〕：1-2）。然而，在随后几年间，这份杂志主要关注与战争有关的题目：工业人类学的问题，移民群体，军管政府，以及在战后时期内的"依附地区的应用人类学"。

　　从长期来看，战时经验为战后人类学的惊人壮大打下了基础。虽然 1930 年代后期出现了许多新的学术职位，但人类学家仍然难以找到工作，不过，到了现在，受过人类学专业训练的人员却是供不应求。应用人类学的战时经验打开了人类学新用途的广阔前景，这就要求大学极大地扩展培养计划。而在后来对人类学学科的成长至关重要的"地区研究项目"实际上本身就是大学在战时为军队培训相关人员方面所获经验的结果（Fenton 1947；Steward 1950）。同样，在两战期间发展起来的跨地域田野工作也得到了极大的推动，

167 特别是在拉丁美洲和太平洋诸岛，在这些地方，军政府的战后经验为大量田野考察提供了研究环境（Embree 1949；Baskow 1991）。

与此同时，应用人类学的战时经验提出或深化了学科性质的问题（Embree 1945）。进步主义的社会工程学倾向现在得到了极大的强化，与之相并行的实际上是朝向一种更"科学"的人类学的持久倾向。从这个观点看，文化相对论教义在方法论、理论和伦理方面似乎陷入了困境。在民族志层次上，人类学家向来以相对主义作为田野考察的基本前提，如今却受到了一种完全不同的相对主义的困扰，就是说，当不同的人类学家在研究同一种文化时——特别是本尼迪克特的祖尼人——却面对着在核心价值观与心理整合方面截然相反的观点（见下文，第320—321页）。在理论层次上，对一般人类科学家来说，相对主义尚不足以构成令人满意的基础，这是由于这种一般人类科学的发现意在"成为其他科学的常规工作装备的一部分"。而在伦理层次上，相对主义确实为"新世界秩序的思想规划"制造了问题，而在会议论文集《世界危机中的人类科学》主编林顿看来，这种"新的世界秩序"是"不可避免的"（Linton1945：7-8）。然而，不是所有人类学家都以类似的眼光看待文化相对主义的问题——正如关于人类学会1947年"人权宣言"的争论所表明的（Downing & Kushner 1988：126）。对于在战时发展起来的"应用人类学"，他们也持莫衷一是的态度。劳拉·汤普森表达了他对人类学家的忧虑，担心他们只能充当"受雇于最高投标人的技工"（Thompson 194：12）；赫斯科维奇说到了社会工程师的"暗淡而危险的道路"，并呼吁一种完全不同的应用人类学，这种应用人类学实际上必须重返旧有的鲍亚士传统的社会批评主义（Herskovits 1946：267）。

人类学的重心——以战时培训项目来长远地衡量——仍然是

在大学里，这才是事实。尽管进步主义在战时兴起，但浪漫主义倾向仍然是十分强大的。正如米德指出的，战后人类学的主流是撤出对实际事务的直接介入，以及"从任何与国家政策有关的情境中抽身出来"（Mead 1972b：9）。毫无疑问，某些最终通向泰国的道路是在战时和战后铺设好的（Wolf & Jorgensen 1970），但它们却由于撤回学术世界的总体趋势而变得模糊起来，在这个世界中，人类学家与社会的关系总的来说受制于研究经费和跨学科会议。确实，人类学家还在田野中体验到其他的（和迅速变化着的）世界。但那种接触是间断性的，而且，尽管科学化倾向也在回流，研究经费也促使他们去关注现代化问题，人类学家仍然倾向于以浪漫主义模式体验这些他者的世界。由此，真正激发着人类学的想象力的，不是这个全新的战后世界，而是许多异己的民族。

168

改组人类学会

然而，在 1945 年，向学术世界的撤回未能实现。相反，战时经验仍然是新鲜的，而战后景象也依然动人心魄。不过，许多人类学家感到，这门学科的机构设置阻碍了他们实现自己的使命。在经历了其历史几乎可以简化成编年史的二十年后，美国人类学会再一次成为重大历史变迁的中心。[9]

---

[9]　与本文其他大部分相反，讨论美国人类学会重组事务的主要资料都是手稿材料，是索尔·泰克斯从他的文件中找出来送给我的，从那以后就一直存放在雷根斯坦图书馆（TaP）；所有与这个事件有关的引文都来自这份资料，或者是《美国人类学家》中发表的资料。我对 AAA 官员的评论基于约翰·索伦森提供给我的资料。

这当然不是要否认，人类学会在这一时期在某些方面就是一个保守的组织。在 1940 年，学会成立了一个委员会以修订章程，而没有按照 1934 年一个类似委员会的报告来行事。但是，这只是恢复了学会的正式规则和实际活动的和谐关系——比如，确定《美国人类学家》的助理主编职位，向学术委员会推举代表，当 1916 年最终完成了章程修订时，它已经不存在了。虽然图书馆从"成员"降到了"订阅人"的地位，却没有采取行动来应对更大的章程变化：解散委员会，因为委员会和学会常务会议实际上没有什么区别。在年会和年会之间很少有什么活动。学会的主要职责就是开展出版工作，它实际上都托付给主编了。任何事务都由学会秘书负责以通信的方式完成，他实际上的长期在任保证了组织的连续性，他还要经常敦促年度主席处理必要事务。这些事务主要包括策划召开下一次年会，任免现任荣誉会员，这些荣誉会员在这一时期都倾向于老人政治。在 1923 年到 1943 年间任职的三十五个人中间，只有十个人圆满完成了任职期限，而在 1930 年以后则只有三个——尽管在那以后，获得博士学位的人中有五分之四得到了认可。没有一任主席是在 1920 年获得博士学位的，而登上最高职位的法定年龄要超过五十岁（Sorenson 1964）。

虽然那些把持着学会的老资格人类学家们都不反对战争，但年轻一代仍然感到，学会作为一个团体在积极支持战争方面仍然远远地落后了。在 1941 年于珍珠港事件后召开的会议上，尤里安·斯图尔德和拉尔夫·比尔斯（Ralph Beals）组织了一次战争事务特别讨论会，本尼迪克特和米德提交了文章；但学术委员会拒绝成立一个全国性委员会来安排战时如何使用人类学家，这显然是担心人类学会蜕变成一个宣传机构。在下一次会议上——由于交通问题，这次会议安排在华盛顿召开，这里大约居住着一百位人类学家，也容易达到年会要求的法定人数——召开了人类学与世界危机的正式讨论会。在几位年轻会员的动议下，学会任命成立了一个人类学与战时事务委员会。然而，老会员们仍然不无担心这个职业能发挥多大作用。当学会在 1943 年再度聚首时，学会主席莱斯利·施皮尔未能出席，但请人代读了一封信，他表示了他的忧虑，担心过于考虑战时事务会在总体上忽略人类学科学。虽然在这次年会上做出了一份建议，决定下一次年会应该出台一份解决战时事务问题的计划，但执行委员会的老人们（他们这次决定在纽约找到法定人数）仍然宁愿与美国民族学会召开一次"学术讨论会"。

　　在这种情况下，1945 年春季，发起了一场组建一个新的专业组织的运动。这个想法首先是由尤里安·斯图尔德在美国考古学会会议上提出的——也许具有重大意义的是，这是一个分支学科组织，在这个组织中，业余成员和专业成员的划分始终是一个大问题，而它本身也在 1942 年进行了重组。在初夏，考古学会在华盛顿召开了一系列会议，其中总共包括二十五位人类学家，从中产生了一个临时组织委员会，即"美国专业人类学家协会"：斯图尔德、克拉克洪、普洛文思和霍默·巴内特（Homer Barnett），巴内特担任主席。一份大纲式宣言，连同一份章程草案和一份问卷，*170*
发送到全国人类学家手中。

　　根据那份文件，在全美国大约总共有六百人以人类学谋生，但没有一个组织可以讨论"严格的专业（而不是科学的）问题，并代表整个专业行动"。虽然美国人类学会执行某些职能，但其大部分会员都是业余人士，就其作为专业人类学的代表而言，它"实际上只是民族学家的组织，而在某种程度上，它只是社会人类学家的组织"——考古学家、语言学家、体质人类学家、民俗学家和应用人类学家都已经转向了自己的学会。其结果是，所有人都应在"一般人类学"中知觉到的"共同立场"不再具有"统一的力量"。没有什么组织可以代表整个人类学说话，或者保护整个人类学的利益，或者为人类学确立专业标准，因为连"一些名不见经传的学校"都能够随意地开设"所谓的人类学"。在拒绝重整人类学会——在这个学会里，许多人类学家都被判定为怀有敌意——后，在拒绝任何联盟的想法以后，作者们认为必须成立一个新的团体，在宽泛地界定人类学的"根本核心"（"关于人类生态、文化和语言的比较研究"）后，这个团体抵制学科内的离心趋势，并动员整个职业的资源，在学科内外开展广泛的活动。它的临时章程规定所有会员要么拥有博士学位，要么（在相关领域获得学位）作为人类学家工作；其会员必须得到会员资格审查委员会和执行委员会三分之二委员的同意，如果他们"违反了科学伦理"，就会被剥夺会员资格。

　　虽然在斯图尔德看来，一百位人类学家对问卷的反应都表明他们有"浓厚的兴趣"，不过，尽管他在 10 月觉得有必要再次让某些同道确信，这项计划绝不是在抨击人类学会，也不是一场分裂运动，尽管它并不想越轨，但这些事实表明，在华盛顿以外的主要人类学中心之间已经出现了严重的对抗。在伯克利，克虏伯和其他几位人类学家发生了对立，华盛顿大学的人类学家也是一样。在 10 月举办的芝加哥人类学会会议上，在考虑这份计划时，中西部学校的成员没有一个愿意充当魔鬼的律师来捍卫这项动议。纽约人类学家据说是"怒火中烧"，而当斯图尔德将他的计划提交给 11 月在纽约举办的会议时，投票也以 39：4 的结果继续支持人类学会。即使新英格兰会议也反对任何分裂组织，就这样，在人类学会内部所有的动员工作可能性都尝试过了。

171

　　因而，在那些深陷在一位如今年高德劭的人类学家所称的"华盛顿搅拌机"里的人和那些仍然留在大学阵营中的人之间出现了不同看法。即使这样，结果却表明，斯图尔德实际上已经触及了大多数人类学家十分关心的问题，因为这个学科在人口地理方面已经是相当不平衡了。到那时，重组问题在费城 1945 年会议举行前又出现了，大家提出了一项动议，这样可以避免发生现场冲突。霍洛韦尔是斯图尔德最初计划的反对者之一，他提议说，当选主席可以任命一个委员会调查各种意见，并就美国人类学会的重组问题和其他与"专业利益"相关的事务提出建议。对于这个提议，没人反对，然后，第二个动议也通过了，确定要成立一个"生活在华盛顿的人类学家"的委员会，负责"报告与人类学会利益相关的事务"。即将就任的主席林顿任命斯图尔德担任九人改组委员会主席，并任命一些年轻人类学家进入这两个委员会；但在总体上，他更多地从提议建立新组织的最初群体以外挑选人手。改组委员会在 4 月发布调查问卷的结果让受托任务变得异常明朗了。尽管有五百个人类学家接到了问卷，包括一百六十个不是人类学会会员的人类学家以及另外九十个不是其学术委员会的人，但成员与非成员的意见似乎没有很大的不同。而虽然总共只有四分之一的人返回了问卷，但意见却是惊人的一致（105 : 10），赞成改组美国人类学会而不是另立新会。

　　一份遵从这种意见的修订章程提交给人类学会成员大会，好在 1946 年芝加哥会议上获得批准。在改组计划的重整精神下，地方委员会主席索尔·泰克斯（Sol Tax）开始发函邀请各个专业学会的语言学家、体质人类学家、考古学家、民俗学家和应用人类学家共聚一堂。所有人都接受了邀请，而大规模聚会——它们脱离了旧的"礼俗社会"模式，即所有分会场都在同一个房间里

举行——提出了后勤方面的问题。看来比较明智的做法是在一个
都市宾馆中举行聚会，这不仅考虑到集会的规模，也是因为担心
在所有人类学家的眼中，芝加哥大学和西北大学阵营未必会坚持
中立立场。但是，宾馆最近刚刚采取了一种新办法，租用会议室
要先收取押金；糟糕的是，它们在实际上还没有抛弃传统的"黑
人法"（Jim Crow），只允许黑人在白天而不是晚上进入。前一个
问题不难解决，帕尔默酒店答应以半价提供会议室，并建议向每
个与会人员收取二十五美分登记费的办法解决他们的开支。后一
个问题却有些麻烦，由于他们以前的政策决定，会议组织者考虑
将会议安排在某个当地大学校园中举行。不过，最后，他们没有
使用西北大学城区校园，后勤方面的考虑占了上风——因为无法
确定城区以外的黑人学者能否参加会议。

在会议上，改组委员会提出的章程和会议程序只做了少许改
动就获得了通过。除了考虑到学会的目标及其组织的高度专业化
细节而修正的措辞外，新章程只在三个基本点上与旧章程有所不
同，第一点绝不是截然不同的。它重新划分了学会成员，分为没
有投票权的一般成员和"正式会员"，后者的专业资格要依据新学
会的最初提案加以确定。虽然对学会的合法控制现在完全掌握在
正式会员手里，委员会本身却指出，有效的控制原先是掌握在学
术委员会手里的，它在旧章程下的选举受制于与新会员标准几无
差别的标准。第二个主要变化是扩大和强化了执行委员会，它取
代了旧执行委员会，先前掌握在主席手中的权力也移交给它。最
后，对推选所有职位（但秘书、出纳和主编例外，他们现在由执
行委员会任命）也有了规定，由执行委员会选定三个候选人，再
由所有会员发信投票，决定每一个空缺职位的人员——这与传统
做法正好相反，在以前，三人选举委员会在年会上提出一个候选

人，不经选举即行任命。从章程的角度看，改组似乎基本上是一次人事调整，在经过最初的革命运动之后，老一辈人类学家不失体面地将权力移交给了年轻一代。新章程下的第一次选举似乎证实了这种解释。虽然林顿任命的临时选举委员会稍微偏向于老一代，但在二十四位候选人中，只有五个人在 1930 年以前获得了博士学位，而其中又只有一位在 1947 年 5 月的投票中当选。

173

然而，显然更重要的事情已经发生了。在改组讨论中出现的某些焦虑不那么容易消除。比如说，在成立新学会的最初倡议提出的问题中，是否隐含着任何"科学伦理"的特殊问题，仍是不明显的；而区分专业研究者和业余人员却是考古学家关心的首要问题，在他们看来，有些业余人员显然已经在大会听证会上谈到了流域立法的问题。离心趋势的问题显然是一个人们普遍关心的问题，而重要的是，不论本尼迪克特的联盟结构，还是米德组建新的文化与社会人类学家学会的提议，都未获得多少支持。虽然她们各自都谈到了离心问题，但她们都主张以进一步机构化的做法来处理多样性；显然，人类学会改组对大多数人类学家意味着更加强调一种包容性的一般人类学的重要性。

在经历了几十年的离心运动后，他们觉得有必要重新肯定这一点，这具有重要的历史意义。有证据表明，这种关怀并不仅仅关系到传统，也不仅仅反映了纯粹的知识考虑。尤其在华盛顿人类学家中，他们普遍感觉到，尽管开展了许多活动，人类学在战时并未最大限度地发挥作用。但是，问题不仅仅在应用方面，也涉及资源。正如其中一位人类学家指出的，这门学科在几个学术委员会中并未"尽到职责"。这不是否认说，例如，在国家研究委员会、社会科学研究委员会和美国学术团体联合会的全部会员中，人类学只占了一小部分。其份额是否小到了不成比例，这仍需进

一步研究，但比例的公正性也许并不是特别关键的问题。一位科
学史家所称的"1940年学术大复兴"为科学研究带来了"意想不
到的"政府经费（Dupree 1972）。而在战后近期内，人们试图组建
一个全国性科学基金会在持续的和平时代基础上来公平地分配这
种政府经费（NAS 1964）。虽然政治困境实际上使现在的全国科学
基金会直到1950年才宣告成立（Lyons 1969：126-36），问题却在
于人类学会改组期间科学共同体的巨大焦虑，这种焦虑同样也表
现在人类学会当中。除了我们刚才提到的两次以外，1945年会议
任命了一个委员会以"提高人类学在全国科学立法中的地位"，在
下一年，在学会的建议中，林顿"在两个关键时刻写信给议会的
重要议员，呼吁将社会科学考虑进议会提案之内"。

　　在这种情况下，1946年学会改组的更重要的方面不是章程的
改变，而是改组委员会和华盛顿人类学家委员会议案中向执行委
员会发出的指令。这些指令涉及诸如支持成立全国学术基金会，
争取人类学在基金会中的地位等事务；制订一份"全面的研究计
划，从而能够达到参与的要求，以分享这样一个基金会的利益"；
扩大区域研究；在顾问团中寻找代表，规划在太平洋地区的研
究；联系联合国组织，在其研究与决策部门中"探讨应用人类学
观点的可能性"；调查人类学人员和大学课程；发展学科的"公共
关系"；以及探讨设立"永久秘书处"的可能性，以实现人类学家
的"专业利益"——在卡内基公司的资助下，这个秘书处实际上
在第二年成立了。

　　对"专业利益"的关注就如同主旋律一样贯穿在改组讨论的
全过程中，这种关注在这样的情境下更容易理解，致力于建设一
种以科学面目构想的包容性人类学的想法也是如此。问题并不在
于有可能被业余人员接管的危险，这要求将他们从人类学会的决

策部门中排除出去；排除行动早就开始实施了。"专业利益"的问题首先是由这门学科在与其合作者（也是竞争对手）在争取政府对社会科学研究的资助过程中的某些特征决定的。从数量上说，人类学是诸社会科学学科中最小的一个门类。不只如此，其应用前景也是有限的，而其研究成本与它的机构基础所能提供的资源相比又是很高的。最后，其专业结构与邻近的竞争对手相比确实也更为保守一些——特别是心理学家，有些人觉得，他们在战争期间把持着国家研究委员会中的人类学与心理学分部，他们自己也刚刚经历了重大的组织重建。

战争打开了新的广阔视景，而"专业利益"问题在于如何利用这些视景。为了达到这个目的，一个宣称自己拥有"科学"地位的统一的包容性学科显然要比各个分支学科更为有效，有些分支学科的人文取向过于强烈了。这种整合是否存在着知识的基础，这直到今天仍是悬而未决的问题；而对于改组是否是实现其倡导者的含混目的必不可少的手段这个问题，也是一样。但毫无疑问，在其撤退回学术世界的几十年后——不论好坏——美国人类学仍在很大程度上由研究资源支持着，在一般历史意义上，这些资源起源于"1940 年的学术大复兴"，并且是美国人类学会改组者在1946 年核心的（虽然肯定不是唯一的）关注点。

美国人类学发生了演化还是革命？

在改组事件的早期阶段，有位华盛顿人类学家曾是少数坚定地为人类学会辩护的人之一，他指出，"虽然在过去二十年间人类学方法发生了革命性的转变，但转变时期（现在几乎已成昨日黄花了）居然没有引发多大摩擦"。同样，《美国人类学家》的捍卫者也认为，虽然发生了一些"小事故"，比如人类学会曾在 1936 年讨论过涵化研究是否应该在杂志上发表，但在新观念的道路上并没有遇到障碍（Kroeber 1946；Opler 1946；参见 Meggers 1946）。回想上面我们曾用科学革命的隐喻概括鲍亚士人类学在美国的兴起，我们引用的段落表明了对两战间时期的最终评论。有人已经指出，1930 年到 1945 年间的美国社会学的发展最好被理解为一场"科学革命"，在这场革命中，旧式芝加哥"生态—互动论范式"面临着"功能主义"和"运作主义"等替代范式咄咄逼人的挑战——前者在整个社会学学科内赢得胜利，而后者则在一个具体分支内赢得了胜利，对于后者，研究方法本身就是目的（Kuklick 1973）。如果这是社会学的实际情况，问题就来了：在何种程度上，这有助于我们以类似的眼光看待两战期间的人类学？（参见 Wolf 1964；Ottonello 1975）

　　除非我们能够概括它的成果，否则就很难概括变化的过程。对于历史学家——他不能像人类学家那样带着在研究生训练和理论取向中打好的行李包，想当然地以个人的眼光看待近期的学科史——必须对 1945 年以后的数十年进行更系统的研究，才能令人信服地回答这个问题（参见 Murphy 1976）。然而，如果只将眼光局限在学会改组及其最近的后果上面，那么，就不能证明科学革命的隐喻具有特别的历史说服力。

　　在社会学中，理论取向已经明显地表现在机构层面上。在 1935 年接管了美国社会学会的年轻反叛者们创办了《美国社会学评论》，以取代旧有的半官方学会出版物《美国社会学杂志》，如果我们分析一下 1930 年代后期的撰稿人，不难看到，他们非常明显地分成了两派。但在人类学中，这种对立不那么清晰，而机构

176

层面上的结果也更是演化式的，而非革命性的。虽然在这时《西南人类学杂志》实际上已经创办，但这个事件似乎与学会改组没有什么瓜葛。我们当然可以说，那个流产的新学会的煽动者们大都是华盛顿的年轻人，其中有一些考古学家和应用人类学家，而相当多的人又是在芝加哥、哈佛或伯克利接受训练的。但这些特征是否使他们真正区别于学会捍卫者，这一点尚不清楚。后者无疑更直接地与鲍亚士传统衔接在一起。但尽管在新、旧章程的过渡过程中有试图绕开露斯·本尼迪克特的做法，她的主席一职也在年中结束，但并不能据此将改组运动概括为一场"反鲍亚士运动"。本尼迪克特的前任主席对她的反感是众所周知的；尽管如此，林顿的人类学却在广泛意义上符合鲍亚士思潮，本尼迪克特的后任主席克拉克洪也是如此。即使在地方机构层面上，也没有证据表明已经出现了这种分裂。虽然后来有一种意见认为，在这一点上，哥伦比亚大学"已经无情地扫除了""鲍亚士传统的任何迹象"，但尤里安·斯图尔德，这位被人认为是挥动扫帚的主要人物之一，却肯定地说，鲍亚士本人退休以后的改组工作"意味着鲍亚士传统的多元化，而不是这个传统的终结"（Mead 1959a；Steward 1959；参见 Murphy 1991）。

在总体上，一种演化式多元化模式比革命性分裂模式能够更充分地描述美国人类学在后鲍亚士时代的发展。大约从 1932 年起，当新思潮开始首先明显地呈现在《美国人类学家》中时（Stern & Bohannan 1970；参见 Erasmus & Smith 1967），美国人类学就开始逐步走向了多样化，直到今天，我们确实很难断言这个中心已经一去不复返了（Wolf 1980）。这种多元化状态反映在机构层面上——无论是"无形的大学"还是更公开的形式——而在某些情况下，新观点可以成为某些群体的研究者的范式，他们很多

177

人都认为自己是以与鲍亚士截然不同的假设开展研究工作的。在宽泛的层面上，我们无疑也可以指出学科内的一般潮流，这些潮流使它在某些方面远离了两战期间的人类学——在不少当代人类学家的个人经验中，这种人类学已经远去了，也没有多少价值可言。埃里克·沃尔夫在 1963 年就曾评说过对浪漫主义母题的压制，人类本质之无限弹性的隐退，对文明发展的持续兴趣，对文化相对性的轻视，以及个人之于文化维系的作用的视角变换，等等。毫无疑问，自 1930 年代末以来，文化理论已经越来越精致了，在那时，批评意识虽已激发克虏伯和克拉克洪的分析革新（Kroeber 1952），但只是崭露头角。从这里提出的模式与系统的对立来说，显而易见，美国人类学家——无论是受帕森斯社会学的影响，还是受控制论、生物学抑或语言学的影响——现在比过去更坚定地以"系统"来说话。但罗伯特·墨菲为随后出版的文集（Murphy 1976）所撰导论却表明，断裂并没有发生过。1950 年代和 1960 年代的大多数多样化潮流都可以追溯到 1945 年以前便已萌生的发展，而虽然近期的各种"理论思潮"绝不都是鲍亚士式的，但任何一种思潮都未能发展出一种足以赢得这个学科公认的反鲍亚士范式。如果有过什么，那么，可以说，在过去几年里，鲍亚士传统已经再次证实了自己，即使在那些面对所谓总体学科危机而呼吁"重新发明人类学"的人那里，也是如此（Hymes 1972）。

第5章　慈善家与濒危文化

洛克菲勒基金会与英美人类学博物馆时代的终结

　　曾经身为一个激进的、反理论的马克思主义者，又怀着幻灭却未曾后悔的心情重返一种祖传的学术自由主义，我是站在一个折中的解释立场上看待过去的，而对激进的历史解释也怀有不无矛盾的心情，这正如我对当前激进政治的态度一样。但如果绕开"起因"谈论"语境化"，我宁愿认为，人类的观念生活是扎根并受制于物质现实的，因而，我也将人类学家的阶级背景、研究资金的来源、田野工作的殖民地环境及其学术生涯的制度格局等现象看作历史语境化的重要方面。另一方面，在我看来，历史过程是各种彼此冲突的（虽然其强弱各有不同）人类意图的相互作用，每种意图都会受到各种外在（或内化了的）约束力的影响；而我也怀疑，我们能否用单一因果决定论化繁为简，尽管这样足够快刀斩乱麻。

　　这些混杂的解释前提在下文中会看得比较明显，本文将触及"人类学危机"中某些有争议的问题，特别是在它与法团资本主义的殖民地利益的关系中。像其他论文一样，本文在很大程度上也是在特殊的第一手材料基础上写成的，即与两战之间的"人类学"活动相关的洛克菲勒档案中心文献以及与这些活动密切相关的职员和理事档案，这些档案在1977年向公众开放。我的解释角度受制于有限的材料，包括具有重要潜在意义的事实，即洛克菲勒基金会并未保存关于逐年下降的资助经费的记录，只有一小部分零散的相关口头交流反映在文献中。

本文初稿是我在行为科学高等研究中心写成的。它在抽屉里躺了一段时间，在一个场合，我曾将它提交给现在已经解散的芝加哥大学人文科学史研究小组，在另一个场合，我又寄给了一份杂志，这份杂志的主编以一种比我后来还要激进的干涉主义态度，想按照他自己长期的研究兴趣对它加以改写。我没有接受他的建议，于是这篇文章重新躺回了抽屉，直到1984年，当我着手编辑一卷博物馆人类学的《人类学史》时，它才重见天日。在这种情况下，我将它重行编排，作为对人类学研究之政治经济的一个个案考察，于是这篇文章有了一种不同的意义，成为从以博物馆为基础、着重实物收集的关于人类过去的考察转向以大学为基础、着重考察人类行为之"民族志现在时"的民族志转型中的一个片段。那种转型的动力要早于洛克菲勒基金会的资助；但洛克菲勒的资助决策（这本就受到某些重要的人类学顾问的影响）起到了推波助澜的作用。

进化主义人类学的商品经济

尽管人类学含混地声称自己关注人类一般问题，但在大部分历史上，它基本上只是言说那些遭到鄙视的文化或种族。在争取社会为支持对非功利性人文知识的追求而提供有限资源方面，其人类主题的边缘性在很大程度上并未能帮助人类学得到更多。而虽然人类学家努力以各种方法证明关于"他者"的知识有多少社会用途，但这些声明只是偶尔才会受人尊敬。其结果是，支持并限制着人类学知识创造活动的资源也非常有限。这些资源也经常是间接的，因为人类学活动偶然也会得到有着其他目的的基金会的资助，经常通过非人类学性质的机构转来。这典型地体现在，这种中间性牵涉到我们尚未完全理解的交叉目的是如何复杂地协调起来的。

这种含混的中间特征非常明显地以种种方式体现在 19 世纪晚期和 20 世纪早期，那时，这门学科已经在大学中站住了脚跟——其主席和理事很少有能力（或不愿意）资助人文分支学科的研究。虽然路易·亨利·摩尔根从自己的基金中捐献了两万五千美元专供调查亲属制度资料（Resek 1960：106），皮特·里弗斯将军也雇用一群工人在自家庄园上发掘古墓（Chapman 1981，1985），但那些希望开展非业余人类学研究的人却只能依赖于不在他们掌控下的资源。在美国，政府资助还是有可能的。约翰·韦斯利·鲍威尔在 1879 年成功地说服了议会，让议员们相信人类学在劝说印第安人和平迁往保留地方面是有用的，这使得人类学部能够开展大量与那个目的多少有点关系的研究（Hinsley 1981）。无独有偶，鲍亚士在 1908 年也曾经动用一笔议会基金资助环境主义体质人类学研究，这笔基金用于限制那些被认为血统低劣的“种族”群体自由迁移（GS 1968a：175）。但在英国（Van Keuren 1982），政府对此并不热心；在这两个国家，政府资助的黄金时代仍未到来。

在这种情况下，人类学家不得不求助于腰缠万贯的个体赞助人，以及特殊文化机构即博物馆，而博物馆又极大地依赖于它们获得的捐赠（参见 Kusmer 1979；GS 1985）。在这里，多重目的的媾和是不言而喻的。对加州大学人类学工作的资助显然善意地颠覆了赞助人赫斯特夫人的美学积累初衷，从收集古代文化的艺术品转向了研究掘根印第安人（Digger Indians）的语言（Thoresen 1975）。同样，在西班牙美洲战争结束后为远东研究寻求资助时，弗朗兹·鲍亚士打出的一张牌是建设横跨大陆铁路的企业家们的商业利益；但他也相对弱化了他对独特文明之成就的欣赏，以此向这些美国交通大亨证明他的请求是正当的（GS 1974c：294-97）。这些为堂皇私利架通桥梁的尝试总是有问题的；虽然鲍亚士做出了努力，但他仍然无法说服安德鲁·卡内基和其他人出钱建设一座美国黑人文化博物馆（GS1974c：316-18）。

181   就可能的资助来讲，这依赖于下述事实，实物可以在人类学研究的有限政治经济范围内充当商品和交换媒介。捐赠人的慈善依靠他们在商品生产世界中的成功，在他们眼中，摸得着、看得见的实物才称得上投资的回报，即使它们的审美或实用价值以通常文化标准衡量是最小的。从人类学家的眼光看，收集实物卖给博物馆是一种可以将少有卖点的研究变现的重要却很脆弱的办法（参见 Cole 1985）。在他们中间，在人类学研究的政治经济中心，矗立着博物馆这种以收藏和展示实物为目的的机构。虽然不只限于人类学，但在"一战"前，博物馆却是人类学家唯一最重要的雇主，也为人类学研究提供了许多预算资金——它们很快就得到了丰厚的回报，人类学家运回了成箱成捆的文化实物，在博物馆里储藏、展出（参见 Darnell 1969：140-235）。

除了其政治经济的本质外，许多思想因素也促成了人类学研究中的实物取向。在尤过于今天的程度上，思想本身被认为体现在实物当中；威廉·雷尼·哈珀确信，博物馆的重要性就像图书馆对一个伟大大学的创造力那样（GS 1979a：11）。由于人类学学科是围绕着时间中的变迁原则建立的，并且主要致力于考察那些无文字群体，因此就其强烈的内在思想动力而言，它倾向于收集和研究那些永久地承载着过去的文化或种族演化环节的物质实体。在进化论框架内，人体遗留物、考古发现以及当前的物质文化在直观地阐明人类发展过程方面是最为有利的手段；并且，虽然语言学家搜集的文本并不适宜展出，但它们仍然具有某种"实物"的性质（GS 1977b）。确实，我们可以认为，实物取向在人类学每个分支学科内的存在本身有力地支持了它们毋宁说颇令人疑虑的一般"人类学"的统一性。

尽管鲍亚士早已怀疑这种倾向是否是博物馆展览本身固有的，但实际上，在进化论种族主义学说所营造的意识形态氛围中，这种实物取向助长了对"他者"加以弱化和疏离的物化，这些"他者"制造了这些实物，他们本身又在博物馆展览中被直观地物化。尽管如此，对那些更有着实物和博物馆取向的人类学家，他们更认同美国文化中的统治集团及其统治得以确立的文化意识形态（GS 1968a：270-307）。

然而，早在"一战"爆发前夕，进化论观点已经遭到了严重的质疑，首先是在美国人类学，然后是在英国人类学当中（见下文，第352—356页）。紧随其后兴起的历史传播论仍在某种程度上坚持实物取向，在他们看来，文化是可流动的实物式"要素"集合。但即便是在"历史学派"内部，英美两国某些领袖人物早已经开始脱离以实物为取向、以博物馆为根基的人类学了。到1905年，当弗朗兹·鲍亚士断绝了他与美国自然历史博物馆的关系时，他已经明确地断定，他一直关注的心理学问题不可能在博物馆情境下得到解决（Jacknis 1985）。在英国，新兴的拉德克里夫－布朗和马林诺斯基的社会人类学取向不仅与实物取向的博物馆传统，也与历史主义人类学本身形成了尖锐的对立（GS 1984b，1986b；Kuper 1983）。在鲍亚士那里，这种运动是与对种族主义的总体批评联系在一起的；而在英国，它至少反映了一种对"野蛮人"文化的积极评价。虽然"他者"本身在隐喻的意义上仍然是长久盘踞在进化论人类学遗产中的科学化取向的客体，但在两个国家中，这种"客体"很快就不足以维系人类学的一统局面了。

虽然说在人类学内部有一股脱离实物和博物馆的内在思想运动，但在这种潮流仍在英美传统中占尽上风之时，这个运动绝不是那么明显的。恰好相反，在战后一段时期内仍然充满了骚动与混乱。在美国，当鲍亚士及其门徒的新兴反进化论文化人类学占据上风时，也有人立刻提出了异议，同时也有人试图用"硬"科学种族主义方式重新界定人类学（见上文，第 117—118 页）。在英国，虽然脱离进化论的运动发生较晚，凝聚力也没有那么强，但学科内的派别之争却更加突出。尽管老一代坚守博物馆取向的人类学家仍然把持着皇家人类学会，但一个具有强烈传播论风格的流派已经在神经解剖学家和埃及学家格拉夫顿·埃利奥特·史密斯的带领下宣告诞生了，史密斯认为，全人类文化都起源于一个以航海为业、实行太阳崇拜的巨石纪念碑建造群体。在这两者之间，是以民族志为取向的人类学家，他们在牛津、剑桥和伦敦经济学院占据着重要职位。在这种激烈的思想竞争情境下，私人基金会这种重要的新型资助方式不失为一种有力的选择。而洛克菲勒慈善基金会（它重新改造了这一时期的整个人类科学）也确实在决定英美人类学后进化论时代重新定位的结果方面扮演着举足轻重的角色。[1]

183

---

[1] 除非特别注明，所有的手稿引用都是指洛克菲勒档案中心（RA），这是本文最主要的研究基础。

从人类生物学到文化决定论

　　到 1920 年，在强盗男爵和新教伦理双重驱动下为了"人类福祉"而捐献的四十五万美元，绝大部分都流入了四个洛克菲勒慈善机构——洛克菲勒医学研究会、通识教育委员会、洛克菲勒基金会和劳拉·施皮尔曼·洛克菲勒纪念基金会（Fosdick 1952：ix）。然而，它们的组织和管理直到 1928 年才臻于成熟，而 1920 年代早期是一段重新界定慈善优先和转变管理风格的时期。在这一时期前，在确定慈善政策方面，弗雷德里克·T. 盖茨一直起着主要作用，他是浸信会牧师，长期担任老洛克菲勒的慈善事业副手，他的兴趣主要集中在医学和公众健康领域。当小约翰·D. 洛克菲勒在 1910 年决定全身心投入慈善事业时，他对社会福祉的广阔视野却注定要在盖茨面前碰钉子（Fosdick 1956：138-42）。虽然他在社会科学中的早期创举由于受 1914 年"拉德洛大屠杀"影响而只能围绕着公众利益和慈善利益的冲突开展（Grossman 1982），但老洛克菲勒在 1918 年创立的劳拉·施皮尔曼·洛克菲勒纪念基金会却推进了他最后一任夫人的社会改革兴趣，这一举动重新开启了社会科学研究的可能性（Bulmer & Bulmer 1981）。在 1920 年后，由于洛克菲勒的慈善活动在海外的扩大，且越来越有兴趣资助高等学术机构，因此出现了在总体上转向鼓励学术研究的潮流，将学术研究视为提高人类福祉的最佳方式（Fosdick 1952：135-45；Karl & Katz 1981；Kohler 1978；Nulmer & Bulmer 1981）。

　　向学术研究的转向运动表明，一群正规学术训练出身的基金会官员已经在洛克菲勒（和其他的）慈善基金会中获得了更大优势，他们即将在决策方面扮演更富有影响力的角色（Kohler 1991：233-62；Bulmer & Bulmer 1981：358-59）。在与人类学的关系方面，*184*

关键人物是比尔兹利·卢梅尔（Beardsley Ruml）（他曾研究过哲学，在耶鲁大学从事行政管理工作）和埃德蒙·戴伊（Edmund Day）（他曾在哈佛大学和密歇根大学任经济学教授）。作为坚持思想自由的施皮尔曼纪念基金会负责人，卢梅尔在1922年终于说服了基金会理事们，让他们明白，切实的社会福祉必须建立在社会科学研究的扎实基础上方有可能实现。当基金会在1924年创立了一个自己的研究部时，卢梅尔在将研究项目组织成"人类生物学"方面发挥了关键作用。戴伊随后担任社会科学研究部负责人，在那时，各个洛克菲勒慈善会的研究活动都在1928年重组过的洛克菲勒基金会内巩固下来了。三个人都同意卢梅尔的看法，切实的社会福祉首先必须依靠一门更严格的"科学的"和经验性的社会科学，必须依靠对活着的人类进行第一手观察而不是依靠历史素材、分类体系或一般理论臆测——"在关于人类才智和动机方面，以及在人类作为个人和群体的行为方面"，这种社会科学将会产生"一些靠得住的、得到广泛承认的一般理论"（转引自 Bulmer & Bulmer 1981：362）。

在卢梅尔看来，生物学是社会科学的一个门类，而正如恩布里（Embree）的研究题目表明的那样，在1920年代早期，一种一般化的"心理生物学"趋势在洛克菲勒慈善会是非常有影响力的。由于仍然深受自然科学和社会科学中流行的种族论和进化论学说（在人类学中也不时回潮）的影响，它意味着在一系列切实的社会关怀问题下面潜含着一种理论的统一性，从移民和犯罪，到公共健康和精神保健，到生育和儿童发育。它表现出对一个复杂工业社会中的人群之构成、性质和控制的总体关注，就此而言，这种进步倾向的战后升华可以很容易地被解释为一个成熟的法团资本主义体系内统治集团的阶级利益在意识形态层面上的表现（参见

E. Brown 1979；Fisher 1980）。但在相当大的程度上，两战间的洛克菲勒人类学故事却是从对"人类生物学"的兴趣重新定位成对于人类社会文化差异的研究。

虽然一个文化人类学研究项目是在埃德蒙·戴伊的分部中最终立项的，但洛克菲勒最早却是从步达生（Davidson Black）的研究中不经意地开始介入人类学的，他是一位加拿大军医，从1918 年开始在洛克菲勒基金会北京协和医学院教授胚胎学和营养学（Hood 1964）。在与埃里奥特·史密斯一道进行比较解剖学研究的过程中，步达生开始对人类古生物学产生了兴趣，史密斯那时正在研究皮尔丹人的"残骸"（Spencer 1990）。尽管基金会官员担心步达生从事人类学研究会分散他的教学精力（R. M. Pearce/DB 4/4/21），他仍然能够开展人类学工作，最终在 1926 年发掘出了北京人，而在下一个十年间，基金会先前有限的资助总共为步达生及其后任魏敦瑞（Franz Weidenreich）提供了大约三十万美元。[2] 在 1920 年，埃里奥特·史密斯本人是洛克菲勒基金会为支持伦敦大学学院发展医学研究提供的大约五百万美元的主要受益者（Fosdick 1952：109；参见 Fisher 1980），这些资金有时也资助建设埃里奥特·史密斯及其门徒威廉·佩里用来鼓吹他们那颇有争议的传播论观念的机构。在这种情境下，埃里奥特·史密斯曾一度成为洛克菲勒各慈善基金会中得到非正式公认的角色，即"资深人类学顾问"。

185

---

〔2〕　虽然洛克菲勒对人类学的资助至今还没有一个完整的数字，一份内部部门资料（Program and Policy 910），有三个首字母 NST，日期标明为 3/31/33，列出了到当天为止由机构（在某些情况下，由个人）所作的"LSRM 和 RF 的人类学拨款"。在得出这个时期的总额时，我用后来的拨款补充了这些数字，这些材料都来自 1934—1938 年间洛克菲勒基金会的具体部门档案或"年度报告"。

步达生的工作，就像在总体上对中国的兴趣一样，在洛克菲勒慈善事业中占有特殊的地位。但随着1920年代早期精神生物学研究趋势的发展，美国学者提交的几个分支学科研究计划却在人类学中变成了更系统的研究项目。前两个计划交给了施皮尔曼·洛克菲勒纪念基金会，而它们的命运反映了卢梅尔在个人、机构和思想方面与学院心理学的亲和关系产生的影响力。卢梅尔自己的心理学研究原来是在智力测试方面进行的，在"一战"期间，他曾参加一个在美国军队中开展的大规模精神测试研究项目（Bulmer & Bulmer 1981：354）。那个研究项目的负责人之一罗伯特·叶尔吉斯（Robert Yerkes）继续在洛克菲勒基金会大力资助的国家研究委员会中担任一个领导职务；当叶尔吉斯在1923年向洛克菲勒纪念基金会申请资金支持国家研究委员会的新委员会"人类移民的科学问题"计划时，卢梅尔马上就同意了（RY/BR 2/26/23；Haraway 1989：71）。虽然委员会在开始时事实上是移民限制运动的一个分支机构，但纪念委员会在随后四年中资助的十三万两千美元实际上大大削弱了传统的移民限制言论。委员会的工作深受克拉克·威斯勒的影响，他本人温和的本土立场使他能够调和硬科学主流派的种族论和鲍亚士学派的文化决定论，当然，他自己在总体上是认可后者的（Reed 1980）。在这种情况下，洛克菲勒对国家研究委员会（包括一个重要的生物学奖学金计划）的资助一直到1930年代前期都支撑着鲍亚士学派的大量人类学研究，包括玛格丽特·米德的萨摩亚研究、梅尔维尔·赫斯科维奇的黑人体质人类学研究以及奥托·科林伯的黑人移民智力研究等——这每一项研究都是在给方兴未艾的反种族科学思潮添砖加瓦（GS 1968a：299-300；参见Coben 1976）。

后来，在 1923 年，卢梅尔接到了第二个心理生物学研究计划，准备开展文化研究。他的导师安吉尔（J. R. Angell）在 1921年就任耶鲁大学校长，他发起成立了一个"精神生物学研究所"，旨在从比较角度重点考察人类和高等灵长类的精神生活（JA/BR 5/4/23；参见 Morawski 1986）。这个计划非常符合卢梅尔打算推动几个重要社会科学研究中心的设想，在接下来的 6 月，当安吉尔成功聘请叶尔吉斯和威斯勒前往耶鲁大学任教后，施皮尔曼纪念基金会在随后第一个五年中总共向心理学研究所捐助了二十万美元（JA/BR 6/27/24）。耶鲁项目在 1929 年重组为人类关系研究所，前前后后总共从各个洛克菲勒基金会接受了数百万美元的资助。虽然主要的人类学部分五十五万美元是支持耶鲁的灵长类研究的（Haraway 1989：59-83），但仍有一小部分，却又十分重要的资金流向了威斯勒主持的文化取向研究计划，在相当长的时期内，该研究所都深受在整个社会科学内日渐兴盛的环境与文化取向的影响（M. May 1971）。

在 1923 年启动的第三个精神生物学计划以更富戏剧性的主题转变，促成了洛克菲勒基金会资助的第一批重要文化人类学本身的项目。在当年 12 月，种族主义辩护士麦迪逊·格兰特（Madison Grant）向洛克菲勒基金会递交了一份高尔顿学会优生学研究计划，考察自然选择在澳洲土著人中的后果，"这是正确地理解开化社区中人为选择条件的不二法门"（MG/R. B. Fosdick 12/29/23）。当这份计划书送到新成立的研究分部负责人恩布里手中时，他按照洛克菲勒基金会内部已经建立的人类学关系网，同时写信给步达生和埃里奥特·史密斯，请他们给出建议，后者刚刚在 1924 年受邀前往加州大学担任教职（EE/DB 3/19/24；EE/ES 3/19/24）。在途中，埃里奥特·史密斯数度停留，与恩布里、威斯勒和 C. B. 达文波特（另一位在高尔顿学会担任领导职务的种族学家）往还商讨（EE/CD 4/10/24）。高尔顿学会很担心自己无法控制这个项目，有基于此，恩布里委派埃里奥特·史密斯亲赴澳大利亚，考察当地的人类学状况——这也是洛克菲勒基金会一贯坚持的做法，它资助的研究项目必须保证在当地有着充足的人力与物力（EE/GS 5/7/24，5/8/24）。

　　方此之时，澳洲的情形却很不明朗。一份在悉尼大学设立一个人类学教席的计划搁浅了，这个教席是 1924 年在悉尼召开的第二届泛太平洋科学大会倡议设立的，但一个英国殖民事务官员写信给澳大利亚政府提出岛屿托管的建议时却说，在殖民地管理上，"特别的人类学训练是毫无必要的"（ES/EE 5/19/24，5/21/24）。但在洛克菲勒基金会资助的鼓舞下，总理同意重新考虑一下相反的意见，而在随后几个月里，埃里奥特·史密斯回信说，两个州政府同意给予财政支持（ES/EE 9/30/24，11/5/24）。与此同时，悉尼大学解剖学教授突然去世，布达生又不肯离开北京前来接手他的教席，这无形中大大削弱了这个项目的生物学色彩，何况，澳大利亚全国研究理事会从一开始就认为这应该是一个社会人类学的研究项目（ES/EE 6/17/25）。后来，1925 年 12 月，洛克菲勒基金会接到消息，埃里奥特·史密斯、A. C. 海顿，以及第三个举荐人都倾向于请"功能主义"社会人类学两大主将之一拉德克里夫 - 布朗，而不是历史传播论者 A. M. 霍卡执掌该教席（Office memo 11/28/25）。虽然洛克菲勒基金会的人此前对拉德克里夫 - 布朗毫无所知，他们仍然邀请他在赴澳大利亚途中前往美国各个人类学机构游历（G. Vincent/RB 1/7/26）。

　　到这时候，澳大利亚研究计划与其他在"一战"后太平洋地区发展起来的研究方案发生了关联。1919 年，国家研究委员会已经成立了一个太平洋考察委员会（后来改名为调查委员会），负责领导组织第一届泛太平洋科学大会；而大约在同时，耶鲁大学和美国自然史博物馆也加入了一个联合计划，旨在振兴火奴鲁鲁毕晓普（Bernice P. Bishop）博物馆。耶鲁大学地质学家、时任国家研究委员会主席的 H. E. 格雷戈里（Gregory）受命出任毕肖普博物馆馆长，耶鲁大学研究生们组建了一个研究团队，耶鲁大学也获得了四万美元资金，用于资助巴亚尔·多米尼克（Bayard Dominick）玻利尼西亚考察队的四个人类学田野考察团体。国家研究委员会委员威斯勒成为"顾问民族学家"，美国博物馆也派出一名体质人类学家，以充实一个已经从一人扩至七人的人类学小组（GS 1968a：297-98）。正当洛克菲勒基金会开始对澳大利亚人类学产生兴趣时，格雷戈里也正为毕肖普博物馆寻求更多的资金来源（EE/HG 5/29/25）。

　　几乎是不约而同地，洛克菲勒基金会收到了一份夏威夷的申请计划，夏威夷大学校长提交了一份种族差异研究的备忘录，这是由波图斯（S. B. Porteus）写的，他是一位澳洲本土出生的教育研究者，来自新泽西瓦恩兰的心理缺陷培训学校——这是另一所优生学运动大本营（EE/A. L. Dean 1/5/25；Porteus 1969；Kevles 1985：77）。面对所有这些太平洋研究计划，恩布里亲自动身前往考察，他首先和威斯勒一起赶赴澳大利亚，然后返回火奴鲁鲁，在那里，E. G. 康克林（E. G. Conklin）加入了他们，他是一位与高尔顿学会联系密切的杰出生物学家（EE/A. L. Dean 5/29/25；EE/Vice Chancellor，Univ. of Sydney 7/1/25；EE/HG 7/1/25）。尽管恩布里很不喜欢生物学，他还是发回了一份关于澳大利亚研究计划的完美报告（EE/G. Vincent 12/20/25）；而虽然威斯勒和康克林

188

发自夏威夷的报告倾向于生物学和种族心理学，他们也十分强调必须进行机构间合作，这与洛克菲勒基金会发展地区研究中心的思路是一致的（"Rept. on Res. in Biol. in Hawaii" 3/n.d./26 ）。

在这种情况下，基金会在 1926 年 5 月投票决定给予这三个太平洋研究方案为期五年的资助。最少的一份资助（在竞争的基础上给予五万美元，后来又增加了一万四千美元）是给毕肖普博物馆的继续研究项目的，它从一开始就是文化取向的——虽然它的传统民族学重心，即玻利尼西亚移民研究也可以从种族方面来解释（BPBM 1926：25）。相比之下，给夏威夷大学的资助，随后为期十年间总计多达二十一万五千美元，首先支持波图斯和解剖学家弗雷德里克·伍德·琼斯的种族气质研究。但当琼斯在 1930 年离开后，由 H. L. 夏皮罗（H. L. Shapiro）负责的生物学研究完全遵循鲍亚士传统，许多客座芝加哥教授使得整个项目实现了明确的文化论转向（"Appraisal, U. of Hawaii, Racial Res." 8/n.d./38 ）。在澳大利亚，澳大利亚国家研究委员会给予的资金确实支持了一些生理学研究，以及波图斯的澳洲土著人智力田野调查。但到 1936 年为止提供的二十五万美元中，大量资金都流向了在澳洲本地和西南太平洋地区的社会人类学田野调查（RM, "Rept. on Anthro. Work in Aust." 6/28/30 ）。

至此，总体模式已经一目了然：一些"精神生物学"研究计划（有些是由与种族主义教条、移民限制或优生学有密切关联的人发起的）深得新一代官员 / 学者的欢心，他们有志于将社会科学经验研究进一步推及人类能力、动机和行为。然而，几乎在每个研究计划中，这些初衷都部分或全部地改变了，而洛克菲勒基金会官员也及时做出了调整，转换到在人类学和相邻社会科学中新兴的社会文化和环境决定论潮流上面。

转向英国功能主义

虽然在人类生物学研究方面后来有几笔资助，但这些都是在文化取向的框架内实施的，这个取向到 1920 年代后期越来越成为洛克菲勒基金会人类学活动的特色。最开始的临时增长体现在劳拉·施皮尔曼·洛克菲勒纪念基金会的卢梅尔社会科学计划中，对人类学风格的研究项目资助逐渐增多。在美国，在这些项目中，最早一项是于 1926 年捐助芝加哥大学一万三千五百美元，其中包括了向著名语言人类学家爱德华·萨丕尔支付的前三年薪水（A. Woods/J. H. Tufts 5/19/25；Darnell 1990）。然而，当萨丕尔与同事费伊－库珀·科尔（Fay-Cooper Cole）共同提交了一个田野考察方案时（FC/L. K. Frank 3/5/26；JT/BR 3/29/26），他们的申请却被搁置起来了，尽管威斯勒和纪念基金会的两位成员都给予了高度评价（L. Quthwaite, Memo 4/9/26）。卢梅尔此时显然更愿意将这些事务放在纪念基金会刚刚资助的跨学科地区社会科学中心运作。由于这些重心在划区拨款方面有了更自由的支配权，人类学工作也在各地中心制定的学科权力的目的和平衡范围内接受资助。因而，当萨丕尔和科尔的申请计划提交到芝加哥大学地方社区研究委员会时，它的范围也延伸包括了科尔在伊利诺斯的考古学工作（L. C. Marshall/BR 5/31/26；参见 Bulmer 1980）。同样，在哥伦比亚大学，由于鲍亚士在其社会科学研究委员会中举足轻重，人类学也是施皮尔曼纪念基金会重要资助的间接受益者（A. Woods/N. M. Butler 5/28/26）。

与此同时，科尔－萨丕尔研究计划也导致洛克菲勒基金会越来越多地涵盖了人类学。科尔在 1926 年夏发起的考古学训练项目极大地刺激了国家研究委员会人类学家对西南地区"跨校田野训

练营"的更大兴趣，事出巧合，小洛克菲勒 1926 年造访此地，当
地考古学家直接向他提交了一份申请。在成功地吸纳或超越了地

190 方兴趣后，拥有全国视野的人类学家有志于以马萨诸塞伍兹霍尔
的马林实验室为样板建立一个人类学实验室。除了洛克菲勒个人
捐献的大额物理设备之外，圣达菲人类学博物馆和实验室在随后
十年间从施皮尔曼纪念基金会和洛克菲勒基金会那里获得了高达
九万两千五百美元的资助金额，其中大都用来资助已有大学人类
学系派出的夏季田野工作考察队（GS 1982a）。

虽然实验室田野工作大半是民族学和语言学，但其背后的推
动力却来自那些传统的"历史"人类学家。然而，在此期间，英
国的发展却促成了洛克菲勒对更具"功能"色彩的人类学的资助。
作为卢梅尔赞助全世界范围内地区社会科学重心的政策的一部分，
施皮尔曼纪念基金会给予伦敦经济学院大量资金，该校对经济和
政治之人类与环境基础的研究十分契合基金会官员们心仪的精神
生物学取向（Bulmer & Bulmer 1981）。这种资助也间接推动了人
类学的进一步发展，在此前，人类学就已经因查尔斯·塞利格曼
的门徒马林诺斯基在 1923 年被任命为伦敦经济学院人类学教授而
大大增强了——多少有些吊诡的是，这个职位是为了对抗埃里奥
特·史密斯在大学学院的敌对（也是洛克菲勒资助的）人类学流
派才设立的。

虽然马林诺斯基是洛克菲勒资助的研究助理的受益者，但
对英国人类学的大规模直接资助却是在伦敦经济学院以外进行
的，意在将人类学用于解决殖民地管理的实际问题（参见 Kuklick
1978）。此时，英国人类学家正忙于反击那些不友好的官方态度，
比如澳大利亚在人类学教席这件事上。在强调种族精神生物学研
究在殖民地管理中的重要性时，塞利格曼和其他人试图改变十分

僵化的皇家人类学会，从而使人类学中心部能够按照美国民族学局的模式发挥更实际的功用（CS/W. Beveridge 3/13/24）。虽然在1924 年 5 月提交给卢梅尔的资助申请尚未立刻获批（J. Shotwell/BR 5/6/24），澳大利亚事件却引起了洛克菲勒官员们对应用人类学的注意。在 1925 年一开始，埃里奥特·史密斯就从伦敦寄了一份《泰晤士报》剪报给恩布里，他和其他人在上面发表了鼓吹人类学对大英帝国之重要性的文章（ES/EE 1/20/25）。与此同时，那些与殖民地事务关联密切的人们也对推动研究计划深有兴趣。

在 1924 年 9 月一个会议上，一群世界传教士领袖和其他非洲土著政策批评者提出了成立"非洲语言与文学研究部"的设想，意在通过"他们自己的思维形式"推动土著教育（E. W. Smith 1934：1）。J. H. 奥尔德曼就是其中一个，他与几个有志于推行塔斯基吉研究所理念作为非洲教育模式的美国慈善事业机构关系甚好，也与一些身居高位的英国殖民官员交情不错，他们与他看法一致，认为对"人性因素"的研究是阻止威胁非洲的"迫在眉睫的种族冲突"的关键所在（Bennet 1960；King1971）。1925 年初，奥尔德曼来到纽约争取资金支持，而当他随后将更详尽的计划提交给洛克菲勒时，很快就获批了（JO/A. Woods 6/9/25）。在 9 月的一次会议上，非洲部策划人扩充了他们的方案，将非洲社会制度研究也一并纳入，"目的是保护它们，并能用于开展教育"（E. W. Smith 1934：2）。奥尔德曼回到纽约后，又与卢梅尔进一步商讨，他指出，一个拥有大量"非洲人种"的国家决不能再漠视由于资本快速流入非洲大陆而引发的经济与社会问题（JO/BR 11/9/25）。在同一个会议上，在同意随后十年间资助一万七千五百美元给皇家人类学会后，施皮尔曼纪念基金会投票同意"在原则上"支持奥德尔曼的方案（BR/JO 11/7/25），虽然直到一年后，才实际拨付

布劳尼斯娄·马林诺斯基，约 1925 年
（海伦娜·韦恩·马林诺斯基和伦敦经济
学院人类学系提供）

了两万五千美元支持它在随后十年间的活动，此时它已更名为非洲国际语言与文化研究所（BR/JO 10/26/26）。

　　在捐助英国人类学后，洛克菲勒官员显然决定与其未来领袖建立密切关系。施皮尔曼纪念基金会邀请马林诺斯基前往美国开启一次人类学之旅，这与洛克菲勒基金会邀请拉德克里夫－布朗的旅程正好重叠（BR/BM 11/12/25）。虽然这两次旅程都没有促成美国"历史学派"与"功能主义"的重大对话，但马林诺斯基的旅程尤其被视为一次巨大成功。在横穿北美大陆的旅途中，他会见了南方"有色人种绅士"领袖，访问了西南地区的印第安人保留地，在伯克利暑期学校中传道解惑（以前他曾短暂访问），并与拉德克里夫－布朗共同在哥伦比亚大学为鲍亚士的门生们开设了席明纳研讨课。每到一处，马林诺斯基都不遗余力地敦促对时下的"文化进程"开展行为研究，他坚信，人类学全力以赴地应对"人类重负与文化的混合现状中出现的经济问题和法律方面"，是"适逢其时"（BM，"Rept. of American Tour" n.d.）。在马林诺斯基参加洛克菲勒基金会资助的社会科学委员会在汉诺威举办的会议时，他的旅程达到了巅峰。威斯勒先作开场白，他称赞"我的朋友马林诺斯基所称的功能人类学"必将在这门学科内引发一场"革命"，然后，马林诺斯基讨论了新人类学的方法，它与其他社会科学的关系，以及它与当前社会问题的联系（SSRC 1926：I, 26, 42-54）。这给济济一堂的社会科学家和基金会官员们都留下了深刻的印象（54-71）。正如查尔斯·梅里亚姆先前对卢梅尔说的，马林诺斯基是他遇到的第一个将这门老古董科学与"当前的社会利益"密切联系起来的人类学家（CM/BR 4/24/26）。

　　尽管如此，洛克菲勒基金会在这时并没有给英国人类学以更多的资助，这显然是由于围绕着埃里奥特·史密斯的为人与学说而起的"鹬蚌之争"（J. Van Sickle diary 10/6/30）——到这个时候，他已经在基金会内失去了他原先的影响力，基金会在 1927 年拒绝了资助大学学院文化人类学的申请（ES/EE 6/18/27）。的确，在 1925—1926 年的资助之后，几家洛克菲勒慈善机构都暂时停止了对人类学的资助。除了在 1928 年给了美洲学家国际大会以小笔资助外，在 1928 年基金会重组完成前，只直接资助了奥斯陆的人类文化比较研究所，到 1934 年，它总共获得了四万五千元。虽然如此，当人类学再度获得大笔资助时，"功能"人类学必定一马当先。

192

193

马林诺斯基、奥德尔曼和非洲种族战争的阻止

　　随着洛克菲勒基金会在 1928 年底完成重组，促进人类知识如今成为它的核心职能。虽然它仍然设定研究应当以实际改革为目的，但受托人已经达成了共识，"人们的所知与所用几乎没有差

别"（Fosdick 1952：140）。随着人文学科和自然科学都第一次赢
得了独立的认可，以及戴伊（E. E. Day）出任社会科学部的主管，
新的部门结构定位于人类知识的重大领域。戴伊的第一批资助毫
不犹豫地遵照既定路线实施。在 1929 年 5 月，基金会给予芝加哥
大学人类学系为期五年的七万五千美元资助（N. S. Thompson/F. C
Woodward 5/27/29）；待到秋天，又向德国科学工作者学会资助了
同样年限的十二万五千美元，它以前也曾接受过此时已撤销的施
皮尔曼纪念基金会几次捐助。虽然这笔资助实际上是对德国民族
的优生学研究，而基金会随后又给予体质人类学家尤金·费希尔
一小笔资助开展孪生子研究（R. A. Lambert/A. Gregg 5/13/32），戴
伊的主要兴趣却显然是文化取向的，在随后几年间，他推动了在
这个领域中的统一研究项目。

第一批重要投入来自马林诺斯基，戴伊在 1926 年亲见他在汉
诺威会议上的夺人风采。虽然他已经与拉德克里夫－布朗在悉尼
建立了合作关系，马林诺斯基却不满足于只能间接地获得田野工
作资助。西南太平洋是拉德克里夫－布朗的地盘，马林诺斯基于
是将目光转向了非洲，除了他的同事塞利格曼在那里做过实地调
查，专业田野工作几近阙如。到 1928 年底，马林诺斯基与奥尔德
曼合作，从洛克菲勒基金会获得了大笔资助。

开门红是马林诺斯基呼吁建立一门"实用人类学"，它将研
究土地所有制和劳工等迫切问题，因为它们极大地影响了"变迁
中的土著人"和对所谓"黑色布尔什维克主义"心怀恐惧的殖民
地官员们（1929b：28）。当戴伊在 1929 年 6 月来到伦敦时，马林
诺斯基继续在谈话和备忘录中强调同样的话题，"英国人类学的状
态"（MPL：N.D.；ED/C. G. Seligman 6/24/2）。虽然在解决部落
中必须保存多少劳动力才能维持其经济基础等问题方面，功能人

类学提供了"快速研究"的"不二法门"，英国大学（除了伦敦经济学院）仍然十分缺乏一种有效的田野取向。因而，关键问题是田野工作的资金，最合适的渠道就是非洲研究所，它已经在殖民地当局中引发了十足的兴趣。与此同时，马林诺斯基向奥尔德曼提交了一个匿名"美国观察者"写的秘密"洛克菲勒兴趣状况报告"，这份报告说，他们愿意接受意在"促成知识与实际利益彼此统一的大型项目计划"——尤其是如果它意在解决"黑人和白人的接触问题和白人定居的社会学"（MPL：n.d.）。由于担心皇家人类学会和大学学院的埃利奥特·史密斯可能会提出竞争性研究方案，从而牺牲"健全的"人类学让位给人类化石和埃及文化向尼日利亚传播的研究，马林诺斯基敦促奥尔德曼赶紧"打出问心无愧的王牌"（MPL：BM/JO 6/11/29）。然而，他的担心是不必要的。由于卢梅尔以前就向戴伊简短介绍过马林诺斯基，戴伊已经意识到，马林诺斯基式功能主义必将在英国人类学中后来居上，虽然他警告洛克菲勒驻欧洲代表不要让马林诺斯基知道"我们的真正偏好"（ED/J. Van Sickle 11/16/29）。

这种偏好的第一批果实很快到来了，在洛克菲勒基金会现有的国际博士后奖学金计划中资助人类学的田野工作（BM/ED 8/3/29；J. Van Sickle/ED 12/23/29）。与此同时，马林诺斯基和奥尔德曼试图推动一项"非洲研究百万美元交叉项目"——之所以是交叉的，是由于牛津大学罗德学院（Rhodes House）的一项类似计划得到了政要们的大力支持，非洲研究所不得不寻求合作开展研究（H. A. L. Fisher et al. / Pres.，RF 3/28/30）。但在与洛克菲勒官员们的私人通信中，马林诺斯基和奥尔德曼却旗帜鲜明地坚持他们的方案应当是优先的（BM/ED 3/26/30）。这些方案大多是由马林诺斯基推动的，早在 1929 年 12 月，通过一系列非正式的"团

195

体会议"，他已经开始间接地对非洲场景有了切身的熟悉感，传教士、有兴趣的殖民地官员和人类学家（有时来自各自不同的圈子）坐在一起讨论各种由文化遭遇引发的问题（MPL：BM/JO 2/9/30）。到 1930 年 3 月底，马林诺斯基和卢迦德勋爵（Lord Lugard）分别给洛克菲勒基金会写了几封信，共同提出了一份正式申请，卢迦德是一位致仕在家的殖民地总督，也是"间接统治"的鼓吹者，那时正掌管着非洲研究所（MPL：BM/ED 3/26/30）。方当此时，世界经济状况正显示出"迅速加剧的剥削"迹象，为了应对意在"挫败西方文明在非洲之使命"的危机，并保护"土著人的利益"，首当其冲的任务是沿着奥德丽·理查德正在罗得西亚进行的土著矿业劳工之部落状况的研究路线，开展全面的田野考察。要想实现这个目标，如何培训行政官员和传教士，让他们以一种更开明的眼光理解非洲的文化价值，研究所正在寻求下一个十年间十万英镑的资金（MPL：Mem. Presented to RF 3/30/30）。

　　尽管在基金会中有生物科学家的对立，还有英国对手的竞争，马林诺斯基和奥尔德曼仍然成功地赢得了洛克菲勒基金会的资助。在他的意大利阿尔卑斯乡间别墅中接待了一位欧洲代表后，马林诺斯基告诉奥尔德曼说，最关键的是要赢得塞尔斯卡·耿（Selskar Gunn）的支持，他是一名在基金会中负责欧洲事务的生物学家（MPL：BM/JO 9/17/30）。在提醒耿可能会爆发"大规模种族战争的危险"后，奥尔德曼重述了马林诺斯基在一次伦敦会议上是如何受到一群殖民地官员"热烈"欢迎的（SC，diary 9/25/30）。随着生物学对立意见被成功消除，基金会在 4 月投票同意向研究所拨付一笔为期五年的二十五万美元配套资金。在同一个会议上，它拒绝了罗德学院的申请计划，理由是非洲研究所更具国际性，更少受政治干扰，因而也更有希望获得另外的配套资金（RF minutes 4/15/31）。

虽然后来也提供了小额资助给维也纳的人类学研究所（Institut für Völkerkunde）和巴黎的民族学研究所（Institut d'Ethnologie），还勉强延续了先前对皇家人类学会的小额资助（J. Van Sickle/ED 5/29/31），基金会显然已经完全认可马林诺斯基式功能主义，至少这是在英国的实情。但正当他的影响力牢固确立之时，马林诺斯基开始感受到了他曾视为功能主义运动同道之人的威胁。

196

"空前的人类学馅饼"

随着最初五年资助即将结束，以及澳大利亚州政府和联邦政府的财政状况正迅速恶化，这直接波及 1930 年悉尼研究项目能否继续进行（A. Gibson/ED 3/3/31），拉德克里夫－布朗转向洛克菲勒基金会官员，提交了一项综合计划，既包括澳大利亚资助项目的延续，也包括他自己与罗德学院和当时正在申请的非洲研究所计划进行合作的南非研究（RB/ED 9/17/30；RB/M 3/3/31）。在表明洛克菲勒人类学政策的全盘考虑已经成熟后，拉德克里夫－布朗提出，任何其他一种科学都没有面临如此直接的冲击，因为"低等文化"正在迅速消失，它们极有可能在"下一代"彻底消亡。幸运的是，在随后几年里，在将文化作为"整合系统"进行"功能研究"基础上的"新人类学"依然能够阐明"社会生活和社会发展的一般规律"。在专注于当前和将来而非过去的研究时，它甚至接近于一门"实验科学"，可以"直接服务于那些关心土著人之管理和教育的人"。现在的迫切需要是"在世界范围内发起成立一些研究机构"，以便"一个地区接一个地区，一个部落接一个部落地"对幸存的土著人开展合作研究（RB，"Memo. On Anth.

Res." 11/17/30）。拉德克里夫－布朗此时正离开悉尼准备前往芝
加哥大学执教，他申请前往伦敦访问，在 1931 年 9 月召开的英国
皇家人类学会百年纪念大会上开展为了达到这个目标的合作磋商
（Radcliffe-Brown 1931）。

虽然拉德克里夫－布朗已经请求马林诺斯基携手推动他的"濒
危文化"研究计划（MPL：RB/BM 9/17/30），马林诺斯基却将他从
世界另一端的返回视为对他自己的方案的威胁（参见 GS 1984b）。
在法国度假时，他接到报告说，拉德克里夫－布朗正在给奥尔德
曼提出建议如何落实非洲研究所的"五年计划"，奥尔德曼也正在
郑重地考虑拉德克里夫－布朗的看法，即，那些从"社会凝聚"
角度考察经济生活的研究更适合开展综合民族志研究（MPL：A.
Richards/BM n.d.；JO/BM 9/9/31）。同样令人不安的是，拉德克里夫－
布朗还提出建议说，在整个大英帝国内，东方研究学院（此时也
正向洛克菲勒基金会申请大规模资助）是一个比伦敦经济学院更合
适的机构中心——对这个中心，拉德克里夫－布朗表明了掌管的愿
望（MPL：RB/BM 9/27/31，1/30/32，5/25/32）。然而，马林诺斯
基着手施展他的影响力，将东方研究学院的资助降到了三万六千美
元，从而将它的作用确定为辅助性的，而不是竞争性的（S. Gunn,
interview with BM 3/4/31；SG/ED 12/7/31，2/1/32），而拉德克里夫－
布朗只能在随后六年里待在芝加哥了。不过，说起这个话题，对其
人类学工作全面重估的想法是在洛克菲勒基金会内部进行的。

到 1931 年，基金会在这个地区的捐助是十分巨大的。除了英
国的项目，那些在夏威夷和澳大利亚的项目也重新开始了，并继
续支持芝加哥大学人类学系，基金会还向另外两个美国的系提供
了资助：哈佛大学，对人类学的资助是辅助商学院埃尔顿·马约
主持的工业心理学研究项目的；杜兰大学，在通识教育委员会德

高望重的秘书长亚伯拉罕·弗勒斯纳的个人斡旋下，从基金会获得了一笔不太情愿的资助，用于中美洲研究的文献整理项目（E. Capps，"Memo. On Proposed Inst." 6/9/30）。

面对这些分散而不同的活动时，戴伊十分同意拉德克里夫－布朗于 1931 年暑期在哥伦比亚授课时提出的合作系统研究。后来，在 7 月的一次部门会议上，戴伊认为，拉德克里夫－布朗的备忘录为更统一的文化人类学项目提供了"一个十分合理的例子"，它给正在论证的行为与人格研究计划的分工合作提供了可供比较的资料，戴伊希望在随后十五年间给予它三十万美元的资金支持（ED，"Foundation's Interest in Cult. Anth." 7/30/31）。在这种情况下，洛克菲勒基金会正式承认文化人类学是"一个值得关注的特殊领域，它的发展体现了紧迫感"（RF Rept. 1931：249）。在随后 1 月的另一次部门会议上经过深入讨论后（"Staff Conf." 1/21/32），基金会官员们决定在世界范围内开展一项全方位的人类学调查计划（ED/S. Gunn 1/25/32）。

A. R. 拉德克里夫 - 布朗在澳大利亚悉尼，约 1930 年（莎拉·尼尔·钦纳里摄影，希拉·M. 沃特斯提供）

　　虽然戴伊考虑邀请拉德克里夫－布朗出面负责这项调查计划（ED/SG 1/25/32），但后来实际却雇用了莱昂纳德·乌斯怀特（Leonard Outhwaite），他是从施皮尔曼纪念基金会离职的前部门官员，曾在加州大学研究人类学。在随后几个月内，乌斯怀特在美国和欧洲各地游历，与各个机构的两百多位人类学家沟通谈话。

198　虽然他强调从零开始——他在一开始就花了不少时间界定"原始"（primitive）这个词（LO/ED 4/19/32）——乌斯怀特与鲍亚士传统的关联却无可避免地给这个调查计划涂上了与当初不同的色彩。他发现拉德克里夫－布朗是"富有挑战力的"，但"容易走极端"（LO/ED 4/19/32）；而虽然他认为马林诺斯基是"适合的"，但对他的人类学"沙皇"作风感到忧虑（LO/ED 6/10/32）。乌斯怀特看不出这两人有什么根本的差别，他归结道，他们的差异"绝不

199　是在科学方面的"（LO，"Anthro. In Europe"）。在他看来，英国功能主义者和美国历史主义者间明显的理论差别反映了他们研究的正在形成分化的文化——由此，他更赞成一种无理论的田野工作方法。他反对功能主义者对人类学的"窄化"（narrowing），而在接受他们文化的系统一体性观念的同时，他坚持认为，这也必须作为一个历史现象来理解。最终，他选择联手"每个国家中最好的和最保守的工作者"——其中包括科尔、克鲁伯、罗威、威斯勒、海顿、塞利格曼，以及维也纳传播论者（LO，"Condensed Rept." 23）。

　　与此同时，显然是在戴伊敦促下，美国人类学会成立了一个研究委员会，起草一份自己的濒危文化研究方案。学会秘书约翰·库珀在委员会第一次非正式会议前分发的最初草案强调应当优先对北美大陆开展一种文化特质取向（trait-oriented）的研究（UCB：JC/A. Kroeber 4/21/32）。不过，这份提议在委员会会议上

被缩减提炼了，最初的美国式偏爱被摈弃了，而代之以一种合作的全球取向和一种"民族志方法的宽容"，它甚至展望由功能主义和历史主义民族志工作者对同一个部落同时开展研究（UCB：JC/AK，n.d.）。委员会的会议简报（NAA）留下的蛛丝马迹表明，是拉德克里夫–布朗和阿尔弗雷德·克虏伯推动了这种修改——前者慎重有余，后者善于折中。最终版本被委托给一个五人分委员会，爱德华·萨丕尔和阿尔弗雷德·托泽两人反对拉德克里夫–布朗和威斯勒，而最重头的意见实际上来自鲍亚士，他后来站在拉德克里夫–布朗这边，反对他的美国同人关于田野工作和"源流研究"之相对重要性的看法（UC：JC/F. Cole 1/25/33）。

1932 年 6 月 24 日，委员会向基金会递交了一份十二年研究申请计划，包括在世界范围内三百个部落的田野调查，经费总计五百万美元（UCB；［JC］/RF；［JC］/ED）。然而，基金会为了等待乌斯怀特的考察，推迟了审批（UCB：JC/Res. Comm. 7/1/32）。在比较了人类学会的方案后，乌斯怀特提出，他们对全球拯救计划的科学紧迫性以及综合方法论的"基本结论"是相同的，尽管他自己的方案在范围上要更小一些。乌斯怀特接受了威斯勒的意见，在北美的主要田野工作应当在五年之内完成［！］，他估计在十五年内平均每年需要花费二十五万美元。在北美以外的地区，乌斯怀特觉得，欧洲人类学较少专业化和相对"疲弱"现状需要一种渐进式"战略"方法，从对重要文化区域的调查开始，确定特定的研究项目。虽然他强调由受过"全面"训练的"一般人类学家"实施的个人田野工作的重要性，他却批评了单人／独著式的传统方法，由此也敦促开展跨学科的、地区的和比较的研究。不过，最主要的差别是在管理方面。内部的和国际的猜忌让乌斯怀特对美国人的方案抱有怀疑态度，后者的研究项目完全由美国人主导的执行委员会负责实施。虽然他乐观地认为，理论分歧"实际上"不是一个严重问题，他仍然赞成由一个国际性的无派别团体施行集中管理——也就是说，洛克菲勒基金会的社会科学部。在这种情况下，他建议，既然基金会已经有自己的计划了，美国人类学会的申请方案应当拒绝，至少"它目前的形式"是不行的（LO/ED 10/12/32；UCB：JC/Res. Comm. 11/28/21）。

　　然而，在乌斯怀特提出意见后，人类学会委员会却被要求提出一项美国印第安人田野考察计划，以便纳入随后的洛克菲勒研究方案当中（UC：JC/M. Mason 3/6/33）。在经过数月讨论后，委员会在田野考察和现存北美资料的整理与出版方面何者为先的问题上陷入了僵局。洛克菲勒基金会主席在 1933 年 4 月 26 日知会人类学会委员会，此时已经没有资金可用，库珀建议说，他的信似乎可以"解决投票平局"（UCB：JC/Res. Comm. 4/28/33；M. Mason/JC 4/26/33）。到这个时候，洛克菲勒基金会实际上已经决定不再继续资助人类学项目了。

　　人类学家们顿时陷入了茫然，根本不明白到底是怎么回事。一位当时的局外人指出，在马林诺斯基和拉德克里夫 - 布朗之间，也在他们每个人和美国人之间，发生了"一系列明争暗斗"（W. L. Warner/ED 9/15/33）。而当我们看到了这场争斗的诸多证据时，我们也看到了人类学会委员会妥协精神的诸多证据；到最后，马林诺斯基和拉德克里夫 - 布朗也愿意携手争取赢得"这块空前的人类学馅饼"。但到此时，基金会已经做出了决定，当然，其实是基于更大的考虑，而不是陷入内斗的人类学家。

　　根本的情境是 1930 年代早期的世界经济危机，这不仅给洛克菲勒基金会造成了压倒一切的人类福祉的迫切问题，也急剧减少了它收到的捐赠入账。当受托人在 1932 年秋论证社会科学研

究项目时，戴伊提议集中在社会工程类重大现实问题上，尤其是
经济稳定（"Verbatim Notes，Princeton Conf." 10/29/32）。虽然戴 *201*
伊本人仍然倾向于资助文化人类学，受托人却主张重要的政策调
整，人类学可以在这里面找到一个小地方。1933 年的前几个月实
际上标志着美国经济大萧条的最低点，而等到受托人在 4 月在此
碰面时，基金会已经决定搁置乌斯怀特的报告了（S. H. Walker/
J. Van Sickle 4/4/33）。下一年，当受托人递交了对整个洛克菲勒
方案冗长的再评价报告时，戴伊多少有些不甘情愿地发布了"文
化人类学领域备忘录"（ED/D. H. Stevens 11/24/33；ED/A. Gref.
12/19/34）。在 1934 年初，基金会决定全面终止它，让人文科学分
部的主管"收拾他想挽救的任何部分"（Staff Conf. 3/8/34）。

　　实际上，人文科学部并未挽救多少。在那之前，它的定位可
以说是十分传统的，偏重于保存文献材料。它对人类学唯一的支持
是语言学——直接资助东方研究学院，或间接地通过美国学术团体
协会，在 1927 年后的十年内，总共向语言委员会的美洲土著语言
研究提供了八万美元（Flannery 1946）。但人文科学部也深受 1933
年至 1934 年政策调整的影响，从"人文学术的贵族传统"转向了
民主社会中的大众传播、国际文化关系和文化自我解释——在这中
间，在时人看来，人类学几无立足之地（D. H. Stevens "Humanities
Program…: A Review" 1939）。这门学科仍然能够获得基金会的资
助，通过一般学术项目、跨学科社会科学项目，以及在自然科学部
重新发起的"精神生物学"项目（参见 Kohler 1991）。曾有一段时
间，在基金会年度报告中曾约略提过"以前的"文化人类学"项
目"，少数机构还能收到逐年减少的终端资助。但到 1938 年，所有
这些资助都停止了。两年后，人类学又从侧门重新进入了基金会，
那时，墨西哥城国立人类学和历史研究所得到了人文科学部对拉美

文化交流项目的资助（D. H. Stevens/R. Redfield 12/5/40），但这已经属于洛克菲勒基金会历史的战后阶段了。

社会科学知识和法团利益

在详细地追溯了两战期间洛克菲勒基金会人类学活动的历程后，仍有必要在总体上思考一下影响它们的力量及其对人类学史的影响。在洛克菲勒活动的其他许多地区，激进历史批评家们已经发现了一些研究模式，指责它们反映了法团资本主义社会的支配性意识形态，或者是其上层集团的阶级利益。叶尔吉斯的灵长类研究被说成是"骗人把戏"（Monkey Business），或"猴子与垄断资本主义"（Monkey and Monopoly Capitalism）（Haraway 1977，1989）；洛克菲勒医学是一种有意识的"为迎合资本主义社会需要而发展医疗体系的策略"（E. Brown 1979：4）；洛克菲勒社会科学是"一种分配社会声誉财富的手段，这样就不用向国家缴税了"，是为了生产"有助于维持西方社会的经济基础的知识"（Fisher 1980：258）。尤其是由于最近对人类学之"殖民形成过程"的关注（Asad 1973），问题于是变成了在何种程度上，以及以何种方式，人类学研究进程是由作为法团资本主义或西方殖民主义之代理人的"洛克菲勒们"的自我利益或意识形态塑造的。考虑到目前第一手资料的限制，[3]

〔3〕 相关限制包括：洛克菲勒基金会没有保存削减资助的记录；目前的研究受到洛克菲勒基金会档案的严格限制，尤其是与某些人类学活动、部门和受托人记录密切相关的档案，在 1977 年间还是可以查阅的；还有，在其他地方，只有很少一部分潜在相关的个人手稿和机构手稿收藏——以及，在文件记录中，只包含了极少一部分口头交流。

我们不可能以完全令人满意的方式回答这些问题。但在将历史镜头调小角度、强化聚焦后，我们有可能展示出某些历史进程的复杂性，人类学研究的优先性问题便是在这些过程中协商的。

先提出一个尺度标准，有助于我们的考察。在 1934 年赞助社会科学活动时，一个受托委员会估计，在洛克菲勒基金会各个部门支出的两亿九千八百万美元中，两千六百二十二万五千美元用于资助社会科学研究（Rept., Comm. Appraisal & Plan）；对人类学的直接资助是在四年后完成的，总体份额大约是二百四十万美元，分拨给了大约二十四个机构（参见注释 2）。考虑到洛克菲勒在此时期内的决策过程，在总体慈善策略框架内，有效决策实际上掌握在重要的部门成员手里。外人有时候也会将申请计划直接递交给小洛克菲勒，或者他身边的个人助理，如雷蒙·福斯迪克、亚伯拉罕·弗莱克斯纳或亚瑟·伍兹上校；而他们对这些通信的最初评价可谓举足轻重——比如杜兰大学的玛雅文献保护项目。但在大多数时候，部门主管都会征询意见，不仅在配套资助的层次上，在确定特定地区项目上也是如此。当受托人在 1934 年重估整体项目时，社会科学项目显然与戴伊的个人意见保持一致，就像以前与卢梅尔保持一致，人类生物学项目与恩布里一致一样。

于是，除了在总体重估的时候，对人类学项目有直接影响的力量也直接影响了那些有学术改革倾向的基金会官员，在基金会的圈子里，有些人被笑称为"慈善家"（G. E. Vincent, Office diary 1/10/28），也影响了那些提出建议的人类学家的接续。毫无疑问，他们总体的观念定位并不与洛克菲勒受托人截然相反，他们对特定人类学申请计划的接受并非不受总体的经济、社会和政治考虑的影响。但也许更强烈地受到他们的社会科学观的影响，以及学科本身内在力量的影响，这些都脱离不了洛克菲勒管理政策的情

203

境（依赖于地方学术机构、划区拨款、正在实施中的调查以及科学咨询专家）。

正是在这种情境下，一些"精神生物学"甚至种族主义研究计划成了文化决定论研究搭乘的便车。即便鲍亚士学派的控制力在战后时期受到了很大的动摇，他们仍然能够在思想和机构方面在美国人类学中占据支配地位。由于洛克菲勒基金会依赖于享有专业声望的学科专家的政策，在克拉克·威斯勒作为咨询专家的中介作用下对种族主义精神生物学的远离，当然应当归功于鲍亚士学派在学科内的强势地位——即便鲍亚士本人从未赢得洛克菲勒慈善家们的青眼，他们更愿意指望年轻一代的人类学家，他们更有现时主义的、功能主义的眼光。这并不是表明，当不同学科思潮形成对峙竞争时，洛克菲勒的支持不是一个重要的选择因素。卢梅尔和戴伊对马林诺斯基的"偏爱"显然极大地推动了他的崛起，却牺牲了大学学院的传播论者。这也不是要表明，在洛克菲勒的所有活动领域中，到处都弥漫着一种反精神生物学的观念。恰好相反，目前的分析认为，在学科的内在思想观念不那么突出，或一些固定的科学咨询专家们能够形成一股强大对抗力量的领域中，其结果就会十分不同——比如叶尔吉斯的研究一直得到资助，自然科学部在瓦伦·韦弗的建议下重新认可了精神生物学的兴趣（Kohler 1991）。尽管如此，在社会科学内，主流观念在总体上是与文化人类学中的主导观念相并行的，从遗传观转向了文化决定论。当然，我们可以从不断变动的主导意识形态的角度解释从天性到文化的转变（Haraway 1977），但问题在于，这种看法意味着某个学科外集团的兴趣有意识地塑造了学术研究的历程，从目前洛克菲勒人类学记录看，这是没有实质根据的。

人类学的"殖民形成过程"问题是在洛克菲勒基金会在支持

英国的非洲社会人类学研究中所扮演的角色中被尖锐地提出来的（Asad 1973）。再一次，可以说，由于慈善家和人类学家的互动在很大程度上决定着研究的优先性，他们在殖民政策问题上有着共同的总体定位。不论他们对其合法性或希求的个人情感是怎样的，他们实际上都承认了后凡尔赛殖民制度是一个历史的"事实"。其中的危险在于，由于不考虑土著人的利益，落伍的剥削式开发将有可能导致"种族战争"的爆发。在这种情境下，从资本主义发展和行政管理效率以及土著利益的角度而言，人类学殖民地研究确实成了一种让这个制度"有效"运转的手段："人类学家的使命是让政府官员和资本家们相信，他们的长远利益与人类学的研究成果是完全一致的。"（BM, in Van Sickle diary 11/29/29）

　　目前的材料不足以证明，洛克菲勒受托人在面对这些申请计划时，在何种程度上受到了不可告人的法团利益或阶级利益的影响。但这些材料确实也能表明，当人类学家在制订研究计划时，是有隐秘的学科自身利益的。正如马林诺斯基 1931 年私下提到的，在所有的专业学科中，人类学是最没有自我生存能力的。"为了人类学"，专业人类学家们劳心费力地养育年轻的人类学家，"然后他们接着养育出新一代的人类学家"。但是，"我们的科学没有现实的基础，没有资金来酬劳它的成果"。洛克菲勒基金会在过去几年间提供的资金让田野工作成为可能；现在的当务之急是充分利用这个"几乎是隐秘的偏爱"，将这个学科变成洛克菲勒资助里一个特殊的分支（MPL: draft memo, "Res. Needs in Soc. & Cult. Anth."）。同样，拉德克里夫－布朗提出的濒危文化研究中心计划也力图提供一种"保障"，它们将面向学生们"全面敞开"，以训练他们开展田野调查（RB, "Memo, on Anth. Res."）。

　　殖民当局不仅根本不相信人类学研究的实效，还经常担心它会引发土著人的骚乱，在这种情况下，支持这样一种"隐秘的偏爱"谈何容易（参见 Kuklick 1978）。在 1931 年秋天，奥尔德曼写信给马林诺斯基，建议他给先前曾在鲍亚士指导下在拉美做过研究的保罗·基尔霍夫一笔非洲研究所的奖金，好让他在罗得西亚开展田野调查，他还答应向殖民部保证基尔霍夫的研究对罗得西亚矿业发展是有实际的人类学价值的（MPL：JO/BM 11/19/31）。但就在基尔霍夫即将启程之前，殖民部却突然拒绝他进入任何一块大英帝国殖民地，因为他被怀疑是一个共产主义运动分子（MPL：JO/BM 11/22/32，2/16/32）。虽然马林诺斯基很快打算从非洲研究所辞职，接受殖民部的"零票否决"（MPL：BM/JO 2/5/32），奥尔德曼的看法却马上让他改变了主意，"人类学和非洲研究的最大利益"不应当牺牲给一次"无望的"改革（MPL：JO/BM 2/18/32）。在确信整个事情纯出于误解，而基尔霍夫不过犯了年轻人的冲动错误，马林诺斯基打算将他送到新几内亚，他觉得，在那里，"即便最激进的共产主义教条"也不会带来"大的危害"（MPL：BM/R. Firth 9/26/32）。但这个安排又在最后一刻遭到了澳大利亚国家研究委员会的否决，理由是从英国政府官员那里得到了可靠的信息（MPL：D. O. Masson/BM 9/26/32）。

虽然基尔霍夫研究的实际内容看起来不是关键所在，而基金会在马林诺斯基敦促下也确实给了他一小笔资助，好让他写完早先的拉美研究，但这个事件的后续影响却不可以小觑。这时候，一个重要当事人总结道，在将来，所有申请人的"过去记录和人品都会受到仔细的审查"（T. B. Kittredge, Memo. talk with JO & BM 10/24/32）；而尽管马林诺斯基看起来对年轻的政治"冲动"保留了宽容的态度，但这个时期的口头证据却表明，他不止一次警告那些不安分的年轻人类学家，他们必须在激进政治和科学人类学之间二者择一。[4]

　　在某种程度上，双方共有的历史视野和学科自利确实协力塑造了满足殖民制度"需要"的一部分洛克菲勒人类学进程；而至少发生过一次的约束事件——这很可能起了原型式的、"一朝被蛇咬十年怕井绳"的作用——也起到了劝阻那些让英国殖民部觉得有威胁的研究（或研究者）的作用。但即便以其殖民效用"兜售"人类学的意愿可能有助于赢得洛克菲勒资助，它也绝不是唯一的因素，最终也不是最重要的因素。在受托人认可知识进步乃实现人类福祉最佳手段的时期内，慈善家和人类学家的互动为这门学科在洛克菲勒社会科学项目中赢得了一席之地，承认它是一个需要特殊关照的领域，并一度有意提供长期资助。一旦摆脱了好古癖的指责，它的异域风格极大地增强了它的吸引力：以其独特的田野调查方法论，它奉献了以其他手段无法获取的关于人类行为中之先天冲动的知识。戴伊，在感到人类学拥有一种远胜于社会学的"科学"技巧后，显然被其对一种秘传社会科学智慧的许诺征服了（"Verbatim Notes, Princeton Conf." 11/29/32）。等到基金会准备实施"人类行为领域"的计划时，他感到，"在民族学的比较

────────

[4]　口头证据包括我与几位老辈人类学家的访谈。马林诺斯基档案中的通信表明，马林诺斯基并没有觉得，梅耶·福忒斯公开声明的激进主义会妨碍他获得洛克菲勒基金会的资助（MPL：BM/JO 2/5/32）。在洛克菲勒基金会记录中，我注意到的唯一一条政治性的材料是与拉德克里夫-布朗有关的：在报告一次人类学事务的谈话时，冯·西科尔（根据上下文判断）提到，"R-B（即拉德克里夫-布朗的英文名字缩写）认为，我们目前的资本主义体系在其自己内部孕育着毁灭自身的种子"（"Conversation with A. R.-B." 9/7-8/31）。然而，也有证据表明，洛克菲勒官员很在意，鲍亚士将大量田野经费拨给了女性，但她们显然不太可能在将来从事学术研究（ED/FB 6/14/32；Fb/ED 7/26/32）；而戈弗雷·威尔逊（Godfrey Wilson）的候选资格也被（部分地）看作是为了平衡马林诺斯基的学生群体中犹太人和女性所占的过高比例（JVS "Training Fellows in Cult. Anth." 6/8/32）。

资料中有许多价值，不能遭到故意忽视"（ED/A. Greg 12/19/34）。但到了 1933 年，受托人却开始怀疑一项社会科学研究，足足花费了 95% 的资金用于收集事实，只有不到 5% 的资金用于确定"这些事实是否真的具有解决当前问题的功用"（Rept. Comm. On Appraisal & Plan）："戴伊的社会科学计划真的富有成效吗？它是否过于学术化了——以致与现实需要没有多大关系？"（R. B. Fosdick/W. Stewart 7/10/34）而当他们推翻了（最终，只是暂时的）1920 年代的优先性，转向"今天的迫切问题"时，人类学随之被列入了非实用性项目，它被淘汰了。曾将这个学科卖给戴伊这样的慈善家的，与其说是它曾宣扬的实际殖民地功用，不如说是它许诺的秘传科学知识；当受托人决定必须以严肃的现实关怀为最高宗旨时，人类学也就在洛克菲勒基金会议事日程中失去了地位。假如人类学先前的"殖民形成过程"更有意识、更一致、更系统、更彻底，事情是否会有所不同，也许是一个悬而未决的问题。[5]

207

洛克菲勒资助和博物馆人类学

不过，对人类学研究进程之外在决定因素的单一看法提出质疑，不是要否认洛克菲勒基金会在两战之间对这门学科发展的重要影响。权衡这种影响，有助于从不同观点思考洛克菲勒基金会

---

〔5〕 或者，我们还可以补充一点，如果当初宣称的功用已经更有效地得到了证明，何以会有这种评论：在回应一位曾在阿萨姆邦工作（这是大多数人类学家工作的特点）的基金会同事所写的一篇论文时，一位基金会官员在 1947 年评论道："不管怎样，这种工作对殖民地管理或现实问题没有多大用处，不管做出这种联系的责任会落在谁身上，也不会落在人类学家身上。"（S. H. Walker/T. B. Kittredge 12/1/37）

参与的程度。因为，虽说他们对人类学的投入从整个洛克菲勒慈善事业来看只占很小的比例，但如果考虑到它们对一个很小的学科共同体历史的影响，它们就会被放大。由于人类学的政治经济史基本上仍是一块无人涉足的领域，它在不同的时间点上接受的全部资助并没有可用的数字。但是，在两战之间开展过两次人类学家奉为圭臬的田野考察，其资金预算是十分有用的。在英国人类学家眼中，美国民族学部可谓是开明政策的典范，在其全盛时期，每年的资金预算都多达三万到四万美元，但只有很少一部分用于田野调查花费（Hinsley 1981：276）。美国自然历史博物馆发起的杰瑟普北太平洋科察曾被美国人类学会研究委员会用作标准，其资金预算是十二年间花费十万美元（UCB：[JC] /ED, n.d. ）。在这种情况下，五百万美元当然是前所未见的人类学大馅饼，而在一个机构纽带十分牢固的时期，洛克菲勒慈善事业追加的两百万美元当然也是无比美味的滋补品。

在此后对诸如萨摩亚人、马努人、多布人和蒂克皮亚人的十次考察的基础上，研究委员会对远赴海外进行活态部落文化的田野考察做出了平均估算，每个大约花费五万五千美元；而对"那些濒临灭绝的北美部落，只需要借助调查表格问卷便可获得信息"，一次夏季调查只要一千五百美元就够了（UCB：[JC] /ED, n.d. ）。在运用这些数字粗略地估计洛克菲勒基金会对人类学田野工作的总体资助时，我们面临的困难是评估这些因素，比如分支学科间的分配，两种类型的田野工作间的分配，或者是一般机构花费所占的比例——在澳大利亚，显然包括管理人员的开支（A. Gibson/RF, cable, 5/31/34 ）。但即便我们假定只有四分之一的洛克菲勒资金用于田野调查，那么，基金会的人类学资助金额也支持了相当于一百个美洲印第安人暑期信息田野考察和八次大型海外田野考察活动——这个数字还不包括接受洛克菲勒一般研究项目资助的人类学田野考察，或者间接地从社会科学部接受的资助。它也没有反映出在社会科学中接受的一般机构资金对田野考察的资助（比如耶鲁大学人类关系研究所），或通过其他社会科学计划接受的特殊资助（如埃尔顿·马约的工业心理学项目对劳埃德·瓦尔纳在马萨诸塞纽伯里波特市的调查项目资助）。它也没有涉及"配套"资金的刺激作用，这是经常附加在洛克菲勒对人类学的机构资助的附加条件。鉴于到两战间的末期，英美范围内的人类学专业共同体总数在四百个左右，洛克菲勒基金会的捐助确实是大大地放大了。我们只要看一看英联邦社会人类学家联合会会员登记表上的简历信息，或者是圣塔菲人类学实验室的年终活动总结（GS 1982a），就不难意识到，洛克菲勒的资金在保障两战之间受训的大多数人类学家的田野经历方面扮演的角色是何等之重要。

很难从其他渠道获得这种资金。在英国范围内，从南非和其他几个殖民地政府可以得到少量研究经费。但在总体上，英国殖民机构对人类学研究的实际作用持怀疑态度，除非有人愿意出这笔钱。直到 1930 年代后期，正如英国殖民地改革家海利勋爵以一种不无爱国情怀的遗憾之情观察到的，美国资金为非洲人类学研究提供了主要支持（R. Brown 1973：184）。虽然一些其他机构（最有名的当属罗德—列文斯顿研究所）在洛克菲勒基金会撤出之后填补了某些空白，但直到"二战"以后，英国政府才开始大规模地资助研究。在美国，主要的替代资助来自卡耐基研究院，它极为看重体质人类学和考古学；它所资助的一般民族志工作都是因它对玛雅考古学的兴趣而加以资助的（CIW Yearbooks；参见 Woodbury 1973：64；Reingold 1979）。

正相反，洛克菲勒基金会在更广泛的地理范围内资助了民族志考察，在开辟两个地区（非洲和大洋洲）时起了至关重要的作用，在这两个地区，文化接触的解体性影响不像在北美那么深远。就学科思想运动是其经验基础之反映而言，可以说，这大力推动了 1920 年代和 1930 年代行为论、功能论和整体论思潮的兴起（见上文，第 138—144 页）。而就思想运动反映了制度动力而言，基金会对很多机构的资金投入也达到了同样的目的。除了其在人文科学中的反好古癖取向外，洛克菲勒基金会在社会科学中（既在其精神生物学阶段，也在其文化决定论阶段）也始终是行为主义的。而虽然在人类学中，基金会向某些院系提供了资金，但总体做法是通过跨学科的社会科学渠道，所有这些渠道都推动了那些脱离传统历史取向的人类学思潮。洛克菲勒的机构资助模式反映了这一点：伦敦经济学院得到了资助，代价是牺牲了埃里奥特·史密斯的大学学院；芝加哥大学、哈佛大学和耶鲁大学比传统鲍亚士学派的伯克利大学和哥伦比亚大学得到了更多资金。

虽然先前的制度结构在两个国家多少是有所不同的，但总体的制度性影响可以用美国的情况来阐明，正如我们看到的，在"一战"前，人类学研究资助大都流入了（或经由）博物馆收藏。即使是美国民族学局的研究也极大地受制于它与美国国立博物馆的关系；而早期每一个重要的大学院系都是在与博物馆的直接关联中发展起来的，不论是大学博物馆，还是同一座城市中已有的博物馆。显然，大学管理者和人类学家都期望能够从这种联系中得到资助。正如那些重大考察活动的名字表明的，人类学研究资金经常都是来自单独的慈善家，他们——如小洛克菲勒，以他个人慈善的名义——更多地对考古学而不是其他人类学分支学科感兴趣。在这种情况下，为非考古学研究筹集资金始终是一个问题。正如我们看到的，这种制度框架强化了某种思想取向：人类学更

多地被认为是对人类过去的研究，体现在可收集的物质载体中，

而不是对当前人类行为的观察式研究；它必须与自然历史博物馆中体现的生物科学，而不是与社会科学发生关系。

在这种情境下，洛克菲勒项目的冲击力是相当之大的。大量资金第一次经由基本可控的渠道源源不断地流向人类学，不是来自嗜好收集实物的私人慈善家或博物馆人，而是推崇社会科学研究的人，对他们来说，实物中凝聚的过去不再是优先的资料形式，大学在总体上才是最合适的研究场所。确实，在洛克菲勒捐助的所有资金中，至少三分之一流向了体质人类学研究工作，而考古学也继续分享着许多机构额度。但在彼此竞争的利益和互有分歧的目标的磨合过程中，人类学对象不再是人类学学术的政治经济中的思想兴趣和初级交换媒介的公分母了。尽管他们仍然通过毕晓普博物馆资助民族志考察，基金会官员却不止一次表明，他们的兴趣不是传统类型的博物馆工作，而是影响当前人类行为的各种因素（ED/J. Van Sickle 7/1/31）。在大萧条期间博物馆预算总体缩减的情况下，洛克菲勒资助因而鼓励目前的思想取向从本学科转向其他社会科学和更具行为主义取向的田野考察。在英国范围内，洛克菲勒资助的冲击力也是同样之大。皇家人类学会对博物馆取向的轻视，没有博物馆联系的伦敦经济学院所扮演的核心角色，以及马林诺斯基和拉德克里夫-布朗的总体态度，所有这些都共同推动了历史传统的弱化，而强化了社会科学取向的学术研究。

一种更深远的后果是弱化了一般"人类学"内各个分支学科的一体性。确实，在英美传统中，这门学科传统的混杂特征仍然继续顽强地显示在美国人类学会和英国皇家人类学会中。但在两战间，分支学科纷纷赢得了相当大的独立地位；很少有"一般人

类学家"了；跨学科兴趣越来越将文化或社会人类学家推向社会科学，而不是其他传统人类学分支学科。不只如此，各个分支学科在人类学内的平衡关系已经改变了。"民族学"——其他人可能希望在这个分支学科内（至少是在原则上）发现一种怀旧式的历史一体性——已经转变，或被取代（见下文，第 352—356 页）。在英国范围内，"社会人类学"（拉德克里夫 – 布朗早在 1923 年就已宣布过它与"民族学"的对立）到"二战"结束时就已经自认是一种边界清晰、制度完善的研究了，其从业者在大多数情况下都不愿在一般人类学的旗帜下前行。在美国更多元的制度和理论氛围中，没有成立像英国于 1946 年在牛津大学创立的社会人类学会那样的机构（GS 1984b）。虽然历史"民族学"仍然是一种人类学研究切实可行的形式，但以之作为主导性人类学分支学科的名字却正在逐渐让位于"文化人类学"——正如它在英国的同类，这个范畴将自身定位于对当前人类行为的研究。其从业者大都对物品感兴趣，它们基本上都是一些跨文化经验的私人纪念品，带回家中装饰家庭墙壁，或者用来将自己的办公室楼下其他社会科学家的办公室相区分。

当然，在此无法评价洛克菲勒的活动对我们刚刚描述的转变发生了怎样的单独影响，这只是因为洛克菲勒项目是在基金会官员和革新领袖在学科内的互动过程中共同界定的。但毫无疑问，它在重要的学科转型过程中扮演了一个关键角色。大量人类学家仍然受雇于博物馆，它们继续资助重要的人类学研究；但是，人类学的博物馆时代已经宣告结束了——至少在本世纪的剩余岁月中如此。

211

第6章　马克莱、库巴利与马林诺斯基
人类学黄金时代的原型

这篇文章可以追溯到 1984 年，那时，我的妻子以交换学者身份在苏联度过了六个星期。部分地由于我想体验一下对我来说曾经是一个遥远的神圣场合的国际劳动节，我陪她到莫斯科进行了十天访问。我们亲眼看到，在我们下榻的冷清的科学院宾馆外面，聚集着游行队伍和彩车，但我们在"五一"那天距红场最近的地方却是莫斯科河桥上的警戒线，而游行本身我们只能在电视上观看。几天以后，我访问了民族学研究所，拜会了该所的长期负责人和科学院院士于连·布罗姆利（Yulian Bromley），他通过翻译花了一个小时向我讲述研究所的历史以及他在实现其使命方面扮演的角色（GS 1984d）。在我们分手时，他赠给我一份这个研究所在 1947 年以之命名的尼古拉·米克卢霍－马克莱（Nikolai Miklouho-Maclay）的民族志日记英文版副本。*

---

*　尼古拉·米克卢霍－马克莱（1846—1888），俄国探险家、博物学家和民族志作家。在 1871 年，他居住在新几内亚东北海岸，在此之前没有白人居住。他的基本目的是要对太平洋地区的种族类型进行比较研究，他更因他在针对殖民主义的传播而捍卫土著人对土地的权利方面知名。在 1878 年，他对澳大利亚进行了初次访问。在悉尼，他遇到了威廉·约翰·麦克利（William John Macleay），两人合写了三篇科学论文。他还于 1881 年参与建立了一个生物学田野考察站。他的科学考察资料大都存放在莫斯科尼古拉·马克莱民族学与人类学研究所。——译注

　　在阅读马克莱的日记时，我脑海中不时闪过更为苏联以外的人类学家熟知的一位民族志作家的名字，这个人就是布劳尼斯娄·马林诺斯基，他似乎更认同于马克莱，而不是在美拉尼西亚田野中的另一位先驱库巴利（Kubary）。与现在这篇论文的路子一致，我曾先后作了几次简短的考察，包括一份只关注马克莱的草稿，以及一份稍长的修改稿，我在其中增加了一些库巴利的资料。但马林诺斯基始终是一个比较参考点，而我开始将这项方案看作一张"三幅联"，在半个世纪中同一个地区内三种不同的民族志经验，我们可以在这种对比的并置中想象更广阔的人类学历史发展方式。最终，这张三幅联会因马林诺斯基的更多资料和民族志生涯与学术生涯间的明显断裂而有所破损。但对比结构仍然存在，一种充满辩证法意味的情节化设置——马克莱的乌托邦观，库巴利的现实—政治共谋，马林诺斯基的学术—自由主义中间路线——当然了，这里面无疑回荡着我自己的政治幻灭史。

　　对更广阔的发展历程，比较即阐明，最重要的是人类学的"殖民情境"，这在1960年后期成为学科关怀的焦点，在那时，许多心怀不满或持批评态度的人类学家开始谈论人类学的危机。虽然人类学和殖民主义的深层关系已经得到了越来越多的承认，但在一定地点、一定时间内的人类学家面临的多种民族志情境的严肃历史考察却并未彻底地展开。"人类学史"系列的第七卷被看作那项计划的组成部分，而这篇文章则为一系列更集中的研究提供了更广泛的时间背景。正如这部文集中的其他几篇文章，本文是从一种矛盾的反讽立场写作的。在以一般方式认同于马林诺斯基代表的含混的人文学术传统时，它仍然为更具批评性的磨房主提供了谷物，希望能对他们重新发明或改造人类学的宏愿有所助力。

　　在方法论上，它远远算不上是对代表性样本的研究，而是对

代表人物的研究，这正是我的博士论文的内容。但从一开始，我
就被我称之为"juicy bits"*的段落强烈地吸引住了：这些段落中
包含着比作者意图更多的意义，只需稍加解释和语境化，它们将
产生更大的说服力。马林诺斯基著作中的几个类似段落在本文中
扮演着极为重要的角色，无疑可以在其他有不同解释嗜好的人那
里挤出其他的意义来——但是，我们更希望理解，这些词语当初
是在怎样的语境中写下的。

我们可以询问，"神话"范畴是怎样在这一点上嵌入这样一
种观点的。而事实上当我将本文的倒数第二个版本提交给芝加哥
大学人文科学历史费什本研究小组时，我对那个概念的运用就已
经遭到同人们频频质疑。在随后发表的版本中，我插入了一个长
注（在此又稍作修正），我在注释中承认，我的用法至少在三种不
同的观点看来是有问题的。从更全面的文学—历史神话分析的角
度看，我提到的"伊甸园堕落"可能是偶然的、不充分的（参见
Frye 1957；Gould 1981；E. Smith 1973）。从解构主义倾向的角度
看（在研究小组中就有几位解构主义者），在"神话"与"历史"
之间可以作合理的区别，这种含义不仅本身是有问题的，而且与
本文想以解构法将某种版本的英国社会人类学"历史"化约到
"神话"地位的目的正好相反。最后（虽然它们并没有提交给研究
小组），我也清楚地了解英国资深社会人类学家、马林诺斯基的高
足们对我的工作的反应，他们有时倾向于将我看作另一个解构主
义怀疑论者。因之，后来，爱德蒙·利奇，在代表那些"少数健
在的亲身知道马林诺斯基的英国人类学家"——他在他们的眼中

214

---

*   Juicy bits，"多汁肉粒"，指那些描写细致又充满丰富含义的小段文字，可以
           酌译为"丰满细节"。——译注

是"伟大的英雄"——发言时将我和一些人归作一堆，在他眼中，我们这些人都将马林诺斯基视为"一个骗子，一个鼓吹'参与观察'真理却没有切身践行的人"（Leach 1990：56）。

就系统性的问题而言，我是摇摆不定的，一方面，我感到，一个称职的神话分析家，甚至我本人，有可能更彻底地考察那些与"伊甸园堕落"神话并行的神话，但另一方面，我又感到，最好还是用不那么系统的观点将这些并行的神话看作伊甸园及其堕落神话的回响，如果读者诸君愿意，还是留给他们去发挥好了——其立场是，作为回响，这些观念存在于人类学家的头脑中，并始终振荡在人类学史中。就神话/历史的区别而言：虽然我意识到它在方法论上的不确定地位，我仍然忠于历史学家的技艺的观念，神话与历史的区别，或者以神话观点看待历史的区别，是值得在历史编纂学的实践中尝试的——同时，人们会承认，我们像历史学家那样考察的对象也许就是无法化约的"神话历史"（mythistorical）之物（参见 McNeill 1986）。就马林诺斯基的贡献而言：我赞成（就像我在先前所做的，但显然并未引起注意）马林诺斯基本人视神话为授权执照的功能观（见上文，第 59 页），这样才能"启动"十分不确定的参与观察过程，才能生产出民族志作品，虽然品质参差不齐，但在许多情况下，至少在我们对于人类多样性的知识和理解方面，它们都是珍贵而恒久的贡献，正如那些愿意解构它们的人所做的努力一样。在其中，最有价值的、最能引发永久兴趣的，就是马林诺斯基的作品。

还有研究小组成员未曾提出的更深层问题，这或许是因为他们已经意识到在我关于现时主义和历史主义的看法中发生的变化，但在这里值得评论：历史学家如果想要将这样一个感知问题运用于过去的情境，他究竟该怎样运用分类神话？在回答这个问题时，

215

我愿意重申我自己的意见，马林诺斯基至少已经意识到他自己在神话之执照功能的理论方面是有问题的。同样，就像目前的文章表明的，人们可以认为，欧洲长期以来就有着原始主义传统，这些民族志工作者将这一部分文化辎重驮到了热带地区，他们也明确意识到了这种传统，而马林诺斯基至少清楚地看到了他自己的职业与它的某些关系——包括某些与库尔兹类似的方面。

但除了行动者在过去时刻中的虚幻意识，以及在那一时刻以前和以外的传统，在现代人类学中仍有虚幻的方面，这个方面是从这种过去时刻中诞生的，超越了那个延续下来的传统，并一直存活到现在——还将存活到未来。有人可能会认为，马林诺斯基虽然帮助创造了这个神话，但他并非没有意识到这第三种、现时趋向的神话感知困境。设若果真如此，那么很明显，本文的阐释动力就来自它那种延续至今的力量的假设。

有人会怀疑，这种假设是否反映了我自己依旧浪漫地深陷在欧洲原始主义传统之中，反映了我自己作为一个不成功的人类学家的尴尬地位。当然有这种可能性了，我只能说，我自己对于人类学（过去的和现在的，成熟的和正在成熟的）和人类学家的经验表明，在生产民族志知识的乏味任务中，神话要素始终是一个散在的、强大的激活因素，即便在一个民族志人类学的实质和未来已经变得十分不确定的年代里，它依然威力不减。我还能想象到，在殖民场景人类学的批评者眼里，田野工作授权神话是一个霸权传统，到了后现代的今天，它必须被超越，而历史学家的角色就是要揭露它的骗术和功能。当然了，这是一个选择办法，而我只想表明，虽然我的文章乐于承认，人类学的神话感知确实有某些负面的、约束的面向，但它也保证了一种历史方法的正当而有效，而无须受当前批评目的的驱动。长话短说，我还是将它留给读者诸君好了，他们有能力从这篇文章中获得这种烛幽之见，不过，我还要警告说，虽然神话在本卷书中扮演着一个醒目的角色，但在我研究人类学史的过程中，它绝不是唯一的解释主题。

根据传统的意见，历史的一项功能就是去神话化（demyth-ologize）——在其负面意义上，神话是为了自我满足的或幼稚的对于起源的寓言式或原型式叙述（参见 McNeill 1986）。但正如马林诺斯基很久以前就坚持的（Malinowski 1926a），神话也有正面授权的文化功能；从这种角度出发，历史学家完全可以以不那么轻视的姿态对待它。特别是人类学史家。当然，其他学科各有自己的授权（或禁止）神话——但不像人类学那样容易（参见 Halpern 1989；Bensaude-Vincent 1983）。计算一份问卷的答案可能有某种神话情感；但用那句苍白的话说，在与文明边缘处的奇异"他者"相遇过程中确定人类状况，这本身就已经是一种神话活动了。

在人类学史的上上下下、里里外外，都有一个神话领域，欧洲人类学与"他者"的遭遇在其中重复上演着（参见 Baudet 1965；Todrov 1982；Torgovnick 1990）。一整套原型情境和经验，西方历史数千年的残余——包括伊甸园、卢梭式的自然状态和哥伦布式的首次遭遇——确定了一种人类学"原始场景"，借助这个场景，田野经验早已在想象中被预先体验过了。如其他任何神话一样，其神话会随着讲述者的身份而有所变化，但每一个听众都能识认出它的情节：人类学家无畏地冒险穿越海洋或丛林，直达一个未有人至的民族，他剥去了文明的伪装，在对简单文化的研究中获得新生，然后带着科学知识的圣杯和其他文化可能性的景象凯旋。

这是一个现代的神话，在后现代世界中也讲不了这么好；但即使我们不再（或从未）真的相信它，我们也不会轻易地放弃幻想。最冷静的实证主义者或最热情的革新家必定会接受这种神话景象，即使他们想要否决或超越它。见多识广而又愤世嫉俗的教授们会在热情洋溢的研究生身上看到它，在自己的内心发现它；正是它激起了一般公众的兴趣；它确定了可供写作任何"真实"冒险史之背景的意象。简言之，可以说，这种神话景象激发了人类学史，不管是上演的，还是倒叙的（Sontag 1966）。

当然，还有其他的神话灵感。有伊甸园，就有失乐园；有卢梭，就有霍布斯；有哥伦布，就有库尔兹。像欧洲的统治一样，人类学也曾不时地受到各种人类堕落主题的激发——野蛮人是如何从文明状态堕入偶像崇拜和懒惰境地的，他们应接受教化，学会崇拜上帝，靠辛勤工作养活自己（参见 Lovejoy & Boas 1935；Pagden 1982；E. Smith 1973）。而且这也不仅仅牵涉到激发：各种或明或暗的原始主义神话都在"真实的"历史场景中一再（交互）上演着，其中遭受抨击最厉害的一个神话如今就经常（像神话那样？）显现在"殖民情境"这个说法当中（Balandier 1951）。

从现代田野工作传统的一开始，人类学就是在欧洲殖民当局的保护伞下开展的（参见 Asad 1973；LeClerc 1972）。威廉·里弗斯在 1913 年不无含混地承认了这个事实，在那时，他是英国人类学"深入研究"新方法的主要代言人。"民族志工作的最好时机"，里弗斯认为，大概是在一个民族受到"殖民地官员和传教士的淡化影响"的十年到三十年以后——这么长的时间足以保证对这种工作最关键的"当地人的友善接待与平和的环境"，又不会让土著文化受到严重损害，或者说，在这么长时间里，那些曾经亲身参加"仪式或仪礼"的一代人尚未过世，但如果经过足够长的时间，这些仪式就可能"彻底消亡或面目全非"（Rivers 1913：7）。虽然殖民主义确实会（通过改造）破坏人类学调查的对象，但同时它也是民族志工作的一个必要条件。

里弗斯以务实的态度承认了殖民主义有用的一面，这与早期专业人类学家群体中的其他人形成了鲜明的对比。这当然不是说，殖民主义本身从未被人认识到。里弗斯在剑桥大学的同事 A. C. 海顿在19 世纪 90 年代开始从事人类学研究后，他发现世界地图上缀满了"英国侵略的红点"，他们的牺牲品"如果不奋起反抗的话就根本不是人"；正是在这种情境下，海顿第一次构想了一个大英帝国民族学局，它既能削弱"维持我们的优势"的后果，又能减少"维持优势"的成本（HP：关于帝国主义的手稿，约 1891 年）。然而，在这里，授权关系是逆向的，从人类学移向殖民主义。而在有助于实现那一有用目标的民族志著述中，殖民制度则几乎完全是隐而不彰的。

当然，在海顿和里弗斯的所有学生中——虽然他们都不算是正式的门徒——布劳尼娄·马林诺斯基实为翘楚。为了发动一场"人类学革命"，他最自觉、最系统也最成功地将里弗斯的"一般方法论"运用于海顿所称的限定地区的"深入研究"。一种新风格的田野工作从此与他的名字联系在一起，这无疑反映了马林诺斯基本人的民族志的精深，以及他在机构建设和树育英才方面的作用。但正如他的田野日记出版后引发的幻灭感表明的，这也反映出他或多或少的有意的神化，在一本充满了神话回响的书中，他将自己树立为"民族志作家"的原型。《西太平洋的阿耳戈》的开篇绝不仅是一种方法论的确立，用马林诺斯基后来的人类学理论术语说，它是后来社会人类学的主要仪式即田野作业的"神话执照"。作为一个激发"田野工作学徒"的神话，它让他们坚信，他们可以完成一桩艰巨甚至是危险的任务，那些遵循马林诺斯基之卡里斯玛似的方法论脚步的人实际上"能够很好地完成工作"（见上文，第57—59页）。

马林诺斯基在特罗布里恩德岛上划时代的田野工作是在里弗斯确定的最佳时期内开展的——在一个常驻殖民政府机构设立十年以后，在最后的内讧和以暴力抵抗殖民权力的流产行动以后十五年，在卫理公会海外布道会总部在洛苏亚设立二十年后（Weiner 1976：33-34；Seligman 1910：664-65）。然而，这些事实在《阿耳戈》一书中都只字未提，在书中，其方法论舞台却是以标准的人类学神话方式搭建的（"想象一下，你突然被抛在土著村庄附近的一片热带海滩上，孑然一身……"），而欧洲殖民势力则被简化成匿名的原型（"附近的白人、商人或传教士"），民族志田野新手被告诫说最好离这些人远一点（Malinowski 1922b：4；参见 Payne 1981；Thornton 1985）。本文无非只是想把那些神化了的、被抹掉的东西重新放归当初的语境。

这样做有助于将马林诺斯基的田野工作放在与西太平洋此前的民族志历险的关系中加以考察，这些民族志历险是在与马林诺斯基本人有所不同的殖民情境中进行的。两位更早的民族志工作者尼古拉·米克卢霍－马克莱和简·库巴利值得引起我们特殊的关注，因为他们的名字多少有些神秘地出现在马林诺斯基的特罗布里恩德岛日记的一个关键之处，在那里，马林诺斯基显然正在思考民族志方法的问题：

219　　　　昨天散步时，我琢磨着给我的书写一篇怎样的"前言"：简·库巴利是一个具体的方法论者。米克卢霍－马克莱是一种新的类型。马雷特的比较法：早期民族志工作者作为探矿人。（Malinowski 1967：155）

在这里，针对某种不明确的"新类型"，"具体方法"被看作是里弗斯对民族志方法论的特殊贡献，而马林诺斯基也在里弗斯的民族志盾牌下开始了他的美拉尼西亚田野工作。但正如他在别处表明的，马林诺斯基绝不只是想步里弗斯之后尘，他更想做到强爷胜祖："如果里弗斯是人类学的莱特·哈葛德，我就是康拉德。"（R. Firth 1957：6）在这种语境下，我们也许有理由把这些声明综合成一个原型性的标题式比例："正如米克卢霍－马克莱之于简·库巴利一样，我也要超越里弗斯。"正如马林诺斯基在日记的别处表明的，他不再像一个单纯的民族志探矿者那样调查，他要透过差异的表面，挖出土著人"最根本、最隐秘的思维方式"（Malinowski 1967：119）。

在将自己与米克卢霍－马克莱和简·库巴利联系起来时，马林诺斯基选择了两位民族志工作者，他们和他一样，都与四分五裂的波兰有着密切关系，此外，他们虽然是在西太平洋的其他地区开展工作的，但都短暂访问过特罗布里恩德岛。这三个人的民族志传记都对过去二十年间最前沿的学科焦虑做出了回应，自从马林诺斯基日记的出版在整个人类学世界中激起了令人不愿正视的冲击波以后。在清醒地意识到现代人类学之殖民场景的情境下，我们可以在今天怀着对民族志实践中的反思和责任、伦理与权力更大的敏感力，阅读那些传记。正如我们将看到的，在这里，马林诺斯基笔下的含混标题式比例只是在他们与其不同的民族志殖民场景的不同关系中，在很浅的象征意义上才涉及这三个人的民族志传记。但将所有这三位人类学家的民族志生涯和不断变化的殖民地场景并置在一起时，我们也许可以阐明神话与历史互动的黑暗领地，并在此过程中阐明现代人类学是如何兴起的，它既是一个特殊的历史现象，也是一个一般化的经验原型。

"罗刹爷"[*]：乐园捍卫者

尼古拉·米克卢霍 – 马克莱于 1846 年出生于俄罗斯诺夫哥罗
德省的一个村庄里，他的父亲是一个小贵族和工程师，拥有一个
哥萨克姓氏米克卢霍。有一条资料证明"马克莱"（Maclay）这个
220　　名字实际上是"马克路尔"（Maclure）[1]，这证明他们的家庭本是由
彼得大帝带到俄罗斯的苏格兰人的后裔（Greenop 1944：20）——
这可能促使那时只有二十一岁的年轻马克莱给自己取了一个更容
易辨认的苏格兰名字（很有可能是他祖母的名字）。马克莱十岁丧
父，受寡母影响甚深，她是波兰人的后裔，并且与亚历山大·赫
尔岑的革命圈子过从甚密（Tumarkin 1982a：4）。在少年时，马克
莱还深受另一位民主运动领导人尼古拉·车尔尼雪夫斯基的影响，
在十五岁那年，他因参加一次学生游行运动而被捕，并被短暂关
押。在 1864 年，他遭圣彼得堡大学开除，不得不到国外继续寻求
教育。

在海德堡学习了自然科学和政治经济学后，马克莱先后迁居
到莱比锡和耶拿，在那里，他在德国达尔文进化论者、动物学家
厄恩斯特·海克尔（Ernst Haeckel）手下工作。在 1867 年，他陪

---

*　　Tamo Russ，这是新几内亚人对米克卢霍 – 马克莱的专门称呼。——译注

[1]　马克莱的名字（Maclay）有很多种音译形式：Micluho、Mikloucho、Miklouho、
　　　Mikluka、Miklukho；还有 Maclay、Maklai、Maklay。我使用了苏联科学院民
　　　族研究所采用的发音，它曾在 1947 年改名为马克莱研究所。最可靠的传记
　　　文献是 Webster 1984，这部著作参考了很多二手文献。虽然苏联作者能够利
　　　用在西方看不到的资料，但他们都强调马克莱人格中英雄式平等的一面，而
　　　弱化了其威权式库尔兹的一面，由此使他蒙上了比他真人更多的"进步"色
　　　彩（Tumarkin 1982a，1982b，1988；参见 Butinov 1971）。结果，他们对几
　　　个关键事件的叙述是与韦伯斯特完全不同的（参见 Webster 1984：250-52；
　　　Tumarkin 1982b：38）。一种类似的理想化倾向，在独立后的新几内亚出版物
　　　中也可以见到（Sentinella 1975；参见 Webster 1984：350）。

同海克尔前往加纳利群岛作了一次实地考察旅行，此后，他又在
北非作徒步旅行考察。在随后前往西西里和红海的海上动物学考
察旅行中，马克莱开始对红海地区的人类学多样性产生了浓厚的
兴趣（在红海地区旅行时，他像 19 世纪其他人类学大师如理查
德·伯顿和威廉·罗伯逊·史密斯一样，身穿阿拉伯服装）。

　　在他于 1868 年返回俄罗斯后，马克莱最初的人类学兴趣
又被进一步激发起来，那时，他又受到了俄罗斯著名科学家卡
尔·冯·拜尔（Karl von Baer）的影响。冯·拜尔不但是蜚声于世
的动物学家和胚胎学家，他还以民族志者和体质人类学家的身份
活跃于学术界。拜尔是一位忠实的人类同源论者，他提出应该更
详尽地研究巴布亚人和其他种族的关系，以确定人种的同一性，
以此对抗英美国家人类多源论者的观点（Tumarkin 1982b：10-11）。
虽然冯·拜尔坚持反达尔文的进化论观点，巴布亚人的种族类同
性也是进化论作家们的一个问题，其中就包括阿尔福雷德·鲁塞
尔·华莱士（Alfred Russel Wallace），他在《马来亚群岛》一书中
明确区分了马来亚人种和巴布亚种族。华莱士认为，巴布亚人是
一个沉没大陆的土著人种的幸存者，英国地理学家菲利普·斯克
雷特（Phillip Sclater）称这块大陆为"利莫里亚"（Lemuria），海
克尔也认为它"极有可能就是人类的摇篮"（Webster 1984：28，
30；GS 1987a：100）。当马克莱在 1868 年读到华莱士的著作时，
他就已经开始计划要在太平洋开展动物学考察工作了，他现在也
开始思考人类学问题，希望有朝一日能够在新几内亚内陆发现仍
然存活的利莫里亚人。在得到了俄罗斯地理学会主席（沙皇御弟
康斯坦丁大公）的赏识后，他终于可以免费乘坐海军军舰"勇士"
号前往太平洋。

　　在绕道合恩角航行十个月后，马克莱最终在 1871 年 9 月登上

222

了新几内亚北岸阿斯特罗莱布湾的海滩，这时他仍然因航海患病而疲弱不堪。他随行带着两个仆人，一个叫维尔·奥尔森的瑞典海员，还有一个玻利尼西亚人，马克莱只是管他叫"伙计"，他打算让这个人负责替他与巴布亚土著人打交道。但这"伙计"不久就染上疟疾死去了，而奥尔森彻底变成了一个大累赘。马克莱发现自己最终成了一个孤家寡人，孤零零地置身一些此前从未接触过、全然"未受外界改变"的群体当中，他来这里的目的就是要

米克卢霍－马克莱（坐者）与厄恩斯特·海克尔 1871 年动物学航海考察期间在加那利群岛的兰萨罗特岛上（采自 *Ernst Haeckel im Bilde: Ein physiognomische Studie zu seinem 80. Geburstage, herausgegeben von Walther Haeckel mit einem Geleitwort von Wilhelm Gölsche* [Berlin, 1914], pl. 6）

研究这些人的种族特征——这种民族志场景常常被人想象为原型，但它实际上几乎是不可能达到的。

在随后十五个月中，马克莱在一个小茅屋中安了家，这是军舰船员们在离开前给他搭建的。他特意选了一个离附近土著村庄只有十分钟路程的地方，其原因在于他所处的矛盾而含混的民族志情境：由于不能说土著语言，他没有办法征得土著人的同意住进村子里；由于担心住进村子里受不了土著人的吵闹，他更愿意舒舒服服地住在村外。这种泛人类的天性与根深蒂固的个人认同的结合确定了马克莱在巴布亚世界中的位置，既亲密，又疏远。虽然他在祝贺大公生日时放的焰火和船员们在莽丛中砍出的小路使得马克莱从一开始就置身于巴布亚人的日常生活之外，但他的圆熟策略却使他慢慢地接近了他们的生活，虽然他仍然处在他们的生活以外——他同时坚持了一种普遍的人性和迥异的认同。当他两手空空走进村子时，土著人就用射箭来吓唬他，看他是不是会掉头就跑。他的反应是把自己的席子放在村庄的广场上，倒头就睡——以自然之人类功能证明更自然的自制力（Tumarkin 1982b：82-83）。从那时起，马克莱慢慢地勾起了土著人的好奇心，促使他们走进他的小屋子，他知道，万一发生什么不测，他藏起来的鸟枪和手枪足以让"一大帮子土人作鸟兽散"（126）。由于坚持奉行一种"耐心和机敏的策略"（112），他在走进格伦度的村庄时，总要打一个口哨，这样人们就会知道他不是来窥视的，女人也有足够的时间躲起来——直到最后，人们把女人都一一介绍给他认识，这样他们此后的生活即使他在场也会照常进行。

在几个地方，马克莱都说到他自己"变得越来越像一个巴布亚人了"（Tumarkin 1982b：187）——比方说，他抓到了一只大蟹，一时冲动，就把它生吃了下去。但在他的本性中，他却更愿意品味孤独，而当他被从孤独中拉出来时，他宁愿"做一个旁观者，而不愿积极参加眼前的事情"（173）。他从不当众脱下靴子和绑腿，或者住进村里，而在几种情形下，他的圆滑策略显然有助于他脱离——以及超越——巴布亚人的日常生活。为了隐瞒"伙计"的死亡——这会破坏当地人相信这个来访者是永生的看法——马克莱在夜间偷偷地拖着那具沉重的尸体抛进了大海，目的是为了让土著人相信，他已经让那个伙计飞回了俄罗斯，在土著人的头脑中，俄罗斯很快就和月亮变成一回事了。当众燃烧酒精、显示他的"塔布"（即手枪）的威力，治愈那些原本要死的人，拒绝接受土著人奉献给他的性伙伴（"马克莱不需要女人！"［225］），从不允许"表达任何亲近感"（388），马克莱靠这些手段使当地人感到惊讶不已，于是他终于"被看成一个真正超凡的神灵了"（229）。马克莱从不回答他们的直接问题，如他自己会不会死——也由于不愿向他们说谎话——他让土著人亲自检查他的身体；土著人不愿检查，这又成为他永生的证据（388）。他亦人亦神，马克莱成功地为自己营造出一个掌握真理和权力的强势身份，我们有理由认为，这为马林诺斯基的新型民族志奠定了基础。

但我们若回过头看，马克莱动用他那非凡的强势身份所要达成的人类学目的似乎受到了时间的极大限制。这从他镇定自若地在那"伙计"尚温的尸身上施行的令人毛骨悚然的手术即可得到证实。马克莱——他曾经计划写一部五卷本的人脑比较解剖学著作——原本打算"出于研究的目的而把伙计的大脑保存下来"。但由于手边没有"大容器能够盛下整个大脑"，也由于担心土著人会不期而至，他只取出了发音器官——这样他就实现了向其德国比较解剖学教授卡尔·盖根鲍尔（Carl Gegenbaur）许下的诺言：带回"一个黑人的完整喉部"（Tumarkin 1982b：129）。作为海克尔

的弟子和冯·拜尔的门徒，马克莱拥有 19 世纪欧洲大陆意义上的
"人类学"研究兴趣：他首先关注的是人类的体质特征，而"民族
学"问题对他来说也是"人种"关系的问题（见下文，第 350 页）。

虽然马克莱在当时的很多人类学主要问题上并未站在哪个主
观立场上（Webster 1984：343），但他的同情心却是人类同源论的。
他拒绝承认当前的人类种族在解剖学上与其动物祖先相近的观点；
他搜集大量巴布亚人毛发的目的在于表明"它是按照和我们完全
一样的方式生长的，而不是像我们在人类学教科书上读到的那样是
一簇簇、一丛丛地长出来的"（Tumarkin 1982b：142）。另一方面，
他研究澳洲强制罪犯的博士论文却又力图证明，不同种族的大脑
确实存在着"绝非不重要的独特特征"，他也倾向于将自己不能发
出某些新几内亚语音归因于发音器官的种族差异（Webster 1984：
240，343，350；参见 Sentinella 1975：291）。如果马克莱在评价巴
布亚人的形体美方面确实表现出一种天真的种族优越感，在看待他
们的社会发展方面也想当然地采取了进化论的观点，但他也感到，
巴布亚土著人实际上和欧洲人并无二致——务实、勤勉，"一旦有
机会就毫不犹豫地采用欧洲的工具"（Tumarkin 1982b：214）。

马克莱花了大量时间从事素描，包括土著人的体型、服装、
物质文化、当地环境等。确实，他在总体上似乎停留在事物的表
面上，对洞察宗教生活和社会组织的精微之处也兴味寡然。虽说
这显然反映出他在欧洲学到的人类学视野的局限，马克莱对那些
很容易从外部加以描述的事物的关注也表明他对任何试图穿透表
面的做法的可疑特征保持着相当的警觉。虽然他的背景、个人历
史和长期通信都表明他像马林诺斯基一样精通多门语言——马氏
据说通晓十一门语言——马克莱的日记却证实他明确地意识到在
一个原始的接触场景中学习语言究竟是多么困难，他在那里没有

224

一个通事替他翻译。在过了两个月后，他仍然不知道巴布亚语中
"是"和"不"怎么说："任何不能拿手指出的东西我都完全不知
道怎样说，直到有一天我偶然学到了这个词。"（Tumarkin 1982b：
117）直到过了五个月以后，他才最终学到了"坏"这个词（他给
土著人各种咸的、苦的和酸的东西品尝），然后通过对比，他又学
到了"好"这个词——他一度把这个词当成了"烟草"（150-51）。
即使从那以后，他学到的词仍然只限于做饭方面（491）。虽然他
拥有"谱系法"（这是里弗斯"具体"方法的基础），马克莱仍然
无法运用，因为直到八个月后，他才知道了"父亲"和"母亲"
这两个词（219）。

因而，马克莱对容易观察的表面现象的关注不仅可以用先入
之见来解释，也反映了其方法论的局限。只有到了他首次访问将
要结束时，即十五个月以后，他才赢得了土著人"完全的信任"，
并"能够很好地掌握了"一种方言，然后他感到自己已经"清出
了一片空地"，可以在多年中"真正了解这些人的思维方式和生活
方式"（Tumarkin 1982b：271）。即使如此，在向他们许诺说他还
会回来时，他也无法告诉他们要在"许多月以后"，因为他还没学
过"许多"这个词（278）。

在 1872 年 12 月，马克莱登上了康斯坦丁大公派来找寻他的
一艘俄国帆船，那时在国内纷纷谣传他已经死了。当他带着一群
土著人到船上让他们"开开眼"时，这些人万分惊骇，因为他们
从未见过这么多欧洲人和"各种不知道干什么用的机械"，他们吓
得紧紧靠在他身边，挤得马克莱一步都动不了；船员们只好在他
腰间系了一条绳子，他空出手脚在甲板上走来走去，好让他们抓
住（Tumarkin 1982b：277）。在这时，新几内亚北部地区几乎未受
欧洲殖民主义扩张进程的影响，对欧洲人的不熟悉而不是与欧洲

225

人此前的接触经验把他们吓坏了。但殖民暴力已经在行动当中了，很快就要把马克莱的新几内亚乐园卷入更大的太平洋西南地区殖民场景当中。第一个永久传教团刚刚在托雷西海峡的墨累岛上设立，而在几个月以后，约翰·莫尔斯比船长发现了后来称为莫尔兹比港的港口（Biskup et al. 1968：20，29）。澳大利亚对新几内亚的兴趣早就由于金矿的谣言而被激发起来了，这导致创立了昙花一现的新几内亚探矿学会（Joyce 1971a：9）。此时，为了满足昆士兰、萨摩亚和斐济种植园的劳动力需求，劳力运输也开始了，而"黑奴船"（blackbirder）成为定期出入当地的入侵者（Scarr 1969；Docker 1970）。这种入侵给马克莱首选的民族志场合带来的后果很快就使他偏离了他曾考虑过的总体社会人类学目标。

在一次迂回考察旅途后——此间他对菲律宾的小黑人（Negritos）进行了为期三天的人类学考察，他认为这些人可能和巴布亚人有关系——马克莱在爪哇登陆，他作为荷兰东印度公司总督的客人在爪哇逗留了七个月，在新几内亚造成的身心疲惫也逐渐好转。在 1874 年初，他又一次出发了，这次是前往巴布亚西南沿海地区，二十年前，阿尔福雷德·鲁塞尔·华莱士曾有心前往却未敢启程，因为人们都谣传说当地土著"残忍嗜杀"（Sentinella 1975：226）。马克莱在当地住了两个月后，却发现当地的巴布亚人和他已经熟悉的那些人没什么两样。他认为，鼻腔组织的差异根本没有意义，因此他指出，只有"那些从未离开过欧洲、躺在扶手椅上将人类分成不同种族的人类学家"才会觉得鼻子是一个"特殊的特征"（Tumarkin 1982b：322）。这些人的"悲惨"游牧生活是由马来亚奴隶贩子的不断掳掠而强加给他们的；他们对陌生人的"背信弃义"——他自己就曾在一个场合中侥幸逃过了一劫——其实是非常容易理解的人类反应。

226

　　这种与饱经文化接触之苦的巴布亚人相处的经验似乎加深了马克莱对那些强加给未受触动的巴布亚生活的外部政治与社会力量的认识——巴布亚人的生活越来越戴上了无辜的"高贵野蛮人"的光环。但就这些已经遭到污染的巴布亚人来说，他的反应却表现出更积极的欧洲干涉。如果他的荷兰总督朋友并不同意建立一个足够强大的"军事殖民地"以"保证顺利地执行法律和命令"，但对于马克莱本人来说，倘若他被授予了"完全独立的行动权利，包括处理与我的部下和土著人有关的生死大事的权利"，他就愿意率领"一队爪哇士兵和一艘炮艇"回到巴布亚（Tumarkin 1982b：442，445）。

　　当他的提议遭到拒绝后，马克莱接受了两项在马来亚半岛开展的艰难考察，测量山地土著小黑人的头颅指数，他认为这些人与菲律宾人和他曾研究过的巴布亚人有渊源关系，也测量了那些袭扰巴布亚沿海的马来亚海盗在当地的代表人群。颇有讽刺意味的是，有一种资料表明，正是在处理与马来亚海盗的关系的过程中，他采取了原则性的沉默策略，在不断高涨的激进主义狂热的情境中，这极大地限制了他发表的民族志作品。在意识到英国正试图从新加坡向南扩大势力范围，并且感受到马来亚"拉甲"们（rajah）在听说他"不是英国人"而善待他以后，马克莱觉得，若是"打着对科学有益的旗号、实则通风报信"，那是十分不道德的——那些信任他的马来亚人会正确地说"这是间谍行径"（Sentinella 1975：231；参见 Webster 1984：368，n. 167）。

　　当马克莱后来在 1875 年结束了在马来亚的第二次探险考察返回新加坡后，报纸上正在争论英国吞并新几内亚东半部的问题，澳大利亚人正在向伦敦政府施压，要求这么干（Jacbos 1951b；Legge 1956：7-18）。在决定他应该采取办法阻止"黑人同欧洲殖民化接触后遭到的毁灭性后果"以后（Tumarkin 1982b：25），马克莱认为，现在该是他实现他要返回为他赢得了声誉的巴布亚东北海岸的诺言的时候了。然而，这一次他"不只是作为博物学家，也是作为我的黑人朋友的'保护者'"去的（447）。他再次试图宣布"马克莱海岸巴布亚联邦"的独立；如果他的企图破产了，至少他的科学考察可以给他一部分"补偿"（26）。

在 1876 年 2 月，马克莱开始乘坐由臭名昭著的大卫·奥基夫任船长的海船返回阿斯特罗莱布湾，大卫·奥基夫是一个极富侵略性的美国商人，他后来自称"雅浦王"。在雅浦时，马克莱写了关于他甚少同情的等级社会的民族志笔记；他对库巴利的帕劳群岛土著人更少同情，在他眼中，这些土著人由于长期跟欧洲人做生意已经彻底堕落了。由于想象他们曾是高贵的野蛮人，第一批白人在他们中间就"像神灵一样"，马克莱鄙夷地称他们现在的战争"全是诡计、诈术和偷袭"。他离开科洛尔的大卖场前往经常与之发生战争的大岛，当向土著人要求两块打算将来有一天会居住的土地时，他看起来完全误解了他们的输诚。不过，他心甘情愿地接受了土著人"为了维系白人的忠诚"而送给他的另一件礼物：一个拥有土著高贵血统的十二岁女子，她跟随他一直到了阿斯特罗莱布湾——但她只是三个跟随马克莱的土著仆人之一，而不是马克莱的"临时妻子"（Webster 1984：180-85，191）。

马克莱在阿斯特罗莱布湾的第二次逗留（从 1876 年 6 月到 1877 年 11 月）没有留下多少可用的记载，有证据表明，他的日志"既简短，又零散，这是因为他不想帮助……外国侵略者'窃取'新几内亚的这部分土地"（Tumarkin 1982b：29）。尽管他拥有 Tamo-boro-boro（大—大人）的身份，但他的科学考察工作显然进行得并不顺利："隐秘性和迷信的恐惧"——以及仍然存在的语言障碍——迫使他不得不变成"一个科学间谍"。虽然他"挖空心思偶然也能看到仪式"，但他对"土著人的观念和信仰"仍然"几乎一无所知"（Webster 1984：188，194）。他向内地和沿海一带进行了几次尝试考察，其中部分原因在于试图扩大他自己的政治影响范围，但这几次探险考察却揭示出他的权威的限度。由于全然依靠他的巫术力量的声望，他实际上从未能真正理解他所卷入的当地纠纷。不过，他的确已经意识到，他自己的活动（包括他的仆人偷了他的存货去做非法交易）正在慢慢地改变着此前未受触动的情势，等到他在 1877 年 11 月离开时，他下定决心"再也不做任何事情，不管是直接的还是间接的，以免进一步推动白人和巴布亚人的交往"（Tumarkin 1982b：29）。在他启程前，他将附近村庄的代表召集到一起，警告他们千万要当心其他白人，当心那些头发和穿着像他那样的人，这些人可能会跨海乘船而来，将他们卖做奴隶——并告诉他们一些标记，好让他们能够辨别潜在的"朋友和敌人"（30）。

228

马克莱在新几内亚随后的旅行都是既出于政治的考虑，也出于科学的考虑。在澳大利亚居住期间，他受到了几个对科学怀有浓厚兴趣的苏格兰名人的善待（他后来娶了其中一人的女儿）。在 1879 年 3 月，他承担了一次到新赫布里底群岛和所罗门群岛的为期十个月的航海任务，这次航海既是为了科学考察工作，也是为了搜集更多"黑奴"贸易的第一手资料。回程途中，在特罗布里恩德岛短暂停留后，他乘坐伦敦布道会的轮船沿着新几内亚东南沿海航行一周，测量土著人的头颅指数，并开始与传教士詹姆斯·查默斯（James Chalmers）建立起友谊，他在日后将与马克莱一道捍卫土著人的土地权利，共同反对劳工招募。

到这时，马克莱的探险考察已经为他在公众面前赢得了很高的声誉。澳大利亚和欧洲新闻界都称他为"大亨"，他也默认了这个称号，经常在公众场合以"马克莱男爵"的身份发表演讲，捍卫巴布亚人的利益。他给英国西太平洋高级专员署负责人亚瑟·戈登爵士写了几封信，呼吁殖民地政府应该"正式承认土著人对他们自己的土地的权利"。他自己的考察表明，马克莱海岸的每一块土地都"完全归几个农耕村社拥有了"，他在此基础上坚持认为，土著人根本无法理解为何要"彻底放弃他们的土地"（Tumarkin 1982b：449，453；Webster 1984：221）。

1881 年，伦敦布道会十个玻利尼西亚牧师在新几内亚东南的一个村庄中被杀，这导致殖民地政府派出了一支军队前去惩罚，这时马克莱给英国在西南太平洋的最高海军司令官约翰·威尔逊准将写了一封信，表明这种"屠杀"只不过是当地人对黑奴贸易的正常反应。但在这种情况下，他的朋友查默斯却倾向于谴责"赤裸裸的嗜血欲望"；而虽然他和马克莱都一同随队前往，充任调停人，但结果却变成了一场交火骚乱，村庄的头人被杀死了，虽然很有可能是误杀的（Webster 1984：250-52；参见 Tumarkin 1982b：38）。

但在那一年后，马克莱给威尔逊准将写了一封"公开的、然而非常机密的"信，说他有一个更雄心勃勃的计划，要在马克莱海岸施行有控制的文化改造，希望能够得到他的支持。在政治上，这牵涉到"大议会"（Great Council）的设立，马克莱本人担任外交部长和首席顾问，目的是为了在一个广大地区内将巴布亚人逐步纳入"一个更高的、更一般的纯粹土著自治的阶段"。在经济上，马克莱提出建立种植园，可以用"合理的报酬和公正的待遇"雇用土著人。在"称职的监管人指导他们一段时间"后，他们就会"逐渐养成大工业的习惯"，并且"获得为自己工作的足够知识"。为了筹集必需的一万五千英镑资金，马克莱希望能够与"一些有慈善心肠的资本家"合作。在此基础上，新几内亚可以向澳大利亚供应原料，并接受澳大利亚的成品，而也许最终它自己就会恳请大不列颠帝国建立一个保护国的（Tumarkin 1982b：455-60）。

虽然威尔逊和戈登从个人来说都是心有戚戚，但马克莱那种在大英"自由贸易帝国"之下的巴布亚自治政府的家长制梦想，却很快就在欧洲殖民扩张的高潮冲击下化为泡影，在 19 世纪 80 年代，欧洲殖民扩张冲垮了整个新几内亚东部地区。颇有讽刺意味的是，马克莱本人代表巴布亚独立运动的努力在此过程中反而更加有利于相互竞争的帝国主义列强。

在 1882 年初，马克莱返回俄国，希望说服新沙皇支持他的"马克莱海岸方案"。还在欧洲时，他已经进行了几次雄心勃勃的会面。在英国，他会见了戈登、威尔逊和威廉·麦肯南（William MacKinnon），后者是英国在东非进行殖民扩张的主要吹鼓手之一，威尔逊认为他有可能会赞成马克莱的计划。在法国，马克莱会见了俄国小说家屠格涅夫，据说他从屠格涅夫那里了解到巴黎公社社员的一些情况，当他在 1879 年视察新喀里多尼亚的一所监狱时，他曾经访问过巴黎公社的一些社员，而他显然认为，这些社员正是他的乌托邦事业的楷模（Tumarkin 1982b：43）。在柏林，他会见了德国人类学家奥托·芬什（Finsch），马克莱以前不认识他，但他以后将积极促成德国在马克莱海岸设立殖民机构。在俄国，马克莱被引见给沙皇，并秘密参与制订了俄国在太平洋西南地区建设一个海军军港的计划——显然，他仍然徒劳地希望，这或许有助于支持他提议的巴布亚联邦（Sentinella 1975：307，345；参见 Webster 1984：271）。不过，当他在 1883 年初返回西南太平洋时，所有这些努力不是付诸东流，就是事与愿违。

马克莱在返回太平洋的途中在巴达维亚下了船，显然按照预先的安排转乘一艘俄国军舰，他要随同军舰一起为计划中的海军军港寻找合适的地点。他前往新几内亚进行最后一次简短访问时，为自己构想的种植园带去了一些牲畜、各种苗子和种子，但他在巴达维亚的转乘却被澳大利亚人知道了。最终公众意见决定由昆士兰兼并新几内亚，目的当然是为了阻止俄国人采取同样行动的威胁——俄国人同时也判断这个地区并不适合修建军港。在马克莱和查默斯不断同伦敦交涉的抗议下，昆士兰的图谋遭到了英国政府的否决。

　　在 1883 年秋天，有报道流传说，一个名叫麦克斐（Maclver）的苏格兰冒险家计划在马克莱海岸进行殖民化，马克莱又火速拍了一封电报给德比爵士："马克莱海岸土人声明在欧洲保护下实行政治自治"——虽然他在私下承认，他的努力"就好比恳求鲨鱼万勿贪婪一样"（Tumarkin 1982b：478；Sentinella 1975：310）。但尽管伦敦已经介入制止麦克斐（Webster 1984：293-94），东新几内亚很快就被英国和正在兴起的德国海外帝国瓜分了。具有讽刺意味的是，马克莱本人帮助鲨鱼宣称了他们的贪婪：德国人合法地获得了对北部沿海的权利，其依据的事实是，奥托·芬什在 1884 年秋天来到马克莱海岸，用土人的语言向他们介绍说自己是马克莱的朋友，然后在这里建立了一个军港（S. Firth 1983：22）。到那年年底，新几内亚东半部分已经被英国人和德国人瓜分了，马克莱海岸（如今是恺撒·威廉斯兰德的一部分）也被新成立的"新几内亚公司"开发了（Jacobs 1951a，1951b；Moses 1977）。

　　即使在事后，马克莱仍然抵制兼并。他拍给俾斯麦的一封电报（"马克莱海岸土人拒绝德国的吞并"）被铁血宰相用来在帝国国会里鼓动反英情绪和殖民情绪。这次行动再一次事与愿违。马克莱向伦敦发出了最后的呼吁："谨此知会英国政府，我保留对马

克莱海岸的全部权利。"（引自 Webster 1984：307，309）在 1886
年，他将妻子和两个儿子留在澳大利亚，启程返回俄国寻求沙皇
的支持，以发起一次由他领导的对马克莱海岸外一个岛屿的合作
殖民化考察。在他逗留期间，他受到了新闻界的极大关注，他自
称"白种巴布亚人"，而新闻界则称他为"巴布亚王"。马克莱
实际上接受了数百个满怀希望的殖民者的申请，他们梦想着在一
个温暖的南方海岛上过上更自由的生活。他拜见沙皇时，还有另
外两位听众，沙皇任命了一个特别委员会讨论马克莱起草的《草
案》，这份草案既坚持直接民主制，又把大量权力留给他自己即首
相或"长老"。但马克莱对于究竟是哪个岛屿却十分含混，最终，
这份提案遭到了拒绝，其中的部分原因在于沙皇，那时他正卷入
巴尔干半岛的纠纷当中，不想在这个时候搞砸了他与俾斯麦的关
系（Webster 1984：314-25）。

　　如今，马克莱陷入了深深的绝望，又深受疾病缠身之苦，一
下子变得老态龙钟，他有一次返回了澳大利亚，将家人接回了圣
彼得堡。在那里，他又埋头整理日记和科学考察手稿准备出版，
当神经痛和风湿病折磨得他再也无力执笔时，他只好口授整理。
231　但是，直到他在 1888 年 4 月去世，这项任务仍然没有完成；直到
1923 年，他的日记才首次公开发表，而直到 20 世纪 50 年代早期，
他的科学著作文集才终见天日（Tumarkin 1982b：54）。

　　到那时，马克莱早已经走出了历史，步入了神话领域。他的
业绩——同时也依赖于他那自我包装的天分而被拔高——使他在
世时便已经蒙上了一层传奇色彩。1882 年在巴黎会见了马克莱
以后，法国历史学家加百列·莫诺将他描述为他平生仅见的"完
美的最诚实的人"——"一个名副其实的英雄"（Webster 1984：
274）。在托尔斯泰眼中，马克莱的工作是"划时代的"：他是"第

一个毋庸置疑地用经验证明人类四海皆同的人"（Butnov 1971：
27）。从早期的观点看，是马克莱的实际经验而非他的科学贡献为
他赢得了英雄般的声誉。虽然他发表了一百多篇科学论文，但这
些文章大都是非人类学的、体质人类学或旅行记，对大多数读者
来说，它们都是含混的作品；他构想的人类学大著始终未能完成。
但如果他的科学工作很快就退入了历史的黑暗深处，他那充满了
神话色彩的生命体验却始终应和着新新旧旧的原型。欧洲人长期
以来就有高贵野蛮人的梦幻，如今落实在一个巴布亚乐园之中。
19 世纪晚期的人们也幻想着白人如何"成为原始民族的主子和神
明"（Webster 1984：348）。而当对于欧洲文明布道的信仰在 20 世
纪早期遭到动摇时，又出现了一种替代的形象即"孤独的民族志
者"，以及对于 19 世纪抵制奴隶制和帝国主义的人文主义者的记
忆——这在苏联尤为突出，在 1947 年，科学院民族学研究所就是
以米克卢霍 - 马克莱的名字命名的。而在新几内亚，马克莱，这
个普罗米修斯似的铁斧和匕首的负载者，已经作为一个模糊的先
驱形象进入了当地的神话，这正是后来的人类学家所称的"船货
运动"（Lawrence 1984：63-68；参见 Tumarkin 1982b：55）。

　　与这些神话转型相并行的，是一系列有助于简化含混的历
史复杂性的缩影。有被处死的澳大利亚土著罪犯，他们的大脑
证明了种族差异的存在（他们的尸体是由马克莱亲手浸泡并送给
柏林的鲁道夫·菲尔绍的）——这与马克莱由此知名的反种族主
义人类同源论形成了鲜明的对比（Webster 1984：243）。有在马
来亚丛林中工作的华人伐木工，马克莱因他们的不驯而威胁要
枪杀他们——这又是一个"他人的奴役"的鲜明例子，这是马克
莱本人的自由及其乌托邦图景中的一个虽不显眼却根深蒂固的
因素（157—161）。如果我们将马克莱想象为康拉德笔下的库尔

兹，孤独地走在丛林中，身边围绕着一群由他教化的充满敬意的
土著人，那又无非是以另外一种方式将他神化了；马克莱的自我
授权冲动不可能简化成库尔兹那令人毛骨悚然的屠灭野蛮人的潦
草笔迹。*但如果我们从这个"19 世纪的科学人文主义者"的生
命中听不出库尔兹似的回音，那么，便是对历史的复杂性听而不
闻了。

库巴利老爷：阿斯特罗莱布湾的上帝先生

当马克莱第一次到达新几内亚时，简·斯坦尼斯洛斯·库巴利
已经在西北方向一千英里外的帕劳群岛开展民族志工作了。虽然
马克莱在 1876 年就知道库巴利，那时他在前往马克莱海岸的第二
次航海途中在帕劳住过脚，但这两个人从未谋面。但当十年后马
克莱最后离开马克莱海岸前往欧洲以后，他们的对位生涯开始发
生了直接关系，当库巴利到达马克莱海岸时，他在巴布亚人和欧
洲人的关系中扮演着一个与马克莱截然不同的角色。

库巴利与马克莱同一年生于波兰华沙。他的匈牙利父亲在
一位意大利歌剧制片人家里当管家，在他刚刚六岁时就去世了；
他的母亲是柏林本地人，改嫁给一位波兰鞋厂厂主。在高中念书

---

*　　康拉德在《黑暗的心》中为库尔兹安排了这样一个情节："肃清野蛮习俗国际
组织"委托库尔兹起草一份报告作为该组织的工作指导。库尔兹在报告的一
开始就写道，"从我们白人现有的发展水平来看，'在野蛮人的眼里必定是神
人——我们是带着类似神的威力接近他们的'……只要我们运用一下自己的
意志，我们就能永远对他们行使一种实际上是无限的权力"。库尔兹在报告最
后一页信手写下了一句字迹潦草、但令人毛骨悚然的话："消灭这些畜生！"
史铎金指的就是最后这句话。——译注

时，库巴利在 1863 年参加了反抗俄国统治的起义；但当他们的
小分队在树林里集合时，手里只有两条枪、二十把镰刀和一些木
棍，他认为"这样发动战争只能一败涂地"——于是他越过国境
线逃到了德国。在柏林一位舅父家中住了两个月后，他回到了波
兰，这次他参加了一个克拉科的秘密民政组织。但在他无法完成
一项为起义政府收税的任务后，他"提出了辞职，并最终被打发
走了"。库巴利又回到了德国，他"在精神上垮掉了"，终于向俄
国驻德累斯顿领事馆交代了他的革命活动，而为了赎罪，他还宣
誓效忠俄国政府，这样，他被允许回到华沙。他刚回到华沙便遭
逮捕，他告发了克拉科的"整个起义组织"，在那以后，他被允
许从事医学研究。但不久，俄国警察头子就命令他前往巴黎，去
劝说一个移居的朋友充当内奸，好设计诱捕几个著名的政治流
亡者——但他把这次冒险报告给了起义者，结果，他再次被俄国
人关押起来，并烙上金印准备流放到西伯利亚。不过，多亏他
母亲在德国的家人的介入——也由于他又一次告发了他的起义朋
友——他最终被允许重新进行医学研究（Paszkowski 1969：43-
44；参见 R. Mitchell 1971）。

在过了四年这种双面人生活后，库巴利在 1868 年决定重新
开始生活，并逃往柏林。但这一次，他的舅父拒绝资助他，他
只好去当泥瓦匠学徒，在伦敦和一个石匠住了一段时间，然后
又回到了汉堡，J. C. 格德弗洛伊父子的商业和航运公司总部就
设在这里。自从格德弗洛伊于 1857 年在萨摩亚设立了第一个太
平洋代理人以来，格德弗洛伊就成为玻利尼西亚中部最大的贸
易商，用铁钉、工具、印花棉布和其他产品换取干椰肉、海参
和珍珠贝；到 19 世纪 60 年代后期，他们开始向西北方向的加
罗林群岛扩大贸易范围（S. Firth 1973：5）。格德弗洛伊公司既

233

有商业的兴趣，也有科学的兴趣，而当年轻的库巴利参观他们的南太平洋博物馆时，他被馆长引荐给公司创办人。格德弗洛伊对库巴利的多语言天赋非常惊讶，于是给了他一份为期五年的合同，让他到太平洋搜集各种样品（Paszkowski 1969：44；Spoehr 1963：70）。

库巴利花了一年穿越太平洋诸岛，在 1871 年 2 月到达帕劳（现在的帛琉），那时马克莱正在里约热内卢赶往新几内亚途中。库巴利登上了科洛尔岛（现在的奥雷尔岛），这是自从亨利·威尔逊船长在 1783 年开创现代接触时代以来欧洲势力的中心。从那时起，科洛尔人充分利用了其获得枪炮的便利，成为最富有、最强大的帕劳民族，对其他地方实行有限的霸权。在 19 世纪 60 年代早期，一个英国人安德鲁·切尼（Andrew Cheyne）曾经准备起草一份"佩罗宪法"，交给科洛尔的"伊贝杜尔"（ibedul）签署，那位伊贝杜尔已经用英语中的"国王"（king）自立为王。当切尼后来打算通过向科洛尔的主要敌人梅莱凯奥克出售军火以扩张自己的势力时，他被暗杀了——英国当即派出了军舰，焚毁了许多村庄，索取了赔款，并处死了伊贝杜尔（Spoehr 1963：71-72；Parmentier 1987：47，192-93）。

在这种族群冲突的情境中，当时在位的科洛尔国王打算任命库巴利一个特许大臣的职位，这样就可以不让他到处旅行（以免他的货物落入敌手），并只允许他在作出适当回报的时候才能旅行。为了保持民族志调查工作的灵活性，库巴利不得不"和国王斗智"，挑动科洛尔的内讧，以及更大规模的科洛尔和其他帕劳族群之间的敌意。他绝不像一个神明那样超越于帕劳生活之上，库巴利不得不使出浑身解数，以便在一个社会政治义务的复杂人类网络中获得一定程度的行动自由——他发现这对他的活动造成了

"巨大的妨碍"，"因为风俗和习惯不允许你干这个，不允许你干那个，等等，反过来，却又允许做我根本不想做的事情"（Kubary 1873：6）。

在到达七个月之后，库巴利趁一个反对派别推翻了国王的机会移居到三英里外的一个小火山岛马拉卡岛（Malakal）上，切尼就是于 1866 年在这个岛上被人杀死的，而土著人也不敢上岛，"因为他们害怕他的鬼魂"。由于有了语言上的便利，库巴利这次非常娴熟地用帕劳语在集会上向科洛尔酋长们说"再见"，他是这么说的：

　　……虽然我对科洛尔一点也不反感，但你们的习惯和风俗却深深地冒犯了我。你们的做法是大错特错的，而我们的良好品质你们又觉得愚蠢。你们当面管我们叫 Rupak（酋长），转身就叫我们是 Tingeringer（蠢货、疯子）。你们想要我们的货物，却又懒又穷，拿不出什么东西来交换。我算是看透你们了。我起初还不明白，但现在我会说你们的话了，我要制止你们的做法。我要像石头那样冷酷。礼物的时代结束了。我再不会无偿地给你们东西。谁要是强迫我，我就当他是敌人。我有足够的枪炮和弹药；我不怕战争。如果你们像对待被你们杀掉的切尼船长那样对我，那就来吧。我现在禁止任何居民前往马拉卡岛，除非他带来对我有用的东西，任何独木舟在夜间靠近时都不会安全。我居住的马拉卡岛的那一部分地区是不属于你们的外国土地，你们所有的法律和风俗在那里都不管用了。但我希望仅止于此，谁以朋友待我，我也以朋友待他。（Kubary 1873：6-7）

在分发了三磅烟草作为临别赠礼后，库巴利乘船去了马拉卡岛，他希望在那里不再受"酋长们的盘剥"（Spoehr 1963：75）。

尽管库巴利撤离了科洛尔，他仍然不得不同新任国王打交道，他认为这个国王不过是"反动"酋长们的傀儡，国王还绞尽脑汁想要阻止他在群岛的最大岛屿巴比岛的传统敌人之间来往。在 1872 年初一场流行性瘟疫后，他的行动自由度大大增加了，这场瘟疫夺走了除一位酋长以外所有支持国王的酋长们的生命。库巴利宣称他拥有比所有帕劳"卡里特"（kalit，即"神明"）都大的力量，他当众发誓说，这个人永远不会死。他把这个酋长带回了自己的屋子，他用让他发高烧的办法治疗他，并用"放血、吗啡和其他办法"使他在十天后终于清醒过来（Kubary 1873：12-13）。结果，库巴利成了国王的私人医生，并负责照料其他病人；由于没有一个人死掉，他的影响力大大增强了，他也能够开展他"很久以前就构想过的访问巴比岛上的敌对派的计划"——虽然他的身旁仍然有人监视。

在随后在默勒格约克（现在的梅莱凯奥克）地区的三个月中，库巴利获得了非常丰富的成果。在与"勒科莱"（reklai，科洛尔"伊贝杜尔"的对等称呼）建立了"非常友好而亲密的"关系后，库巴利运用他娴熟的口头交流知识了解到"已经在堕落的科洛尔居民记忆中消失了的大量事情"（Kubary 1873：28）——以及当前帕劳人的生活。而由于当地土著人尚未被"惯坏"，他也得到了大量物质文化样品，而这都是他原来不可能买到的——因为科洛尔人不允许他将它们与货物一起携带。库巴利觉得与以前任何时候比起来，"自己在这些食人族和囚犯中间都更加安逸"（30）——科洛尔人曾经这样向他描述帕劳人；他被勒科莱眼中的泪花"深深感动了"（43）。

返回科洛尔以后，酋长们试图要求他不要在报告中提到他曾经在他们的敌人那里待过的事实，并毁掉他在那里做的所有绘图。不过他拒绝了，他从自己的六条欧洲衬衫中拿出两条送给他们，并许诺也给他们拍照，然后就把他们摆平了。在此基础上，库巴利又平静地工作了一年，尽管他对科洛尔人的感觉是非常糟糕的：

> 我和土著人的关系仍然没什么起色。……我依然保持着我在他们那里获得的优势，而我的人身安全也没有受到威胁，即使船通常都会晚到很长时间。按照我们的观念，我在这里绝对说不上安逸，因为谁也不愿意一个人生活在这些野蛮人中间，你只有和他们长时间地斗智斗勇以后，他们才会有点善行。把我和土著人维系在一起的纽带就是恐惧，是他们觉得自己很脆弱。真是不幸，我发现科洛尔的土著人根本不像威尔逊在 1783 年描述的那样。在我看来，他们绝不是"人类的荣耀所在"。由于杀害切尼的恶行，或许也由于他们遭到了贪婪的白人投机者的对待，他们变得非常傲慢。（1873：47）

不过，尽管他需要克服当地人的种种抵制，库巴利仍然能够像在默勒格约克那样在科洛尔完成了一项民族志描述任务，它与马克莱在新几内亚完成的描述在风格上迥然不同。他与格德弗洛伊的合同要求他必须花大量时间考察当地的自然史，并要为他们的博物馆搜集地理学、植物学、鸟类学和贝类学标本，以及大量物质文化的样品；他也花时间拍摄种族"类型"。但他的民族志更少扎根于种族人类学的当下问题中，相反却非常接

236

近现代社会和文化人类学。不管那时是如何的不妥当，库巴利在帕劳生活中的派系和村际斗争的卷入却给了他一个观察政治与社会组织的精彩视角。他也非常关注宗教事务，并收集了大量神话素材——这与马克莱正好相反，他在与传教士查默斯争论时说，在对民族学分类的意义上，神话"永远也比不上"对"解剖学类型的观察"（Tumarkin 1982b：402）。一个多世纪以后，库巴利的著作仍然是研究当地的所有学者的关键基准点，一项最近关于"帛琉的神话、历史与政权"的研究有数十处提到了库巴利的考察，大都同意他的观点，并且在不少地方引用了大段文字（Parmertier 1987：61，77，80，161，163，172-73，175，177，201 以及其他各处）。

如果说维系库巴利和帕劳人的纽带是建立在恐惧——还有商品以及其他各种物质形式和非物质的私利——之上的，那么这也不全是真的。后来在 1883 年初一次返回帕劳时，当地人授予他一个名誉酋长的称号，并赠给他"一所豪华的村社住宅"，以对他早先在流行瘟疫期间的贡献"表示感谢"；而当一艘英国战舰在此前一次惩罚性炮击之后出现时，他在"伊贝杜尔"和"勒科莱"之间充当了和事佬的角色（Paszkowski 1969：54-57；Hezel 1983：218-80）。然而，他与帕劳人的纽带并未促使他采取"我为土人鼓与呼"的全面策略；正相反，与马克莱不同，库巴利积极投身于殖民剥削的进程之中。

虽然他于 1873 年离开帕劳后又继续为格德弗洛伊进行了七年考察旅行，库巴利的主要基地仍然是波纳佩岛，在那里，他娶了一位卫理公会传教士的有一半玻利尼西亚血统的女儿，并管理着自己的种植园。当一次台风在 1882 年摧毁了波纳佩后，库巴利的生活进入了一个漫长的、最后的衰落阶段。在为东京和横滨的

博物馆短暂工作一段时间后，他回到了帕劳，为莱顿博物馆搜集
实物。在 1884 年，他搭乘恶名商人奥基夫的一艘轮船逐岛航行，
为柏林民族学博物馆搜集实物。虽然他在 1875 年访问澳大利亚
期间成为英国公民，但十年以后，他仍然在德国政府默许的情况
下参与了德国殖民探险考察。一艘访问雅浦的德国战舰带来了柏
林博物馆决定中止与库巴利的合同的通知，其理由是他"与土著
人过于友善，在处理与他们的关系方面也过于浪费"（Paszkowski
1969：57）。由于断绝了生活来源而陷入困境，库巴利不得不接
受在同一艘战舰上充当翻译和向导的雇佣工作，这艘军舰在太平
洋上肩负着"将德意志旗帜插遍加罗林诸岛的特殊任务"。当这次
探险将德国和西班牙带到了战争边缘时，由罗马教皇出面调停的
协议承认了西班牙迄今为止空洞的权利（Sentinella 1975：324；
Hezel 1983）。但到那时，库巴利已经在俾斯麦于前一年侵占的土
地上居住下来。

　　大概有一年半时间，库巴利负责管理海恩斯海姆公司在新不
列颠的一个种植园。但在 1887 年初，他的衰落历险将他带到了马
克莱的地区，就是在这里，马克莱在动身前往欧洲时，警告土著人
要防范与他同样肤发和穿着的人可能会前来剥削他们。在受雇于新
几内亚公司担任阿斯特罗莱布湾康斯坦丁哈芬贸易站的主管后，库
巴利成为侵占土地的激进政策的吹鼓手。在随后两年间，有报道
说，他"购买"了几乎整个阿斯特罗莱布湾海岸，"就算用新几内
亚公司自己制定的标准来衡量，他的手段都是强硬无比的"。在沿
着海岸测量河口与险要地形后，库巴利就会分发一些商品给土著
人，然后在"一棵椰子树上贴一张纸，宣布就此'成交'"——他
充分地意识到，"他不能宣布直接购买土地"（Hempenstall 1987：
167-68；S. Firth 1983：25-27, 83；Sack 1973：138-40）。

然而，土地是不能自己耕种的，劳力问题在其短暂的、充满暴力的和无利可图的历史中始终困扰着新几内亚公司——"其所付出的人类痛苦和死亡的成本是该岛上英国人一方无法想象的"（S. Firth 1983：43；参见 1972；Moses 1977）。因为当地土著劳力都逃进了丛林，公司不得不从各个岛屿上招募土著人，最后又不得不转而招募华工。即使在库巴利到达以前，劳动力输入就已经招致了帝国国会中一名反殖民主义议员对他们实行"奴隶制"的指责："著名探险家冯·米克卢霍 – 马克莱男爵已经让我确信，在新几内亚的德国种植园中，劳工都是强行雇用的。"（引自 Bade 1977：330）至少在某个场合中，库巴利就亲自在 1888 年 1 月从新不列颠招募并带回了七十一个劳工——根据当时的整体死亡率估算，其中肯定有二十八个劳工是在服役期间死掉的（Paszkowski 1969：59；S. Firth 1972：375）。

除了侵占土地和招募劳工外，库巴利还负责管理种植园。他的女儿后来回忆说，他曾经负责"管理一些大种植园和几百个劳工"，他对这些人非常"苛刻"，但很"公平"（Paszkowski 1969：58）；当时的公司报告描述说，"库巴利先生精力充沛"（Sack & Clark 1979：6）。如果我们用公司的纪律规章对此加以注释的话，这意味着皮鞭的监督，这实际上比法律限定的每周十鞭要严酷得多（S. Firth 1983：29）。有一份报告表明（Spoehr 1963：95），库巴利嗜酒如命，过着"一种令人厌烦的流浪生活"。同时，阿斯特罗莱布湾土著人在亲身体会到了马克莱最后警告的可怕后果后，采取了沉默的不合作策略（然而太晚了），拒绝到种植园中做工，拒绝传教士的教化，并发动了几次最终归于失败的起义。

到 1892 年，库巴利本人的健康状况恶化了。一名医生建议他必须回到欧洲，要不"就在新几内亚寻一处坟墓"，他于是携妻带女回到了德国。然而，他再也找不到工作了，只好出卖他的藏品，以换取少量收入；几个月后，他又被召回恺撒·威廉斯兰德，从事一份短期工作。在合同于 1895 年"解除"后，他与西班牙马尼拉当局交涉，要求返还他在波纳佩的种植园——但他在第二年夏天到达那里后，却发现它已经被毁掉了，这次是被土著暴动毁掉的。几个星期后，人们发现他已经孤零零地躺在他的独子坟前死掉了——他死于暗杀、心脏病或者是极端沮丧下的自杀（Spoehr 1963：97；Paszkowski 1969：62）。

在 1898 年，一个在柏林成立的、由怀有殖民兴趣的科学家和其他人组成的委员会筹钱在波纳佩为他立了一块小纪念碑，"以纪念这位深刻地了解土著人的精神和风俗的民族志家"（Paszkowski 1969：64）。八年以后，当人们再度打开库巴利的坟墓时，墓中却空空如也——显然，他的尸身已经被土著朋友们迁到一片神圣的墓场去了。

据说，在他的新几内亚岁月里，库巴利曾经吹嘘自己是"阿斯特罗莱布湾的上帝先生"（Sentinella 1975：327，329）。我们若是回想一下他年轻时的道德崩溃和政治摇摆——以及他在许许多多殖民场景中道德上的精神分裂症——那么，我们一点都不会感到奇怪，他最终坠入了一种库尔兹似的黑暗之中，这是他的乌托邦幻象无法化解的，或者说，在目睹了那里的"恐怖"之后，他最终选择了结束自己的生命。在穿过人类学神话愿景的横断面后，不得不说，这样一个人也必定是一个杰出的民族志作家。

马林诺斯基博士及其半开化的有色兄弟们：
"为何要雇用一个伙计？"

布劳尼斯娄·马林诺斯基于 1884 年生于克拉科，在这一年，东新几内亚被德国和英国瓜分，很快也要进入一个波兰被德国人、奥地利人和俄国人瓜分之后的世纪。自从马克莱和库巴利完成他们各自的重要民族志工作以来，已经过去了十年；自从他们的生涯开始转向（这导致了自我放逐、异域情调和民族志）的革命性时刻以来，已经过去了二十年。如果说马林诺斯基的生涯也出现了同样的转向，那么他的起点是不同的，结局也截然不同。他的职业生涯开始于哈布斯堡帝国治下的波兰的学术氛围，穿越澳大利亚新几内亚的殖民场景，最终在后帝国时代的伦敦学术场景中宣告结束。[2]

马林诺斯基的父亲体现了 19 世纪中叶加利西亚的典型职业模式，与波兰另外两块被占领土不同，奥地利在加利西亚并不那么严格地推行其德国化政策，一种自由的管理政策推动造就了一种成熟灿烂的波兰文化。在同一时期，乡村社会变革迫使小贵族的子孙们不得不进入城市寻求知识工作，这些工作通常都有较高的地位和影响力。在这种社会进程中，卢西恩·马林诺斯基在莱比锡获得了博士学位后，在克拉科的亚格隆尼大学担任斯拉夫哲学

---

〔2〕　马林诺斯基不同于马克莱和库巴利这种已被基本遗忘的人物（对于他们这些人，通常只有几段文字提供其传记的想象），他在人类学历史上占有了一个非常大的空间；第二手文献和第一手资料都是极其丰富的。虽然我在本文中给予他的篇幅远远超过了另外两人，但就与马林诺斯基有关的可用材料相比起来，仍然经过了精挑细选——本文是从一个特别的比较性解释角度来看待的（参见上文，第 40—57 页；GS 1986b；读者在 Ellen et al. 1988 中还能看到其他相关材料的最新清单）。

教授，在这所大学中，一种新的、现代化的民族主义在语言、历 *240*
史、哲学和科学研究而不是在革命性的政治活动中找到了发泄口。
身为一个庞大"大学贵族群体"中"高等部落"的成员，他被公
认为"波兰方言学"的奠基人（M. Brooks 1985）。虽然在他年甫
十四岁时，他的"严厉而冷淡"的父亲就去世了，但年轻的马林
诺斯基仍然是这个学术思想氛围的造物（Kubica 1988：89）。他
们家住在学术楼的一个单元里，他的母亲在丈夫死后显然负责管
理这座楼房。当她的儿子因健康不佳而不得不从杨·索别斯基国
王中学退学后，她负责他在家中以及前往地中海、北非和加纳利
群岛的几次休养旅行期间的教育。在 1902 年，他进入了继父的大
学，学习物理学和哲学。

　　虽然关于马林诺斯基的思想构造中"第二实证主义"和"现
代主义"（或者换个说法，"第二浪漫主义"）的相对重要性问题
仍存在争论（Flis 1988；Jerschina 1988；Paluch 1981；Strenski
1982），但毫无疑问，他同时深受二者的影响。他的哲学教授受
马赫实证主义影响甚深，而他的博士论文也是对马赫的"思维
经济原理"的善意批评（Malinowski 1908）。相反，他的夏天都
是在塔特拉山脉的扎科帕内度过的，在这里，他的密友圈子包
括几位心怀远志的艺术家、小说家和哲学家——其中史丹尼斯拉
夫（史丹斯）·维奇维茨（Stanislaus Witkiewicz）日后兼画家、戏
剧家和作家于一身，成为一位波兰文化主要代表人物（Gerould
1981）。然而，他们更多地坚持一种文化激进主义而非政治激
进主义，在总体上，他们试图超越"年轻波兰运动"的现代主
义，致力于维也纳和西欧的"世纪末"现代主义。当马林诺斯基
在 1914 年与史丹斯断交时，他提到了欧洲现代主义的两个英雄
般的偶像，以此表明他对断交的态度："尼采与瓦格纳断交了。"

（Malinowski 1967：34）马林诺斯基实际上深受尼采的影响，尼采的《悲剧的诞生》正是他在 1904 年写作的第一篇严肃哲学论文的主题（Thornton n. d. ）。

马林诺斯基的博士论文引用了两篇有明显的"人类学"意味的文献，其中一篇就是尼采的，当然，这是在更散漫的意义上说的。在论证科学法则的"客观"效用时，马林诺斯基选择了一个实用的标准，"即使在只剩下一个正常人的世界里，所有其他人都丧失了我们认为正常的、合理的判断能力，这个人也无须对人类成就的物质价值和科学价值丧失信心"，因为它们"无与伦比的实际重要性"将"帮助他彻底地摧毁敌人"："白种人与他那半开化的有色兄弟们的关系就有力地说明了这一点"*241*（Malinowski 1908：56-57）。因而，一个"正常"人（男人、白人、欧洲人和文明人）掌握的知识与权力——科学法则与格林机关枪——是相互证实、相互支持的，这令人悲痛，但不那么绝对。

但这种对欧洲科学与文明之客观效用的信守，并不能淹没移情认同的优雅低音。马林诺斯基可能比史丹斯有更多的实证主义色彩，但他少年时在欧洲文化边缘的生活体验也激发了他对异域文化的浪漫想象。他的父亲对斯拉夫语言和民俗的兴趣，以及他本人在一个被征服民族中的社会地位，这都使他意识到不同社会阶层的文化信仰和行为的多样化状态，因此，一点也不奇怪，马林诺斯基会从物理学转向人类学——虽然他自己后来说到如何"受役"于人类学时，将之归结为他因患病而不得不离开物理学时对弗雷泽《金枝》的阅读（Malinowski 1926a：94；Kubica 1988：95）。

在 1906 年修完大学学业后，马林诺斯基又在加罗林群岛待了两年，他发现那里的社会关系是"非常原始的，西班牙式的"——"在文化上要落后一百年"（BM/s. Pawlicki 1/4/07，引自 Ekken et al. 1988：203）。在回到波兰获得了博士学位后，他追随父亲的脚步，来到了莱比锡，在那里师从威廉·冯特学习集体心理学，还参加了卡尔·布歇雷的讲座，布歇雷是一位经济学家，出版了一部文明人和野蛮人之工作本质的著作。在莱比锡，他跟随一位南非钢琴家做事，并在 1910 年跟随其到了伦敦，他在伦敦时获得了克拉科大学的奖学金资助——他用弗雷泽会加以首肯的话来描述此次历程："在我眼里，在那里［即伦敦］，文化达到了最高阶段。"（BM/s. Pawlicki 1/5/10，引自 Ekken et al. 1988：532）

在英国，马林诺斯基在伦敦经济学院学习社会学和人类学，"剑桥学派"那些发起了新田野工作取向的成员最近已经开始正式指导民族学。简言之，马林诺斯基在学术化和民族志化这两个相关的转变过程已经起步的情况下进入了人类学。他在开始几年间一直参加爱德华·韦斯特马克和查尔斯·塞利格曼的研习班与讲座，并在大英博物馆写作一篇澳洲土著人家庭组织的图书馆论文。但从一开始，导师们就希望（如果不是要求）他能够开展阿尔福雷德·海顿所称的"限定地区的深入研究"——追随塞利格曼最近的脚步前往苏丹，或者到波兰乡村的农民中间去，要么就到新几内亚南部沿海。他果然到了新几内亚南部沿海地区，在这里，剑桥学派已经赢得了与海顿 1898 年托雷斯海峡科学考察相当的声誉，塞利格曼也刚刚于 1904 年从那里返回（见上文，第 42 页；GS 1986b）。*242*

但是，如果说马林诺斯基的人类学场景从一开始就是学术性的，那么，它也是殖民性质的。当英国科学促进会于 1914 年在澳

大利亚一个白人定居殖民地举办一次定期会议时，马林诺斯基作
为人类学分会召集人马雷特的秘书获得了自由通行权（Mulvaney
1989）。虽然他随身携带着伦敦经济学院学术资助的证明，以及他
导师称他是一个"前途无量、才华横溢的研究者"的信件，但当
"一战"爆发时，他正在海上，这意味着他在澳大利亚登陆时已经
成了一个身无分文的"敌国侨民"，他那份在奥地利占领下的波兰
个人资助已经无法到达他手里了。在随后四年整个田野工作期间，
他只能依靠负责澳洲土著事务的官员，他们不仅允许他进入澳大
利亚在 1906 年后统治的或者从德国人手里夺取的那些新几内亚地
区，还给他提供经济资助，甚至还允许他在澳大利亚境内自由来
往。这种依赖是在澳大利亚科学团体的斡旋下完成的，其中一位
成员还在他忘记申请一份从墨尔本到阿德莱德的通行证时让他免
于关进一个敌国侨民"集中营"（Laracy 1976：265）。在他的田野
工作岁月里，马林诺斯基的身份一直是澳大利亚外交部秘书阿特
利·亨特（Atlee Hunt）和在 1908 年到 1940 年间任巴布亚临时总
督的休伯特·莫莱之间持续协商的话题（参见 Young 1984）。

　　在他们之间，这两个人在相当大的程度上体现了有助于确
定马林诺斯基的民族志殖民场景的历史经验。在悉尼完成了法律
学业后，亨特在 19 世纪 90 年代后期一直担任澳大拉西亚联合会
的秘书，并积极投身于促成各成员国在大英帝国内统一的共同体
地位的运动。作为新成立的联合外交部的永久领袖，他积极参与
"白种澳大利亚"政策的最终立法过程。亨特在起草 1901 年种族
主义"移民限制法案"和 1902 年"太平洋群岛劳工法案"中都扮
演着重要的角色，这两部法案最终促成了 1904 年禁止输入夏威夷
"卡纳卡"（kanaka）劳工，禁止输出任何到 1906 年 12 月 31 日以
前仍留在昆士兰种植园上的人（Parnaby 1964：196-97；Willard

1923；London 1970)。但当欧洲移民进入太平洋诸岛时，亨特却坚定地支持白人居民在巴布亚的经济利益，到 1914 年，巴布亚总共有大约一千二百个白人（Rowley 1958：287-91；Young 1984：3)。

　　这样，亨特就在某些方面与莫莱产生了矛盾，莫莱作为一个不受重视的、资金贫乏地区的临时总督和首席法官，比正常的殖民总督实行更宽松的统治（Mair 1948：11；Legge 1956：227-28；West 1968：104-9)。他的父亲是一个富有的澳洲牧场主，但在困难时期破了产，他在牛津大学和律师学院完成了学业（他的兄弟吉尔伯特成为牛津大学的希腊语讲座教授）。在离开白人社会前来消除英国统治阶级的"天生优越感"方面（West 1970：x-xi)，莫莱是以一个家长式执政官的原型而广为人知的。莫莱足够仁慈，又强调权威，他认为"土著人的问题"既涉及如何"保存巴布亚人"，也涉及如何将"他们最终提高到他们所能达到的最高文明程度"（Murray 1912：360)。

　　为了实现这些目标，莫莱反对对土著人进行惩罚性袭击，这种袭击与澳大利亚 1884 年吞并巴布亚后的第一任英国行政长官威廉·麦克格里格爵士的名字和 20 世纪早期北方的德国政权紧密联系在一起——"这尤其在那些虚情假意的巴布亚澳大利亚行政官员们看来，有着残忍的名声"。但"莫莱计划"的保护主义政策在许多方面都延续了麦克格里格的政策，而在介入土著人的生活方面比"丝毫不关心土著人的长期利益的"德国人犹有过之（Wolfers 1972：88-89；Joyce 1971b：130)。澳大利亚的巴布亚政府想要保存传统的村庄生活（并使之与少数欧洲城市飞地严格隔离开来），但同时也以十分务实的手段插手并改变它。村警由在当地居住、对传统领导权知之甚少的行政官员推选，他们不仅要保障和平，报告性病发生案例，还要帮助推行各种规章，如禁止将死者留在

243

村内，禁止说谎，或使用威胁语言，或者从事巫术活动——或者
说得正面一些，要保持村庄的干净和可可豆的种植。更激进的发
展主义者可能会认为莫莱是在"纵容"或"娇惯"土著人，但他
并不反对巴布亚人"签约"——虽然"土著人劳工法"要求地方
行政长官监督这个过程。"在村里嚼着槟榔的"土著人可能比那些
"在种植园中做工的"土著人"更富有诗情画意"，但"让巴布亚
人学着工作是对他们有好处的"，而"最有效的学校"就是种植园
和矿场（J. Murray 1912：362；Rowley 1966）。

　　莫莱并非对进化论和后进化论人类学一窍不通：他读过泰勒
和梅因的著作，也读过托雷西海峡科学考察队成员们的著作；他
是塞利格曼的朋友，后来又聘请 F. E. 威廉为"政府人类学家"。
244 但他并不信服传播论和后来的功能论，并为人类学家提供了一种
针对社会变迁的保护主义偏好。而虽然他很尊重马林诺斯基的才
华，但仍然把他看成一个德国人，从个人来说并不喜欢他（West
1968：211-18）。亨特却正好相反，他也属于墨尔本的绅士团体，
这些人包括鲍德温·斯宾塞以及其他澳大利亚科学人物，他们曾
经接待过英国科学促进会，现在也全力支持马林诺斯基的研究计
划。虽然莫莱多少有些不太愿意支持马林诺斯基最初的资助申请，
但亨特却是马林诺斯基的拥护者，给他写了介绍信，保证他的自
由通行证，拨给经费，保护他免于被指控为亲德派，帮助他进入
并延长在其民族志考察地区的逗留时间（Young 1984：5；Laracy
1976）。

　　"远离了文明"，马林诺斯基在 1914 年 9 月 12 日到达了莫尔
兹比港（Malinowski 1967：5）。在拜访了政府以后，他被介绍给
一位热情的改宗基督教的人阿胡亚·奥瓦（Ahuia Ova，他也鼓吹
"绥靖"），他在担任村警时干得十分出色，以至于他成了莫莱在中

央议会中的通事——而他在十年以前也曾是塞利格曼的基本访谈对象（1967：9；F. Williams 1939；Young 1984：8）。在大约一个月内，马林诺斯基突击学习语言，开展民族志访谈，经常在中央议会中"借用"阿胡亚，并进一步访问了附近村庄——只有几天是无事可做的，因为阿胡亚正忙于审问一个欧洲人，这人将"一个土著人吊了五个小时"（1967：17；Seligman 1910）。

　　在 10 月 13 日，马林诺斯基登上了海轮维克菲尔德号，出发前往距离东南海岸二百英里的梅鲁岛，伦敦布道会自 1894 年来一直保留着一个传教站。他的"旅伴"包括美拉尼西亚殖民场景中的几位原型性人物：一个"粗鲁的"德国船长，他"不停地辱骂和攻击巴布亚人"；当地种植园主阿尔福雷德·格林纳威，一个英国工人阶级出身的贵格会信徒，马林诺斯基从他嘴里获得了很多有用的民族志信息；以及一个在梅鲁居住的贵族流浪汉"脏迪克"德·莫雷恩斯，他是一个爱尔兰新教地主的儿子，嗜酒如命。德·莫雷恩斯是个无赖，但他"确实是个贵族"，他虽然是个"开化人"，却在一所"四壁透风的"屋子里过着一种"非常脏乱的""毫不开化的"生活，在随后几个星期内，马林诺斯基将会在他的住处时不时找到"润滑剂"和友谊（1967：25，37，40）。在维克菲尔德号上，还有伊古阿·毕比（Igua Pipi）——虽然马林诺斯基没有说他是"旅伴"——他精通莫图岛的法语，并在以后成了马林诺斯基的几个土著"伙计"中的主要跟班。登上梅鲁岛后，马林诺斯基成了萨维尔牧师（W. J. Saville）的房客，他和妻子自 1900 年以来就在梅鲁布道，在 1912 年，他还在《皇家人类学会》杂志上发表了一篇"梅鲁语语法"。在此后数周内的每一天，从萨维尔的布道所出发，马林诺斯基"走进村庄"——陪他进入第一个场景的，是一个土著警察。

245

　　现在看起来，萨维尔显然是马林诺斯基对于殖民主义之"布道"使命的矛盾情感中负面的原型性焦点。由于在开始时完全依赖他，马林诺斯基现在对萨维尔对待当地土著行政官员的"恶劣做法"以及他"对那些对布道并不友好的人实行的迫害"感到十分厌恶。如果他知道了萨维尔在与土著人打交道时所持的"十诫"（"第5条：不得触摸土著人，除非是跟他握手或痛打他"；"第7条：不得让土著人知道你马上相信了他的话，他永远没有实话"），马林诺斯基必定更加厌恶他的白人优越感（Young 1988：44）。一开始，他还体谅萨维尔，因为他会和土著人打板球，在对待他们的时候"也表现出足够的体面和慷慨"——如果他是个德国人，"他无疑是十分令人厌烦的"。但过了几个星期，马林诺斯基对"传教士的憎恶"大大增加了，他开始考虑发起"一次真正有效的反传教运动"（Malinowski 1967：16，25，31，37）：

　　　　这些人破坏了土著人生活的快乐；他们破坏了土著人心理上的存在理由。而他们所能给予的东西又不是野蛮人所能理解的。他们不懈而粗暴地反对任何旧的事物，创造出物质和道德上的新需要。他们造成的伤害是无可置疑的——我要同阿密特［Armit，当地行政官员］与莫莱讨论一下这个事。如果有可能的话，我也要同皇家布道会讨论的。（41）

对于遭受威胁的"野蛮人"生活的同情，对于"野蛮人"之心智局限的民族中心主义假设，以及对于已经设立的殖民当局之良好意图的最后呼吁，这段文字在很多方面揭示出马林诺斯基对殖民情境的典型反映，他的人类学取向就是在这种场景中日臻成熟的。

马林诺斯基开始更直接地将萨维尔视为他有效开展民族志工作的特别障碍——也是正在兴起的"民族志者"原型的反面典型（见上文，第 55—56 页；Payne 1981）。[3] 由于他此时仍然是一个民族志新手，马林诺斯基随身携带着第四版《人类学询问与记录》，而他发表的梅鲁报告十分明显地表明，它也是按各种问题类别进行询问的（Young 1988）。但《询问与记录》也收录了里弗斯的《一般方法论》，这篇文章实际上已经清晰地阐明了一种更具有"马林诺斯基意味"的风格（1912），而马林诺斯基发表的梅鲁民族志和传达了他切身民族志经验的日记以及通信中的多处文字都是沿着同样的道路，只不过更具有参与观察的风格。早在他离开莫尔兹比港以前，就有迹象表明，这个过程是同他与萨维尔的决裂分不开的。在他于 12 月从巴布亚东南沿海返回，在一所男子屋（*dubu*）中待了几个晚上后，马林诺斯基到达了梅鲁岛，下定决心"开始一种新的生活"（Malinowski 1967：49；参见 p. 43）。

萨维尔有很长时间不在岛上，这是促使马林诺斯基下定决心的一个原因。马林诺斯基的做法预示着他后来召唤人类学家从廊檐下到田野中去，他搬出了萨维尔的房屋，住进了一所先前废弃的布道所，伊古阿·毕比和几个梅鲁人晚上都会聚到这里，用莫图话聊天——马林诺斯基很快就精通了这种语言（虽则显然还不

〔3〕 在 1922 年，萨维尔实际上出现在马林诺斯基在伦敦经济学院的演讲现场；在 1926 年，马林诺斯基为萨维尔《在无名的新几内亚》一书写了一篇导言。萨维尔的书（它被描述为有一种"真诚的谦卑和隐约的高傲"）没有引用马林诺斯基的专著，但在结构和目录上却是极为相似的——虽然它被描述为在"语言材料"上"更加可靠"，"有更丰富的日常生活细节"（Young 1988：49）。而正如萨维尔对土著人的态度看起来更"圆熟"，马林诺斯基对传教士的态度也是如此：在 1920 年代后期，他与 J. H. 奥德海姆联手在申请竞争中从洛克菲勒基金会为非洲国际研究所赢得了研究资金（见上文，第 194—95 页；下文，第 261 页）。

246

是梅鲁语本身）。在一个场合中，马林诺斯基被独自留下来待了一周，因为他要求梅鲁人同意他随队参加一次贸易航行，却又拒绝支付他们要求的报酬（1967：62），这并非是由于方法论原则的问题（因为他整天都在用烟草买当地人的合作），而是因为他觉得价格过高了。不过，他还是跟随参与了第二次较短的航海远征，并认为萨维尔离家的那些日子正是自己最丰收的时候。

在后来对此反思的时候，马林诺斯基认为，与住在白人居住区内或待在任何白人群体内相比起来，"孤身一人住在土著人中间"完成的工作"要远为深入"（Malinowski 1915：109）。在解释他为什么能够获得巫术的资料，却无法了解"来世信仰"的资料时，马林诺斯基不经意地表明了一种更有参与风格的民族志方法一般原则："若直接向土著人询问某种习俗或信仰，那么在了解他们的观念方面，永远也及不上同他们讨论与直接观察到的习俗或一个具体事件相关的事实，因为这与双方都是切身相关的。"

_247_ （275）由其他段落判断，双方关注的程度实际上是不对称的，这是显而易见的。在一个例子中，它涉及假装在考虑如何免遭鬼魂伤害（273）；而在更经常的情况下，是用烟草支付报酬，有时用作诱惑，检验土著人对烟草信仰的强度（185）；而更一般的情况则是，它只是涉及"经历了一件事或看到了一个东西，然后（或事先）与土著人讨论一番"（109）。但如果说，里弗斯的《一般方法论》已经完整地预示了很多方面（这又很可能反映了里弗斯与 A. M. 霍卡以前的合作），马林诺斯基在梅鲁的民族志经验却可以说是他后来当作一种神话执照提出的民族志风格形成的重要阶段（见上文，第51—57页）。

但是，马林诺斯基不断变化的民族志情境经验和语境现实却不太明显地显示在他于1915年2月返回澳大利亚后所写的民族志当中。我们必须回到他的日记，我们在那里看到了他提到的"库尔兹般的时刻"，他"对土著人的感受……绝对是要'消灭这些畜生'"，他也提到"在许多场合中，我的做法看起来既不道德，又很愚蠢"（Malinowski 1967：69），他还提到"有一群伙计给你服务"是多么愉快——拿伊古阿·毕比来说，马林诺斯基说他是如何讨好自己的，毕比"讲述了谋杀白人的故事，还说如果我被那样杀害的话，他会感到多么悲伤"（40，73）。

　　与这种态度溶合（elision）——从马林诺斯基努力践行的"科学民族志"而言，这是不难理解的——并行不悖的，是马林诺斯基对他所处的"殖民情境"却很少提及。这种情境在他的一次徒劳尝试中有所显示，他试图"通过村警向土人施压"，因为他给了对方每人一根烟，但他们却没有在大白天给他再次表演一个仪式好让他拍照（Malinowski 1915a：300）。可以更肯定地说，从后殖民的观点看，这种情境也明显表现在他故意略去一些巫术咒文的做法，以免它们落入"热衷于消除迷信"和"不怀好意地在土著人中间传播咒语"的白人手中——这样就会破坏它的灵验（282）。在一般方法论层次上，这也明显表现在他鼓励访谈对象"比较土著人的社会规则和欧洲人引入的法律制度"，以便确定在"土著人的观念中"是否也存在着像欧洲人对民法和刑法的类似区分（194）。

　　但正如那些文字表明的，马林诺斯基的民族志目标，与他同时代的大部分（虽然不是所有的）人类学家包括反进化主义传播论者如弗朗兹·鲍亚士一样，是要透过欧洲殖民接触的场景，揭示特定土著群体的基本种族特征。这种种族特性并不被认为是天然的（pristine），到 1915 年，也并非所有人类学家都用"野蛮"一词称呼它——正如马林诺斯基到 1930 年时所做的，他只是在书

248

名中才用这个词。但如果说它不是"天然的"，它却必定是"在先的"。在马林诺斯基那里，最关键的是能够帮助他解决一个特定"种族"问题的特征：弄清楚塞利格曼曾经感到"所知甚少"（Seligman 1910：24；参见 Malinowski 1915a：106）的新几内亚地区的种族关系。尽管他在发表的专门著作中并未更多地提到他在导论中所说的"梅鲁问题"，但那些潜在的接触前的种族特性和关系仍然是他试图重构的问题，这也是实情。

虽然马林诺斯基的描述仍然依照着《询问与记录》中的分类次序，它却基本上忽略了体质人类学的资料，并且只是偶尔才运用一下体质人类学的技术——这两者都来自里弗斯新提出的"深入研究"的实质观念——以及对"经济学"的独立深入思考。这表明，马林诺斯基对"土地所有制和土著人的'工作'态度"的强调反映了如下事实：这"都是 1914 年殖民情境中的争议话题"——这些问题在"种植园主和布道所走廊的饭后聊天"中引起了"热烈的争论"、"意识形态的困惑"以及"喧嚷的种族偏见"（Young 1988：34）。虽然马林诺斯基日记里提到的多数谈话实际上都是与民族志话题有关的，但他对萨维尔的某些评价确实能够支持这种解释。有一次，马林诺斯基与莫尔兹比港土著事务巡查官专门讨论了"土著劳动力"，他后来在描述自己当时的情况时，说他"当时很想在 N. G.（译者按：新几内亚）中获得一个民族学政府职位"——这也推动他走向同样的方向（Malinowski 1967：13，64）。

但马林诺斯基对经济问题的兴趣也始终是与他以前的思想兴趣相并行的，早在他进入美拉尼西亚殖民场景或者说进入人类学以前，他的思想兴趣就已经转向了经济问题。与此相似，他论述"思维经济"的博士论文已预示出，这种关怀已经成为他在布歇雷指导下的主要研究题目。它们显然也是他首次发表的一篇人类学论文的主题，在这篇（多处引用布歇雷的观点）文章中，马林诺斯基认为澳洲人的"因提丘玛"仪式*是以一种"开化"方式"训练人们从事经济活动"的第一步——也就是说，它是先见性的、有计划的、有组织的、习惯性的、连续性的和重复性的（1912：107）。

　　但不管他的兴趣是如何激发的，马林诺斯基特别向阿特勒·亨特解释了自己如何强调"土著人生活的经济方面和社会方面"以及（虽然在他的民族志中并未表现出来）"土著人在如何适应新状况"（Young 1988：12）。亨特对"他开设的调查课"留下了很深的印象，这门课程强调"土著人的精神态度和特殊习惯"而不是"身体的指数等"，因此它在"我们与土著人打交道时对殖民政府是非常有用的"。他很快就说到，马林诺斯基又得到了资助，在新几内亚开展第二次田野工作（Laracy 1976：265-66）。

　　虽然塞利格曼想让他到东南方的罗塞尔岛上去考察另一个族群边界地带（见上文，第 44 页），马林诺斯基却决定前往新几内亚北岸的曼贝尔地区（Mambare），这里早先曾兴起淘金热，一些新兴的预言崇拜正引起政府的关注（Young 1984：13）。但实际上，马林诺斯基从未到过曼贝尔，而他的主要田野工作地点明显是偶然定下的，并未特意考虑其在政府管理方面有什么用处。在1915 年 6 月前往曼贝尔的途中，马林诺斯基在特罗布里恩德岛作短暂停留，想"了解一下岛民的大概情况"，并寻求医疗部门官员和当地行政长官 R. L. 贝拉米的帮助，想让贝拉米返回欧洲服军役前帮助保护一些博物馆样品（Young 1984：15-17）。贝拉米是一

*也可译作"分物礼"。——译注

位极具家长风格的官员，他在特罗布里恩德岛待了十年，最终迫
使土著人在基里维纳的道路两旁种下了十二万棵椰子树，因为他
们如果做不到的话，就会遭到严厉惩罚。基里维纳拥有一座监狱、
一所医院、十二位白人居民和一个在泻湖中的繁荣的珍珠养殖场，
这个最大的特罗布里恩德岛由此成为该地区"治理最好、最'开
化'的地方"（Young 1984：16；参见 Black 1957）。

　　这也是一个极富田园风格的热带岛屿，几乎未受劳工贸易的
影响（Austen 1945：57；Julius 1960：5），其酋长制和性爱舞蹈
早已开始勾起大众的想象——"他们半是高贵的野蛮人，半是放
荡的土著人"（Young 1984：16）。马林诺斯基显然被它牢牢吸引
住了，虽然他一度向塞利格曼和亨特保证，他只是在这里临时驻
脚，但到了 9 月底，他决定留下来，尽管塞利格曼早已经在这里
完成了某些工作："我在这里获得的材料好得不得了，你必会原
谅我所做的一切。"（MPL：BM/CS 9/24/15）最终，马林诺斯基在
特罗布里恩德群岛居住了八个月，而在澳洲住了一年以后（在此
期间，他初步分析了他获得的材料），他又返回岛上，待了十个
月——这多亏了亨特，他不断与不太情愿的莫莱协商，最终延长
了马林诺斯基在岛上停留六个月的期限许可（Young 1984：22）。

250　　　塞利格曼再次向马林诺斯基保证说，地域"侵犯"不是问
题，他同时敦促马林诺斯基尽快考察土地所有制，马林诺斯基也
早已告诉亨特说，这是他正在"特别关注"的几个"有实际利益
的"题目之一（Young 1984：18）。土地所有制当然包括在"一整
套'仪式园艺'制度"当中，马林诺斯基曾经向塞利格曼提过，
认为这是他要加以考察的几个研究领域之一；但是，在这一点上，
马林诺斯基是把这套制度当作一种（在弗雷泽式意义上的）"农
业崇拜"加以考察的。此外，他还打算集中考察"与［叫作］巴

洛玛（Balom）的神灵有关的转生信仰和仪式"、叫作"米拉玛拉"（Mila Mala）的年终丰收飨宴以及"叫作库拉的贸易圈"。在增加了特罗布里恩德岛人的性爱行为这个重要内容（这实际上牵涉转生的问题）后，这些内容构成了他的主要民族志著作的主题（MPL：BM/CS 7/30/15）。但是，尽管所有这些主题都确实是土著人当前的行为和信仰，马林诺斯基在考察它们时，采用的方法却与当下的殖民行政管理活动的问题没有什么直接关系。虽然他很快就超越了他从塞利格曼那里继承的族群边界问题，但他的民族志仍然呈现了一种特定的、接触前的文化体系——也就是一般读者眼中的"野蛮人"的文化体系。他的杰作《珊瑚园巫术》——这部书在二十年后出版，到那时，"野蛮人"这个种类已经基本上被从专业人类学话语中排除出去了——仍然被看作是对"原生态特罗布里恩德岛人"的研究，叙述了"大洋洲长期盛行的风俗习惯，而这都是欧洲人所不知道的，也未受到欧洲人的影响"（Malinowski 1935：I, xix）。[4]

根据英国人类学长久以来流行的神话—历史说法，是马林诺斯基的特罗布里恩德田野工作为民族志带来了革命性的改造。在那以前，在"民族志考察的标准方法"中——在其中，土著人只是被测量、拍照和询问的样本——"调查者的社会优越性才是始终被强调的"。但通过将他的帐篷安在村子中间，在谈天说地当中学习语言，并"在二十四小时的日常活计"中直接观察土著人生活——"这是欧洲人以往从未做过的事情"——马林诺斯基"改变

---

[4]　到这时，马林诺斯基（在下文将简要述及的情境中）已经开始倡导在欧洲文明影响下的"文化变迁"研究；但是，在《珊瑚园巫术》中只是偶然才提到（参见 Malinowski 1935：I, 479-81, in appendix 2, "Confessions of Ignorance and Failure"）。

了所有这一切"。正是由于高估了他的民族志工作（即使在他的理论贡献已经遭到质疑以后），这种说法直到 1965 年《珊瑚园巫术》再版时仍然出现在前言当中（Leach 1965：viii-ix）。

251   两年后，当马林诺斯基的民族志后裔们读到他的田野日记中隐秘地揭示的内容与《阿耳戈》第一章的方法论原则间的强烈对比时，简直如晴天霹雳一般（Malinowski 1967，1922b；参见 R. Firth 1989）。但即便我们可以在某种程度上宽容地看待这个神话执照的训诫性和规定性特征，我们如今也不能说，马林诺斯基只是由于疏忽才误说了他的民族志实践。他在特罗布里恩德岛人中的"孤独"是"相对的"，不是"绝对的"：珍珠商比利·汉考克和拉菲尔·布鲁多离马林诺斯基在村中扎营的奥马拉卡纳（Omarakana）不过寥寥数英里远。但如果他在与欧洲伙伴交往和小说阅读方面消磨的"卡普阿时光"要比其方法论戒律后来暗示得更多的话，那么毫无疑问，他的田野工作方法在总体上是与里弗斯（他的方法论"守护神"）于 1912 年倡导的完全一致的，而马林诺斯基本人也早在梅鲁期间就已经开始忠实地贯彻过了（见上文，第 37—40 页）。

然而，即便方法论的对比并没有表现得像实际上那么明显，那么，态度的对比却是很难加以否认的：在《阿耳戈》一书中，没有任何迹象表明他会对特罗布里恩德人有着如此直白的怒火。他经常用"niggers"（黑鬼）一词，也不仅仅是从波兰语"nigrami"翻译过来的——就像某些捍卫他的民族志的后继人说的那样（Leach 1980）；马林诺斯基在写信时也用这个词，而且信件完全是用英语写的。这也至少部分地反映了他所处的殖民情境；这个蔑称在梅鲁日记中还没有出现，显然，它是在马林诺斯基在这个地区待了足够长的时间，并通晓了当地种族主义词汇以后才出现的。不过，虽然我们不能忽视日记中那些库尔兹式的文字中包含的心理学和意识形态意味，但如果由此便简单地把马林诺斯基说成是"一个憎恨土著的人类学家"，那就错了（Hsu 1979：521；见上文，第 49 页）。

首先，我们必须记住，目前存留的特罗布里恩德日记（只包括他在那里的第二次旅行）与其说是一部民族志工作的完整记录，倒不如说是一部对其生命的重要心理戏剧的叙述，是一种想要确定"我的生命之动力"的努力。那幕戏剧是一个俄狄浦斯式冲突的故事，一个同时深陷于对两个女人（她们都是澳洲杰出科学家的女儿）之爱欲而不能自拔的故事，一个悬而未决的民族认同的故事，这以他母亲回到波兰为象征——他母亲去世的消息使得日记猝然结束，在日记最后，他许诺要对未来的妻子担负起责任。虽然他对特罗布里恩德人的怒火显然表现了其民族志工作的挫败感，但其中许多怒火是与这种爱欲和文化渴求及摇摆的心理学情节分不开的，而有些怒火也许可以解释成是对其中隐含的挫败感的换位表达（参见 GS 1968b，1986b）。

在日记如何揭示他的民族志实践方面，我们必须将这些怒火和那些不那么富有戏剧意味的平常段落对照起来看待，这些文字也是民族志本身的证据。马林诺斯基拥有某种程度的面对面田野工作的风格，并且很不愿意相信土著人习以为常的东西。但总的来说，他在方法论上坚持认为应当重视"个人的友情"，这样有助于"建立自然的信任，而不断的私话"也能够在这种关系中获得，虽然这些关系是暂时的、级差性的、不对称的和功利性的（就像从那以后大多数民族志关系一样），但它们仍然在某种程度上具有正面的效果。

作为一个欧洲人，他被单独安置在一处地方，并获得了许

252

多殖民权力的特权。他产生了一种小领主的短暂兴奋（"我高兴地感到，现在，我带着我的'伙计'，我就是这个村庄的主人"[Malinowski 1967：235]），这多少预示着他在日后作出的对民族志权威的声明（"占有的感觉：是我在描述他们或说是创造了他们"[140]）。当被土著人"激怒"时，他有好几次都想动用最终的殖民特权，即直接的肉体侵犯。在压下了他对一个"伙计"的冲动之后——"我真想把他打死"——他感到"我完全能够理解德国人和比利时人在殖民地犯下的所有暴行了"（279）；另一次，这个仆人再次"惹火"了他，马林诺斯基的的确确"挥起拳头朝他的下巴打了一两拳"（250）。虽然马林诺斯基在某些时候采取了与萨维尔处理种族关系时遵循的"五诫"相一致的行动，但他与土著人的地位和关系却与传教士或当地行政长官迥然不同，而且在总体上，他似乎还刻意将自己与这些直接体现了欧洲权力的人物区分开来。在行政长官贝拉米离开本地前往欧洲参加战争以前，马林诺斯基与贝拉米相处的那个月，他们终于闹翻了——这个事件后来被马林诺斯基当成了一个原型，用来敦促学生不要惧怕"挑战"当地官员，借此赢得他们所研究的群体的善意。而后来有报告说，贝拉米曾经抱怨说，当他身在前线的时候，马林诺斯基就"毁坏"了他在特罗布里恩德岛上长达十年的苦心经营（Black 1957：279）。怎样注解这种"毁坏"活动当然仍是不确定的，但它很可能指马林诺斯基颠覆了"进步主义的"文化革新，违反了最近才建立的种族关系秩序（参见 Nelson 1969）。

　　在与日常的民族志关系和种族关系不同的层次上，我们还必须严肃地考虑日记中那些表明了一种更系统的移情态度／意识形态立场的文字。在 1917 年 11 月，马林诺斯基明确述说了其民族志工作的"最深层本质"，与激发他进行"自我分析"的措辞几无

二致。正如他要努力"看到自己最深处的本能"一样，他也试图
发现土著人的"主要情感，其行为和目的背后的动机……其最根
本的、深层的思维方式"。在那一层次上，"我们会遇到我们自己
的问题：什么才是我们自身最根本的东西？"（Malinowski 1967：
119，181）在那个层次上，马林诺斯基明显地感到，虽然他也曾
在愤激之下诋毁那些"原始的"特罗布里恩德"野蛮人"是"黑
鬼"，但他们却像后来再创造他们的民族志作家一样，有着同样的
"根本的"人类心智。

　　但在这一点上，马林诺斯基仍然是以传统进化论方式思考
这种共通的人类心智的，这是很明显的。在上文引用的日记文字
中的"目的"和"深层思维方式"之间，还有一句转折意味十足
的插语："（为什么要'雇用'一个伙计呢？每个伙计在过后都
得'解雇'吗？）"（1967：119）回想一下马林诺斯基的第一篇
人类学作品，再看看《野蛮社会中的性与压抑》中的观点，我们
有可能将这些删除的文字纳入马林诺斯基人类学及其民族志经验
的更广泛的主题当中去。正如那句转折插语一样，他论述分物礼
之"经济功能"的论文牵涉从"野蛮"劳动向"文明"劳动的转
化（Malinowski 1912）；相比之下，《性与压抑》却使我们明白，
从野蛮向文明的转化同时也是逐渐脱离一种相对宽松、和谐的
生殖性爱的过程（Malinowski 1927）。就人类作为整体而言，长
期的"雇用"进化序列可谓有"得"有"失"——一个住在热带
岛屿上的欧洲人可能更会对"失"感触良多，他发誓拒绝这种异
域国度中特有的感官享受。在拒绝了文明的补偿性获益之后，为
什么要"雇用"土著——或任何其他人呢？（参看 GS 1986b：
26-27）

　　另一方面，显而易见，问题还有实用性的殖民经济的一面，

马林诺斯基此前就在一个更公开的场合而不是在日记中表过态了。1915 年，澳大利亚政府领导人因急于拿到"他们应得的先前掌握在德国人手中的贸易份额"，于是着手组建了一个议会委员会，负责专门处理"南太平洋英国与澳大利亚贸易事务"（Rowley 1958：47-49）。在他们考虑的事务中，就有种植园劳工的问题，这种事务由于担心印度和中国政府会终止契约劳工输出制度而变得更加迫切起来，这项制度在 1830 年代废除奴隶制后满足了大英帝国许多地区种植园主们的需求（Tinker 1974）。尽管早就不再将"肯纳卡土著"输入昆士兰，美拉尼西亚劳工的问题仍然迫在眉睫，而这个问题甚至因土著人群的"衰亡"而进一步加剧了（Rivers 1922）。与政府官员、商人、种植园主和传教士一起，马林诺斯基在 1916 年秋天被委员会召来作证。虽然他未曾对此做过专门的研究，他仍觉得，他的考察也许会有助于"阐明劳工问题"（GS 1986c）。

在概括时，马林诺斯基觉得，"巴布亚土著人并不热衷给白人干活"。而在他自己的生活中，他"有许多活计要干"——这些活计虽然"不好用纯经济学术语描述"，却无疑可以"让生命有意义"。如果他"签约出洋"，那么，不是出于什么"深层的"动机，而是对"招募人的人格和行为"的反应，对一种全新的和迥异的生活的向往。几周以后，"如果不是害怕惩罚，任何土著人都会渴望离开的"；而一年以后，"他就会喜欢上种植园里的生活"——这当然是由于"土著人被管理的"方式。虽然他偶尔也会承认"严厉"是必要的，但马林诺斯基仍然强调，"要让他们活得快乐"。"从土著人的观点"来说，他认为，他们"非常喜欢烟草"，并且详细讲述了那些返乡劳工是怎样兴高采烈地回忆起在种植园的时光的，他们可以举办"歌舞会"（corroboree），尽情起舞。尽管他不能确定种植园里有怎样的性规则，他却知道，即便是已婚土著人也是单身来到种植园的。而虽然巴布亚人通常都"不爱直接表露诸如思乡之类的情感",他知道,那些已经习惯了成家立业生活的已婚男人都不会轻易地"签约",他们也"老想回家"(GS 1986c)。

　　马林诺斯基尤为关注性爱问题,他自己在特罗布里恩德岛上度过的漫长的无性生活,这应当是他后来的心理生物学功能主义的重要经验原型(GS 1986c:22-28)。在对比巴布亚人的性习俗和印度苦力的性习俗时,他感到,如果允许已婚男人携带家眷,会在未婚男人中引起麻烦。就算巴布亚土著人自己不觉得这是"不道德的",传教士们也会断然拒绝——在这种正统的见证氛围中,马林诺斯基表明,他们的"抗议"是正当的。然而,他又接着以一种更具工具性的口气说,劳工们经常去找当地女人,"你不能想象,一个年轻力壮的土著人没有性生活,还能安度三年,而没有堕落成性变态"。三四千巴布亚土著人与妻子的离别也不会造成人口的锐减,通奸自然会弥补生育——在他最熟悉的地区,几乎根本没什么影响。虽然"显而易见的是",美拉尼西亚人这种"相对高等的人种"也有鲍德温·斯宾塞在澳洲土著人身上看到的那种愚昧,他们实际上根本不知道"性交与生育的自然联系"——一个年轻的土人离乡已经两年之久,回乡时他的老婆刚刚分娩,但当一个白人说他的老婆犯下了不贞之罪时,他禁不住大发脾气(GS 1986c)。

　　最后,在"发展"这个一般问题上,马林诺斯基提交了一份贝拉米椰子强制种植的温和报告。然而,他不无疑虑地写道,"引导土著人从事其他行当,是否真的可行"。巴布亚土人"事实上从来不想到七八天以后,虽然他们在其他方面是十分聪明的;他没有长远的眼光……除了眼前的欲望,没什么东西能刺激土著人"。

在简短抨击了德国殖民当局后——"它从不考虑治下的土著人的
福祉"，而移民政策也"消灭了"西南非洲的部落人口——马林诺
斯基最后发出了保护土著人的呼吁。"如果不去干扰他们，如果没
有与白人的文明接触，巴布亚土人是不会灭绝的。"在更广泛的意
义上，他认为，"让他们自生自乐，就是最好的"（GS 1986c）。

考虑到陈词的场景（以及现场记录的仓促），或许有人会怀
疑，这种断断续续的官方质证中的每一个阶段是否都有解释的价
值——尤其如果考虑到马林诺斯基终其一生都根据实际目的而精
心修饰观点和遣词，这一点就更值得怀疑。在其他场合，他并不
刻意迎合传教士。尽管有些含混的进化论观点（包括性无知的
关键问题）与他的民族志是十分一致的，但显然，马林诺斯基的
进化论假设也有助于他表达对殖民主义作为教化进程的两可看
法——也会怀疑他是否真的是作为"专家"证人的角色出现的。
一方面，他确实提出了建议，使土著劳工制度更有效率地运转；
另一方面，他的证词也更多地表明，契约劳动是与土著人不相容
的，不易为土人的心理接受，总而言之，更好的做法就是不强迫
他们"签约"。

实用人类学与现代世界的悲剧

在特罗布里恩德日记的后半部分，马林诺斯基提到，他打算
在结束田野考察后撰写两篇论文。第一篇文章论述"民族志研究
对殖民当局的价值"，其"要点"包括"土地所有制；劳动力招
256 募；健康与生活条件的改善（比如从山上移居到平地）"等标准发
展话题。但马林诺斯基坚持认为，"最"重要的是"了解民族的习

俗"，这可以让我们"同情地理解他们，根据他们的观念指导他们"。最为典型的是，殖民权力是"一股疯狂的、盲目的力量，它乱无头绪地滥用权力"——"有时是闹剧，有时是悲剧"，但"从未成为部落生活的有机部分"。而既然殖民当局不能提供一种开明的观点，他只能自己来阐明那些"古风"的"纯粹的科学价值"，以此发出"最后的呼吁"，这些"古风比莎草纸更脆弱，比露天石柱更直露，在增添我们真实的历史知识方面，也比世界上所有的古迹更有价值"（Malinowski 1967：238）。

这种保护主义冲动在另一篇鼓吹"新人文学"观念的文章

布劳尼斯娄·马林诺斯基与陶古古阿（在《野蛮人的性生活》一书中，他是一个颇有声望的巫师，也是一个很好的访谈对象，此时戴着一头假发）以及另外两个特罗布里恩德岛人，每人都拿着一个制作槟榔提神物的石灰罐（海伦娜·韦恩·马林诺斯基和伦敦经济学院英国政治与经济图书馆提供）

中表现得更加强烈，这可能受到"人文主义倾向的皇家学会"的激励。与"古老经典"的"僵死的思想"正相反，"活生生的人，活生生的语言，活生生的生活事实"却可以给人无上的灵感（Malinowski 1967：255，267）。虽然"现代人文学会"从未实现，马林诺斯基却仍在一篇论文中提到了"新人文主义"，该文是他在"远离欧洲的烦恼与喧嚣"期间在加那利群岛上起草的——这是他早些年间与母亲到欧洲以外的异域旅行的核心区域（MPL：BM/CS 10/19/20）。正是在这段他与新婚夫人共度的桃花源岁月里——他们的订婚是日记中未曾写到的心理剧结局——马林诺斯基完成了《西太平洋上的阿耳戈》初稿，他的所有民族志中最具文学性、最浪漫的一部作品（FP：BM/JF 5/8/21；参看 Strenski 1982；Wayne 1985：535）。而正如《阿耳戈》第一章是对"社会人类学革命"的方法论宣言，他在特罗布里恩德岛的最后时光中也曾设想（Malinowski 1967：289），"民族学与社会研究"是对他后来的精神生理学功能主义的纲领性说明（Malinowski 1922a；参看 GS 1986b：27-28）。

在论证作为人的一般科学之基础的民族学的理论功用时，马林诺斯基将现代人类学视为人文主义的最高历史发展阶段。假如说，在文艺复兴中，它的第一次悸动来自对一种失落文明的复归，然后在 18 世纪和 19 世纪因梵文的发现而蔚为大观，那么，如今，人文主义必须直面现代（即进化论）人类学的挑战，它探寻的是"对所有文明，包括野蛮种族的文明进行深刻比较的最广泛基础"（Malinowski 1922a：217）。与旧人文主义相比，"新人文主义"将植根于一种对人类本性的真正科学的、经验的了解，因为"当时间在我们眼前将万物隐匿，空间却为我们暂驻所有"，静待"田野民族学家"的到来（216）。他是唯一一个可以投身实验的社会学家，观察"人类精神构造和人类社会行为在各种物质和精神条件下的差别"（217）。由于避免了感官主义，而代之以"对部落生活的所有方面及其关联的综合处理"，民族学能够成为"人类社会的一般理论"的"侍女"（218）。

然而，民族学不仅仅只有理论上的功用：马林诺斯基在论文的前半部分指出，它也可以在对土著人的"科学管理"中发挥直接的用处——直到最近，以奴隶制和惩罚性远征为标志的殖民氛围却使得它不可能实行。在当前的殖民地问题中，"最危险的"是土著人口的大规模灭绝，对此，马林诺斯基从心理学角度将之归因于"土著人最具活力的兴趣已经遭到毁坏"（Malinowski 1922a：209；参看 Rivers 1922）。在愤慨地谴责那些顽冥不化的中产"道德贩子"和偏狭的"原始生活的卑鄙判官""狂热地刨根掘坟"而根除了赋予土著人"生活以热情和意义的"制度而让他们丧失"生活乐趣"时，马林诺斯基提出了他最早发表的文化功能一体性的观点：

> 每一种文化事项……都体现了一种价值，承担一种社会功能，拥有一种积极的生物学意义。传统是一件织物，所有的线都紧密地交织在一起；毁一根而破全身。而从生物学角度来说，传统是一个共同体对其周围环境的集体适应形式。毁坏传统，无疑是剥除了集体组织的保护壳，它必然会走向缓慢然而无可避免的死灭终途。（Malinowski 1922a：214）

这其中的含义是不言而喻的：既然土著生活的很多方面必将"屈从于"马林诺斯基仍以进化论术语思考的进程，那么，为了阻止土著人的"整体灭绝"，殖民政策和人性中好的部分必须（以方兴未艾的功能主义术语说）"最大可能地保存整体的部落生活"（214）。

　　然而，更大的实用发展压力，不管是殖民当局的，还是个人的，都极大地挫伤了马林诺斯基的保护主义。不仅仅是土著人的生活危如累卵，"数百万"欧洲金钱也是如此。在南海，由于白人劳工非常稀缺，而"黄种和印度"劳工又卷入了"十分严重的政治危机"，幸存的土著人对解决劳工问题是极其重要的（Malinowski 1922a：29）。尽管他对"劳工签约"持保留意见，马林诺斯基仍乐意直接借助欧洲的经济利益强化人类学的实际功用（参见 Malinowski 1926b）。而显而易见，在两战期间，实用人类学的发展是与他个人的人类学生涯密不可分的。

　　在澳洲期间，马林诺斯基的经济地位就如他的文化地位一样微不足道；他的朋友埃尔顿·梅奥到墨尔本拜访他的居所时，看到他过得"像斯拉夫人一样悲惨"（MPa：10/n.d./19）。但虽然马林诺斯基不时展望一种神圣的人类学贫困生活，在特罗布里恩德日记中，职业雄心却与亢奋和民族认同搅在一起；在他得知母亲死讯的悲痛时刻，他抱怨道，"外部雄心"却依然"像虱子那样"爬满了他的全身："F.R.S［皇家学会会员］—C.S.I［印度之星勋爵］—［布劳尼斯娄·马林诺斯基］爵士。"（291）早先，他曾梦想做"一名杰出的波兰学者"（160），到 1922 年，他仍然认真地考虑过在克拉科大学赢得一个新设的民族学教席。然而，由于"新系的资金十分短缺"，而行政与教书负担又使得他没有时间写完他的田野资料，他于是谢绝了这份直接到手的学术遗产（Wayne 1985：535）。虽然他和一口苏格兰英语的夫人都在战后赢得独立的波兰获得了公民身份，他的日记却表明，他更希望在大英帝国实现他的学院人类学雄心——考虑到英国大学享有的世界声望，在这里发动一场"社会人类学革命"是再合适不过了（Malinowski 1967：291）。

但身为一个年届不惑的"一文不名的波兰佬"，还得供养家人，直到 1921 年，他仍未能在这门尚处在学界制度边缘的学科内找到一个收入尚可的职位。他的理想是进入伦敦经济学院，他的导师里弗斯也不遗余力地举荐他，正是在他于 1921 年秋在那儿演讲后不久，他关于"新人文主义"的论文在伦敦经济学院的刊物上发表了。当 1923 年创立了一个人类学准教授职位时，马林诺斯基当之无愧地当选了；到 1927 年最终设立了一个教席时，马林诺斯基成了教授（R. Firth 1963）。然而，在那个时候，马林诺斯基的教授职位在英国三所大学中是唯一的；在牛津大学和剑桥大学，人类学仍然只能有一个准教授。因之，他不得不殚精竭虑地鼓吹人类学，并尽力在伦敦经济学院巩固它的学术基础（Kuklick 1991：ch. 2）。

实现这个目标的主要途径是非洲国际研究所，这个组织在 1926 年成立，由一些杰出的非洲学学者、殖民地官员和传教士共同发起，很大程度上要归功于 J. E. 奥尔德姆博士（J. E. Oldham）的倡议，他是刚成立的国际宣教理事会秘书，也是拥有普世的和文化取向的新一代传教士之一（E. W. Smith 1934；见上文，第190—191 页）。该所的名义领导人是休致元老殖民地总督弗里德里克·卢迦德勋爵（Lord Frederick Lugard），他的生涯是从印度开始的，先在阿富汗任职，后来到东非，与阿拉伯奴隶贩子战斗，开发了乌干达，然后来到尼日利亚，在 1900 年到 1919 年间担任殖民地长官和总督，并以"间接统治"的发起人而闻名遐迩（Perham 1956，1960）。当大英帝国凭借《凡尔赛条约》确立的托管制达到巅峰之时（Louis 1967；Beloff 1970），卢迦德在常任托管委员会中担任英国委员长达十多年。1922 年，卢迦德出版了《热带非洲的双轨托管制》，这部书一经出版就被认为是对英国在非洲

260 的帝国主义角色和新型托管体系的最强辩护。"作为落后种族的保护人和受托人"，"文明民族"不但要"为了人类的福祉"发展热带的"充盈财富"，还要"保护土著人的物质利益，［并］推动他们的道德和教育进步"（Lugard 1922：18）。幸运的是，人道主义和经济利己主义并没有必然的冲突：在高擎"文化与进步的火炬"，照亮"世界的黑暗之地，野蛮与残忍的居所"的进程中，主管国家也能够"满足我们自己文明的物质需要"（618）。

在早前与奥尔德姆、卢迦德和国际非洲研究所打交道的过程中，马林诺斯基在翻阅卢迦德的《双轨托管制》时简要地表明了自己的观点，在几处没有注明日期的笔记中留下了一份回应记录（MPL）。在评论卢迦德的直接课税理由时，马林诺斯基觉得，他的观点可由对"赠礼的心理机制"的理解得到进一步的强化，如果处理得当的话，直接课税完全可以不对土人的情感造成伤害，事实上还可以促成"本土雄心"和"团体精神"（esprit de corps）。在回应卢迦德的意见"为了建立适合他们［土著人］的需要的制度，殖民地行政官员必须研究他们的风俗和社会组织"时，马林诺斯基感到，这"几乎完全忽视了整个人类学的观点"——"他对真正的人类学究竟是什么几乎毫无所知。"当卢迦德以殖民地预言师为例表明解散部落政策的不可避免时，马林诺斯基问道，这是否是实情，以及是否必要——他认为，卢迦德根本不了解原始部落中的法律、秩序和权威是怎样实际运作的。但当卢迦德提议"在他们自己的观念、偏见和风俗的基础上发展出最适合他们的形式，以应对新的情况"时，马林诺斯基表示同意，这是"了不起的"想法——他将之与"整个反进步论观念"相提并论。在问"怎样才能实现它呢？"时，马林诺斯基特意用感叹号标出、批驳了诺斯克特·托马斯和 C. W. 米克先前的尝试，他们曾在尼日利亚担任政府人类学家。在土地所有制的关键问题上，他写下了旁注，"我的'学说'向你指明了'共产''部落''所有权'这些词的意义：一旦你明白了，你就知道怎样在几周内收集到解决实际问题所需的所有事实"——他还回想起自己做过的，"显然，早在我知道实用利益前，我就已经考察过土地所有制、经济价值、交换等等了"。马林诺斯基时不时地怀疑卢迦德的动机："他没有摆脱伪善之心——不管怎么说，都不仅仅是土著人的利益"，但"因为我们在那里，我们必须限制［？］他们"。但结论是不言自明的："如果他想把科学人类学纳入他的帝国思想中——他唯一能做的事情就是创立［一个］功能主义学派"；"间接统治是向功能主义观点的彻底拜服"。

1929 年，马林诺斯基与奥尔德姆联合发起了一项竞争，从洛克菲勒基金会赢得了对非洲国际研究所"实用人类学"研究项目的资金支持，这个项目研究"正在深刻改变着土著人的"土地所有制和劳动力的紧迫问题。在随后几年间，洛克菲勒基金会的资金源源不断地进入了非洲研究所，用于资助项目团队中从事实地研究的"田野调查"人员，以真正实现"社会人类学的革命"（见上文，第 210 页）。[5] 由于马林诺斯基本人如何介入非洲人类学、"文化接触"以及"文化变迁"的研究已经超出了本文的考察范围，在此不再赘言，显而易见，他竭尽全力向殖民机构兜售人类学的实际功用（参看 James 1973；Kuklick 1991：ch. 5；Kuper 1983：ch. 4；Onege 1979；Grillo 1985）。在此过程中，他极大地受到他自己有志于推进这个专门学科的兴趣的鼓舞，他最终也在

261

―――――――

［5］　拉德克里夫 - 布朗的工作当然也对"社会人类学革命"发挥了巨大的作用，马林诺斯基的学生在 1930 年代纷纷转投到他的门下，在马林诺斯基前往美国后，他取而代之，成为英国人类学学界的领袖人物（Stocking 1984b）。

这门学科中功成名就。正如他在 1931 年私下说过的，专业人类学家是在一种"没有实用基础的""因对其产出不抱希望而没有资助"（见上文，第 204 页）的氛围中耗费心血培育年轻一代人类学家的。在这样的情境中，马林诺斯基不得不想尽办法说服那些一无所知、犹疑满腹的买主们才能推进人类学。一点不错，这正是他在他的学生奥黛丽·理查兹（Audrey Richards）脑海中的形象，理查兹在后来评价《非洲国际研究所生涯中的实用人类学》时回忆道，"那时，我们人类学家就像在一个喧闹无比的市场上四处推销商品，却几乎无人问津"（1944：292）。

在兜售人类学时，马林诺斯基不得不见人说人话，见鬼说鬼话。在最初提倡"实用人类学"，面对洛克菲勒基金会和殖民地当局时，他警告说，想要"颠覆旧有的传统体系"并"代之以一种现成的新道德"的做法将不可避免地导致所谓的"黑色布尔什维克主义"；相反，人类学家由于没有"既得利益"，"冷静地寻求纯粹的精确性"，他们能够在不引发惊恐的同时开展土地所有制的考察，这将揭示必须给土著人保留的"最低限度的土地数量"，而土著人"也通常不会意识到"研究的目的是什么（Malinowski 1929b：28-32）。但在针对一位殖民地官员说人类学家应当待在他们的学术实验室里，将殖民地管理事务交给"实干家"的批评而挺身捍卫"实用人类学"时，马林诺斯基却立刻换了一种口气。他以"南太平洋的猎奴"（black-birding）为例，他说，那些实干家由于忽视了土著人的习俗，发动了惩罚性的远征，在这当中，"'实干家'自己变成了凶手"（Malinowski 1930a：411；参见 P. Mitchell 1930）。在指出殖民地的"善意实干家们"是"一个利益共同体"时，他的抨击没能认识到，在这些人中也有着"深刻的、甚至无法弥合的差别"——白人雇主"无厌而冷酷的贪心"，传教士们的"无病呻吟的感伤，执迷不悟的教条或谬误百出的人文主义"——甚至也没有考虑到"非洲土著人，不管是'野蛮的'，还是部落解体的"（Malinowski 1930a：424）。

马林诺斯基自己对非洲土著人的方法在 1930 年代早期略微有所变化，每个环节上的共同主题只有些许内容的不同（参见 Rossetti 1985；James 1973）。在 1930 年，他警告说，有出现南非和美国南部那样的种姓社会的危险——"每个种族都不能取代另一个"，"社会缺陷沉重地压在底层阶级的身上，也让高层阶级的道德堕落下去"（Malinowski 1930b，转引自 1943：663）。随后一年，在"种族隔离"论坛上，他事实上将种族隔离描绘为"在目前是必要的"——他认同卢迦德和美国种族主义者洛斯洛普·斯托达德（Lothrop Stoddard）的立场，而与另四位"仅仅轻蔑地将种族偏见的重要性贬低为迷信"的作者正好相反。但在就"社会的基石"表明立场时，马林诺斯基也就"公正与智慧的基石"坚守着自己（与斯托达德相反）的立场。他争论道，种族隔离应当双管齐下，他不仅认为应该禁止白人移民到东非——"世界上当前种族情势最危险的地方"——还应该将那里的白人全部迁出，这样才能给有色人种留下"安身立命之地"（Malinowski 1931：999-1001；参见 Malinowski 1929c）。

三年后，当他前往国际非洲研究所花了两个月时间探视田野工作者时，马林诺斯基亲身体验到了南非的种族隔离。在那里，他发表了几次演讲，其中两次面向白人教育工作者，后来以"土著教育与文化接触"为题公开发表了（Malinowski 1936）。马林诺斯基认为，"无耻的欧洲式学校教育"是"十分困难的，危险的"，它会"严重伤害"那些生活在非洲简单的部落条件下的民族（481）。假如剥夺了土著孩子对"他自己的传统和在部落生活中的

身份"与生俱来的"文化权利"，这种学校教育也不会给他颁发一
张"我们自己的文明和社会的公民身份许可证"。"南非的白人共
同体"虽然不受"任何怨恨或种族恶意"的驱动，却会深受"经
济规律"的驱动，他们"尚未准备好给一个（不管多么有教养，
多么聪明的）土著人凭所受教育而赢得的身份"（484）。"由于政
治原因"不能认可将更多的土地和经济机会给予土著人，欧洲共
同体中那些"非洲人的朋友们"就代之以给他们"更多更好的教
育"，似乎它是一剂"包治百病的灵丹妙药似的"（491）。在这
种情境下，马林诺斯基推崇一种教育——由说方言的人用英语讲
授——这样就不会让"非洲人疏离他的部落文化"，也"不会在他
心中激起他将来的薪水和地位都不能满足的目标和欲望"（501）。
由于"现代人类学的田野调查技术"的迅猛发展已经使我们能够
"轻而易举地学会如何了解土著人及其文化"，因此没有什么理由
"再犯错，或陷在错误的泥潭里"（507）。

　　在南非期间，马林诺斯基还与黑人听众就"非洲（黑人）爱
国主义"这个话题有过一场谈话。在谈话中，他对比了人类学家
和两个"伪朋友"群体：感情用事的"Negrophile"[6]如诺曼·利
斯，和"塞布尔有色兄弟会"的基督教朋友，他们实际上根本无
力阻止奴隶制、劳工剥削和土地掠夺。他承认，在人类学家中
确实有一个种族主义流派（以及种族作为一个考察主题这个"事
实"），也承认所有人类学家都倾向于无视或鄙视解散部落的非洲
人，但他仍然坚持认为，人类学正在发生重大的变化。在举出他
在1922年和1929年的文章证实这个运动时，他说，人类学的重
心正从"光身子的非洲人"转向"穿裤子的非洲人"。对于前者，

────────

〔6〕　Negrophile，意思是"对黑人友好者"，"亲近黑人的人"。——译注

功能人类学已经并仍然在组织一场"文雅却有效的锦标赛"：它承认非洲文化的价值（甚至到了为巫术和食人俗之类的传统习俗辩护的程度），反对剥夺部落的土地，歪曲部落的法律，强加异己的基督教道德，鼓吹"自然而然"的政治自治和经济发展。但到了现在，功能主义人类学到了直面现代黑人问题的时候了——地位平等，劳动力市场的自由竞争，种族自信的保护；一句话，是时候"认识到部落解体后的非洲人的现实，是时候为他在世界上的地位而奋斗了"。虽然在这场谈话和对白人教育者的演讲之间明显存在着实质的一致性，但他谈论的重点和修辞的差异显然也是十分重大的。一个非洲女听众的"情感完全被征服了"，她称赞道，在遍地的虚伪和伪善中，马林诺斯基"对被压迫人民的同情理解"堪称是"完美的英雄主义"（MPL：Zamunissa Cool/BM 7/7/34，8/28/34）。

264

他不打算在欧洲同胞面前继续扮演同样的"英雄"角色，马林诺斯基将谈话记录稿放进一个文件夹中，上面注明"Nig Lec."（黑人讲稿）（MPL："African［Negro］Patriotism"）。但在随听众不同而含混变换的策略性修辞背后，他对土著人的未来和人类学家的使命的看法继续变化着。1936 年，他向卢迦德勋爵求助，请求他资助乔莫·肯尼亚塔（Jomo Kenyatt）*的工作，后者早年长期在英国以充当语言调查对象谋生，后来对人类学产生了浓厚兴趣，马林诺斯基以十分粗鲁的策略性政治口吻说明道：

---

*　乔莫·肯尼亚塔（Jomo Kenyatt，1897—1978），从 1935 年开始在伦敦经济学院随马林诺斯基学习人类学，并于 1938 年出版了博士论文《面朝肯尼亚山》（*Facing Mount Kenya*），马林诺斯基为之作序。他积极从事反殖民主义活动，肯尼亚于 1963 年独立后，他于 1964 年至 1978 年间就任肯尼亚首任总统。——译注

肯尼亚塔先生打算在返回母国后从实用观点开展人类学田野调查。……肯尼亚塔先生是两年前在我的系里开始工作的。那时，他在所有方面都有着确定无疑的政治偏见。不过，我想，这在客观科学方法的定期冲击下已经从他的心灵中被完全消除了。科学人类学强大的去政治化力量已经带来了巨大的转变。再多两年系统的学习，以及人类学学位给他的研究类型打上的印记，再加上他将意识到的对［国际非洲］研究所的义务，我敢保证，将最终完成这个转变。由于肯尼亚塔先生对非洲学生，也对肯尼亚有教养的非洲人都已经产生了难以估量的影响，这份资助不仅有望推进理论的研究，也将扩大人类学的实际影响。（MPL：BM/ll 12/7/36）

由于并未受到社会人类学洗脑力量的左右，当这件事情提交到研究所理事会投票时，卢迦德成了唯一一个异见分子（MPL：［unsigned］/BM/ 12/21/36）；肯尼亚塔的心灵仍然是政治化的，他随后成了肯尼亚独立运动的领袖和第一任总统。但在1938年，他出版了他的博士论文，马林诺斯基为他写了导言，称赞肯尼亚塔"有助于我们理解非洲人是怎样看穿我们的虚伪，他们怎样评价双轨托管制的真实面目"（Malinowski 1938a：x），由此含蓄地质疑了卢迦德整个研究计划的历史真实效果。在前一年，在给《野蛮人的反击》一书所写的序言中，他称赞作者是"当之无愧的土著代言人，不仅从土著人的观点，从土著人的利益和诉求来说也是如此"。

给我深刻印象的是，一个只有很少训练的人类学家，却拥有近乎完美的田野调查技术和理论知识，已经做出了如此出色的工作，并且还要与那些通常被描述为前土著的人搏斗。难道是科学让人们变得如此谨慎，让学究变得如此胆怯？抑或是因为人类学家过度沉迷于未受玷染的原始人，反而在面对受奴役的、被压迫的和部落解体的土著人时无动于衷了吗？不管是什么情况，我个人相信，人类学家不仅仅是土著人的解释者，也是他的捍卫者。(Malinowski 1937：viii)

虽然这篇序言只不过简单地写了一页，说的也是他"始终"就有的观点，但它仍然可以看作马林诺斯基对自己不断变化的何谓"土著代言人"的反思性评论。早在进入人类学前便已迷恋于"未受玷染的原始人"，却又视欧洲文明压倒一切的知识／权力为理所当然，马林诺斯基长久以来都是以接触前"野蛮人"的"本土观点"的代言人自命的——他主张尽可能在奴役、压迫和部落解体中将其保存下来。在 1920 年代后期，在寻求如何传播他的科学时，他不但欢迎与他的潜在保护主义相一致的"间接统治"政策，还报之以"实用人类学"，希望推动土著人、殖民者、殖民官员和人类学家的多方利益。进入 1930 年代后，他在非洲殖民氛围中对文化接触进程有了越来越全面和直接的体会，"野蛮人"——现在经常加上"所谓的"或加上引号表示质疑——也被放在了"实用人类学"的羽翼之下。"走出部落的土著人"被放在了舞台中央，一开始是作为殖民行政管理政策的对象，然后是更加重视土著人的"利益和诉求"，最终开始正视非洲人作为一股世界历史政治力量的登台（参见 Rossetti 1985；Kames 1973)。

在给肯尼亚塔著作写的序言中，马林诺斯基发现，"令人震惊的是"，墨索里尼入侵阿比尼西亚事件已经"在很多地方和土著人中间激起了公众情绪，而我们此前从未意识到，他们也对国联、双轨托管、劳工神圣、人类友爱有着十分复杂的看法"，"中国事件"也正在"将全世界有色人种团结起来对抗西方列强势力"（Malinowski 1938a：x）。同一年，在为研究所刊印的《文化接触研究法》一书的备忘录撰写的导言中，他特别提到，"新的非洲民族主义、种族情感以及对西方文化的集体对抗"已经形成了，这起因于他们对"我们文化的基本原理"的全面拒斥："身体权力的工具"，"政治统治的工具"（"即使他们被赋予了间接统治，也是在我们的掌控之下"）；"经济财富的实质"以及"进入教会、学校和客厅"的权利（Malinowski 1938b：xxii-xxiii）。

　　马林诺斯基辞世前最后一篇准备发表的论文是在他离开英国前往美国时写成的，他已经不再参与英国人类学的殖民地传播了，这篇文章成为其思想变化的最后一个标识。在很大程度上，当他重印早年间的一篇关于"土著人的教育"的论文时，在结论部分做出了重大修改，他抨击种族隔离"实际上是白人对非洲人全面的政治和法律控制"（Malinowski 1943：661）。马林诺斯基认为，"以欧洲为标准促进非洲的整体转变"不仅要求"欧洲人从非洲全部撤出，才能交还如今已以牺牲非洲人为代价而被侵占的土地、政治权力和机遇"，"还要求从欧洲和全世界注入资本"，其成果不应"被欧洲资本家攫取，而应还给非洲人"（660）。然而，马林诺斯基依然没有预见到新兴的非洲民族主义造成了殖民制度的终结。正相反，"正在发生的"是"一种严酷的种族制度的形成"，在其中，"两个组成文化中的一种被全面剥夺了文明人类的基本需要"（662-63）。而虽然他再次建议推进适度的土著教育，他接着警告道，如果只是提高了他们的愿望，却没有"切实地满足他们随后的诉求，必将引发巨大的社会灾难"（664）。最后，他只能转而援引他自己早年身为哈布斯堡帝国中一个波兰佬的经历作为一个类比：

> 身为一个欧洲人，更是身为一个欧洲的波兰佬，我愿意
> 在这里将欧洲民族性（虽然不是民族主义）的迸发当作一个
> 比较和范例。在欧洲，我们这些被压迫的或屈服的少数民族
> 成员……从未渴望融入我们的征服者或统治者当中。我们最
> 强烈的诉求无非是以全面的文化自治完成隔离，这意味着甚
> 至没有政治独立的诉求。我们只要求，对于我们的命运，我
> 们的文明，我们享受生活的方式，我们能够有同样的机遇，
> 同样的决定权。（665）

诉诸他的波兰人身份，是一种典型的马林诺斯基式譬喻："作
为一个波兰人，在代表非洲人说话时，我再次以一个东欧'野蛮
人'的身份，对基库尤人、查加人或博茨瓦纳人的亲身体验感同
身受。"（Malinowski 1936：502）但即便这种体验还不足以成为
殖民地世界未来的种族关系的完美模型，它也有助于他理解什么
是"双重社会人格"——在他班上的几位"非洲血统"的学生就
是如此。当然，最有名的是乔莫·肯尼亚塔，他曾经"在不止一
个皇家专门调查委员会面前为了土地事务"担任基库尤人的代言
人（Kenyatta 1938：xx）；有证据表明，马林诺斯基随着非洲人意
愿的不断改变而不断改变自己的看法，这也多少反映了他们的关
系——在某种程度上，他自己的心理过程在非洲民族主义的政治
化氛围中被重塑了。

　　然而，马林诺斯基受非洲民族主义的影响远比不上肯尼亚塔
从社会人类学那里受到的影响。他们两人从不同的起点，在不同
的轨道上各自前行；他们对当前世界的看法也如对未来的看法一

样相去甚远。曾有过一个短暂的历史时刻，《面对肯尼亚山》的作者和他的"良师益友马林诺斯基教授"有机会站在同一个立场上（Kenyatta 1938：xvii）。在许多方面，肯尼亚塔的著作的确可以看作对马林诺斯基的传统非洲教育观的一种证据。它的核心章节意在表明，阴蒂切除术或女性割礼，虽然一直为传教士们抨击为"野蛮而残忍的，只有受魔鬼控制的活在永恒原罪中的异教徒才会做"，但它不仅仅是"一种单纯的身体损毁"，更是"一整套部落法律、宗教和道德赖以存在的条件（*conditio sine qua non*）"（128，147）。在此书的结论部分，一开始就醒目地冠以一条功能主义的断语"在此描述的基库尤生活诸方面是一个整体文化的各个组成部分"，在其中，"任何一个方面都是不可分离的：每个方面都有它的情境，只有在与整体的关系中才能得到充分的理解"（296）。

　　然而，两人相遇的立场并不是"部落解体后的土著人"，而是殖民遭遇前的基库尤文化：在肯尼亚塔的笔下，"教育体系……早在欧洲人到来之前便已经存在"（1938：95）。如果说，也如马林诺斯基那样，教会学校和英国学术生涯也塑造了肯尼亚塔的"双重社会人格"，他们两人对心灵两重性的感受也是迥然不同的。由此，当肯尼亚塔说必须"十分克制地保持任何一个进步的非洲人都不能不体验到的政治诉求感"时（xvii），马林诺斯基却是从他自己的文明焦虑感出发，做出了多少有些居高临下的评论：

　　　　为对肯尼亚塔先生公平起见，并就善意的欧洲人与遭受高等教育之痛的非洲人的合作智慧而言，我们不能不承认一个事实，非洲人既是从部落的角度，也是从西方文明的角度，更敏感地体会到了现代世界的悲剧。（Malinowski 1938a：ix）

与马林诺斯基保守的哈布斯堡式没有政治独立的文化自主观形成
鲜明对比的是，肯尼亚塔在全书的最后大声疾呼，为了实现"彻
底解放"，必须奋斗"不止"（Kenyatta 1938：306）。

　　马林诺斯基从未停止鼓吹"科学人类学"的价值，以及它在
解决现实问题时的功用。但如果说他的措辞在很多时候都反映了各
种心绪和时刻，那么，同样有证据表明，在两战间，他对科学产生
的文明也表现出越来越深的幻灭之感。生于"一个和平、安宁的世
界"，身为"心怀稳定与渐进发展之合理梦想"的一代，他却经历了
一场深远的"历史堕落"（Malinowski 1938a：ix）。到1930年，他已
经开始将"现代机器化的盲目驱动"视为"对所有真诚的精神和艺术
价值的严重威胁"（Malinowski 1930a：405）。在1930年代中期，他
说，"我们极端追求效率的现代文化"实则是一个"弗兰肯斯坦式的
怪物，我们将无力应对"（Malinowski 1934：406）；1938年，他又援
引威廉·詹姆士的话说，进步是"可怕的"（Malinowski 1938a：ix）。

　　在1908年，马林诺斯基曾求助于殖民权力，极力捍卫科学
知识的客观功用，此后，他仍然认为这两者最终都是不可阻挡的
必然性。但到了1930年代，他对科学的态度显然开始发生变化：
它现在是"我们时代的最大不幸"（Malinowski 1930a：405）。当
务之急不是"推行'进步'，对此我们既不理解，也不能控制，更
不赞成，而是要尽可能地让它放缓脚步"。不应再将"西方文明
的恩惠"说成是"全人类的终极目标"，我们应当考虑如何才能
"阻止我们自己的麻烦和文化疾病传向那些尚未受此荼毒的人"
（Malinowski 1934：406）。原始人的悲怆——自卢梭以来已经成为
一种自怜的投射——如今又因文明人的悲怆而变本加厉了。曾几
何时，"签约"给美拉尼西亚人造成了苦难，如今正将苦难带给整
个人类。

民族志原型、动机神话、殖民权力和民族志知识的反讽

对三个不同的人类学家在三种不同的殖民场景中在三个不同民族中的掌故式民族志经验加以比较，委实是一桩冒险之举。但既然马林诺斯基也曾一度将自己放在与另两位人类学家的原型关系中，那么，以类似的方式来看待他们三位，又有何妨呢？无须佯装进行全面的比较，我们最好还是将他们看作分别体现了民族志的一般殖民氛围的不同环节，代表着人类学的发展和制度化过程中的不同阶段，以及对其政治和伦理困境的不同应对。

马克莱到达新几内亚北海岸可以说实现了想象中的人类学遭遇的原初场景。马克莱没有里弗斯享有的殖民地当局保护伞，随着帆影远去，他真的是孤身一人处在葱郁的热带丛林里先前"未受触动的"原始人当中了。虽然他们很快就被卷入了迅速发展的殖民地场景，但它依然长流不息，足以让马克莱这样一个浪漫气质的人驰骋想象，是抵制还是重塑它。他的民族志兴趣大都奉献给了这种注定失败的努力，在他的民族志事业中同样也不无含混之处。尽管他对人类学田野工作的伦理和政治含义有着非同常人的感悟力，一种渴求权力的库尔兹黑暗之心在马克莱的家长式保护主义中也是不言而喻的；而以当前的标准看，在这种权力关系氛围中生产的民族志知识的水平也是相当有限的。

与马克莱在新几内亚北海岸的前殖民氛围相比，库巴利在帕劳接触的民族已经与欧洲人打了一个世纪之久的交道了。虽然欧洲权力此时仍然只是靠海盗商人和间或的报复征讨而偶露峥嵘，库巴利的民族志却从一开始就卷入了一张地方政治和贸易的复杂网络。由于他的务实气质达到了欺诈的程度，他总能游刃有余地以十分务实的手段应付权力和势力的不平等。他根本没想过要抵

制殖民主义的逐步蚕食，当他发现太平洋地区因没有制度后盾而陷入困境时，他马上摇身变为它的积极代理人。而直到今日，他所生产的民族志知识却比马克莱更容易得到我们的认可。

　　当马林诺斯基开始他的民族志生涯时，不论殖民地氛围还是西南太平洋人类学的制度发展都已经进入了一个十分不同的阶段。在他第一次登上梅鲁岛时，一支澳大利亚征讨军队已经占领了德属新几内亚，在那里，马克莱已经完成了田野调查，而库巴利也已经成为一名种植园主（Mackenzie 1927: xv）。欧洲权力的立足不再是问题；现在面临的问题是殖民当局怎样在那些管理和经济机构已经就位的领域中实现转变——虽然像特罗布里恩德群岛这样的地区仍然会留在里弗斯的最佳民族志机遇视野之内。尽管人类学的制度化前景仍然是前途未卜，但它的现代学术框架已经初具轮廓。尽管马林诺斯基也是一名依靠临时安排才能开展后续研究的东欧移民，他还是在学术机构的资助下来到了西南太平洋，并发愿回到欧洲后开始大学生涯——唯有这里才是巩固他的"人类学革命"的地方。而虽说他的日记造成的震荡足够大，他的民族志工作仍然当之无愧是人类学史上的里程碑——几座罕见的民族志素材宝藏之一，无论在过去还是将来，都一直是持续的理论争论的焦点，更是少数对那个年代的思想和文化运动产生根本影响的人类学经典作品之一。

　　以这种简短的概述为衬托，让我们思考一下马林诺斯基自己对他的两位先驱的神话式观点吧。假定他们没有被以某种方式转述或翻译，我们会怀疑，他究竟在多大程度上了解他含蓄地指出的他在 1917 年确立的两"种"民族志比例。作为其民族志领域的先驱和从奥得河东来的同乡移民，他对他们的名声必定早有耳闻。但他将库巴利暗贬为一个"具体的方法论者"却表明，他并不怎

270

么熟悉库巴利的帕劳调查。而且他很可能对马克莱公开发表的作品也没有直接的了解，它们发表在不易得到的俄文刊物和巴达维亚出版的荷兰文刊物上面。如果他读过这些作品，他绝不会把马克莱描绘成一个"新型的"民族志作家，因为他的工作实际上只在前里弗斯的意义上才是"具体的"，大多集中于体质人类学、物质文化、人口统计和词表变化的语言学方面（Webster 1984：346）。

即便说马林诺斯基确实不熟悉这两个原型人物对民族志知识的贡献，但对他们在当前殖民权力的地方场域中的大名，他却必定是心知肚明的。而正如马克莱的影响力始终"是在道德方面的"（Webster 1984：348），库巴利在"一战"期间也是如我指出的那样是在道德方面。马克莱——他自己未出版的日记的库尔兹式共鸣——可以被浪漫地描绘为一个欧洲的民族志作家，孤身一人深入殖民遭遇之前的土著人中间，他不仅携回了科学知识的圣杯，还成为他们免遭欧洲权力冲毁的捍卫者。库巴利——他直到去世前都积极在附近一片刚被澳大利亚占领的土地上为德国殖民主义效力——几乎不可避免地服膺于德国"殖民暴行"的责任心。对一个知道他的康拉德是谁的人来说（参看 Clifford 1988），库巴利作为库尔兹的形象显然是不言而喻的；而如果马林诺斯基心中的库尔兹经常能够"理解"这些暴行，那些不断复现的库尔兹式冲动却在他为了发动"人类学革命"而写下的神话执照中失去了踪影。如同它提倡的"民族志"一样，那份执照是马林诺斯基人性中浪漫原始主义一面的必然产物。

在原型方面自我认同于马克莱而不是库巴利时，在隐喻的意义上，马林诺斯基可以说回避了他所处的殖民地情境的道德与方法论复杂性和含混性，而遁入了一个充满了未堕落的人类学清白的想象中的伊甸园。在抛下了文明（虽然不是科学人类学）的文化负累后，孤独的民族志工作者在那里遇到了殖民接触前的原始人，从特定文化"他性"中提炼出它的精华，并将一种富有普遍人性意义的奇异而秘传的知识带回了文明当中。在这样一种情境中，民族志田野工作的殖民场景在马林诺斯基的神话执照中找到了位置，它只是一系列固定角色，民族志作家被鼓励逃离它们。在这样一种情境中，民族志作家无须在马克莱对欧洲权力的堂吉诃德式抵抗和库巴利的库尔兹式共谋之间首鼠两端了：略过欧洲人的在场，以民族志为手段，捕捉一种原始的接触前精华，他就能够从欧洲殖民接触的堕落和毁灭冲击中拯救它，而无须在现实世界中与那一进程达成妥协。

然而，在那种浪漫原始主义声音外，还有另一种马林诺斯基式的声音。还是同一个马林诺斯基，他在博士论文中仍然主张一种权力，即科学知识让欧洲人凌驾于他的"半开化的有色兄弟"之上，他在田野中阅读马基雅维利，他对提升民族志知识的兴趣是与他自己的职业提升密不可分的，而尽管他怀疑过土著人如果不"签约"的话是不是会更快乐，他仍心甘情愿地为如何让他们在签约后更有工作效率而出谋划策。与其浪漫原始主义的另一个自我不同，这个更现实、更政治的马林诺斯基选择以自己的方式与殖民体系达成妥协。

在现实的历史世界中，民族志工作者与原始人相遇的伊甸园早已被玷污了（Wolf 1982）。在侵占了伊甸园后，欧洲权力将它对所有堕落人类的劳动力需要强加到园中居民身上——园中的果实当然也被侵占。在现实世界中，民族志工作者同样不得不屈服于劳动力的需求——他不仅要给自己挣面包，还要培育他用以挣面包的这个处在制度边缘的学科。他可以带着堕落前的民族志伊甸园知识回到欧洲，但那种异果的市场却小之又小。一种更实用

的产品看起来有人需要，而马林诺斯基打算提供它。他并未亲自
"签约"那份"帝国的脏活"——正如库巴利在人类学制度发展
的早期阶段觉得必须做的那样；但他也绝不会冲向那架如今已比
马克莱的年代远为强大的殖民权力风车。在这两种原型之间，在
"真理和实用政治（*realpolitik*）的四界"内（1931：999），他选择
了一条中间路线：向殖民机构提供一种新的人类学知识——既是
专业的，又是实用的——这将提高对殖民地人群实行更有效、更
经济、更平和，也更人性的管理水平，同时满足欧洲人的利益和
土著人的幸福（参见 James 1973；Rossetti 1985；Le Clerc 1972；
参见 Onege 1979）。在少有主顾的市场中，这样一种产品可能获得
开展民族志研究、推动人类学的制度发展所需的资源——实情也
的确如此（见上文，第 208—210 页）。

马林诺斯基本人将"实用人类学"运动看作是"去浪漫化
的"："罗曼蒂克是逃避的人类学，因为它逃离了许多人文关怀，
［而］我们功能人类学家不得不依赖科学提供的其他吸引力，即
通过建立一般法则对人类现实进行控制从而赢得的主宰感。"
（Malinowski 1934a：408）但如果说科学知识的力量对马林诺斯基
从未失去吸引力，他那种让它更"实用"的投机做法却无论如何
不能代表其人类学的整体转变。在转向现实世界时，马林诺斯基
的人类学仍然不能说是历史的。在宣扬它对殖民地机构的实用性
时，它却逐渐远离了殖民权力的实际运行。在声明它"去浪漫化"
时，它却为浪漫冲动在它创造的民族志研究空间中留下了开阔的
天地。

在鼓吹文化接触研究是"人类历史上最重大的事件之一"时
（Malinowski 1939：881），马林诺斯基敦促人类学家"向前看，不
要向后看"（Malinowski 1938：xxvi）。而虽然他批评前接触"零

点"（precontact "zero point"）的观念，他倡导的"有机整体"接触情境研究却多多少少有着静态的非历史特征。在他死后出版的《文化变迁动力论》的多栏分析中，积极的历史能动性牢牢地埋在了第一栏"白人的影响、利益和意图"里（Malinowski 1945：73）。正如他在向埃塞俄比亚征服后在罗马召开的非洲殖民主义会议上提交的论文中所言，殖民化依赖于"强权的有效展示"，这会让非洲人无论个人还是集体都"完全驯从"；不只如此，殖民官员的"职责"是"发起和掌控变革"（Malinowski 1939：883）。因之，马林诺斯基的接触图表中的第二栏，"文化接触与变革的进程"，是将白人的意愿"转变"为"实际的行动"，尽管"非洲部落主义也富有活力"，但这早晚必将逐渐吞并、取代第三栏中开列的"各种残存传统"（Malinowski 1945：81）。虽然马林诺斯基承认，"非洲人自发的再整合和反应正在兴起"，但这个范畴在分析上却只放进了第五栏右边，位于"重建过去"之后——而尽管如此，它实际上只"在某些情况下"才有用：比如在分析战争，而不是巫术、土著饮食、土地所有制或酋长地位时（Malinowski 1945：73-76）。

即使马林诺斯基转向了变迁研究，为民族志创造的新空间仍在某种意义上置身于世界历史的进程之外。虽然他已经开始承认，甚至认可非洲民族主义的汹涌浪潮，马林诺斯基并没有预见到殖民体系的最终命运，除了在某些"最后的"（非）历史时刻——这也同样适用于他的绝大多数人类学同侪（参见 R. Firth 1977：26）。在历史性的当前，他决定让人类学与殖民政策的实际进程及实施保持一定的距离，不管在殖民现场，还是宗主国都是如此。这是因为，虽然马林诺斯基认为可以自由地批评当前殖民政策的失败，并可以以一般方式提出替代方案，他仍坚决反对"学者插手殖民政治"（Malinowski 1930a：419）。在将人类学限制于"研究与现实问题相关的事实和进程"，而将"最终决定如何运用研究成果"留给政治家后，实用人类学为殖民地当局提供了一份中立性科学理解的实用货物——但它既不介入殖民政策的制定，也不介入它的实施（Malinowski 1929b：23）。

最终，马林诺斯基朝向殖民世界社会变迁研究的运动在很大程度上被以拉德克里夫－布朗为马首的转向取代了，在民族志现场中对社会结构进行更加静态的分析（Kuper 1983：34，107，112）。而最终，"实用人类学"的地位一落千丈。在马林诺斯基去世几年后，在评论"应用人类学"时，埃文斯－普里查德着重强调了实用关怀与科学关怀的张力，他认为，人类学家最好还是将他的知识和时间花在解决科学问题上，而它们可以没有任何实用价值。虽然他还是给人类学家保留了可以为殖民政府担任"顾问"的角色，埃文斯－普里查德关注的是，他应该被允许接触所有可能牵涉土著人利益的档案文件，这样才能保证土著人在管理要求和帝国政策下得到"公平的交易"。但他的主要观点是，人类学的未来取决于它的学科发展："更多、更大的大学院系"才是迫切的需要（Evans-Pritchard 1946；参见 Grillo 1985）。

关于殖民地研究资助和殖民地研究机构在战后时期的角色问题，不在本文的考察范围之内；在此也不讨论马林诺斯基及其门徒的工作究竟是否为殖民统治提供了信息。[7]在目前来说，更重要的是"人类学革命"造就的话语空间的实质是什么。在实用方法论的层次上，我们可以将马林诺斯基的神话执照视为在 20 世纪人类学话语的非时间性结构中构成特殊时刻的关键一步。在 19 世

---

[7] 关于这些问题，见 Asad 1973；LeClerc 1972；Huizer & Mannheim 1979；Hymes 1973；Kuklick 1978；Kuklick 1991；Kuper 1991；Loizos 1977；GS 1991a。

纪进化论中，民族志的对象是作为一系列静态时刻分布在一个历时阶梯上的，从人类诞生伊始文化起源的特定时刻依次往上排列（参见 GS 1987a）。随着人类学的非历史化——马林诺斯基的《阿耳戈》是一个主要标志——也就是说，时间刻度被含混地压缩进一个坐落在时间之流以外的单一时刻内。就它作为民族志工作者自己参与的观察的结果而言，它是一个"现在"时刻；但就其为了重获假想中的前接触文化的本质或结构形式而抹去了现在的殖民氛围的构造而言，它存在于"过去"——并且它同时拥有这两个面向，因为在观察和出版之间总有一个实质上的间隔。遵照直到 1942 年才得以命名的惯习，这个现代民族志的特殊时刻最终被称为"民族志现在时"（ethnographic present）（Burton 1988；Fabian 1983）。虽然与原型人类学遭遇的"原初场景"相比，它更接近现实世界，但它仍然是一个想象的空间，在其中，遵循着马林诺斯基的神话执照，那种遭遇一次又一次地重复上演着。

指出这一点，绝不是暗示说，马林诺斯基是"一个骗子"，或者说那些继其踵武者没有对民族志知识做出重大贡献。至少，目前对三种民族志原型的思考意味着，在动机神话、殖民权力和民族志知识的关系中有着某种反讽式的复杂性。正如马克莱和库巴利的例子表明的，动机之纯洁和情境之荒古从未真正成为民族志知识质量的保障。这种知识始终意味着权力的不对等（即是说，既推动它，又受制于它）。[8] 从未有过一个民族志的清白时刻；所有人类学都是后堕落式的（postlapsarian）。但只要它能够在受惠于殖民权力之时又能敬而远之，各种变体的原初遭遇神话就能够

[8] 为了避免读者诸君误解本文讨论的范围，有必要更清楚地指出，在此并不是要全面地思考这种推动和制约对这三位原型人物的民族志的影响；一个更系统的分析的例子，见 Bashkow 1991。

在民族志知识的生产中起到强大的激励作用，推动几代人类学家
"从事这项工作"，无须过于担忧知识和权力的终极问题。

马林诺斯基原型拥有如此的神话潜能，这一点在他的特罗布
里恩德日记于 1967 年出版后引发的激烈反响后中得到了证实；
惊愕，反对，拒绝，所有这些都证明了除魅的深度（参见 R. Firth
1989）。当然，在那时，民族志现在时的迷人的殖民地圈子已经
打破了，而现实世界中生产民族志知识的权力关系也经历着此前
未有过的大变局（Holland 1985；Huizer & Mannheim 1979）。在
知识与权力的角力中，本土民族主义意在定义自身的发展方式，
并且已经赢得了一席之地，由此，长期以来鼓舞着欧洲人类学的
原始主义视景越来越成了一种意识形态的负累（参见 Torgovnick
1990）。但即使它们不再能够激发民族志，原始主义冲动无疑将继
续激励着人类学家，只要文化的比较仍能为异邦想象留下一片天
地，仍为人类学黄金时代的原型的影舞留下一片空间。

第7章　1920年代的民族志感悟与人类学传统中的二元论

　　本文是我于1988年在圣莫尼卡盖蒂中心期间写成的，吸收了我自己长期以来的研究成果（Stocking 1974a，1980a，1982b）。它的具体起源要追溯到1982年，那时，哈佛大学出版社邀我评论一位澳大利亚人类学家德里克·弗里曼（Derek Freeman）所著的抨击玛格丽特·米德萨摩亚民族志的书稿中的历史学部分，以及1900年以来文化人类学在美国的发展。尽管我已经注意到书稿中有出于辩论目的而过于简化的趋势，它的历史论证部分（大量借鉴了我早期关于鲍亚士人类学的研究著作）在涉及其他现时主义历史学（presentist history）时还算充分，有些地方也颇有启发。假如我当时充分意识到这本书将会引起多么激烈的论战，我会花更多时间重新检视它所引文字的原始语境——这本书此后的经历说明，微妙的情境化不是弗里曼之所长。但那样一来，我怀疑我可能会改变当初建议出版它的审稿意见。不论它有怎样的缺陷——有些在今天看来比那时更为明显——在我看来，在民族志实践的历史发展与现状，以及人类学理论的学术讨论方面，它依然做出了重要的贡献（尽管不无争议）。

　　我应当坚持思考这个问题，这也许算是我在人类学这门学科中无可化约的边缘地位的一个尺度。而那时美国人类学家们的反应即便算不上愤怒，也极具攻击性。在1983年美国人类学学会

277 分场会议上，我痛苦地认识到这一点，而我又应邀担任会议主席，还被要求对弗里曼的历史叙事部分作一份书面评价。在这次开会前，我决定反对这个题目——如今回想起来，大概是由于在那种高度紧张的氛围中，这个题目颇有为机密的编辑意见辩解的意味，尽管在我看来这也许不无效果，却明显地将我置于与我的原则相背的境地。既要公正地对待我最初的评价，又要公正地处理当时的问题，我当时正专注于19世纪的英国人类学，实在是分身乏术。于是，我回避了这个问题，只以几乎相同的标题，写了一篇简短的论文，为这篇文章的论点作了铺垫。

虽然我和另外两人提交给这次会议的论文可能被认为是暧昧地支持了弗里曼的批判，但这几篇论文实际上对他的立场和对米德的辩护都是高度批评的。在讨论阶段，会议气氛变得十分激烈，听众被鼓动支持一封写给《科学1983年》编辑的信，抗议把弗里曼的著作列入一份节日礼品书单。作为会议主席，我认为这种行动更适合年度常务会议，在此类会议上，学会定期对各种问题表态。在那天后，实际上通过了一份动议："有识的学者们一致谴责这是一本写得不好的书，不科学、不负责任，并会对公众造成误导"，弗里曼的书"不仅歪曲了玛格丽特·米德的作品，也歪曲了整个人类学领域"（*Anthropology Newsletter*, 1/84, p. 5）。

身为一个有识的人类学史学家，又曾参与（有些人可能会说，是共谋）决定出版这样一部被贴上官方标签的作品，我觉得我对这门学科的认同受到了严重的伤害。虽然我作为这门学科的史学家有一定的地位，而且米德公案中的两造事实上都援引了我的著作，但我不愿意充当历史争端的仲裁者，而这对这个学科的定义颇有意味。那时，我一直忙于撰写《维多利亚时代人类学》，我刻意与萨摩亚公案保持一定的距离，部分原因是我仍然期待有一天成为研究它的相对客观的历史学家。

　　尽管由于要优先处理其他项目而一直寻不出时间来实现这个想法，我仍然保留着萨摩亚公案的文件，毕竟，当学科的定义和边界都陷入窘境之时，这是人类学历史上少有的一段插曲，就像马林诺斯基的日记一样。在方法论上，它似乎特别有趣，就像是一种语境化层次上的演练（引文引用和反引用的往复论辩）；而在内容上，又是在不同学科领域内不同听众面前的话语演练（专题演讲、非正式专业交流、入门教材、普通大众读物等）。但是，由于《维多利亚时代人类学》还未完成，米德 / 弗里曼事件在我的研究议程上不是最重要的，我只打算在 1983 年那篇短论的基础上作一些更系统的延伸。以这种形式，这只是我目前所作三篇急就章之一，以便于将《人类学史》第六卷带入 20 世纪，并可以在一个统一主题下进行更全面的反思："浪漫主义原力：人类学感悟"。

　　这篇文章是在《民族志作家的魔法》之后写成的，我也正在作《黄金时代》的文章，它因此也使用了神话的概念。然而，我并不打算像弗里曼那样暗示，美国文化人类学的一般方法论或理论取向最终可能被认为是建立在神话之上的。虽然我缺乏专门的民族志才智，但我认为那些说米德的萨摩亚民族志有严重缺陷的证据现在看来相当令人信服（当然，这与她在人类学或美国文化生活史上的总体角色是完全不同的）。尽管如此，说她的萨摩亚田野工作对于文化主义范式的建立是至关重要的，因而对它的质疑也就等于破坏了后鲍亚士时代美国文化人类学的范式基础，这不能不说是过于简化了——尽管人们可能会觉得"互动论"路径与文化和生物学实际上是无关的。

　　但我不拒绝美国文化人类学是基于人类学神话的观点，我仍然相信，它的核心方法论价值长期以来都是由那些具有神话性质的

278

故事和信仰支撑的。温纳—格伦基金会（Wenner-Gren Foundation）
1976 年赞助召开了一次应对人类学危机的会议，这次会议邀请一
群人类学耆老们参加，每人都受邀约请一位自己以前的学生，在
这次会议后，文化人类学实践中有一些方法论价值观这一观点在
我的研究中得到了发展。因而，会议由两代人组成：一代人在第
二次世界大战前受过人类学训练，另一代人则是在 1960 年后受的
训练——后者采取温和对抗的方式阐明"再造"的批判精神，前
者则捍卫直到那时仍未遭到根本质疑的人类学合法性（特别是道
德合法性）。在此过程中，大卫·曼德尔鲍姆（David Mandelbaum）
列举了他认为可以从文化的概念（1982）中得到的四种"基本假
定"——总的来说，我认为这些假定实际上是由几代人共享的。几
年后，在费什本中心"人类科学史"工作坊中进行的关于学科的形
成和分化的讨论中，我自己也意识到，即使是最具历史意识的人类
学家和最具人类学意识的历史学家之间也存在着潜在的和隐含的差
异，于是，我开始产生了这样的想法，人类科学学科的分化是由一
系列完全不同的潜在方法论价值观造成的，而这构成了其专业活动
和认同的条件，但这至今仍未得到充分的澄清。

　　尽管我从未尝试系统地研究这个想法，但我有足够的理由建
议修改曼德尔鲍姆最初的四分论——整体论、田野调查法、比较
法，以及微观到宏观理论的运动（Stocking 1982b）——我在本文
中扩充了他的两组：其中一组是广义的"科学的"和比较的；另
一组是"解释的"和特殊化的。出于历史编纂学的目的，将这两
组方法学价值视为人类学史、19 世纪晚期进化论和 20 世纪早期
民族志这两个不同阶段的持久积淀，并无不当之处。因此，在不
同的历史时刻或不同的人类学家群体中，这些价值观是支配性的。
但它们的关系在个体之间或更广泛的人类学传统内，也可以被看

作是一种认识论的持久张力。

　　虽然这种二元论图景无疑反映了我自己认识论上的矛盾心理（以及我的学科边缘地位），但这在人类学史上并非没有范例。在我看来，经典之作（locus classicus）当然是在鲍亚士那里，那是在他的职业生涯开始时撰写的一篇文章，讨论了地理学研究（Boas 1887）中内在的认识论二元论，最终，他在自己的文集（Boas 1940）中给这篇文章安排了一个十分显眼的位置。一直以来，在解决这种二元论时，都有人类学家系统地赋予某一极以特权——就像我之前称呼他们的，要么成为一个科学化论者，要么成为一个人文论者。哪一方都有可能最终横扫这个领域（到了今天，在传统看来更"科学"的分支学科中，实际上也出现了叙事主义者）；也有可能，从人类学中分裂出来的不同分支学科可以将自己大致归于某一极。但由于我是在历史这条路径上经由鲍亚士，经由那段他真实地感到张力的时期而进入这个领域的，我倾向于认为，二元论是内在于人类学传统之中的，它足以包括玛格丽特·米德（她自己的多面生涯不能仅仅简化为萨摩亚经历）和德里克·弗里曼（他的批判在原则上也必须接受一种类似的传记和文化语境化的审视）。

280

　　就像个体的记忆一样，回忆中的或重构的人类学科之过去反映了原型化（archetypification）的神话历史过程，这个过程是典型地围绕着人物和时刻的节点结合而成的。在原型的意义上，在学科形成（或改革）的关键时刻，模式人物的探索塑造了模型，并制定了此后时代的研究规则，体现了学科的基本方法论价值。以精神分析为例，原型化力量是围绕着某个个人的特殊学术事件而强力浓缩起来的（参见 Sulloway 1979；Pletsch 1982）。但这个过程也可能是分散和多元的：交替（或竞争的）原型——并不总是与某个历史人物的人格魅力联系在一起的——可能与特定学科阶段（或倾向），或与之前的非学科混乱相关联。

　　在人类学之神话历史（参见 Mc-neill 1986）最有力的版本中，三种时隐时现的原型在人类学学科舞台上交相辉映：业余民族志学者、扶手椅人类学家和专业田野工作者。每一种原型都与某个特定时刻联系在一起，不论是发展时刻，还是编年时刻。因而，业余民族志学者的确切时间是一个在时段上相当模糊的前专业阶段，从早期探险家、旅行者和传教士的描述开始，却一直持续到20世纪，它们处在专业化价值观已被驯化的学术领域的边缘地带。相比之下，扶手人类学家的决定性时刻是"19世纪后期"，那时，E. B. 泰勒和 J. G. 弗雷泽在牛津剑桥的研究中，综合了业余民族志学者对"在某族中"的习惯和信仰的比较进化论的研究报告（他们给其中一些人提供了鼓励性的通信指导）——"在澳洲的瓦产蒂司人中……""在爱斯基摩人中……""在北欧的雅利安民族中……"（Tylor 1872，Ⅱ，200 -201）。原型学术田野工作者的确定时刻很难确定具体时刻，因为这个角色被安在不止一个人类学普罗米修斯的身上：布劳尼斯娄·马林诺斯基、威廉·里弗斯、弗朗兹·鲍亚士、弗兰克·汉密尔顿·库欣、尼古拉·米克罗霍－马克莱，都有资格厕身候选人之列。但是，有一个例子可以表明，原型田野工作者的崛起"时刻"是在第一次世界大战后十年左右。

　　现代田野工作方法并不像马林诺斯基于1922年的《西太平洋上的阿耳戈》开篇中宣称的，是他七年前在特罗布里恩德岛上"发明"的。事实上，前文那份祖师名单表明，现代田野调查的形成是一个多面的过程，在马林诺斯基之前和之后的许多人都做出

了各自的贡献（参见 GS 1983a）。但马林诺斯基有意识地强化了
"民族志学者"的原型，将之塑造为一个具有重大潜在价值的异域
秘传知识的先驱形象——即便在美国，这个形象都是有效的。弗
朗兹·鲍亚士的门徒们坚持说，他们早在此前就已经践行了马林
诺斯基所宣扬的（见上文，第 144 页）。在 1900 年之后的十年里，
这门学科的学术研究迎来了第一次蓬勃发展的势头，并成功度过
了战时和战后的缩紧期，到了 1920 年代后期，主要的慈善团体给
予了大量资助（见上文，第 179—211 页）。到那时，我们可以说，
第二代专业人类学家已经产生了——那些将人类学带入学院的学
生们的学生。虽然基于田野调查的博士论文尚未成为行规，而且
接受过良好学术训练的田野工作者人数仍然很少，但那些在 1920
年代从大学走向田野的人都自信满满，他们做民族志的方式与那
些旅行者、传教士和政府官员是迥然不同的，更有效率，更可靠，
也更"科学"，他们正将这些人驱往这门学科的边缘地带。以"实
验室"作为民族志领域的隐喻表达，它是一种测试之前假定的人
类行为的比较（或仅仅是文化传统）概括的独特方法，这个学科
的自我形象被成功地投射到周围的社会科学内，甚至进一步向外
投射到一般思想和文化公众领域之中。

1920 年代作为田野工作者原型的决定性时刻，也可以认为是 *282*
现代人类学"经典"时期的开始。随着对社会进化论之批判的确
立，以及随后的历史传播主义阶段很快过去，在英美传统中，一
场迈向共时人类学的浩荡运动由此开始了。由于"民族志现场"
观念中固有的时间模糊性，民族志和理论关注的焦点越来越多地
集中于文化和社会结构的研究，而不是记忆中的或重构的习俗和
信仰（Burton 1988）。正是在这个决定性的时刻，现代人类学的基
本"方法论价值"——即怎样做人类学（以及成为一个人类学家）

的理所当然的、先入为主的观念——开始建立起来：作为人类学
家和人类学知识之基本构成经验的田野工作的价值；以这种形式
的知识为实体的整体论方法的价值；对所有这些实体之相对评价
的价值；及其人类学理论构成中的至高角色的价值（GS 1982b：
411-12，1983b：174）。[1] 方法本身仍在不断发展中——玛格丽
特·米德的萨摩亚研究被鲍亚士誉为"开辟了一个土著部落方法
学研究的新时代"（MMP：FB/MM 11/7/25）；在保守的历史传播
论者看来，雷德菲尔德对特波茨兰的社区研究是一种偏离了传统
民族志的"社会学"方法（Kroeber，1931）。但是，尽管在 1930
年代后期，克虏伯的加州大学门生的民族志工具箱中仍然要求列
出文化元素"清单"，但更多的"社会学的"（和心理学的）方法
显然开始日益流行。

　　考虑到自 19 世纪初以来民族志志业的紧迫感，以及随之而来
的对"拯救"欧洲文明压迫下的（假定的）原始人类多样性的使
命感（J. Gruber 1970），毫不奇怪，专业人类学家的民族志必定会
遵循"一个民族志者 / 一个部落"的模式。心雄万夫的人类学专业
学者的数量远远少于未被研究的部落的数量，新民族志的方法论
价值鼓舞着"我的民族"（my people）综合症——在新兴的学术中
心，这种效应在一种强烈的机构地域感作用下大大地强化了。在
民族志集中地区，几个专业人类学家可能会研究几个紧密联系的
民族，或同一种文化的不同方面——有时是出于训练的目的（参

283

―――――――

〔1〕 "古典"时期的这些方法论价值是对大卫·曼德尔鲍姆从文化概念衍生出来
　　　的基本假定的一种修正：整体论、田野调查、比较方法和微观到宏观理论
　　　（1982：36）。除了这里提到的四种主要方法论价值之外，我还在其他地方提
　　　出了一个次要的三分论（triad），在此基础上扩大到一个四重论（quartet），这
　　　是该学科早期进化阶段的产物，它仍然保留着相当大的效力（GS 1982b，见下
　　　文，第 338 页）。

见 GS 1982a）。但如果说拯救冲动（以及对一门人的比较科学的最终设想）激励着一些专业民族志学者在一个以上的民族中工作，它并不鼓励专业民族志学者间的竞争。正与此相反，它却允许他们去研究那些以前被"业余爱好者"研究过的民族，后者的工作可能被用作挖掘事实的线索，但又由于民族中心论偏见而很可能是肤浅的，或在整体上是错误的。在这种情况下，民族志数据的可靠性问题——这实际上早已由"实验室"隐喻，以及新学术专家频繁自我认同为"科学家"的做法显示出来了——在业余民族志学者和学术专家的原型性区别面前消于无形了。在大学中接受训练的田野工作者可能会谈论"个人观察误差"，但绝不会让这种焦虑发展到让他们无法在人类民族志多样性消失之前"抓紧"将它们记录下来的程度。

到了下一代人，当业余人士和专业人士的区别成了一个既成历史事实时，民族志可靠性问题就不那么容易回避了。随着专业人类学家数量的增加，他们在理论上、方法上和制度上都变得更加分化。由于不再受到前代先辈们的拘束，他们开始偶尔涉足彼此的民族志领域，有时会用不同的方式来描绘它们。即便如此，当民族志可靠性第一次成为现代人类学家的严肃问题时，它也是间接的，它被视为在同一文化区域内的不同学者群体间在解释上的差异造成的结果（J. Bennett 1946），要么就是在先前研究的基础上从事文化变迁研究的副产品（Lewis 1951）。尽管在随后四十年间这门学科已经迅速壮大起来，但"我的民族"的道德观仍然非常强烈。虽然民族志方法有时会得到系统的考虑（如，Lewis 1953；Naroll 1962；Pelto 1970；Werner et al. 1987），但民族志数据仍然是由单个调查者完成的，他们使用相对不系统的、主观的方法，却很少考虑其可靠性。

284

　　然而，也有少数经典的"再研究"，在其中，民族志可靠性问题已经以引人注目的方式呈现出来——在这种情况下，当同一个民族被另一个民族志学者研究后，这些具有特殊学科发展意义的民族志工作就会受到质疑。每一个人类学家都清楚地知道，对北美西南部普韦布洛文化有着不同的解读，而奥斯卡·刘易斯（Oscar Lewis）在重新研究了罗伯特·雷德菲尔德曾研究过的墨西哥中部特波茨兰后也提出了批评。鉴于最近德里克·弗里曼对玛格丽特·米德萨摩亚研究的批评引发的众怒，在将来，它很有可能成为第三个类似的案例。

　　当然，与自然科学通常公认的特点相反，我们有足够令人信服的方法论和认识论理由来捍卫民族志调查的个例（idiographic）性质（如，Ulin 1984）。但不管它的方法论意义如何，不同的观察者在观察一般意义上的同一现象时也会以完全不同的方式来呈现之，这个事实确实提出了一个有趣的解释问题，尤其是当涉及这门学科史上的巨擘时（参见 Heider 1988）。在目前的情况下，这三个经典案例都起源于一个特定的文化历史时刻：1920 年代——正如我在此指出的，这也是专业田野工作者作为学科原型现身舞台的决定性时刻。从这个角度而言，在历史的背景下，将这三个案例放在一起，仍有可能有助于澄清人类学研究的历史发展，甚至是它的本质，产生一些启示[2]——即使有些问题仍未能探究，或未能解决。

---

〔2〕　很容易就可以补充第四个例子：马林诺斯基本人的案例，他关于特罗布里恩德群岛俄狄浦斯情结的解释最近受到了攻击，这完全可以纳入当前的争论（Spiro 1982）——而他作为"民族志学者"的原型身份已经因其民族志日记而自我曝光了二十年之久了。但鉴于我已经在其他地方讨论了马林诺斯基的日记，也由于如果要将他包括进来，就必须同时考虑英国和美国战后的环境，因此，本文就不再考虑他了。

1920 年代的文化与文明

如果说，1920 年代田野工作者原型的现身是人类学"经典时期"开始的标志之一，那么，另一个标志就是对"文化"作为其核心概念和研究主体的广泛认可[3]。初见于 E. B. 泰勒 1871 年进化论形式的宣言，并在思想上扎根于弗朗兹·鲍亚士及其第一代门徒的作品中，"文化"在 1920 年代突然开花结果（参见 GS 1968a）。正如文献分析编年专家（Kroeber & Kluckhohn 1952）表明的，这是文献征引迅速发展的时刻：除了五个先驱人物，他们的用法与这个人类学概念只有"形式或用词上的相似之处"，而事实上并不"具有相同的'意思'"（149—150），他们的大部分类别都是从这个时期开始的。正是在这个时候，在鲍亚士对文化进化论的批判基础上，人类学家（如鲍亚士的门徒克拉克·威斯勒［1923］）和社会学家（如受鲍亚士影响的威廉·奥格本［1922］）也共同促成并推广了后来一名颇有影响的大众作家所称的"社会科学基石"（Chase 1948：59）。

然而，只需查一查历史辞典就不难明白，就像人类学科的其他核心概念一样，"文化"一开始就与"外部"世界的范畴、话语和经验纠缠在一起——它只不过逐渐赢得了某种（内在有限的？）独立的概念地位。在 1920 年代，它仍然与它的同胞概念"文明"紧密联系（依然存疑）——在泰勒的定义中，它是后者

285

---

［3］　这种陈述要求具备"经典"时期两大人类学传统之一的资格。在英国社会人类学中，由于鲍亚士对它几乎或根本没有发生影响，文化概念遭遇到了挫败。尽管"文化"曾出现在里弗斯和马林诺斯基著作的后进化论时刻中，但到了 1930 年代，很快就被拉德克里夫－布朗的"社会结构"概念所取代（比较 GS 1984b，1986b）。

的一个同义词，而在 1917 年，克虏伯用它作为别名，以避免德国 *Kultur*（"文化"）一词的非爱国含义（Kroeber & Kluckhohn 1952：28-29）。在 1920 年代，在学科话语边缘（以及之外），这些相互关联的概念成为了美国知识分子广泛讨论和争论的话题。

　　一言以蔽之，世界（和民族）的历史经验似乎不再支持流行的阿诺德式文化概念中蕴含的那种简单的专制主义了（"对完美的……被认为是最好东西的追求"［Arnold 1869：69-70］），或是泰勒"民族志的"定义的简单进化论同义（"文化，或文明，……"［Tylor 1871：I，1］）。对许多知识分子来说，追求完美的人所培育的价值不再是理所当然的；这种培育和文明理念之间"永久的区隔和偶然的对比"——柯勒律治（Coleridge）很久以前就这样认为了（R. Williams 1958：67）——如今已经再明显不过了。

　　在后来的维多利亚时代，人们尝试用各种方法来概括与文明有关的价值观。一种有影响力的解释将它们分成三组，其中"进步"和"文化"（在阿诺德的意义上）是"现实理想主义"的核心板面，即"道德价值的现实、必然和永恒"（H. May 1959：30，9）。最近提出的一种三重奏包括"自控和自立的伦理、科学和技术理性的崇拜，以及对物质进步的崇拜"（Lears 1981：4）。但与这些三和弦相联系的，还有其他的价值使命：白种盎格鲁—撒克逊种族优越性的伦理价值观、自由代议制政府的政治价值观、自由资本主义企业的经济价值观、基督教新教的宗教价值观，以及——也许是最核心的，通过文化性格传递的，父权名望的家族的、两性的和性的价值观（参见 N. Hale 1971；GS 1987a：187-237）。

到 1920 年，许多知识分子开始质疑这些价值观和它们所体现的文明观念。这场思想反叛运动的时机、程度和彻底性始终是一个史学辩论的话题。"道德革命"与 1920 年代的典型现象比如飞女郎（flapper）、爵士乐、地下酒吧和"迷惘的一代"密切关联在一起（Leuchtenberg 1958）。相比之下，"美国纯真时代的终结"则与世纪之交的"讥诮者"和"质疑者"，以及 1912—1917 年间美国年轻知识分子的"纯真反叛"有关（H. May 1959）。最近，又有人将反现代主义的"反对过度文明"叛逆运动的发展（它实际上促进了"新的日常工作和科层'理性'适应模式"）一直追溯到 1920 年前的四十年间（Lears 1981：iv，137）。与所有这些说法相反，也有人认为，在 1920 年代，美国知识分子的"紧张的一代"在重塑自身的过程中坚守了旧的价值观，担负着建设性的角色（Nash 1970）。但即使是一个坚定的修正主义者也会承认，在"一战"后的岁月里，"道德地震"撼动了西方文明（ibid.：110）。在战争爆发之前，无论对维多利亚时代的价值观有怎样的质疑，西方文明国家的可怕景象是，它们的年轻人正在彼此屠杀，这迫使许多知识分子怀疑，对于埃兹拉·庞德所说的"一个拙劣的文明"（a botched civilization），是否有其他替代性的价值（Pound 1915）。

如果庞德的这个形容词"拙劣的"（botched）隐含着一种被异化的绝望，那么，这个不定冠词（a）也可能暗示着一种再生的相对论，这实际上早已反映在范怀克·布鲁克斯（Van Wyck Brooks）《美国年轻时代》（Brooks 1915）一书体现的战前的文化自我发现感中。因之，在战后十年，当"文明"变成了"兴趣中心点"（Beard & Beard 1942：10ff.），这个问题不仅是一个十分不确定的一般范畴的内容，而且意味着最终实现一种真正体现

美国成熟经验的文明的可能性——而不是"清教徒"传统的陈腐
价值观，或小市民的虚伪市侩，或大城市及其郊区贪婪无厌的商
品文化。在 1920 年秋天，布鲁克斯和哈罗德·斯特恩斯（Harold
Stearns），在"疯狂的后休战日"中反击"共同的反动敌人"时，
他们聚集了一群"志同道合的男男女女"，他们想要"说出我们
眼中的美国文明的真相，尽我们之所能，让真正的文明变为可
能"（Stearns 1922：iii-iv）。他们将划分了美国文化本身的各个领
域，覆盖的主题从"城市"和"小镇"到"异族"和"少数民族"，
从"艺术"到"广告"，从"哲学"到"家庭"，从"科学"到
"性"——而明显被遗漏的"宗教"，谁也不愿意写，因为他们觉得，
"真正的宗教情感在美国已经消失了，……而这个国家正处于阿纳
托尔·法朗士（Anatole France）所谓的新教教权的掌控之中……"
（vi）。从这些文章中，斯特恩斯提炼出三个主题：伪善、对异质的
压制，以及"情感和审美的饥饿"。

　　在指出"美国生活的几乎每一个分支中"都存在着"说教与
实践的尖锐对立"后，他认为，美国人不但没有"重新检视"那
些"对我们来说是神圣的抽象和教条"，反倒"争先恐后地"崇
拜它们，"生怕不能表明我们的负罪感"。在斯特恩斯眼中，"无
论美国文明是什么，它也不是盎格鲁—撒克逊式的"，他坚称
"只要我们仍然相信某些金融和社会集团说我们仍是一块英国殖
民地的谬论，我们就永远不可能拥有任何真正的民族主义意识"。
斯特恩斯说："我们没有任何遗产或传统可以依附，连那些在我
们手中的，也终将枯萎，终将尘归尘，土归土。"他指出，"整
个工业和经济形势都不能满足男人和女人们最基本、最简单的需
求"，即便对我们的"补救幼稚病"发动一场"理性主义攻击"，
也是于事无补：

　　从某种意义上说，必须重打锣鼓另开张；我们必须改变我们的心灵。唯有如此，除非经受了令人深感耻辱的灾祸或苦难，真正的艺术、真正的宗教和真正的人格，才能带着它们与生俱来的温暖、幻想与喜悦，在美国大地上成长起来，并最终驱逐这些我们为了认清自身之精神贫困的事实而创造描绘出来的魔鬼。(Stearns 1922：vii)

　　1920 年代早期的人类学话语和文化批评话语的重叠，体现在参与斯特恩斯研讨会的三十个与会者中的两位重要鲍亚士派学者身上：罗伯特·罗威，他将鲍亚士的"文化发展研究之理论价值的重新估价"视为现代人类学对当代科学贡献的典范（Stearns 1922：154 ）；而埃尔希·克鲁斯·帕森斯（Elsie Clews Parsons）则抨击清教徒对性的"压制或欺骗的态度"是"绑架发展"（the arrested development ）的一种表达，在其中，女性"被男人在经济基础上"归类，她们被"贬"为"罪恶的生物"或"骑士精神的对象"（ibid.：310，314-15，317 ）。在其他场合，还有一些其他鲍亚士派学者，在与斯特恩斯的交相应答中，他们也对 1920 年代早期的文化批评话语出力甚多。

　　其中最著名的是爱德华·萨丕尔，他的研讨会论文《文化，本真的和虚伪的》——正如它的出版史表明的——是当时重要的文化话语的一部分，也是人类学文化概念发展史上的一篇重要文献（ 参见 Handler 1983：222-26，1989；Kroeber & Kluckhohn 1952，萨丕尔是被引用次数排名第三名的作者 ）。这篇文章先是在两个较为知名的"小杂志"上发表了一部分（Sapir 1919，1922a ），在 1924 年，又全文发表在《美国社会学杂志》上面，它可能是 1920 年代中后期人类学文化概念的社会学讨论中最重要的贡献了（ 参

288

见 Murray 1988）。虽然它早在斯特恩斯打算召开研讨会前一年就已经完成了初稿，但实际上，它可以被看作是对研讨会的核心关注点（"文明"）与另一种偶见的、不系统出现的关注点即萨丕尔（如柯勒律治一样）坚称的迥异之物（"文化"）之关系的概念性评论。

萨丕尔开始区分了"文化"一词的三种不同含义："民族志学者的含义"，包括"人、物质和精神生活中的任何社会遗传因素"（即"所有人类群体都是有文化的，虽然其方式各有不同，复杂性也等等不一"）；"个人提炼的传统理想"；第三个是他自己关注的，与第一种和第二种用法在某些方面是共通的，其目的是"在一个单一的术语中包含那些一般态度、生活观和特定的文明表现，由此，每个特定民族都在世界上拥有独特的地位"（Sapir 1924：308-11）。而"文明"，则是在社会经验的累积筛选、组织的复杂化以及对自然的不断增长的知识和经济掌控的共同作用下所产生的社会和个人生活的渐进"复杂化"。它与"本真的文化"形成了鲜明的对比，"本真的文化"是一种"内在和谐的"和"健康的精神有机体"，不会遭遇"社会习惯的枯竭"，对人类个体而言，"没有任何事物不具有精神上的意义"："文明是作为一个整体在前进；而文化，来了又去。"（314—317）它显然已经从美国现代生活中消失了，其中"绝大多数人"要么是"不堪重负的驽马"，要么是"无精打采的消费者"：

工业主义的巨大文化谬误，正如今天变成的样子，是在让机器为我们所用时，却不知道如何避免大多数人类被机器束缚的命运。在大部分生活时间里，接线员姑娘将自己的才智忙于操纵一个日常技术流程，它的效率价值很高，却没法满足她自己的精神需求，这是对文明的一种可怕的牺牲。作为文化问题的解决方案，她是一个失败者——她的自然禀赋越高，她就越阴郁。呜呼，与这个接线员姑娘一样，我们大多数人都是奴隶司炉工，没命地替我们原本要摧毁的魔鬼添煤加碳，而它却以恩主的面目现身于我们面前，这才是真正令人恐惧的。美洲印第安人用捕鱼叉和猎兔阱解决了经济问题，他们的文明程度较低，但在文化所要求的经济问题上，它代表的是一个比我们的接线员姑娘更高尚的解决方案。直接的效用、有效的直接、经济的努力，都是没有什么问题的，更不用在情感上对"自然人"的逝去感到遗憾。印第安人的鱼叉是一种文化上比接线员姑娘或纺织工人更高的活动，因为在操作它的时候，没有什么精神上的挫败感，也无须屈从于肆意暴虐而又永无休止的需求，它是与印第安人其他大部分活动浑然一体的，而不是在整个生活中作为一种纯粹的经济努力而独立出来。一种本真的文化不能被定义为一些抽象的欲望目的，不能被定义为一种实现目的的机制。它必须被看成一种茁壮的植物生长过程，每一个最远的叶片，每一根小枝都是由树髓的汁液有机地滋养着的（316）。

尽管萨丕尔否认对"自然人"怀有"情感的遗憾"，但在这种批判和概念的令人眼花缭乱的修辞中间，无疑残留着一股浓烈的浪漫原始主义气息。如果"一种本真的文化在任何类型的文明或任何文明阶段都是完全可以想象的"，那么"在更低层次的文明中生存"就更容易了（Sapir 1924：318）。有一种"文化地理"，它所能达到的"最高度，见于那些较小的自治组织"——不是在纽约、芝加哥和旧金山的"暗淡的文化沼泽"，而是在伯里克利的雅典，奥古斯都的罗马，意大利文艺复兴时期的城邦，伊丽莎白时代的伦敦——和典型的美国印第安部落，在那里，"普通部落民的全面生活"无法不吸引"敏锐的民族学者"的注意力（328-31，318）。萨丕尔关于文化观及其与人格之关系的思想与 1920 年代和 1930 年代许多人类学家在许多重要方面都是很不相同的，其中包括几位深受他影响的人（Handle 1986；Darnell 1986）。但在这些文字中，他显然代表着其他对他们时代的文明持批评态度的"敏锐的民族学家"说话。从这个观点来看，《文化，本真的和虚伪的》堪称 1920 年代民族志感悟力的一份基本文献，这可不仅是巧合，这三个最有争议的民族志案例的作者都受到了萨丕尔的强烈影响，他是露丝·本尼迪克特和玛格丽特·米德的诗学密友，也是罗伯特·雷德菲尔德的老师。

本真文化的地理

对于在战后寻求本真文化的知识分子来说，在美国的文化地理中，有几个地点在一片"暗淡的文化沼泽"里是那么卓尔不群。在纽约，有格林威治村，就在战争爆发前，一个近于瓦解的传统街区（Ware 1935：93）因其廉价的租金，却为那些由于性格（或性别）而被排斥在"商业、大时代新闻、大学生活和其他企业机遇"之外的叛逆者们开辟了一个文化空间（Lynn 1983：89，83）。他们发现"传统的盎格鲁—新教徒价值观是不适用的，金钱动力也令人憎恶"，他们在一个逐渐消失的城市边陲地带，"按照自己的想法，为自己创造了一种特立独行的文明生活"（Ware 1935：

235）。他们的叛逆能量大都花给了"自由自在的爱欲，标新立异的着装，飘忽不定的工作，……通宵达旦的派对，……狂喝滥饮，无时无刻不在生活中"——"有了弗洛伊德和艺术，他们的行为也就无不合理"（ibid.：95，262）。他们的"反文化"（counter-culture）很快就被中产阶级文化吸收了，《纽约客》顺应了《新大众》的风格，同仁剧院（Theatre Guild）则从华盛顿广场街头演员群体变来（Lynn 1983：91）。但如果说，"这个村庄"提供了更多的个人主义式逃避，而不是"本真"文化替代品，那么它也一度是文化现代主义的泡沫绿洲，在这片绿洲上，知识分子远离了当代商业文明的虚假文化，他们可以享受异端思想，发现新的审美模式，并尝试不同的生活方式（参见 Lasch 1965）——在这里，你可以直接尽情享受，不管是居民，还是回头客，也可以通过各种文化批评媒介来间接地享受。

有人认为，一个将所有的文化反叛派别聚集在一起的"渴望"，是对"贫穷文化"的一种"审美"迷恋——在这一时期的许多知识分子中弥漫着一种普遍的"对原始生命力的专注"，这就是一个表征（Lynn 1983：87-89）。对于那些知识分子，比如梅贝尔·道奇（Mabel Dodge），她的原始主义主张需要一种比都市波希米亚更"本真"的文化（Lasch 1965：119），在美国中部的文化大沙漠中，还有另一片绿洲：普韦布洛西南。在干旱的赭石峭壁和拱形水晶天空的背景下，西班牙教堂和印第安普韦布洛的土砖建筑物——这是比殖民时期新英格兰更加根深蒂固的文化传统的产物——为今天的异域文化生活提供了背景。

从 1890 年代末开始，圣达菲铁路公司广告部开始"挖掘文化景观"，并将圣达菲印第安人描绘为"前工业社会的原型"（McLuhan 1985：18），从那开始，一小群画家、剧作家、诗人

291

和作家在圣达菲和陶斯定居下来。二十年后，美国新诗歌主阵地
《小杂志》的主编哈丽特·门罗（Harriet Monroe）抱怨道"我们美
国人，一有机会，就成群结伙前往阿提卡看一场荷马式仪式，或
古埃及的一场蛇仪式，却刚刚才意识到，我们的瓦尔皮（Walpi）
蛇舞，科奇提（Cochiti）玉米舞，也是原始艺术的表征，也是人
类如何创造美的原始冲动的表达"（ibid.：41）。

到 1924 年，圣菲铁路公司每年运送五万名游客到大峡谷
边缘，两年后，它筹划了"印第安之旅"，在那里，帕卡德旅游
车让富有的和具有冒险精神的人见证了"东方土地罕有媲美的
壮丽景观"（McLuhan 1985：43）。其他人则发现了更深层的精
神复兴。当梅贝尔·道奇一听到陶斯普韦布洛人的歌声和鼓声
时，她觉得自己一下就"站在了这个部落跟前，在这里，有着
完全不同的天性，在这里，美德是完整的，没有分裂"（ibid.：
156）；几年后，她抛弃了第三任艺术家丈夫，嫁给了普韦布
洛印第安人托尼·卢汉（Tony Luhan）。在 1923 年被她吸引到
"陶斯沙漠边缘"的 D. H. 劳伦斯眼中，这是一种"真正的波节
状态"（nodality）：

> 在地球表面上，有些地方必定如匆匆过客，比如旧金
> 山。有些地方却似乎有终极的意义。……陶斯普韦布洛仍然
> 保留着古老的波节状态。不像一个大都市。但是，在本质
> 上，就像欧洲的修道院……当你到达那里，你感到了有一种
> 终极的东西……普韦布洛自亘古以来便是如此，印第安人仍
> 在黑暗里缓缓地编织着他们的生活……而我，一个骑着一匹
> 小马，自远方而来的异乡旅人，在我和它之间，横亘着永
> 恒的时间鸿沟。而普韦布洛的远古波节状态仍然一如既往，

宛如一个黑暗的神经节在挥舞着无形的意识之线（Ibid.:
162）。

在 1920 年代，文化批评的文化地理绘图在很大程度上是与
文化人类学交互重叠的，在今天，可能有些难以理解，这当然是
由于专业人类学与外部世界的泾渭更加分明了。人类学卡里斯马
的日常化并没有减少其信徒在大学里的职业生涯，只是偶尔有一
些田野调查插曲才会打断。许多纽约人类学家都是格林威治村文
化的常客，是社会研究新学校的参与者，是《小杂志》的撰稿人。
当这些人类学家进入田野时，并不是进入了一个一般实验室，而
只是进入了一个殊方异域，其中有些地方充盈着"原始渴望"的
麝香气味。

　　最受欢迎的地点是西南普韦布洛。随着美国人类学在后进化
论时代的制度和理论保护神的变化，在美国民族学局推动下，这
种人类学家的保护主张越来越接近鲍亚士学派。从 1879 年开始，
祖尼的普韦布洛人就已经由弗兰克·库欣、玛蒂尔达·史蒂文森
（Matilda Stevenson）、杰西·菲克斯（Jesse Fewkes）和 F. W. 霍奇
（F. W. Hodge）做过研究，在 1915 年也开始吸引着鲍亚士学派，
埃尔西·克鲁斯·帕森斯来到这里，在随后九年间，A. L. 克虏伯、
莱斯利·施皮尔、鲍亚士本人以及露丝·邦泽尔（Ruth Bunzel）和
露丝·本尼迪克特等人也纷纷来到此地（Pandey 1972）。这正是
鲍亚士从历史传播论转向个人和文化的心理学研究之时，由于在
这个地方，文化看起来仍然是"生机盎然的"，由此也使它更具吸
引力。但是，如果说，有一种学科动力吸引着鲍亚士派学者们来
到此地，那么，同样很清楚的是，其中有些人类学家——在很大
程度上，他们与非人类学知识分子共享着某些背景、动机、情感、

经验和印象——也感受到了劳伦斯所说的"无形的意识之线"的吸引力。

阿波罗神*的西南愉悦山**

对于露丝（·富尔顿）·本尼迪克特，这些线又回归到了童年幻想的黑暗神经节当中。正如她后来向玛格丽特·米德再现的那样，她的人生故事开始于父亲的去世，他是一位有志于癌症研究的年轻外科医生，在 1887 年她出生二十一个月后去世。[4]她的母亲毕业于瓦萨学院，后来当过教师和图书管理员，她带着小露丝和她还是婴儿的妹妹去看躺在棺中的父亲，"在一种歇斯底里的哭

---

* 众所周知，本尼迪克特在《文化模式》中受到尼采思想的启发，并借鉴施宾格勒关于古典社会和现代社会命运观的譬喻（"日神型""浮士德型"），提出了几种文化整合模式，汉语世界中一般译作"日神型"（或"阿波罗型"，以西南祖尼人为代表）、"妄想狂型"（以美拉尼西亚多布人为代表）和"酒神型"（或"狄奥尼索斯型"，以西北美洲夸库特人为代表）。严格说来，本尼迪克特并不是在文化特质（cultrural traits）之分布的基础上概括、开列文化类型（type），她对此有十分明确的说明（可参见《文化模式》第七章《社会的本质》），因此，严格说来，"型"字并不十分确切。史铎金借用本尼迪克特的说法，用来指本尼迪克特、米德和雷德菲尔德（甚至可以包括马林诺斯基）等人的生活、思想及其人类学著述中呈现的形象，并且多用形容词形态，即 Apollonian，在翻译时，根据语境、对象以及行文表述等，酌译为"阿波罗式""阿波罗型""阿波罗人"等。——译注

** 愉悦山（Delectable Mountains），是约翰·班扬在《天路历程》中虚构的地方，山上有许多奇景。——译注

〔4〕 本尼迪克特的这份手稿是为 1935 年的米德准备的，"当时，生活史成为人类学兴趣之所在"（Mead 1959a：97）——而且是在《文化模式》（Benedict 1934）出版之后——这个事实可能会让人们怀疑，它能否成为米德那本书的独立来源材料，因为本尼迪克特可能会有意无意地按照她书中的某种模式来写作她自己的生活。但即便真的如此，我们仍然可以认为，在此对这两份资料的解释可以在她的自我理解中发现依据。虽然我也从孟德尔所作的传记中（Modell 1983）获得了一些信息，并请教了凯弗雷（Caffrey 1989），但这里的解释主要源于我对本尼迪克特职业生涯的长期关注。

泣中，恳求我记住"（98）。[5] 本尼迪克特后来回忆说，这是她的 *293*
"原始场景"："从孩提时代起，我就认识了两个世界，……一个是
我父亲的世界，那是死亡的世界，美丽的世界，另一个［是我母
亲的］世界，充满了混乱惶惑和突如其来的哭泣，我不愿接受这
个世界。"本尼迪克特指出，"无法控制的脾气"和"暴躁的攻击"
（跟她后来的月经周期一样，是六周的节奏）——"抗议着我与愉
悦山的疏远"（108）。在她另一个平静的世界里，在"一片山坡
上的无比美丽的乡村"，她有一个"想象中的玩伴"，喜欢"温暖、
友好的家庭生活，没有相互指责和争吵"——直到五岁时，她被母
亲带到她母方家庭位于纽约北部的农场屋前，她发现，在它的外
面有一个"一切都很熟悉，一切都很浪漫"的领地（100）。从那
时起，她的另一个世界就"由我自己的圣经创造出来"，在这里居
住着一群"有着奇异的尊严和风度的人"，但却像布莱克（William
Blake）笔下的人物，*"宛如一条不间断的线一样掠过地面"（107，

---

〔5〕　肯尼思·林恩（Kenneth Lynn）收集了八十八位格林威治村村民"对父母的看
　　　法"，他发现，其中三分之二的人都"是在他们认为的女性主导的家庭中长大
　　　的"，这是由于"母亲的强势"和"父亲的缺失，或令人吃惊的软弱"。林恩用
　　　这些数据来攻击下列想法：他们反抗"父权权威"，他认为，他们的家庭背景实
　　　际上鼓励他们不守清规戒律，并珍视个人自由和自我实现："强势母亲们教育她
　　　们亲爱的女儿不要相信女性在美国可以实现自我，除非她们无视强加给她们的
　　　社会角色……［并］让他们［亲爱］的儿子变得自我膨胀，以至于他们都没有
　　　准备好接受任何并非为了他们自己的利益而聚集起来的组织的纪律……"（Lynn
　　　1983：78-79）。虽然这可能代表了我们对具有叛逆或质疑精神的知识分子的理
　　　解的重要观点，但所有那些寻求远离"强加给她们的社会角色"的"强势母亲"
　　　的形象，却无疑表明"父权权威"的问题可能潜伏在背景中的某个地方。无论
　　　如何，值得注意的是，本尼迪克特、雷德菲尔和米德都来自有强势母亲（和祖
　　　母）的家庭，尽管在本尼迪克特的例子中，她与母亲的情感关系明显是对立的。
＊　　威廉·布莱克（William Blake，1757-1827），英国第一位重要的浪漫主义诗
　　　人、版画家，对叶芝等人有巨大影响。他的绘画多以《圣经》《失乐园》《神
　　　曲》等宗教作品的内容和人物为题材，他的诗歌同样充满奇诡、神秘的幻想
　　　色彩。——译注

109）。由于在幼时患上麻疹，后来又因部分耳聋而更加孤僻，本尼迪克特不允许任何人越过她的"身体和情感上的冷漠"。唯一的部分例外是梅布尔·甘森（Mabel Ganson）（即后来的道奇），她进了布法罗的同一所女子学校；虽然本尼迪克特比她小六岁，她们也不是很熟，但她记得"我知道［梅布尔·道奇］是为我所认识的某种东西而活的，与我周围大多数人所赖以活着的东西大不一样"。当她用"足够有趣"的方式引入这段回忆时，现在的语境表明，这实际上有着更大的象征含义。

　　然而，她们去往西南的路线却截然不同。1905 年，本尼迪克特在瓦萨学院入学，作为一名新生，她放弃了对沃尔特·佩特（Walter Pater）人文主义的文化愿景的宗教信仰，而到了高年级时，又为这个十分现实的"现代时代"遗失了"崇敬和敬畏"而悲叹（Mead 1959a：116，135）。经过一年在欧洲，一年在布法罗做慈善工作，三年在加州的女子学校中从事教学工作后，她试着接受"做一个女人的可怕命运"（120），试着"掌握一种生活态度，将这

294

露丝·本尼迪克特，约 1925 年（瓦萨学院图书馆特殊藏品馆提供）

些经历的事件结合成一种被称为'生活'的东西"（129）。在搁置　　295
了"我们是自己生活的设计者"这一年轻的想法后，她决定，"一
个女人拥有一种至高无上的力量——去爱"；1913 年，她嫁给了一
位杰出的生物化学家斯坦利·罗西特·本尼迪克特（Stanley Rossiter
Benedict），并打算在纽约郊区过家庭主妇的生活。在那里，她涉足
文学领域，包括她希望以笔名"斯坦霍普"（Stanhope）出版"化学
侦探小说"，以及一份《三个世纪的新女性》的手稿。但是，当命
运不允许她做一个"暂时休战以完成自我实现的""男孩"后，本
尼迪克特不愿将自己"扭曲"为"一个成问题的有用脚凳"；于是，
"斯坦霍普"死了，后来又以"安妮·辛格尔顿"（Anne Singleton）
的名字复活了（她曾以这个名字在 1920 年代出版过诗集）。

　　除了每天的稳定生活，任何努力看起来似乎毫无意义，在停战
协定结束了"这场世界的恐怖的龙卷风"后，本尼迪克特再次找到
了可以打发时光的事情。尽管她拒绝了一位朋友"搬到村子里，玩
得开开心心，还能搞几桩风流韵事"的建议，但她在 1919 年就开
始参加新学校的讲座，她很快就被埃尔西·克鲁斯·帕森斯的"民
族学中的性"课程吸引住了，这门课程是对"两性间的特殊功能分
布"加以比较研究（Modell 1983：111；cf.Hare 1985；Rutkoff & Scott
1986）。她还跟从一位杰出的鲍亚士派学者亚历山大·戈登威泽研习
了几门课，在这一时期，他正忙于"写作由美国人类学家所写的将
文化简要地呈现为一个整体的第一本书"（Mead 1959a：8）。当一个
人的精神根植于完全不同的情感世界的对立，而她的生活和婚姻经
历又削弱了支撑着其文化之核心制度的绝对价值后，人类学方法隐
含的相对主义提供了一种秩序的原则；1921 年，本尼迪克特被帕森
斯带往哥伦比亚大学，引荐给鲍亚士，并开始攻读人类学博士学位。

　　鲍亚士很快意识到，在本尼迪克特那"异常羞涩"的举止后面，

隐藏着无比活跃的想象力，于是，他放弃了对她的学分要求，让她匆匆读完了博士学位。她的毕业论文是对美国印第安人宗教的一项图书馆研究，分析了一项"公认的文化特质"的"可观察行为"，即守护神的概念，她认为这是"北美的统一宗教事实"（Benedict 1923：6，40）。本尼迪克特拒绝了所有的一般起源理论，她发现，在一系列无法以单一因果来解释的"本质上是偶然的"和"流动的重组"中，守护神是与其他文化元素密切关联的。这篇毕业论文已经初步显示了本尼迪克特后来观点的各种迹象。因此，尽管她的结论抨击了"[一种文化]是相互关联的功能有机体这种迷信"（85），本尼迪克特仍然认为，在任何一个文化区域，在主导价值和活动的影响下（41-43），通神情结*（vision-complex）被"形式化"为"一定的部落模式"——在美国西南部，尽管复合体的每一种其他要素都是存在的，但由于"团体仪式才是最接近神灵的方式"，个人守护神体验的观念几乎完全消失不见（35-40）。然而，在总体上，整篇论文仍停留在"鲍亚士历史主义"的传统模式中，其方法是"用一种更合理的[即非进化论的]心理学方式来理解"数据，这些数据首先依赖于"从无数看似合理的可能性中充分地重建某一种可能性，而[这]实际上又已经在一个特定群体中获得了实际的和历史的认可"（7）。

　　由于受失聪和缺乏自信所累，本尼迪克特并不钟情于田野工作，她所做的少量工作（总共不超过八个月）由此落入了一个相当

---

*　　通神（vision）是 R. 本尼迪克特在《北美的守护神概念》（1923）中考察的北美平原印第安人的一种宗教仪式，通常的程式是：某种走兽，或飞鸟，甚至是某种声音出现在当事人面前，与他交谈，并赐与他以力量，赠以歌曲、物品、禁忌甚或仪规。这种动物从此便是他的个人守护神。本尼迪克特是从人格与心理方面来加以研究的，故译为"通神情结"。除上书外，本尼迪克特在前一年已有一篇文章专门论及，见 R. Benedict, "The vision in plaina culture", *American Anthropologist*, XXIV, NO.1（1922），pp.1-23。

传统的早期鲍亚士模式。1922 年，她和妹妹的家人一道访问了帕萨迪纳，她后来以此写下了一份南加州塞拉诺人（Serrano）之 "破碎文化" 的记忆民族志，主要是和一位七十岁的老妇人一起工作（Mead 1959a：213）。在随后的 2 月，经过一番犹豫之后，她答应了鲍亚士的敦促，接受了埃尔希·克鲁斯·帕森斯的一个民俗研究职位，帕森斯通过她的个人人类学慈善机构西南研究会资助民族志研究（Mead 1959a：65；Hare 1985：148）；但直到第二年 8 月，本尼迪克特才实际动身前往祖尼，而与此同时，鲁思·邦泽尔（鲍亚士第二个转行成为人类学家的部门秘书）开始了她对普韦布洛陶工的研究。一年后，本尼迪克特返回西南地区，开展了为期六周的民俗研究，先在祖尼（在这里她和邦泽尔的逗留再次重叠），然后在佩纳·布兰卡和科奇提。尽管她随后指导一群学生在梅斯卡罗·阿帕奇人（Mescalero Apache）和黑脚印第安人（Black foot）中间进行研究，但本尼迪克特自己独立完成的最后一次田野考察是于 1927 年在亚利桑那州皮马人中间（Pima）（Modell 1983：169-79）。

玛格丽特·米德后来表示，本尼迪克特从未见过 "一个真正有血有肉的一体文化"（Mead 1959a：206），而本尼迪克特本人也评论过里约格兰德普韦布洛人（Rio Grande Pueblos）的 "文化解体"。但在将它们与祖尼人进行对比时，她却见到了，她感激地说，在祖尼人 "也会走向同样的解体之前"，她总算赶上了（RB/Mead9/16/25，in Mead 1959a：304）。正如邦泽尔后来指出的，当本尼迪克特抵达祖尼时，他们正处在 "周期性的动荡" 之中：那些以前对民族志学者很友好的 "进步人士"，"在［BAE，美国民族学局］人类学家试图拍摄仲冬礼失败后"，已经被赶下了台，如今声名扫地，如此一来，本尼迪克特和邦泽尔不得不在现在掌权的保守和传统的敌对团体中寻找访谈对象（转引自

Pandey 1972：332）。在口译员的协助下，本尼迪克特与有偿访谈人合作，每天工作八到九个小时，记录下他们口述的神话和民间故事。虽然曾有一个"多情的男子"，准备扮演托尼·卢汉的角色，希望她是"另一个梅布尔·道奇"（RB/MM 9/8/25，in Mead 1959a：30），但本尼迪克特的访谈对象大多是老男人，有人指出（本尼迪克特自己也间接地承认了），在记忆和神话的双重迷雾中，她的祖尼文化图景有些过于理想化了（Pandey 1972：334；参见 Mead 1959a：231）。本尼迪克特自己清楚地感到，这个地方拥有一种创世神话般的力量，在离开祖尼之后，她评论道，在祖尼人中间，她觉得仿佛"迈出了世俗人间，登上了一个在今天之外的永恒平台"；她和邦泽尔在"神圣的平顶山下"漫步，走在"令人惊叹的通幽曲径上，在你的上方，矗立着一座座高塔，那种雄伟总是会有一种让你神游天外的惊奇"，她惊叹道："假如我是上帝，我要在那里建造我的城市。"（RB/MM/8/29/25，8/24/25，in Mead 1959a：295，293）

虽然祖尼为折翼清教徒提供了一个"山巅之城"（City on a hill）的场所，但为重建这座城市所必需的概念框架，却仍要花上一些时光。虽然鲍亚士的思想已经开始从历史重建转向了文化整合的问题，以及个人行为与文化模式之间的关系，但正如米德后来指出的，人类学家们仍然专注于寻找一种足以分析文化材料的"心理学理论"（Mead 1959a：16）。最重要的探索者之一是萨丕尔，他更接近鲍亚士的保守品位，"读了太多精神病学的书"，而本尼迪克特显然给他发了一份她的论文初稿（ES/RB6/25/22，in Mead 1959a：49）。在随后几年间，萨丕尔会时不时地为治疗第一任妻子的精神疾病从渥太华去纽约，他和本尼迪克特主要通过通信成为知交密友，他们讨论过"激情和绝望的诗歌"，他们两人都写下了"表达婚姻解体的痛苦"的文字："恋人们双手空空，一无所有，无价的肉体将变为一堆流散的灰烬，而一抔冰冷的尘土终将覆盖情爱的无尽悲恸。"（in Mead 1959a：161；参见 Handler 1986：138，143；Darnell 1990）萨丕尔对本尼迪克特的诗歌（遵循清教传统，"但有明显的现代风格"）给予了详细的欣赏批评，并告诫她不要使用笔名："你知道我是如何看待人格分裂的想法的。"（ES/RB 2/12/24，3/23/26，in Mead 1959a：166，182） 他似乎也鼓励她转向心理学，他认为，从她的论文来看，继续研究"守护神在一个地区中的历史演变，即展示特定元素如何具体化为特定模式"，"是顺理成章的"——他认为，这项任务应当"从心理学角度考虑"，除非"你在任何情况下都回避心理学"（ES/RB 6/25/22，in Mead 1959a：49）。

　　萨丕尔首先推荐给本尼迪克特的是荣格的《心理类型学》一书，它刚刚出版了英译本（Jung 1923），它也是英国科学促进会 1924 年多伦多研讨会人类学分会的对话中的"热门"话题（ES/RB 9/10/23；MM/RB 8/30/24，9/8/24，in Mead 1959a：54，285-86；参见 207，552）。本尼迪克特没有像萨丕尔和其他一些人一样对荣格那么热情洋溢，她曾多少有些轻蔑地说保罗·雷丁向她"说教""伟大的荣格上帝"（RB/MM 3/5/26，in Mead 1959a：305；参见 206，546）。在她的作品中，还有其他重要的影响因素，包括格式塔心理学家科特·卡弗卡（Kurt Koffka），萨丕尔将他的《心灵的成长》（Koffka 1925）称为"一本真正的书，足以成为一种文化哲学的背景，至少是你的，或是我的哲学"（ES/RB 4/15/25，in Mead 1959a：177）。然而，由于荣格的书深受尼采的影响（本尼迪克特在二十年前就读过他的《查拉图斯特拉如是说》），可以说，他的著作是在 1928 年对"西南文化之心理

类型"的讨论的基本结构，即阿波罗 / 狄俄尼索斯（Apollonian /
Dionysian）对立的直接来源是本尼迪克特（参见 Benedict 1939：
467，在这本书里，她提到，荣格的书是她开始对文化与人格产
生兴趣的起点）。[6]

在早些时候，本尼迪克特就已经注意到，在平原印第安人那
里，通神礼（vision quest）失之臃肿，而在西南普韦布洛人那里，
则失之简约，祖尼人和皮马人的对比也给她留下了十分强烈的印
象，"迷狂是宗教的可见镜像，……也是晦暗神象和直觉的混合模
式"（Benedict 1928：250；参见 Mead 1959a：206），如今，她详
尽阐述了这种与她童年的两个世界相应的对比。一方面，是狄俄
尼索斯式的皮马人，为了达到"狂热之巅"而将仪式推向过度；
另一方面，是阿波罗式的祖尼人，出于对过度的不信任，而"将
任何有潜在挑战或危险的体验都尽可能消于无形"，"任何个人在
其社会秩序中都不会成为一个破坏角色"（Benedict 1928：249-
50）。普韦布洛文化在没有"来自周围民族的自然屏障"的情况下，
无法通过追踪"来自其他地区的影响"来理解，而只能从"毫无
疑问已经建立了几个世纪的基本心理定式"，以及"创造了一个复
杂模式来表达自己的偏好"才能理解；如果不这样假设，"这个地

299

―――――――

〔6〕　根据米德的说法，本尼迪克特提出文化是"大写的人格"（personality writ
    large），是在 1927—1928 年冬天她们两人的一次长谈中，她们谈到了"某种
    生活气质是怎样支配一种文化的，即所有出生在其中的人不管愿意还是不愿
    意，都将成为这种世界观的继承人"（Mead 1959a：206-12，246-47），并首先
    由米德应用于《马努阿的社会组织》一书中。虽然这个问题与目前的论点没
    有关系，但值得注意的是，"大写的人格"这个术语是由本尼迪克特在《北美
    文化的形貌》（Benedict 1932）一文中首次使用的，米德认为（文本证据也证
    实了）是在"《文化模式》[Benedict 1934] 的大部分内容已经完成"后写成
    的；尽管本尼迪克特将"某些段落"从"形貌"一文纳入《模式》，但在这些
    段落中实际上并不包括那个体现了其理论主调的词组。

区的文化动力是难以理解的"[7]（261）。

在此，我们并不是暗示说，这没有她亲身观察的基础，也没有其他人的证实，但显而易见，本尼迪克特笔下的祖尼画面反映了她的生命故事开始时的个人心理定式，以及她随后的个人和文化经历的模式和动态。这种共鸣在《文化模式》中是最为丰富的，这是一本写给大众的作品，在这本书中，对于文化，本尼迪克特有话要说，在遍尝痛苦之后，她的人格终于有处安放了——"弗朗兹老爹"，在她和丈夫于 1930 年最终离婚后，为她在哥伦比亚大学安排了一席教职。在这些共鸣中，性绝非是不重要的，本尼迪克特本人的生活，从一种没有激情的婚姻，转变为一种诗意亲密的有距离激情，最终与一名年轻女子建立起一种稳固的同性恋关系（Modell 1983：188）。因此，普韦布洛母系模式的一个显著特征就是性是无拘无束的，由此，月经"在女人的生活中并不重要"（Benedict 1934：120），男人建造的房屋"属于女人"（106），婚姻的嫉妒"大大缓和了"（107），离婚仅仅是把丈夫的财产"放在门槛上"（74），没有性犯罪之感，没有"罪恶情结"（126），同性恋是一种"高尚的身份"（263）。正如性是"幸福生活中的一件事"（126），死亡也"不是对生命之否定"（128）；死亡从来不是"野心勃勃的展示或恐怖的场面"，而是"尽快地结束，尽可能少的暴力"（109）。杀人几乎是不存在的，自杀过于暴烈，连想都不

---

[7] 从表面上看，这个立场呼应了萨丕尔将心理学用于理解"特定元素得以结晶为典型模式"的历史过程的呼吁；但在更深的层次上，本尼迪克特对每种文化的潜在心理定式的实体化（hypostatization），与萨丕尔自己不断发展的关于文化与个性之关系的思想形成了鲜明的对比，他对任何一种将文化"具体化"（reify），或将其视为"大写人格"的思潮，都越来越持批评的态度。

敢想（117）；除了巫术和揭露卡钦斯（kachina）[8]的秘密外，"没有其他罪行"（100）。经济事务和财富"相对不重要"（76，78）；无论是经济纠纷还是家庭纠纷，都"以几乎完全平和的方式解决"；"在祖尼的每一天，都有他们温和性格的新实例"（106）。尽管祖尼是"神权至上"，但每个人都会尽力合作，不过在家庭还是宗教场合，都没有要求"彰显权威"。除了在成年礼中的鞭打仪式——"从来没有任何一种肉体折磨"（103）——孩子们没有受到纪律约束，即使是母亲的兄弟也不约束他们，也没有"孩子患上俄狄浦斯情结的可能性"（101）。没有人致力于追求迷狂的个人经历，"无论是使用致幻剂，酒精，禁食，折磨，还是舞蹈"（95），没有经文化精心包装的"恐怖和危险的主题"（119）；普韦布洛人的生活方式是阿波罗神式的中庸之道，"谨慎和节制"（79，129）。因此，难怪普韦布洛人没有"像我们一样，将宇宙描绘成善与恶的冲突"（127）。

祖尼社会"远远不是乌托邦"；它也显示出"其美德的缺陷"（Benedict 1934：246）——最值得注意的是，从我们自己的文化角度看，"坚持让个人淹没在群体之中"：没有给"意志的力量或个人的动机，以及奋勇对抗困境的性格"留下空间（246）。但是，如果个人身份本就是极有问题的，在这样一个文化时刻，当"坚定的个人主义"已经遭遇到巨大经济灾难的痛苦现实之时，即使是这个缺陷也有它的吸引力，尤其是考虑到本尼迪克特写这本书的更大目的。原始文化是"社会形态的实验室"，在这个实验室里，"问题必须用十分简单的方式设定，而不能采用大型西方文明的方式"（17）。研究它们，不仅可以教会我们"对他们的差异抱

―――――――

〔8〕　普韦布洛人的祖灵。——译注

有极大的宽容"，还可以训练我们"对我们自己文明的主导特质怀有警惕之心"（249）。而且，当将它与多布人偏执清教徒式的"残酷竞争"（141）和夸库特人自大狂式的"炫耀浪费"放在一起时，毫无疑问，在实现文化自我批评这一使命时，这三种人都有着十分正面的参考价值。

　　在评论这本书时，阿尔弗雷德·克虏伯强调说，这本书是为"聪明的非人类学家"写的，他认为，本尼迪克特是在比她为专业人士发表的文章中更"宽泛的意义上"使用"模式"这个概念的（Kroeber 1935b）。但是，作为"人类学态度的宣传"，《文化模式》是对文化多元、整合、决定论和相对性等人类学观念的有力表述，它对实现本尼迪克特让美国人有"文化意识"的目标做出了巨大的贡献（Benedict 1934：249）。在随后三十年间，它的销量超过了一百万册，广泛用作大学教材，成为许多后辈人类学家的学科入门书，即便在它对祖尼文化的描述受到尖锐批评后，仍然盛名不减（参见 A. Smith 1964：262）。

301

长久想象中的特波茨兰化身

　　1920 年代，美国文化人类学开始扩大它的地理视野，除了少数例外，此时已经几乎覆满了整个疆域——虽然直到"二战"以后，才开始实际上走向国际化。随着民族志初步进入新的领域，它包含了其他原始渴望的节点，其中最接近的是阿兹特克墨西哥的壮观遗迹。几个世纪以来，它们就一直是含混的关注对象，如今又进入了一个被重新发现的阶段，在墨西哥本土人（indigenistas）眼中，是为民族认同寻求一个可靠的基础；而美国知识分子则渴求一种"本真的文化"（Keen1971：463-92；参见 Warman 1982；Hewitt 1984）。土著感兴趣的中心之一是一个叫特波茨兰的村庄，它位于拱卫着墨西哥山谷的边脉南部，它的四千名居民（几乎都是血统纯正的印第安人）仍然说纳瓦塔语，也说西班牙语，而"民俗文化则是由印第安和西班牙元素融合而成的结果"——1926 年，罗伯特·雷德菲尔德在那里第一次开展了人类学田野考察。

　　与特波茨兰的文化史一样，雷德菲尔德的个人历史也融合了两种传统。在安妮·罗伊（Anne Roe）1950 年对著名自然和社会科学家所做的比较心理学研究引用的一篇自述里，雷德菲尔德将自己描述为"从一开始就意识到有两种过去"：他父亲的"老美国人"家庭的"边疆传统"（frontier tradition），以及他母亲即丹麦驻芝加哥总领事的"高雅"女儿的"欧洲传统"——雷德菲尔德就是于 1897 年在那里出生的（Roe 1950；参见 1953a；GS 1980a）。这种双重的文化遗产融入了他儿时的年历周期：在他的曾祖父于 1833 年在芝加哥西北部开始定居的"氏族社区"里，度过六个月的温暖时光，与大自然亲密接触；而在每年其余的时间里，在城市的公寓中，讲丹麦语的母系亲属们保持了浓厚的欧洲传统（有时还会因到国外旅行而更加强化）。在"父亲（一位成功的企业律师）的严密保护下"保持着"与世界的安全距离"，他们的"内向"家庭生活既有"无间的亲密感，也有对普通世界的远离"。作为一个害羞、腼腆的男孩，除了妹妹以外，雷德菲尔德很少和其他孩子在一起，在他体弱多病的童年，他也是在家里接受教育的。1910 年，他进入芝加哥大学实验学校，在那里，他早期对自然史的兴趣显然转向了文学，在 1915 年进入芝加哥大学前，他已经加入了一个"有点早慧的文学群体"。

在后来的回忆中，雷德菲尔德与父亲发生的唯一冲突是父亲的"过度保护"，1917 年，在没有事先商量的情况下，雷德菲尔德"突然临时决定"加入了一个为支持法国军队而建立的战地流动医疗小组——他的父亲随后马上安排购买了一辆救护车。在法国，雷德菲尔德从他的"恶棍"战友那里受到了一次"有益的殴打"，他还听说了他们的巴黎之行（尽管他没有参加）；他还看到了"一些苦役"——哈里特·门罗后来发表的诗歌对此有所纪念："所有人都死了，只有我活着，还是说，死神与我擦肩而过？"（Redfield 1919：243）当医疗小组解散后，雷德菲尔德回到了"乱作一团的"美国，并深信"战争是不可言说的糟糕"——尽管他在由于心脏杂音离开军队后确实发表演说支持发行战时自由公债。在接受父亲的建议后，他去了哈佛大学，曾短暂地研究过（也不喜欢）生物学，然后又回到了他在华盛顿的家庭，在那里当了一名参议院办公室勤杂工，还在军事情报部门的编码室工作过。当他的家人在战后回到芝加哥时，雷德菲尔德再次听从父亲的建议，开始学习法律。在父亲去世一年后，他获得了学位，然后去了他父亲的公司，做一份报酬不高的繁重工作，负责记录下水道系统有关的城市突发情况（"我比任何一个芝加哥人都了解它的下水道井盖"）（Roe 1950）。

那时，雷德菲尔德已经迎娶了芝加哥城市社会学家罗伯特·帕克的女儿，并（用他父亲的钱）到普韦布洛西南部度蜜月。1923 年，因雷德菲尔德对他的本职工作已经"倍感烦躁"，并且对岳父的"社会的科学"的想法产生了兴趣，他的妻子建议道，他们可以接受埃琳娜·兰扎祖丽（Elena Landazuri）此前发给帕克一家的公开邀请，前往墨西哥一趟，她是一位墨西哥本土女权主义者，曾在帕克门下学习。在那里，他们遇到了其他本地人，其中包括艺术家迭戈·里韦拉（Diego Rivera），以及正在特波茨兰做研究的民俗学家弗朗西斯·托尔（Frances Toor），还有一位鲍亚士亲手训练的人类学家曼努尔·加米奥，那时他在特奥蒂瓦坎进行考古和民族志研究。在亲眼观察了加米奥在田野中的工作后，雷德菲尔德决心成为一名人类学家——这个决定恰逢其时，他的岳父写信给他说，芝加哥社会学与人类学系正在筹划一项人类学训练计划（Godoy 1978：50-51）。

303　　　他在 1924 年秋天开始了他的研究，这是费伊-库珀·科尔努力重振芝加哥人类学的第二年，在弗雷德里克·斯塔尔执政的过去二十年间，该系的人类学可谓一蹶不振。科尔是鲍亚士早年培养的博士，有着相当传统的考古学和民族学倾向；但他也是一位天才的学术创业家，对人类学领域的变化趋势和社会科学中新兴的资助模式非常敏感。一年内，他就成功地邀请到爱德华·萨丕尔前往芝加哥执教。虽然雷德菲尔德的大部分人类学研究都是跟科尔学习的，但他还是修习了萨丕尔的好几门课程，还有埃尔斯沃斯·法利斯、威廉·奥格本、欧内斯特·伯吉斯及其岳父的社会学课程。他早期的人类学取向清楚地反映了帕克的个人思想遗产，这是约翰·杜威和威廉·詹姆士实用主义的融合，乔治·齐美尔、斐迪南·滕尼斯和威廉·格雷厄姆·萨姆纳的社会学概念，以及威廉·文德尔班的认识论思想。在接受个例科学（idiographic science）和普遍科学（nomothetic science）的德意志式区分，并认可鲍亚士对进化论之批判时，雷德菲尔德将自己与对"过程归纳"的人类学新旨趣联系在一起，他认为，威廉·里弗斯、克拉克·威斯勒和萨丕尔的著作都典型地体现了这一点。

　　　然而，也许他最重要的经历是参加了伯吉斯的社会学研究实践课，在这个以在"城市实验室"中的实证研究著称的系里，这是每个学生的必修课。在研究生的第一年间，雷德菲尔德先后四十多次访问芝加哥的墨西哥人社区，在一本冗长的打印日记中记录了他的经历。在雷德菲尔德完成了两年课程学习和在芝加哥大学任教一年后，他在伯吉斯门下的实习经历成为一项研究计划的基础，科尔将之提交给了刚刚成立不久的社会科学研究委员会，希望它能够成为人类学研究生培训的一部分标准。雷德菲尔德在之前的"芝加哥墨西哥人调查"中表明，要想理解"墨西哥移民不断涌入美国后带来的问题"，必须研究"在半原始的村落社区中，墨西哥人成长的条件"。为此，他提出了一项研究申请，涉及他自己（及其岳父）的社会科学兴趣的四个基础：一种对"社会学家称为'同化'，而人类学家称为'文化采借'"之问题的"具体研究"；通过进入"人们的生活，了解那些他们关心的问题"，达成一种对本土文化的主观理解；对各种社会制度及其相互关系的功能研究；以及"比较心态"研究（Godoy 1978：54-60；cf. GS n.d.）。

在获得社会科学研究委员会的两千五百美元资助后，雷德菲尔德带着妻子、两个孩子和岳母在 1926 年 11 月离开了芝加哥，来到加米奥建议作为田野地点的特波茨兰。他们乘坐火车从墨西哥城出发，经过六十英里的路程，在附近的圣胡安遇见了一位名叫杰西·孔德的人，他是在墨西哥革命后期在墨西哥城成立的"特波茨特克街区"（Colonia Tepozteco）的成员。随后，孔德又回到他的家乡，推动了一项民事改革和印第安文化复兴计划，不久，他还将成为雷德菲尔德的主要访谈对象。在经过四小时的艰苦跋涉到达特波茨兰后，雷德菲尔德一家人很快就住进了一间简单（但按当地标准来说很"优雅"）的铺砖

304

房屋。山谷景色，如在眼前，而这个他从未见过的"最平和，最静谧的地方"，其历史也历历在目，雷德菲尔德和妻子开始投身于他们的民族志工作，着手调查那些赤脚的人，他们走在"蜿蜒盘旋的小路道上，这里从未有一辆汽车驶过，宛如梦境里的人物"。这是雷德菲尔德"长久以来想象的"，令人感到就像"那种在早年化身中的体验再次降临了"（RR：RR/R. Park 12/2/26）。

但正如雷德菲尔德指出的，特波茨兰一直是革命暴力的焦点，而且它仍然弥漫着一种"萨帕塔式的（Zapatista[9]）"氛围"。在它的"相对同质和和谐的"社会的表面之下，村庄划分为宗教派和"布尔什维克"派，而周围地区的"基督战争"（Cristero）叛军几乎从一开始就将雷德菲尔德全家置于不安全的境地。2月18日，有四十名武装人员冲入村子，高呼着"基督君王万岁"，而在"特波茨兰之役"结束前，有两名当地人受伤，一名叛军在水沟里丧生（RP：PR/Clara Park 2/20/27；Godoy 1978：67-68）。雷德菲尔德全家撤退到联邦区的避难所，在那里，雷德菲尔德开展了一项对通勤人群的民族志研究——尽管有时候"心情十分沮丧"，他的妻子又患有重病，以及持续的叛乱活动，都让他的访谈对象"不愿提供信息"。到6月底，他的身心都已经疲惫不堪，而科尔的反对也会影响他的资助人们，于是，他带着全家人返回了芝加哥（Godoy 1978：70-72）。

---

〔9〕 指艾米里亚诺·萨帕塔（Emiliano Zapata Salazar, 1879–1919）领导下的墨西哥革命，他主张将土地还给印第安人，并提出了"土地与自由"的口号。直到他去世七十多年后的1994年，在墨西哥恰帕斯州爆发的维护当地印第安人利益为目的的运动，仍然以他的名字命名，称"萨帕塔民族解放运动"（*Ejército Zapatista de Liberación Nacional*）。——译注

雷德菲尔德回顾了这次叛乱，认为这是"生命中的一次微澜，因其遥远而令人愉快，也因其愉快而有一种科学上的刺激意味"（Redfield 1928：247）。他已经收集了大量传统民族志信息，广泛涉及诸如节日周期和西班牙人聚居区（*barrio*）的社会组织，以及大量"科里多"（*corridos*）（即当代民谣），在他看来，这些民谣就像他的岳父（一位前记者）眼中报纸在城市社会的角色一样，起到了类似的整合作用。但总的来说，雷德菲尔德的民族志资料库略显单薄、平庸，而且他在 1928 年夏博士论文中的概略综合分析（稍作修订，两年后出版），不仅处处显示出他的个性和价值观的影响——这些都预先决定了他对特波茨兰生活的浪漫想象，也压制了不那么"令人愉悦"的方面——同样也显示出先验性概念假设和理论假设的影响。

305

罗伯特·雷德菲尔德在特波茨兰，1926 年（芝加哥大学图书馆特殊馆藏）

雷德菲尔德将克拉克·威斯勒的《人类与文化》（Wissler 1923）
视作他读过的"人类学写作中最好的一本书"（RP，PR/Wissler
2/9/25），《特波茨兰》显然深受威斯勒概念的影响，它们与帕克在城
市研究中采用的"生态学"方法相当契合。在解释特波茨兰文化特

306　质的传播时，雷德菲尔德用他修改过的伯吉斯在芝加哥地图上画出
的同心生态区域对"文化区域"概念作出了重新界定，即，中心广
场是"变化的边缘"，由此可以追踪"城市特质的扩散"。与帕克一
样，雷德菲尔德用不同的心理生活方式和人格类型来定义文化单元和
过程，将特波茨兰的状态形容词"tonto"和"correcto"[10]转化为极性
人格和阶级类别。雷德菲尔德将"乡民社区"（folk community）看作
"原始部落和现代城市间"的过渡类型（Redfield 1930a：217），这显
然极大地受益于帕克（以及帕克援引的德国传统），还有帕克思想中
包含的改良版社会进化论。因此，"特波茨兰文化"在城市的缓慢增
长的影响下的解体和重组"仅仅是一个一般变化的例子，即原始人如
何变为文明人，乡下人如何变为城里人"（Redfield 1930a：14；参见
GS n.d.；Breslau 1988）。但与帕克相比，雷德菲尔德对乡民社区的共
同（*gemeinschaftlich*）有机体论有着更浪漫的想象，而他与萨丕尔之
文化二分法的关系后来被雷德菲尔德的一个学生指出来了："只要一
种文化仍是乡民的，它就是本真的；而一旦一种文化失去了它的乡民
属性，它也就走向了一种虚假的状态。"（Tumin 1945：199）

　　等到《特波茨兰》面世时，雷德菲尔德已经开始对尤卡坦半
岛上四个社区进行一项长时段研究，它们处在"现代化的不同尺
度上"，这很好地表明，所有这类小型、孤立而又紧密结合的乡民
社区在与异质城市社会的频繁文化接触中都经历了一个解体、世俗

─────────

〔10〕在西班牙语中，tonto 有愚笨之义，correcto 是正确的意思。——译注

化、个性化的过程（GS 1980a）。"乡民—城市连续体"和特波茨兰
民族志都受到了后来一代中美洲人类学家的尖锐批评。即使是在
当时，露丝·本尼迪克特（此时她心中想的必定是马林诺斯基和米
德，而不是她自己的传统记忆民族志）也批评雷德菲尔德依靠访
谈对象，而不是依靠他自己"对社区生活的实际参与"（Benedict
1930）。但是，鲍亚士学派的杰出历史主义人类学家却将雷德菲尔
德的著作视为一项"里程碑式的"研究，足以成为未来调查的"典
范"（Kroeber 1931：238）。尽管与本尼迪克特和米德不同，雷德菲
尔德的研究并不是为大众写作的，或者说，他自己也没有将特波茨
兰用于文化批判的目的，但他的一些读者却是这样看待的。斯图尔
特·蔡斯（Stuart Chase）是颇有影响的文化评论家和社会科学思想
普及者——他从雷德菲尔德的作品中获益甚多——在他看来，《特
波茨兰》足以成为一个与《中镇》（Lynd & Lynd 1929）对举的原
型，在他对"机械文明"的批判中，这两本书是互为"他者的"： *307*

> 中镇在本质上是实用的，而特波茨兰本质上是一个神秘
> 的心理过程。在适应环境的过程中，我认为，特波茨兰展示
> 了优越的常识。……这些人拥有普通美国人渴望的一些品质；
> 他们拥有其他一些完全不在美国人视野内的东西——这是美
> 国人从未感受到的人类价值观，他的年龄无情地蒙蔽了他，
> 限制了他。（Chase 1931：17，208）

夕照中的棕色靓影

从库克船长从塔希提岛返回的那一刻起，在欧洲人的原始主

义渴望中，世界地理的局灶神经节就是"南海之岛"，在那里，俊美的棕色土著人过着无忧无虑的生活，棕榈树为他们备好了充足的食物，在棕榈树下，他们享受着自由而悠闲的情爱（Fairchild 1961；B. Smith 1960）。不过，尽管在整个 19 世纪，太平洋诸岛也是反原始主义的传教事业的场所（Boutilier et al. 1978；Garrett 1982），在 1840 年代，美国探险考察也曾深入此地（Stanton 1975），但直到第一次世界大战后，他们才真正成为美国人类学兴趣的对象（Te Rangi Hiroa）。在文化批评、道德质疑和性实验的战后背景下，毫不奇怪，在玛格丽特·米德的作品中，这种人类学兴趣深深地陷在原始主义意识的"无形之线"中。[11]

米德比雷德菲尔德小四岁，她也是家中的第一个孩子，与这个世界保持着安全的距离；她后来回忆说，她"以生活在一个独一无二的家庭中为荣"，但也渴望"分享每一种正常的文化体验"（Mead 1972a：20）。而她的父母都是在"老美国人"背景中成长起来的，但在她的家庭环境中却是强女人与弱男人的强烈反差，这肯定在她心中留下了文化条件造就差异的印象。但如果说，她父亲的生活在她母亲的强势下被纳入了一种她认可的学术和社会美德模式，那么，也可以说，他作为宾州大学商学院教授和《铁路时代》编辑而进入的创业世界，保证了这个家庭令人倍感舒适的中产阶级地位，而且，从偶然的出轨中，他找到了令他焦虑的男子气概的宣泄口。由于过分保护自己的"软弱"和易受伤害的儿子，他将女儿

308

---

〔11〕 虽然它们没有赢得同等的人类学知名度，但拉夫·林顿关于马克萨人（Marquesan）性行为的观察也基于这一时期的田野调查，并与米德的萨摩亚研究形成了一种有趣的性别对比。米德强调女性有着婚前性行为的自由，林顿则强调女性是性爱的主体，男人要想方设法"迎合她的情欲"（Linton 1939：173）——这种角色刻画后来遭到一位民族志学者的质疑，后者所持的方法论立场与米德公案中的立场并没有什么不同（Suggs 1971）。

留给妻子去监管。米德怨恨他偶尔"粗暴地干涉我们的生活"，也怨恨他那种"保守的、拜金的识见"（39），但她很快就学会了如何从他那里得到她想要的——正如"原始朋克"轻而易举地支配了她的弟弟一样。她的母亲是芝加哥大学的一名研究生，在二十九岁那年结了婚，1902 年，她搬家到新泽西州的汉姆顿，想要继续完成她那篇从未完成的意大利家庭研究的博士论文。她是一位激进的女权主义者，在她身上，"对不公正的愤怒"与"骨子里的温文尔雅"奇妙地融为一体（25），她在内心深处始终像一个老派新英格兰人那样顽固地认定"有身份的人"和"草民"是有距离的（28）——但当俄国革命爆发时，她也"高兴地跳起舞来"（97）。在米德自己后来的生活中，她"实现了她母亲人生中每一个未曾实现的野心"（29），这在很大程度上要归功于祖母的"决定性影响"（45），她的祖母曾经是一名学校老师，负责米德的教育，直到她进入高中，她教她"把所有人都当成上帝的孩子"（54），她还教会了十岁的米德记录她弟弟妹妹的行为，就像米德的母亲之前给米德做记录那样。在"塑造我们一生的最重要的学术风气"中，"书中的词语带来的智慧享受是最重要的"，米德是"最能充分利用这一点的孩子"，她也从未"被要求约束或扭曲她的天赋"（90）。

　　作为一个拥有实用理性和自信的孩子，米德唯一记得的与"可能是惩罚权威"有关的经历，是在她两岁的时候，她的母亲让她给公园警察看一束她偷拿的紫罗兰，但那个警察"只是笑了笑"（Mead 1972a：120）。她对非理性偏见形成的典型体验来自印第安纳州迪堡大学的中西部女生联谊会成员，她们因她身上那种怪异的东部作风和严格的圣公宗式做派而对她敬而远之，这都是她在温和的青春期反抗她那奉行不可知论的父母时形成的——即便不是因为她觉得"从这个安全的位置"她可以"规定平等行为"的话（94）。

尽管米德的反应是"我想看看我在这个体制中可以做些什么"，但在迪堡这个远离纽约市"生活中心"的小镇上过了一年"流放"似的生活后（100），1920 年秋天，她转到了哥伦比亚大学巴纳德学院。

她很快发现了一种她可以融入的亚文化：那些卓有才华的文学"知识分子"不屑与他们"平庸"而"反动"的同学共处，他们搬进校外公寓，他们是"村庄"（"最令人愉快的地方"）的常客，他们拒绝与哥伦比亚大学校长"尼基·巴特勒"共进晚餐，因为要穿晚礼服，他们（经过犹豫之后）"剪短"了头发，他们听斯科特·聂尔宁 *（Scott Nearing），并"为两个因激进而被污蔑犯谋杀罪的意大利人举办了一次集会"，他们先是自称"共产主义白痴"，然后自称"垃圾猫"（MeP: MM/E. F. Mead, 1920-23）。尽管他们"在与性有关的实际问题上仍然非常天真"，他们阅读玛格丽特·桑格，谈论弗洛伊德，并知道"压抑是一件坏事"（Mead 1972a: 103）。他们也"了解同性恋"——作为"达芙妮"（Euphemia）[12]，米德收到了一位署名为"彼得"的女同学的激情求爱信（MeP: Box C1）。米德后来说她的朋友们"属于年轻一代的女性，她们觉得自己无比自由"——拒绝与男人"讨价还价"，想结婚时才结婚，并与那些迷恋她们的自由的老男人搞婚外情（Mead 1972a: 108; cf. Fass 1971: 260-90）。然而，在她十六岁生日后不久，她就与路德·克雷斯曼（Luther Cressman）订婚

---

* 　斯科特·聂尔宁（1886—1985），曾住宾西法尼亚大学经济学教授及托利多大学文理学院院长兼政治学教授，因政治言论与主流不合而遭开除，遂于 1932 年与其夫人海伦·聂尔宁从纽约搬到乡村居住，创办了"美好生活中心"。他们终生倡导简朴、素食、反战与和平主义，是"返归田园运动"（Back-to-The-Land Movement）的代表人物。——译注

[12] Euphemia，即希腊神话中的月桂女神，她在逃避太阳神阿波罗的爱情时，向河神求救，于是河神将她变成了一棵月桂树。——译注

了，他的道德奥德赛将他从陆军训练营带进了圣公会牧师训练，然后又进入社会学研究生训练（Cressman 1988）。直到他们（两人都仍是处子之身）在她的毕业后结婚之前，她的力比多能量的非语言宣泄口显然是右臂的持续性神经炎（Mead 1972a：104；参见 J.Howard 1984：47-48；Cressman 1988：92）。从一开始，她对她后来称为"学生婚姻"的情感承诺似乎是有点不对称的。然而，米德并没有与哪个年长男子有过私情，只是在诗歌中开始泄露她对婚姻的不满："你尽可用你的理智抑制我的喜悦，用你的眼神冷却我的狂热。"（MeP：Poems；参见 Mead 1972a：123）她深信，她遇到了"一个最杰出的人"和"我见过的最令人满意的人"（Mead 1972a：50）；但当爱德华·萨丕尔在妻子死后"恳求"她"成为他的三个失去母亲的孩子的妈妈"时（引自 J. Howard 1984：52），米德却已经决心将终生奉献给人类学了。

在巴纳德学院，米德的抱负已经从为政治而写作转向了为科学而写作，她希望通过这种方式，既能理解人类的行为，又能"在人类活动世界中发挥作用"（Mead 1962：121）。尽管她的专业是一种相当科学化的定量心理学，但到大学四年级开始时，她选修了两门课程，由此走向了人类学：奥格本的文化之心理方面的课程，尽管他有强烈的统计主义倾向，但这是第一门"认真对待弗洛伊德心理学"的课程（111）；在鲍亚士的人类学导论课上，米德给他留下了深刻的印象，她"积极参与课堂讨论"，鲍亚士因此免除了她的期末考试（112）。除了鲍亚士的反进化论思想，人类学最让她感动的还有"那种千禧之感，正是这种感觉推动人类第一次迈出了走向文明的探索步伐"——当然，还有想要研究因与"现代文明相接触"而濒临消亡的"原始文化"的热望

310

（MeP：MM/M.R.Mead 3/11/23；参见 Mead1959b）。"鲍亚士博士"——这时他还没成为"弗朗兹老爹"——此时还是一个有点疏远和难以接近的人，是露丝·本尼迪克特将"鲍亚士的正式讲课变得通俗化了"，并招募米德开展人类学研究，在一位同学令人震惊的自杀事件后，米德开始将她视为"良师兼益友"，后来便成为爱人了（115；参见 Bateson 1984：140）。

尽管米德的硕士论文是心理学性质的，但她的问题是由鲍亚士设定的，这是他对遗传论种族学说的长期批判的一部分。在她母亲二十年前研究过的同一个社区里，米德对"意大利儿童群体智力测验和语言障碍"的研究表明，测试分数与其家庭中所使用的英语水平成正比（Mead 1927）。她的博士研究，最终以《玻利尼西亚文化稳定性问题的研究》为题出版（Mead 1982a），反映了鲍亚士的另一项研究议题：为了回应某些英、德民族学家的单中心传播论，必须对不同文化元素的相对稳定性加以验证。就像本尼迪克特的博士论文一样，这也是一项关于文化元素在一定地理范围内如何关联的图书馆研究，并导致了一项更综合的研究——这是因为，元素的形式和意义"只能从每个群体的主导模式中加以重新解读"（84）。

在研究生学习的第一年结束时，在英国科学促进会的多伦多会议上，米德被领入了那时还相当亲密的专业人类学世界。在会上，她听到萨丕尔和戈登威泽在争论荣格的心理类型，遇到了欧娜·甘瑟（她与莱斯利·施皮尔的《前卫性"合同婚姻"》在 1921 年纽约报纸上轰动一时），她发现每个人"都有自己的领域，……他在讨论中总会提到他的'民族'"（Mead 1972a：124）。米德已经沉浸在玻利尼西亚民族志著述中，并且毫无疑问地意识到，在这片地区，还没有多少专业主张得到验证，因此，米德决定在文化变迁的问题上开展田野实地考察。尽管米德希望心理电流计（测谎仪的前身）能让她实际测量对文化变迁的"个体情绪反应"（125），但鲍亚士认为这种量化测定是"不成熟的"*311*（Mead 1962：122）。到这时候，他的研究议程已经从传播问题转移到"一系列将个人发展与他们被抚养的文化之特异性联系起来的问题"，他建议米德承担一项"生物青春期与文化模式的相对强度"研究（Mead 1962：122；cf. Freeman 1991a）。

在"燃烧的青春"时代，青春期现象是文化关注的中心，而这场讨论实际上深受 G. 斯坦利·霍尔改良过的进化论观点（Hall 1907）的影响——他在 1892 年愤而离开克拉克大学后，实际上在鲍亚士眼中一直是不受欢迎的人。鲍亚士可能已经感到，青春期是一个特别适合米德的问题，她年方二十三岁，了解"飞女郎"的生活，并且仍有一种挥之未去的青春期气质和孩子气的神态。他们达成了一项协议，米德接受了鲍亚士的问题，他们将之提交给了国家研究委员会，称其为"一项基于对原始民族和文明民族的青春期现象之调查的遗传和环境研究"（MeP：Fellowship application，1925）。作为回报，鲍亚士——压下了萨丕尔的反对意见，她"过于紧张，感情用事"——同意米德去一个他自己认为"过于危险"的地方，只要她选择一个"有船定期通航"的岛屿就行（Mead 1972a：128-29）。米德选择了美属萨摩亚，自1900 年以来，美属萨摩亚一直处于美国海军的势力范围内，而她的公爹也曾和那里有联系（参见 Cressman 1988：114）。1925年 4 月 30 日，当她得知她获得了国家研究委员会的研究奖金时，米德和"垃圾猫们"决定与他们已经计划好的另一个庆祝活动共同庆贺一下：在午夜时分，前往格林威治村，在那里，他们将一个五朔节花篮挂到了埃德娜·圣文森特·米莱（Edna St. Vincent

Millay）[13]家的门上，这让她感到分外惊喜——但他们却鼓不起勇气齐声朗诵她的诗句（J. Howard 1984：56-57）。

三个月后，米德由返回祖尼的本尼迪克特陪同到中途，乘火车穿越全国。米德经过洛杉矶（一个由房地产商为其他房地产商经营的城市），从旧金山出发前往火奴鲁鲁（在那里，"无定的迷雾"掩盖了"工业文明的所有迹象"）。从那里，她乘船前往帕戈帕果，她下榻的旅馆正是萨默塞特·毛姆在《雨》中设定的那种场景[14]，还在一艘海军巡洋舰上参加了多次舞会（Mead 1977：21，23；参见 MeP："Field Bulletins"）。在随后几周里，在帕戈帕果和图图拉岛附近的村庄里，她练习了当地语言，并看到了"主要的社交礼仪"，注意到表面上对于"临时驻足的白人"可见的和"他们的潜在文化构造"的鲜明对比，并总结道，"思考他们的文化中潜在的观念，要比观察那些观念的具体表现，更容易让人了解审美的愉悦"（MeP："Field Bulletins"10/3/25）。她决定在 11 月

312

---

〔13〕 埃德娜·圣文森特·米莱（1892—1950），是美国第一位获得普利兹诗歌奖的女诗人。她于 1920 年代初搬到格林威治村，过着一种众所周知的双性恋生活，也是众多波西米亚青年人心中的偶像。——译注

〔14〕 毛姆在 1916 年前往南洋群岛游历，在去往东萨摩亚首府帕戈帕果的同船旅客中，包括一对传教士夫妇，还有一位要去西萨摩亚当酒吧女招待的汤普森小姐。汤普森带了一部留声机，整天在房间里放音乐开舞会。毛姆据此写成了短篇小说《雨》：一艘客轮因连日阴雨和疾病传染的原因不得不停靠在帕戈帕果岛，麦克菲医生夫妇、传教士戴维斯夫妇和妓女汤普森小姐租住在一个混血土人家中。戴维斯是一个宗教偏执狂。汤普森小姐放荡不羁，整天播放留声机，与一帮男人寻欢作乐。戴维斯无法忍受，威胁要将汤普森遣回三藩。汤普森小姐为了不被遣回，连续几天向戴维斯忏悔直到深夜。但就在她要被驱逐下船的当天早晨，戴维森却自杀了。作为一个冷静的旁观者，只有麦克菲医生明白发生了什么事情。看起来戴维斯已经从宗教和道德上驯服了汤普森，但在听她忏悔的过程中，他反而陷入了肉欲而无法自拔。麦克菲医生的暗示（"他明白了"）和汤普森小姐的大骂（"你们这些肮脏的猪猡，你们都是一样货色！"）都表明，麦克菲医生与汤普森小姐发生了肉体关系。参见毛姆，《毛姆短篇小说精选集》，译林出版社 2012 年版。——译注

转移到位于马努阿区最东边的塔乌岛（Ta'u），在几年前，这个中心地带曾奋起反抗美国的统治——这是由一个举棋不定的官僚和一个狡诈的投机客共同造成的疯狂行动（MeP："Field Bulletins" 10/31/25）。"比萨摩亚其他任何地方都更原始，更少破坏"，塔乌岛仍然有一名海军常驻医疗官，她可以住在他的家里，这样她就可以整天"出入当地人家中"，"还可以有床睡，有健康的食物吃"（Mead 1977：28）。

尽管鲍亚士认为，米德的研究是一个方法论的创新，标志着"首次认真尝试进入一个原始社会群体的精神生活"（MeP：FB/MM 11/7/25），但在她动身前往萨摩亚之前，他只给了她一个小时的方法论指导，强调她应该专心研究她的问题，不要浪费时间"研究整个文化"（Mead 1972a：138）。米德实际上动手收集了一般民族志资料，但她专注于做心理测试，并收集了一组五十个姑娘的系统数据，其中二十五个已经度过了青春期（1928b：260；cf. MeP：MM/FB 2/15/26）。最堪忧的数据当然是关于性行为的，这是她用各种手段收集的。米德的萨摩亚语记录包括一份冗长且非常明确的性词汇表，这是传教士乔治·普拉特在六十年前记录下来的；她的一般笔记包括了一份长而生动的对一位成年男性访谈对象的详细采访记录，其中涵盖了萨摩亚性生活的方方面面，包括手淫和前戏的技巧，性爱姿势，已婚和婚前性行为的频率，以及性高潮时的女性行为；她的一封简讯中提到，有一天晚上，她与一些成年男女在一起闲聊，到最后聚会结束时，有个姑娘与她的众多情人打情骂俏一番后，挑了其中一个小伙子陪她回家过夜。在米德所做的五十个姑娘记录中，包括一个"性爱"专栏，她在这一栏里做的记录有"接受一个情人""其他姑娘说她和某某睡了""经常参加舞会"等等之类。米德的简报表明，尽管她在语言上有一些问题，她仍然没有雇用通事（也就是由牧师实际上扮演的那个角色），依然能够和年轻的萨摩亚人相处融洽，他们一大早五点就来拜访她，一直待到午夜。事实上，她使用的有些重要"方法"显然来自她在深夜与那些"垃圾猫们"分享的八卦。[15]

313　　　　在塔乌岛上待了五个月后——在此期间，一场严重的飓风使她的工作中断了两周——米德觉得，她确实已经以局内人的身份体验了萨摩亚人的生活。她没有陷入她自己村子里的等级制度之网中，孩子们喊她"玛珂丽塔"（Makelita）[*]，并将她当成"他们中的一员"。但是在岛上其他地方，她被视为"*taupou*"（或圣处女［ceremonial virgin］），她有"被烧死的等级"，"可以命令整个村庄"。最后，她觉得她不仅观察了萨摩亚人，而且还"成为了他们"：

> 她们将我打扮起来，去参加整个村庄的舞会，他们把 ti 叶子绑在我的手腕和脚踝上，把椰子油抹在我的胳膊和肩膀

──────────

[15] 德里克·弗里曼提出，在这些晚间聚会中，萨摩亚的参与者们"不断地编造事讲给米德"，他们是为了"自娱自乐，而没有想到他们的故事会写进一本书中"；他们只是在展示他们的"*tau fa'asse'e*"，也就是"故意骗人的行为，这是萨摩亚人特别喜欢的一种消遣，是借以从他们的威权社会的重压下暂时解脱出来的一种喘息"（Freeman 1983a：290）。最近，他采访了几位上了年纪的萨摩亚女性，她们回忆起六十年前的那个晚上，当时的情形非常相似："我觉得有个姑娘跟她讲了一个错误的故事。你知道的，萨摩亚人喜欢跟外国人或其他人说笑，于是他们讲了一个错误的故事，好引她听故事，但这不是一个真的故事。""是的，她问我们天黑以后干什么。我们女孩子就会互相拍一下对方，告诉她我们和男孩子们出去了。我们只是开个玩笑，她却当真了。正像你知道的，萨摩亚女孩都是特喜欢说谎，喜欢取笑别人，但玛格丽特认为这都是真的。"（Freeman，个人交流，11/22/88，转引自 Frank Heimans 的《玛格丽特·米德和萨摩亚》电影的后期制作脚本；参见 Freeman 1989）毫无疑问，萨摩亚人的性行为是米德似乎特别容易被暗化（盲点）和／或投射的（参见 Devereux 1967），她很容易成为错误信息的受害者。

[*] 这是萨摩亚当地孩子们对米德的名字"玛格丽特"的称呼，是 Margaret 的变音。——译注

上。……我没有看到一群小伙与来访的姑娘们打情骂俏，我把自己当成了来访的姑娘……我听了我的代言头人们在争吵和盘算怎么回礼，分享了对高等头人们的羞辱，因为他们太穷而无法保障他们的特权。（Mep：MM/M.R.Mead 4/15/26）

终于到该离开的时候了，米德准备动身回家了："九个月与世隔绝的劳作对我来说已经足够了。"但她告诉她的祖母（她曾教导她"品味无穷的生命细节"），她感到了一种深深的失落，很快就"不再有棕榈树，不再有在夕照中来来往往的棕色身影"："如果萨摩亚离你更近，没有无趣的白人和蚊虫，那该是一个多么美好的天堂啊。"（MeP：MM/M.R.Mead 4/15/26）

在她待在塔乌岛的两个月时间里，当她为方法论而倍感焦虑时，米德给鲍亚士写了一封信，想知道她应该如何呈现她的材

玛格丽特·米德与一位身份不明的萨摩亚朋友在马努阿，1926 年（跨文化研究所提供）

料，这样一来，"读者无须相信我所说的任何东西"，但他们会读到"一组事实，另外的人也可以从中得出自己的结论"。"科学的奥格本"对"半统计"陈述以外的任何东西都不会满意的，但这将是一个"误导"，因为样本太小了，而只有在"我关于家庭范围内的服从和叛逆的最终结论"的背景下，"孤立的事实"才有意义。或者，她可以用个案史（case histories）——但又不可能用"所有的细节来填充它们，虽然当它们在我眼前闪现时，我知道它们对我意义重大"，而且无论如何也不清楚它们能否"证明一个观点"（MeP：MM/FB1/5/26）。在回信中，鲍亚士建议，"对这种复杂行为的统计处理"是"没有多大意义的"。他建议对"行为发展的条件"进行一种"概要式描述"，然后"在背景下将个人凸显出来"——他将之比作"医生在分析个体病例时使用的方法，他们想要描述的病理案件的总体画面就是建立在这个基础之上的"。"虽然在这种情况下，要彻底消除研究者的主观态度是不可能的。"鲍亚士觉得，米德无疑会"尽可能地克服这一切"（MeP： FB/MM 2/15/26；cf. GS 1987b）。

　　米德从萨摩亚向西经由欧洲返回美国，在旅途中，她无法遏制地爱上了一位阳刚气十足的新西兰心理学家里奥·福琼（Reo Fortune），那时他正前往英国追随马林诺斯基学习人类学。尽管那时她又"重新选择了路德"，但"与教会组织的人一道工作的共同天职"感却已经消失殆尽了，米德曾经打算生育六个孩子，一位妇科医生却告诉她说，由于子宫错位，她无法生育了。她继续与克雷斯曼生活了一个"奇怪的冬天"，在接受美国自然历史博物馆的新工作之前的期间，她完成了萨摩亚研究报告。但在接下来的一个夏天，她又在德国和福琼一同度过了"激情四射的"一个月，她决定嫁给他，并写信给克雷斯曼，坚持要离婚（1972a：157-

67; Cressman 1988: 189-91)。

　　回到纽约那年秋天，米德着手修改那部题名乏味的《萨摩亚的青春期少女》的手稿，她之前将它寄给了出版商威廉·莫罗。在初稿中，跨文化比较仅仅在一组简短的"结论"中才有所涉及，米德认为"只有在展示其他人类文明的不同行为模式而由此形成对我们自身文明的批评时，我们才能明白，我们的态度和行为在很大程度上不是人类或性的意外结果，更不是种族的意外结果，而是由于我们生在美国，或生在萨摩亚，是由于我们生在 1927 年的美国，而不是 1729 年的美国"（MeP）；莫罗对这部稿子很感兴趣，但他想要增添一些东西，造成像最近最畅销的人类学通俗著作《为什么我们要像人类那般行动》（Dorsey 1926）那样的冲击力——它的作者是乔治·多尔西（George Dorsey），是他将米德介绍给了莫罗（J. Howard 1984；87-88）。在犹豫了一段时间后，米德"最终决定"进行一系列建议的修改，并向莫罗提供了新的材料，她将推测"限制在可接受的范围内"（MeP; MM/WM 1/25/27, 2/11/28）。

　　终于，她出版了那部《萨摩亚人的成年：一项为西方文明所作的原始人类的青年心理学研究》（Mead 1928b）。[16] 米德曾与鲍亚士讨论过的令人担忧的方法论问题，现在被归入了抽样问题和"个人观察误差"的附录中，在该处，米德接受了鲍亚士的临床类

316

----

〔16〕 关于对米德《萨摩亚人的成年》之修辞策略的一种富有启发性的分析，参见 Porter 1984。在米德修订那本书的同一时期，她写了一本更传统的民族志《马努阿的社会组织》，这本书作为一份博物馆刊于 1930 年出版。虽然看起来很明显，她的萨摩亚语解释中某些更值得怀疑的方面都表明她试图在莫罗的敦促下推广她的发现，但值得怀疑的是，她的萨摩亚民族志引发的所有问题是否真的可以通过划分为"普及读物"和"专业著作"得到解决。虽然第二部作品的内容和风格都明确是面对专业读者的，但米德当时并没有坚持这种划分。她引用了她之前的研究（Mead 1930：126），而由于两组研究是彼此重叠的，它们的解释也是相当一致的。

比，承认"在研究人类行为中无形的和心理的方面时，研究者应当阐明而非证明一个命题"（260）。与此形成鲜明对比的是，她在新的导论中充满自信地宣称，对那些"希望创设一种人类实验，但不是缺乏创造这种实验条件的能力，就是无法找到这些条件的控制取样"的人来说，"人类学方法"是唯一可取的方法。通过选择"十分简单而原始的民族"——它们的"基本结构"是一个"受过训练的研究者"在几个月后可以"掌握"的，而且"一个姑娘的生活和另一个姑娘的生活并无二致"，便可以回答"促成我的萨摩亚之行"的问题（7，8，11）。

　　米德之所以能做到这一点，部分原因在于她将另一个潜在的麻烦问题放到了全书的后面，《今天的萨摩亚文明》（原稿的最后一章）也出现在附录中。在其中，她尽可能地弱化了传教士的影响，并强调了海军当局"仁慈地不干涉本土事务的可敬政策"，结论是，尽管"新势力"已经"拔掉了旧文化的利齿"（食人俗、血仇、"残忍的破处礼"等），但他们没有引入"经济动荡、贫穷、工资制度、工人与土地和生产工具的分离、现代战争、工业疾病、废除闲暇、官僚政府的倦怠"，还有"文明的精致惩罚"，如精神折磨、哲学困惑和个人悲剧等（Mead 1928b：270，276-77）。她承认萨摩亚在与现代文明接触前的文化"不那么富有弹性"，"对个人反常行为也不那么友善"，而且告诫读者不要将她笔下的状况误认为是"土著的"或"典型的原始"状况，米德指出，"今天的萨摩亚文明"不过是在"一种复杂的外来文化对一种更简单而友好的本土文化"的影响下"偶然"而"幸运"地产生的结果（272-73）。但在全书的主体部分，这种文化历史的模糊性是服从于文化原型化的目的的。

　　在一开篇，米德就定下了全书的主调，她简短地叙述了"萨摩亚的一天"，它始于曙光初照时，"情侣们从幽会地点溜回各自的屋里"，结束于"海潮的柔和拍击声和情人的柔声细语"里的漫漫午夜（Mead 1928b：14-19）。在随后的十章中，这种文化当代性（contemporaneity）的典型意义因她持续使用"民族志现场"（ethnographic present）而贯穿于全书，除了在有些地方，米德会以过去时态提到她研究的特定个体的行为。同样，她也会偶尔评说"从前的日子"或文化变迁的过程，这也有助于说明在她建构的模式中出现的反常行为，比如，她认为，强奸是与"白人文明"接触后才发生的"反常"后果（93），而他们对贞操的"怪诞"态度也是基督教传入后"对贞洁从道德上予以嘉奖"的结果（98）。

在全书的结尾处，米德对"美国文明和萨摩亚文明"进行了更明确的比较，这种典型的非时间状态（atemporality）（吊诡的是，对一个鲍亚士门徒来说）既有进化的一面，也有文化特殊性的一面：使萨摩亚少女的生活与众不同的，部分是由萨摩亚（与其他文明正相对照的）"原始文明"的"随和态度"造成的，部分是由于个人在面对选择时遇到了很大的限制，而这是"所有孤立的原始文明"的普遍特征（Mead 1928b：198，200）。在一种进化论包装下的文化相对主义呈现（"一项为西方文明所做的原始人类的青年心理学研究"）让它既能诉诸浪漫原始主义的动机，也能诉诸种族进步主义的动机。一方面，米德坚持"我们自己的方式既不是人类不可避免的，也不是上帝判定的"（233），我们"为我们自己异质的、迅速变化的文明付出了昂贵的代价"（247）。但作为回报，我们获得了"选择的可能性，承认了许多可能的生活方式，而其他文明只承认了其中一种生活方式"。通过接受"单一标准的衰落"，并教育我们的孩子做出选择，"我们将意识到个体选择和普遍容忍能够达到怎样的高度，这是一种异质文化所能获得的，也只有一种异质文化才能获得"（248）。

米德觉得，她写了一本关于个人选择的文化决定的书，它也是真实地存在于那里的。但是，一种更特定的性爱意味却体现在这本书的护封图片中，一名裸胸少女和她的情人手牵手跑向一片朦胧月色中的棕榈树幽会处。而文本本身，在与当代文化经验和米德自己的个人经验形成共鸣的同时，确实极大地支持了这样一种解读"在我们的文明中，浪漫的爱情总是与一夫一妻制、排他性、嫉妒和坚定不移的忠贞的观念密不可分"，但在萨摩亚人中间这都是子虚乌有的，他们"嘲笑那些仍旧痴情于一个长期不归的妻子或情人的男人，并且坚信新的爱情会很快治愈另一次爱情的伤痛"（Mead 1928b：104-5）。当罗伯特·罗威提出，现代萨摩亚人的"自由恋爱"可能是文化接触的反常结果，不应用作米德的"教育学论文"的证据，米德坚称，她从未暗示说，"萨摩亚人不受冲突之影响主要是由于他们'性爱不受约束'"（MeP：MM/RL 11/5/29）。同样，她很惊讶地发现，田纳西州一所师范学院某位教授的学生们竟然认为，她的书"主要是关于性教育和性自由的"，"在全书二百九十七页中，有六十八页都在说性爱"（MeP：MM/W. Brownell 3/10/30）。但是，就像封底的评论，给予一致好评的大众媒体，以及关于米德探险的许多报道所表明的，还有许多人也有同样的印象——包括爱德华·萨丕尔，在写作那篇新保守主义论文《性的学科》时，他的脑中一定装着一个玛格丽特·米德（Sapir 1930；参见 Sapir 1928：523；Handler 1986：143-47）。

尽管米德最初的"惊奇"是它被用作大学教科书，但从《萨摩亚人的成年》出版之日起，它就是为这个目的服务的。尽管从一开始就有对其民族志是否充分的专业批评潜流，但正如《文化模式》一样，它无疑是 20 世纪最具影响力的人类学著作之一。这典型地体现了某个历史时刻所特有的个人焦虑与文化焦虑，以及对某种普遍文化传统的共鸣，事实也是如此（参见 E. Jones 1988）。[17]

对于阿波罗式民族志之批评

319

虽然他们的职业生涯模式遵循着不同的轨迹，本尼迪克特、雷德菲尔德和米德都成为了美国人类学的代表人物。但在过去几十年间，他们早期的每一种民族志解释都成为了系统（和有争议的）批评的主题。这些批评是在不同时期内先后出现的，它们本身并不是某一个文化历史时刻的产物。尽管如此，还是有一些共同的线索贯穿其中，在此将它们综合起来考虑，我们不仅可以阐明 1920 年代的"阿波罗式"民族志，[18] 还可以阐明现代人类学传统的某些更持久的方面，它不仅是一门专业学科，也是一种文化意识形态。

---

[17] 三十年后，米德自己承认，她的书所扎根的文化背景正是 1920 年代中期，她回忆道，那个年代既"年轻而充满希望"，但又充满了"反抗和自我批评、怨恨和愤世嫉俗的绝望，这是第一次世界大战后世界日益增长的危机滋养出来的"。对许多人来说，她的书是"一种精神的逃避，堪比身体逃避到南洋群岛，在那里，情爱和闲适是每天的秩序"。不只如此，这是她自己的"缺乏经验"所希望的一种解读方式：由于她自己"还不能接受其他的原始民族，他们陷入恐惧和饥饿，对他们的孩子也很苛刻，所以萨摩亚人不可避免地代表了'原始人'"——尽管与其说她"是在鼓吹回归到原始人，不如说是回归到更伟大的知识，这将使现代人更能控制文明过程本身"（Mead 1961：xi-xii）。

[18] 虽然我在这里用了"民族志"这个词来描述阿波罗神们及其批评者们的作品，但大部分作品都不是传统意义上的民族志著作——其中一位作者明确否认了他的作品构成了"一种替代性民族志"的观点（Freeman 1983a：xii）；从这个角度来看，"民族志解释"也许是一个更合适的术语，因为在每一个案例中，解释问题都不可否认是争议之所在。

　　这些批评的第一部分所针对的田野工作实际上在本尼迪克特
自己前往西南地区之前就已经开始了，在 1920 年，弗朗兹·鲍
亚士的年轻秘书，以斯帖·希夫（Esther Schiff），央求鲍亚士允
许她跟他一起去拉古纳普韦布洛人（Laguna Pueblo）中间开展实
地考察，鲍亚士从去年夏天开始了对克雷桑语（Keresan）的研
究。希夫于 1897 年出生于一个德国犹太金融家庭，鲍亚士有时会
向她的家庭寻求研究资助，希夫在巴纳德学院读大四的时候，参
加了他的人类学概论课程。虽然在西南地区的一个月后她继续担
任他的秘书，但她也参加了人类学的课程，第二年夏天又获邀陪
他前往。这一次，她开始在科奇提人中间进行田野考察，在那
里，当亲眼目睹"进步派"和"保守派"之间偶尔爆发的宗派暴
力冲突时，她感到十分震惊。1922 年，她再次陪同鲍亚士前往科
奇提，在那里，她被女房东的部落正式接纳为养女，并继续开展
研究，最终写成了一部社会和礼仪组织的专著（Goldfrank 1927）。
1922 年秋，希夫为了追求学术事业，放弃了秘书职位（交给了鲁
思·邦泽尔）。然而，她的事业在那一年 12 月因嫁给沃特·戈德
弗兰克（Walter Goldfrank），一个有三个儿子的鳏夫，而不得不中
320　断了——尽管她确实设法在 1924 年去了一趟伊斯利塔普韦布洛人
（Isleta Pueblo）中间（Goldfrank 1978，1983）。

　　当她的丈夫在 1935 年突然辞世后，以斯帖·戈德弗兰克
（Esther Goldfrank）觉得可以重返哥伦比亚大学人类学研究了，
当时，这个人类学系被露丝·本尼迪克特的门生和拉尔夫·林顿
的门生分裂了尖锐对立的两派，该系对后者的雇用使得本尼迪克
特无法完全继承鲍亚士的衣钵。戈德弗兰克成为"文化和人格"
席明纳的校外参与者，在这个席明纳中，林顿与精神分析学家亚
伯兰·卡迪纳同属一个阵营，而在分析文化和人格方面，一种比

本尼迪克特更分化、更具过程特色的方法也发展起来了（参见
Manson 1986）。然而，戈德弗兰克从本尼迪克特手中接过了理论
课程，并在 1939 年夏天加入了本尼迪克特的平原印第安人田野
考察团队。尽管戈德弗兰克承认《文化模式》在概念上是极为有
趣的，但她仍然与本尼迪克特就她对祖尼社会的观点发生了激烈
的争论，而本尼迪克特却正想将这个观点推广到戈德弗兰克本人
曾经研究过的普韦布洛人身上。到这时，本尼迪克特的解释，虽
然还只是探索性的，已经遭到了伯克利训练的中国人类学家李安
宅的公开质疑（Li An-che 1937）。但是，直到 1940 年以后，戈
德弗兰克本人才发表了一篇系统的评论，这时，她与才华横溢的
德国马克思主义汉学家魏复古（Karl August Wittfogel）相识并
结婚，他刚刚因不满于希特勒—斯大林条约而脱离了共产党。长
期以来，他一直认为社会发展的"根本问题"是"水利控制对社
会结构的影响"，在他向戈德弗兰克讨教"普韦布洛人的灌溉情
况如何"之前，他几乎没见过她（Goldfrank 1978：156，146）。
1943 年，他们联名发表了一篇合作文章，在文中，普韦布洛人是
被作为"微型灌溉社会"来讨论的——但这篇文章并没有直接针
对本尼迪克特。

在这次联合行动后，戈德弗兰克继续写下了一系列关于美洲
不同印第安部落的文章，每一篇都从一个受马克思主义影响的角
度挑战了当前的主流解释。第一篇文章援引了历史记录，她论证
道（这引起了本尼迪克特的极大不满），在特顿达科塔人（Teton
Dakota）的保留地上，"财富对地位的认可是十分重要的；战争
不是'游戏'；而群体内暴力行为也是有据可查的"（Goldfrank
1978：161；参见 1943）。第二篇文章认为，"纳瓦霍社会的领导
权，就像纳瓦霍社区合作那样，是在半干旱环境中因农业的需求

而发展出来的"，"绝不是普韦布洛人组织的机械复制"（Goldfrank 1978：165；参见 1945a）。第三篇文章分析了霍皮人和祖尼人的儿童抚育模式，"质疑了自 1928 年以来本尼迪克特一直如此呈现的普韦布洛社会和人格的形象"（Goldfrank 1978：171）。戈德弗兰克在历史文献、传记叙述和心理测定的基础上指出，"一种有效的灌溉农业所必需的合作"是一个漫长训练过程的最终目的，"这种训练通常是劝服性的，但也经常是严厉的，它开始于婴儿时期，并在整个成年期间都一直持续着"。普韦布洛成年男子的焦虑性格"与其说是在婴儿期由父母的纵容溺爱塑造的，不如说更多的是由外部力量在幼年之后强加给他们的严格纪律塑造出来的——也就是说，是由超自然力量的化身和祭司阶层塑造的"（Goldfrank 1945b：527，519，523，536）。

本尼迪克特本人从未发表论文或在私下里回应过戈德弗兰克，她"只是说过，普韦布洛人把她'弄烦了'"（Goldfrank 1978：171）。但戈德弗兰克的批评，连同此前李安宅的批评，确实激发了第一次系统地考虑个人价值观对民族志的影响，这是约翰·班尼特（John Bennett）的一篇文章，他在 20 世纪 30 年代后期在芝加哥大学攻读博士学位期间曾跟随雷德菲尔德学习。在 1946 年评论《对普韦布洛文化的解释》时，班尼特对他所称的"有机"和"压抑"的观点进行了鲜明的对比。一方面，有几项普韦布洛印第安人（主要是霍皮人和祖尼人）研究，认为他们的文化"整合到了一种非同寻常的程度，所有领域都由一套一致而和谐的价值观结合在一起"，当然还有一种"理想的人格类型，推崇温文尔雅、互不侵犯、彼此合作、谦虚有礼［与］安宁和悦等美德"——"最终实现了一种理想类型的无文字乡民的同质性'神圣'社会和文化"（Bennett 1946：362-63）。另一方面，普韦布洛人的特征则是"十分隐秘的紧张、猜忌、焦虑、敌意、恐惧和野心"，孩子们"被精心（从我们的角度看）而残酷地训练得符合普韦布洛行为准则"，"权威几乎全都掌握在集团和首领手中，后者握有生杀大权"，因此，所有的成年个休都必须"压制自己的率性、才智、热情、外向、个人主义……最终变成神经质气质"（363，367）。尽管班尼特指责有机方法"犯下了遗漏某些重要数据的过失"，也"歪曲或误解了普韦布洛构造中的某些方面，从长远来看，也将之解释为完全个人的、主观的事件"，但他并没有得出结论说它是"错误的"。相反，他认为不可能说"一方或另一方受价值观影响较小"，他将这个问题留给了知识社会学家，"可以从各种解释所处的文化中对这些解释的意义加以反思性分析"（373，374）。然而，这篇文章的作用在于，从那时起，若仍以一种整体和谐的阿波罗式眼光来解释普韦布洛文化，已经是相当困难了。

尽管班尼特呼吁人们注意，只有将雷德菲尔德的"乡民社会"概念视为理论语境的一部分，才能在此语境下理解有机论（Bennett 1946：364），但他没有提到雷德菲尔德对特波茨兰的研究。然而，在几年后，特波茨兰研究也遭到了一名年轻人类学家的系统批评，他也是在"二战"前陷入派系之争的哥伦比亚大学人类学系接受训练的。奥斯卡·刘易斯（né Lefkowitz）出生于1914 年，是一位波兰犹太移民拉比的儿子，他的父亲出于健康原因，搬到了纽约州北部的一个小镇，在那里，他把一片农场改造成了一座夏季旅馆，以此勉强糊口。年轻的刘易斯先是受一位在附近避暑的共产党组织者影响而接触了马克思主义，然后，在1936 年，他继续在纽约市立学院获得了学士学位，在前往哥伦比亚大学师范学院攻读研究生学位之前，他与马克思主义史学家菲利普·法纳（Philip Foner）一起学习。但他很快就对他在那里发现的有限历史观点感到失望，在他的内兄心理学家亚伯拉罕·马斯洛（Abraham Maslow）建议下，他与露丝·本尼迪克特进行了一次长谈，这将他带入了人类学世界。然而，像戈德弗兰克一样，刘易斯也受到了卡迪纳和林顿的影响，虽然他在总体上十分尊重本尼迪克特个人和她对种族主义的批判（Benedict 1940），但他对她的方法也不无批评。虽然他的博士论文是一项关于"白人接触对黑脚印第安文化的影响"的图书馆研究，但他在 1939 年曾陪同本尼迪克特前往田野学校。从这段经历中，刘易斯做出了一项对派岗族（Piegan）"男子心态的女人"的研究，在其中，刘易斯质疑了某些"文化理论"，它们"贬低了经济学的角色，并以牺牲行为和价值观为代价而过度强调了同质性"（Butterworth 1972：748；参见 Rigdon 1988：9-26）。

在第二次世界大战早期，刘易斯曾做过耶鲁大学的拉丁美洲人类关系地区档案的工作，并曾短暂担任美国司法部的宣传分析员。1943 年，他和他的心理学家夫人因参与一项印第安文化和人格的大型比较研究而搬到了墨西哥城，并在由曼纽尔·加米奥领导的美洲印第安人研究所承担了行政职责。他们要在附近寻找一处地点开展研究，并希望在雷德菲尔德专著的基础上进行自己的民族志调查，刘易斯最终选择了特波茨兰，那时，它已经由高速公路连接到联邦区了。在妻子和十几位墨西哥本土研究人员的帮助下，刘易斯在 1944 年的七个月里开展了系统的调查，并在 1947 年和 1948 年的两个夏季完成了补充调查。这个研究团队收集了来自每个本土居民区不同收入群体的代表家庭的大量数据，并使用了长达一百页的问题表格。从一开始，该项目就定位于农村发展问题；为了克服那些怀疑他是政府官员的村民们的抗拒态度，刘易斯组织了一些会谈，鼓励他们谈论"他们的需求和问题"，以便

于他"起草改善特波茨兰生活条件的提案"。这种定位"为整个调　　*323*
查奠定了基调"，结果很快表明，尽管雷德菲尔德的材料在宗教和
礼仪方面是"充分的"，但雷德菲尔德和斯图尔特·蔡斯描绘的特
波茨兰图景却是被高度浪漫化了（"Progress Report"，2/44，转引
自 Rigdon 1988：32-35）。

从他选择特波茨兰作为田野地点开始，刘易斯就与雷德菲尔
德一直保持着通信，雷德菲尔德写信支持他申请研究资金，并且
（尽管他认为刘易斯"可能不是一流的"）支持刘易斯在 1948 年申
请伊利诺伊大学的职位（RP：RR/Carl Taylor 11/11/46；RR/J. W.
Albig 4/26/48）。然而，那时在他们之间，在"解释和田野数据方
面"，已经出现了严重的"分歧"。在回应（雷德菲尔德的妻子提
出的）意见，即"如果文化赋予生活以某种秩序和意义"，那么，
在刘易斯对特波茨兰家族的描述中，却几乎看不到"其中有多少
文化的因素"时，刘易斯认为，"特波茨兰家庭生活中的大部分团
结和纽带实际上都来自于所谓的消极因素，而不是积极因素"：

> 我的意思是，在一个大多数人都孤立、猜忌，并且将世
> 界视为一个充满敌意之地的村子里，与非家庭单位相比，家庭
> 单位是一个相对封闭的内群体（in-group），在这个意义上，它
> 也是一个避难所。但是，如果我们无视那些大量存在的内在紧
> 张和冲突，挫败和不适，那么，我们也就遗漏了特波茨兰家庭
> 生活的许多关键方面，以及特波茨兰的人际关系质量。我也不
> 相信，这可以完全从先前乡民文化的衰落来解释。在我看来，
> 说乡民文化比非乡民文化造成的挫败更少，或者说，人际关系
> 质量在乡民文化中必然占据优势地位，这是纯粹的卢梭式浪漫
> 主义，我的知识无法证明这一点（引自 Rigdon 1988：205）。

事实上，刘易斯怀疑特波茨兰是否真的是一种"乡民文化"："在我看来，按照您在大作中所定义的'乡民文化'的意义，特波茨兰不唯现在不是一种乡民文化，而且在过去的四百年间，它无论如何也不是一种乡民文化。"刘易斯拒绝接受"他犯下了中产阶级偏见的过失"的暗示，因为"我的家庭生活图景与我们自己的文化中报道的家庭生活并无二致"，刘易斯坚持认为，"很有可能，有些有效标准是适用于所有文化的，因而也不存在种族优越论的问题，借助这些标准，我们可以衡量、评价人际关系质量"，他并且指出"弗洛姆的近著《为自己的人》是朝着这个方向迈出了一步"（RP：RR/OL 6/8/48；OL/RR 6/11/48，引自 Rigdon 1988：205-6）。

1951 年，刘易斯的书出版时，他在扉页的献词是献给雷德菲尔德的，作为回报，雷德菲尔德写下了一种"双刃剑"式的封底评论："在知识讨论的语境中，在将我的错误和他自己的错误呈现在其他学者面前时，他又一次充分展示了社会科学的力量，修正定论，走向真理。"在这部著作中，刘易斯将自己的发现与雷德菲尔德的观点进行了尖锐的对比，在雷德菲尔德看来，"特波茨兰是一个相对同质的、孤立的、运转顺滑的和整合良好的社会"，而他自己则强调"底层特波茨兰制度和人格中潜在的个人主义，缺乏合作……村庄内部的教派分裂，以及在人际关系中无所不在的恐惧、嫉妒和猜忌"（428-29）。在承认自己优先考虑"个人因素"之影响，也认可这两项研究因文化变迁造成的不同以及在"一般范围"方面的差异后，刘易斯更倾向于强调两人在"理论取向上的差异"，特别是"乡民文化和乡民—城市连续体的概念"，而这是"雷德菲尔德在研究中的组织原则"（431-32），且在 1930 年后在《尤卡坦乡民文化》的研究中得到了更详尽的阐发（Redfield 1941）。

与本尼迪克特不同，雷德菲尔德不惮花费大量精力，以通信和论文的形式，全力回应刘易斯的批评，在 1950 年代早期集中讨论了乡民文化、农民社会以及乡民—城市连续体（Miner 1952；G. Foster 1953；Mintz 1953；Wolf 1955；Wagley & Harris 1955；参见 Redfield 1953，1955，1956）。虽然雷德菲尔德坚称这不是先验假设，而是"一些对特波茨兰的体验"引导他开发了"乡民社会"这个概念，但他的一般方法仍然坚持他的"理想类型"有着抽象的本质，这是对"那些想象社会的心理建构，它们只是近似于特定的'真实'社会"（RP：RR/OL 6/22/48；RR n.d.，response to OL's "six objections"）。而尽管他"想不起我曾有意表明，我崇仰野蛮人或特波茨兰人的一切，或文明造成人类的堕落"（RR：RR/OL response, n.d.），但最终，雷德菲尔德在解释经验的分歧时，带有十分明显的价值意味：他自己研究的"潜在问题"是"这些人喜欢什么？"，而刘易斯的"潜在问题"则是"这些人遭受了什么？"（Redfield 1955：136）。有了这个基础，这两人能够将分歧减至最小（RP：OL/RR 4/25/54；RP/OL 4/27/54）——尽管刘易斯后来坚称，他的潜在问题"在洞察人类的生存状况、冲突的动力机制和变迁的力量时更有成效"（1960：179）。

在 1952 年举办的一场评估"今日人类学"之总体状况的会议上，刘易斯应邀提交了一篇田野调查方法论文，他在论文中详细论述了系统再研究的重要性，认为这是人类学方法的一个基本特征（Lewis 1953）。在随后几年间，将会涌现出大量以（或重新概念化为）再研究形式进行的研究。在这当中，有一项研究实际上是对米德曾经考察过的萨摩亚村庄的研究，尽管在这里，就像刘易斯自己的个案一样，这项工作显然不是为了重新研究。洛厄尔·霍尔姆斯（Lowell Holmes）是西北大学梅尔维尔·赫斯科维奇的研究生，他本来打算在拉罗汤加做研究，但在他计划离开资助他的夏威夷大学的两周之前，他临时改变了主意，要改去美属萨摩亚。在"没有一个明确的研究问题"就突然动身离开的情况下，霍尔姆斯征求了一下赫斯科维奇（在哥伦比亚大学与米德同在鲍亚士门下受业）的意见，决定跑到米德的村子里，以她的材料"为起点"，进行一项关于马努亚群体的涵化研究。为求研究的便利，他向米德索要一些田野数据（MeP：LH/MM 9/2/54）。虽然她拒绝透露她研究的那些姑娘的真实身份，但她表示，霍尔姆斯可以从她的村庄人口普查中确定这些人，如果他按她的要求先寄回一份可以提供独立比较的资料副本，那她可以将这份人口数据寄给他（MeP：MM/LH 6/22/54）。霍尔姆斯并没有接受这个提议，而是以米德的作品作为他的基点。在塔乌岛上主要用英语工作了五个月，又花了四个月在帕戈帕果之后，霍尔姆斯回来了，准备写一篇批评米德工作的博士论文，但他后来回忆说，"是我的导师［赫斯科维奇］强迫我缓和我的批评"（LH/DF 8/1/67，转引自 Freeman 1983b：134）。尽管霍尔姆斯在一些事实问题上对米德提出了异议——后来认为她发现了"她希望找到的东西"——但他还是得出结论说，"米德叙述的可信度非常高"（Holmes 1957a：232）。在随后几十年间，霍尔姆斯的立场可以说也是整个人类学共同体社会的立场：无论大洋洲人类学圈子对米德的萨摩亚民族志的质量持何种保留看法，这些都不会影响到其公众地位，而她作为美国最知名人类学家的地位也对此助力甚多（参见 McDowell 1980；Rapport 1986）。

然而，在1967年，霍尔姆斯提醒米德要当心另一个萨摩亚学家德里克·弗里曼的"现在的活动"，认为他试图"败坏你、我、鲍亚士和整个美国人类学"（MeP：LH/MM 10/23/67）。事实上，米德从 1964 年起就开始注意弗里曼的工作了，当时，在澳大利亚国立大学举办的一次关于萨摩亚破处礼之意义的研讨会上，相关的争论多少有些激烈，弗里曼告诉她，他打算进一步研究"萨摩亚青春期和性行为的现实状况"（MeP：DF/MM 11/11/64；MM/DF 12/2/64）。弗里曼 1916 年出生在新西兰的惠灵顿，在青少年时期，他热衷于探险和登山，曾就读于维多利亚大学学院和惠灵顿教师培训学校。1938 年，他成为欧内斯特·比格霍尔研究生席明纳的一员，比格霍尔在伦敦经济学院获得了社会学博士学位，1930 年代初在鲍亚士人类学的吸引下前往耶鲁大学，成为萨丕尔门下一名人类学博士后研究人员。和比格霍尔一样，弗里曼当时也是一名文化决定论者，他从一项关于学校儿童社会化的研究中得出结论，"决定行为的目标和欲望"都来自于社会环境（Freeman 1983b：109）。在比格霍尔影响下，弗里曼开始认真考虑在玻利尼西亚从事人类学工作，1939 年，他供职于西萨摩亚教育局，并希望在那里进行民族志研究，在玛格丽特·米德的研究基础上继续向前推进（Appell & Madan 1988：5）。在精通萨摩亚语的两年之后，弗里曼开始在萨纳普人聚居地开展深入研究，在那里，他被一位高等代言酋长家族接纳为养子，并被授予正式继承人的头衔和身份（他继承的是一个名叫约翰的年轻人，与弗里曼的中间名一样，他在弗里曼到来之前意外地去世了）。弗里曼逐渐意识到，他自己的观察与米德分歧颇大，弗里曼起初倾向于认为，这是由于他在西萨摩亚工作，而她是在东萨摩亚工作的。但到 1943 年 11 月，当他前往新西兰海军服役时，他已经得出结论，"总有一天，我会面临写一份反驳米德的报告的责任"（Freeman 1983a：xiv）。

326

在战争结束后（他曾在 1946 年夏短暂回到萨摩亚），弗里曼前往伦敦经济学院学习人类学，师从英国著名玻利尼西亚学者雷蒙德·弗思。在那里，他继续研究伦敦传道会档案中所藏的萨摩亚手稿资料，并于 1948 年发表了一篇题为《一个萨摩亚乡村社区的社会结构》的毕业论文。但是，当弗思将弗里曼的一篇赢得梅耶·福忒斯高度赞扬的论文斥之为"令人作呕的结构"（structure ad nauseam）后，弗里曼决定改换思想门庭（Appell & Madan 1988：6）。当他于 1948 年离开英国前往沙捞越研究伊班人时（Iban）——他曾在战争期间遇到过——他已经深受福忒斯的正统拉德克里夫－布朗式结构主义的影响，这在随后十年间一直主导着他对伊班社会的分析。

1953 年，弗里曼在剑桥大学福忒斯门下获得博士学位后，回到新西兰，担任奥塔哥大学的客座讲师，并在 1955 年应邀前往澳大利亚国立大学执教。在随后几年里，弗里曼对英国社会人类学对其他行为科学设置方法论壁垒的做法深感不满（参见 MacClancy 1986），他发现这尤其抑制了对伊班猎头祭仪之象征机制的解释。1960 年夏天，当马克斯·格鲁克曼访问澳大利亚国立大学时，他的不满情绪达到了高潮，在那年秋天，弗里曼写信给福忒斯说，社会人类学家应该接受"系统的精神分析训练"（Appel & Madan 1988：12）。第二年 2 月，澳大利亚国立大学副校长让他临时更改了他前往沙捞越研究库兴人（Kuching）的学术休假计划，前去调查沙捞越博物馆馆长汤姆·哈里斯和澳大利亚国立大学一个研究学者之间发生的问题。当他到达时，弗里曼发现自己"身处一种复杂社会情境的核心之内，他能够直接研究一系列深层的心理过程"。虽然具体情况尚未明朗，但其结果肯定是一种"认知宣泄"（cognitive abreaction），它的意义如此"突如其来"，让他"突然以一种全新的眼光看待人类行为"（同上；参见 Freeman 1986）。[19]

　　1961 年 3 月，弗里曼离开沙捞越后，就中断了田野工作计划，开始系统地阅读民族学、进化生物学、灵长类动物学、神经科学、心理学和遗传学。1962 年 10 月，弗里曼写信给福忒斯，表示他的人类学方法现在"非常接近自然史学家"，并坚持认为"人类学要成为人的科学，必须以生物学为基础"（转引自 Appell & Madan 1988：13）。由于这种"人类行为的自然主义方法"转向，弗里曼经历了其他一些戏剧性的思想变化。他认为"空想思维和非理性行为并不是那么不切实际，因为它们是共有的和公认的"，他最终放弃了文化相对主义的学说（Freeman 1962：272；参见 1965），接受了卡尔·波普尔的科学认识论，在康拉德·洛伦兹（Konrad Lorenz）的指导下研究民族学，并在伦敦精神分析研究所接受了一年训练和个人分析——尽管他后来试图将波普尔原理运用于一系列精神分析论文，导致他在 1965 年被澳大利亚精神分析学家协会开除了（Appell & Madan 1988：15-16）。

　　正是在这些变化的背景下——还有，当他在 1964 年 7 月从欧 _328_ 洲返回澳洲后，开始重读米德的《萨摩亚人的成年》——弗里曼认为，他必须重新审视、检验米德为支持她的结论而给出的证据，即青春期行为不能用生物学变量解释。在 1965 年 12 月返回西萨摩亚后，他继续在萨纳普人中开展调查工作，并在 1967 年访问了米德在马努阿的田野地点。1968 年 1 月，他回到澳大利亚。弗里曼

---

[19]　当这篇文章正在印刷中而无法做出修改时，弗里曼寄给我一本《我的人类学兴趣发展的笔记》，这本书是他在 1986 年写就的，其中包括了两页（第 26—27 页）他在沙捞越面临的"复杂的社会状况"的详细资料。鉴于所述事件的性质，以及缺乏确凿的证据，我不愿在此详述。出于类似的原因，我也避免在此重复几个来源的口头叙述，显然是与同一事件有关，这些叙述以一种相当不同的方式呈现了这个事件的心理动力机制。

认为米德的作品"对美国文化决定论教义的发展和接受至关重要"
（Appell & Madan 1988：17）。在研究了鲍亚士人类学的历史背景后，
他很快深信"这些人并不是对冷静的科学研究感兴趣，而是致力于
传播、支持某些教义，他们是一种理想主义的、形而上学的、准政
治的人，他们狂热地信奉这些东西"——他对米德说，他可能要写
一本书，重新审视"某些教义"（MeP：DF/MM 3/20/69）。

　　1971 年，弗里曼向一个美国出版商提交了一份著作纲要，但
匿名评论者的消极回应迫使他推迟了这本书的完稿，同时，他继
续进行研究（Appell & Madan 1988：19）。弗里曼提出，要给米
德发送一份关于萨摩亚性价值观和行为的"尖锐批评"的论文初
稿（MeP：DF/MM 8/23/78）。但在此期间她不幸罹病，然后辞世，
对弗里曼来说，"显然，他的反驳著作不得不推迟出版"——也许
是为了等待一段体面的哀悼期慢慢度过吧（引自 Appell & Madan
1988：21）。直到 1981 年，在弗里曼获准查阅美国萨摩亚高等法
院的档案之后，他的稿件才最终送到了哈佛大学出版社。

　　甚至在 1983 年正式出版之前，弗里曼的书就已经成了一桩
公案（a cause célèbre）。尽管（或许是由于）米德拥有巨大的公
共声望，但她实际上在专业人类学家眼中始终是一个多少有些
含混的形象，而至迟从 1950 年代早期开始，在用"襁褓假说"
（swaddling hypothesis）来解释大俄罗斯人的人格时，她的作品就
充满了争议（Mead 1954）。如果弗里曼的批评仅限于他所描述的
对米德的萨摩亚民族志"正常的波普尔式驳斥"，那么，专业反应
可能会更克制一些——尽管许多人类学家肯定对他那种刺耳的科
学主义不屑一顾。他的书毫无疑问是一种明确的正面攻击——这
是一种十分生硬的辩论风格——他坚持认为，他所认为的"绝对
文化决定论"范式的关键证据在过去五十年间一直支配着美国人

类学。[20]尽管大多数人拒绝承认弗里曼对他们的学科史的描述，但美国人类学家真正担心的是，对文化决定论的批判可能会支持遗传论思想和种族主义政治的借尸还魂。尽管弗里曼坚持认为他的目标是为一种新的"互动论"范式扫清障碍，而这将增加生物因素和文化因素的双重影响，而且他自己也许会被人指责为一种社会生物学（Freeman 1980），但他的书在很多人眼中仍是对意识形态敌人的帮助和安慰。在这一背景下，美国人类学家团结起来捍卫他们的学科，捍卫一个最公开地认同这门学科的人物。[21]

然而，就当下的目的而言，这场争议中更广泛的问题反倒不如弗里曼批评的一些细节更切中要害，它与早先对本尼迪克特和

[20] 由于我自己的著作被描述为是支持这种概括的（Freemana 1983a：passim），我在这里就这个问题稍作评论。毫无疑问，文化决定论（从某种意义上说）是人类学的文化观念的一个基本特征，自 1920 年代以来，它在总体上对社会科学和美国文化产生了十分广泛的影响（参见 GS 1968a）。同样，毫无疑问，米德的研究被认为是对文化决定论力量的一次探究，它在传播这个概念方面扮演了重要角色。另一方面，修饰语"绝对"造成了严重的历史编纂学问题，这很难通过引用一个例子来解决，在这个例子中，米德是在一个词组中使用了这个词，无论是名词"文化"（culture），还是形容词"文化的"（cultural），都没有出现（Freeman 1983a：169）。这无疑也是实情：有些人类学家（尤其是克虏伯）在特定的辩论语境下作出了一些陈述，弗里曼的说法可以作为恰当的注解。但它的用法，无论是直接的还是暗示的，在描述鲍亚士学派或任何一个鲍亚士派学者时，可以说是最不严重的问题。

[21] 虽然目前一部分论证显然是思考萨摩亚公案问题的，但并没有系统地处理或讨论这些问题的意图。由于下文所述的部分原因，许多更重要的问题超出了我的判断能力，而且很可能在日后依然如此；另外一些我有能力处理的问题只能在目前的论证中提及。到目前为止，辩论中的主要议题包括《美国人类学家》1983 年 12 月"专号"，"以真实的名义说话：弗里曼和米德在萨摩亚"（Speaking in the Name of the Real：Freeman and Mead in Samoa）；《堪培拉人类学》1984 年卷中的两期，"民族志的事实与背景：萨摩亚公案"（Fact and Context in Ethnography：Samoa Controversy）；Rapapport 1986；Holmes 1987；S. Murray 1990。许多与这场论战有关的文件已于 Caton 1990 一书中重印了。在此过程的每一点上，弗里曼都提供了自己的评论和反驳，以及支持他的评论的额外证据，无论是公开发表物（如，Freeman 1987，1989，1991a，1991b），还是与参与者和包括我自己在内的其他相关各方的广泛通信。

雷德菲尔德的批评形成了强烈的共鸣。在指责米德没有意识到由
等级制度造成的"激烈对抗"时（Freeman 1983a：135），弗里曼
坚持认为，萨摩亚人远远没有消除对"竞争的兴趣"，他们的激烈
竞争不仅表现在仪式竞赛上，而且表现在"几乎所有其他社会领
域中"（147）。萨摩亚人不但不是"世界上最和平的民族"，他们
反而更倾向于实施侵犯行为（163）。他们不是淡然地面对宗教，
而是"十分虔诚的教徒"（179）。与米德的看法，即萨摩亚儿童
由"所有年龄段的女性照料……没有人训练有素"正相反，萨摩
亚人与所有人类一样分享建立在生物基础上的基本"母子纽带"，
并且服从"十分严格的纪律"（203，205）。他们并不缺乏"深度
沟通的情感"，而是有着"强烈激情"的民族（212，215）。他们
的性道德观十分看重"童贞崇拜"，并不是宽容大意的青少年性爱
（234）；男性的性行为，根本不是没有侵略性的，这明显体现在他
们有着世界上最高的强奸发生率（244）。萨摩亚青少年不是在消
磨时光中慢慢适应成人的角色，他们的犯罪率是英格兰和威尔士
青少年的十倍（258）。简言之，萨摩亚人不是本尼迪克特笔下阿
波罗型祖尼人的玻利尼西亚版本；与所有人类一样，他们是阿波
罗式原力和狄俄尼索斯式原力的复杂混合体（302）。

当民族志学者不同意……

虽然约翰·班尼特在以前就写过对雷德菲尔德的特波茨兰和
米德的萨摩亚的批评，但他在1946年又描述了在"普韦布洛社
会和文化的基本动力机制"方面出现的相反"解释"，这尽可以充
当对于1920年代阿波罗式民族志的一般评论的一个便利参考点，

"由于很不熟悉普韦布洛研究"，班尼特避免"从优秀田野工作和一般科学运作的角度"来评价"有机论"解释和"压制论"解释。假定"两方田野工作者"都是"审慎的文化研究者"和"专业人类学家"的"学术兄弟会"中"令人尊敬的"会员，他并不打算说一方代表"好的"民族志，而另一方代表"坏的"民族志（Bennett 1946：370）。

回首四十年前，专业人类学家共同体虽然规模较小，在面对未来时却充满了信心，"人类的科学"遇到的挑战是如何在战后的世界中抓住扩大民族志的机遇，在今天，我们可能会想当然地认为，他们有着方法论上的共识。但其间的历史——如今已经积淀在几种不同文体的关于田野调查和民族志表述问题的人类学著作中（参见 Gravel & Ridinger 1988）——却让这种共识变得富有争议。在刘易斯批评雷德菲尔德之时，方法论无疑是问题之所在；而在弗里曼对米德的批判中，"职业兄弟会"本身的实质则成了问题（Rapapport 1986）。

对于那些实证主义的倾向——以及那些仍然怀有如下信念的后实证主义者来说，即在面对社会世界中的人类行为而出现了彼此冲突的事实性或解释性表述时，对它们的相对充分程度一定有着共同的判断标准——有必要承认这种可能性，即"当民族志学家不同意，……某人是错的"（Heider 1988：75）。但如今随着民族志才智赌注的不断翻倍，方法和认识论的话题显然变得更成问题了，而一个没有民族志经验的历史学家甚至比 1946 年的班尼特更有理由避免对民族志充分性做出道德判断。在涉及班尼特没有讨论的其他问题时，情况就更是如此：既然观察者关注的是不同的亚文化群体或地区变体，或是随着时间的推移而产生的文化变迁结果，那么，各种不同解读中的民族志"客体"究竟是不是

331

"真的"是迥然相异的（参见 Heider 1988）；或者，那些置身于民族志学家研究中的人们在面对研究时的反应是否会导致他们在不同的观察者面前以不同的方式来呈现自己。[22]

尽管有这些告诫，但在阿波罗主义者和评论家之间确实有一些不同的对比，即使一个民族志局外人或一个非民族志学家也可以看得很清楚。如果我们比较一下这六位相关的人类学家，比较如下这些明显的因素，如在田野中的时间、语言能力或访谈对象的数量，可以很容易地注意到他们之间的差异，一眼看去，任谁都会明白阿波罗式民族志显然更易遭到质疑（参见 Naroll 1962）。由于田野调查从来都不是本尼迪克特或雷德菲尔德之所长，实情就更是如此；米德立志于成为一个高产的、创新的和方法论上有自我意识的田野工作者，而萨摩亚只是她的处女作，她自己后来也将其视为一个方法上不那么复杂的时代的产物（Mead 1961：xv）。

但考虑到这有可能会诱导我们相信，反阿波罗主义者在总体上是更可靠的民族志学家，它并不能解决所有的事实性或解释性差异。任何民族志"事实"的真实或虚假（甚至是这样一个实体的界定）都不会如实证主义批评家所感到的那么简单；而民族志解释更是如此，这可能与民族志事实有关，因为它们绝不是那么素朴、直白的。仅仅作为一个例子来说，我们可以简单地思考一

―――――

〔22〕在这个问题上，Gartrell 1979 一文是极具启发性的，这与目前的讨论有关。加特尔对比了她自己的民族志经验与另一名女性民族志学者的民族志经验（后者也在同一期间内研究了相同的非洲人），解释了她们之间在事实和解释上的差异，如她们对田野工作的期望、她们的地方赞助、她们选择的口译员、她们所感知的性别角色等方面——所有这些都在她试图研究的人中间引发了完全不同的"排斥策略"。值得注意的是，在文化人格和民族精神方面，解释的结果尤其明显——这是在对阿波罗式民族志的批评中最具争议的领域。

下萨摩亚的强奸发生率问题，这在米德 / 弗里曼公案中是一个备受争议的话题。米德认为，强奸"完全与萨摩亚人的观念格格不入"（Mead 1928c：487），但自从"与白人文明的第一次接触"之后，就"偶尔"出现了（Mead 1928b：93）。与此相反，弗里曼极力主张，当米德在那里的时候，强奸就一直在萨摩亚频繁发生，他并且以此作为他推迟出版的理由，因为直到 1981 年，他才获得批准进入美属萨摩亚高等法院档案馆，在那里找到了这个问题的书面证据（Freeman 1983a：xiv）。在后来的一篇评论中，他指出，这些记录显示"在 1920 年至 1929 年间，十二个萨摩亚男性（其中五个在美属萨摩亚，七个在西萨摩亚）被指控并判决强奸罪或（在两个案件中）强奸未遂罪"（Freeman 1983b：119）。尽管弗里曼的作品不仅成功地质疑了米德所述萨摩亚性行为的某些细节（参见 Romanucci-Ross 1983），还质疑了其总体要旨，1920 年代的强奸证据仍然存在一些问题，尤其对有些人来说，他们在认识论上完全不能接受弗里曼的教条式武断，"只要一个得到证实的案件"就能驳倒米德（Freeman 1983b：119）。就算不考虑"白人文明"的影响，或法庭记录的质量，抑或两次强奸未遂的地点——更别提这类案件的跨文化定义了——我们会问，在十年之间，美属萨摩亚的五起强奸事件究竟算是"偶发"呢，还是"高发"呢，我们还会问，即使比较萨摩亚后来的数字与世界其他地方的数字是否就能解决这个问题呢？即使是这样一个（并不）简单的量化案例中，如果解释必须介入进来给予"事实"以意义，那么，在三种不同的民族志场景中判断事实 / 解释的"错"与"对"，就更有必要了。显然，这不是本文承担的一项任务。

　　另一方面，我们不能忽视这个（解释性的）事实，即班尼特在关于祖尼人的"有机论"解释和"压抑论"解释中发现的对立，如和谐的融合与隐秘的紧张、平和与敌意、合作与个人主义、自愿与权威、宽容式抚育与强制性抚育，也回荡在后来的雷德菲尔德 / 刘易斯、米德 / 弗里曼公案中。显然，这种对立不只有地方性民族志的含义，在尝试将之情景化的过程中，我们的眼光必须超越具体的案例。虽然在此提供的解释有明显的局限性，但是我们可以通过观察阿波罗式人类学家和他们的批评者，在个人传记和文化时刻的对比中，将他们放入更充分的历史语境里面。[23]

333

　　首先，考虑这六位人类学家的生平共性，我们目前拥有的材料只允许作十分有限的概括。因而，无论是阶级、性别还是国籍，都不足以区分所有阿波罗人与所有批评家。另一方面，与评论家不同，所有阿波罗人都担任过美国人类学会的主席，这个事实表明存在着专业和个人边缘性的对立：阿波罗人都是（除了雷德菲尔德的母亲一方）"老美国人"，批评家（两个犹太人和一个新西兰人）可能被认为是文化（以及专业的）局外人。我们有理由推测，前者一旦疏离了主流文化，就会更重视文化的他性（alterity）——同时也会认为他们自己的文化应当变革。相比之下，

---

〔23〕 在这些局限性中，最引人注目的是，对阿波罗型民族志学家及其后来的批评者的语境化处理存在着明显的不对称性。对前者的处理——如今皆已过世——不仅长得多，而且还依据更少的公共资源（包括本尼迪克特对其原始场景的重构、雷德菲尔德的墨迹测验以及米德的自传体著作中的"花絮"等），进行了更广泛的（即便不算系统）研究。如果确如班尼特表明的，只有知识社会学家（或者，在这种情况下，是人类学史学家）才能找出那些在研究者看来虽然明显却不十分清楚的偏见和压力（Bennett 1946：374），那么，要想完成这项任务，就必须有一种充分的方法，以像对阿波罗式民族志解释的作者们一样的处理方法（和同样的材料），来处理那些批评者。如果做不到这一点，那就会冒着一种风险，即戈德弗兰克、刘易斯和弗里曼没有受制于无意识的偏见——他们可能会觉得这是在讨好他们，但人类学史学家肯定认为这是有问题的。我认为，"压制"派的成员并非不受暗点和投射的影响（参见 Devereux 1967）——尽管在不同的观察者中，这种倾向的相对强度的问题仍然是没有定论的（而且是困难的）。

后者更关注主流文化中的流动性问题，因而，他们更强调人类能力的共性——即使他们倾向于以更冲突的眼光来看待社会。而批评家——在每一个案例中，都比前者年轻半代——都是在某个特定民族志地区开展田野工作的人，他们的田野工作在某种意义上面临着另一个拥有巨大专业声望的杰出他者的压力，这个事实可能有助于激发或支持他们的批评。在弗里曼的案例中，这种原力可能是由于他对米德第二任新西兰丈夫的认同而增强了，后者也是米德民族志的批评者（Fortune 1939）。[24]

阿波罗人都是发表过作品的诗人，这个事实意味着他们可能具有一种班尼特所说的"逻辑—审美融合"的元方法论倾向（Bennett 1946：371）。也许还有其他的证据支持这个说法，包括本尼迪克特（Goldfrank 1978：126）和雷德菲尔德（Roe 1950）的墨迹测试，以及经常为人提及的米德对文化总体之直觉体悟的偏爱——这显示在她在第二次工作考察期间到马努人中间三周后对鲍亚士说："文化轮廓每天都在不断地涌现。"（BP：MM/FB 1/6/29）这种非时间整合倾向的相应做法可能是将破坏性历史事件的重要性降至最低——无论是派系斗争、革命进军，还是热带飓风。与此相反，批评家们似乎不得不在面对文化整体化时召唤那些具有历史或量化特征的否定证据。诚然，这可能是出于论战的目的，而批评者们也并非没有自己的整体化议程。当然了，还有雷德菲尔德早年间公开宣称的立法目的，在米德早年间表现出

334

---

〔24〕　由于米德的萨摩亚研究与她早期的个人经历和 1920 年代美国的文化潮流相关，解释的对称性意味着，我们可以以同样的语境化方法来处理弗里曼的批评。尽管对这一问题的扩大考虑显然要依赖更全面的传记和文化历史信息，但在奥苏贝尔（Ausubel 1960）对新西兰的性别角色、性观念、青春期攻击行为，对权威之态度等方面的讨论中，可以找到一个富有启发性的起点。

来的且终其一生不断复现的顽强科学主义。尽管如此，米德将历史变迁和量化资料放入附录这个事实（它们并没有再次出现在第二本"专业"著作中）表明，她已经有了基本的方法论信仰。毫无疑问，正如鲍亚士对统计方法和临床方法的评论表明的，这是一种有待辩论的观点。但是，正如米德自己后来所作的评论，"历史随想曲选择了一群青春的姑娘，她们就像济慈的希腊古瓮上的恋人们一样，永恒地站在那里"[25]，这让我们想起（Mead 1961：iii），她的解释很大程度上依赖于对一种文化模式的主观理解，宛如冻结在一个无时间的时刻中一般。尽管我们不能将问题简化为一种人文学者和科学家的简单对比，但在阿波罗人和他们的批评者之间总有某些潜在的元方法论对立，这却是大致没错的。

　　这两个群体也可以从理论和态度预设来比较。作为一个起点，我们可能会注意到，所有相关的人类学家，在他们职业生涯的早期阶段，都可以认为是鲍亚士式的文化决定论者。对于阿波罗式民族志学者来说，这个观点当然是研究语境的一部分——在本尼迪克特的案例中，它在最初的实地考察便已出现，而到后来的民族志解释中尤为重要；在雷德菲尔德的案例中，它就是一个总体的取向假设；在米德的案例中，则出现在田野工作问题的构想中。但值得注意的是，在这些研究中，也可以看到，一种更散在的进

335

---

〔25〕 米德在此处引用的是济慈《希腊古瓮颂》一诗中的形象："哦，希腊的形状！唯美的观照！／上面缀有石雕的男人和女人，／还有林木，和践踏过的青草；／沉默的形体呵，你像是'永恒'使人超越思想：呵，冰冷的牧歌！／等暮年使这一世代都凋落，／只有你如旧；在另外的一些／忧伤中，你会抚慰后人说：／'美即是真，真即是美'，这就包括／你们所知道的、和该知道的一切。"此处采用穆旦译本，参见：济慈，《希腊古瓮颂》，见《穆旦译文集3》，第436-438页，人民文学出版社2005年版。——译注

化论假设同样发生了重要的取向影响，回过头来看，这似乎一点
也不符合鲍亚士风格（尽管事实上，我们在鲍亚士的研究中也可
以看到它的表现）。特别是在雷德菲尔德和米德的案例中，它是
"文明"和"原始"（"乡民"则处在两者之间）的对立，正如任何
一种文化决定论一样，这当然制约着对民族志数据的解读。

　　阿波罗式民族志学家对这种对立中所隐含的对比的态度要比
"原始主义者"或"文化相对主义者"术语的含义更复杂一些——
就像相对主义一样，原始主义是一种非常相对的事物。即便在其
公认的经典之作（*locus classicus*）中（Benedict 1934），文化相对
主义也是一个值得推敲的概念；它是一把"双刃剑"，既可以用于
文化宽容，也可以用于文化批评。当用于在那些威胁要消灭"原
始"他者的"文明"居民面前证明前者生活方式的正当性时，它
会以一种总体上赞美的口气展示那些实践活动。但当用于质疑
"这个疯狂的文明"的既定生活方式时，那些可在"可耻的"文化
中"探测"到的"暴行的限度"就会成为负面的参考点，而不是
正面的典范（Benedict, in Mead 1959a：330-31）。本尼迪克特拒
不接受"任何向原始的浪漫回归"——"尽管这有时很有吸引力"
（Benedict 1934：1920）。对她来说，正如对于米德，文化整合可
能是消极的，也可能是积极的，在她的三个文化案例中，有两个
遭到了彻底的否定。因而，"偏执的""背信弃义的""清教徒式
的"多布人"丝毫不具压抑地过着人世间最可怕的噩梦般的"生
活（172），而"自大偏执狂的"夸扣特尔人"只承认了一种情绪
区域，从胜利到耻辱，都被夸大到极端的程度"（222，215）。可
供进行对比性概括的公分母，与其说是阿波罗型祖尼人，不如说
是对美国文明的含蓄批判视景。本尼迪克特向往的，与其说是一
种同质性，不如说是一种更包容的个性化。

　　在雷德菲尔德的案例中，也有类似的矛盾迹象。在特波茨兰研究中，对乡民的理想化主要隐含在一般的描述性材料与对比性的地方氛围中——这见于如下评论的对立中，即"文化是在乡民，也就是住在乡间的人中间建立起来的，而在城市无产阶级中间趋于瓦解"（Redfield 1930a：6）。同样很明显，雷德菲尔德也认可改造乡民的"教化"过程；不难想到，久而久之，他也会受困于文化相对主义的概念。

　　在米德的案例中也存在着类似的张力。从《萨摩亚人的成年》里，我们可以读到很多十分多元的文字，它们更能让人想起赫尔德，而不是卢梭，其中就包括本尼迪克特的文化"巨弧"（great arc）的伏笔寓意："每一个原始民族都选择了一整套人类天赋，一整套人类价值观，为自己的生活创造了一门艺术，一种社会组织，一种宗教，这是他们对人类精神历史的独特贡献。"（Mead 1928b：13）但米德笔下的许多对比都有着十分传统的进化论风格：萨摩亚文化是"更简单的"，缺乏"个性化"和"特殊的情感"。它所提供的与其说是一个总体的文化选择，不如说是一个批判性的比较点："即使我们承认这种对人格采取敏感的且加以择别的反应是可取的，即使我们承认这种抉择对宝贵的人生来说远远优越于对性吸引采取一种机械的、无择别的反应，然而，鉴于萨摩亚的实践，我们依然认为，我们所付出的代价实在是太昂贵了。"（211）最终，米德的目的是要实现只有一种"异质的文化"才能达到的"高度"（248）。

　　很明显，比起班尼特在"有机论"学派对"团结而同质的无文字群体生活"的"价值取向"与"压抑论"学派更倾向于"更多个性化"和"城市生活"的异质性的"价值取向"之间所作的对比，这个问题要更为复杂（Bennett 1946：366）。然而，一种浪漫原始主义精神在阿波罗式民族志中清晰地体现出来——有时以否认的口气（"有时候也很吸引人"）；有时在具体的描述材料中；有时在班尼特所说的"一般语言氛围"中，以及对"异质的现代生活"所持的明显矛盾的态度中（364-65）。当代读者的反应也确认了这一点，对比一下后来的批评者的反应，这也是十分明显的，这些批评者没有一个人可以被称为浪漫原始主义者，而所有人也都对文化相对主义的教义持批评的态度。

除了他们的进化论残余和他们对心理分析的不同接受程度，阿波罗主义者们都不愿意从现代社会理论中的三种著名"主义"，即达尔文主义、马克思主义和弗洛伊德主义，来系统地看待人类的行为——这也许是由于他们自己的"主义"（文化决定论的"主义"）已经被当成了一剂对生物学、经济学和心理学等主流决定论的解毒良方（参见 Lowie 1917）。相比之下，这三位批评者中的每一位似乎都在某个思想发展关键点上受到了上述一种或多种"主义"的强烈影响。

从这个角度来看，很可以从文化时刻继续加以论证，特别是马克思主义。正如阿波罗式的民族志可以视为 1920 年代鲍亚士学派的特定人类学思潮的语境化表现一样，在那时，文化的本质及其与文明之关系对美国知识分子来说是尤其成问题的，我们同样也可以将对这些民族志的批评看作是 1930 年代的表达。到这个时候，鲍亚士学派的影响力已经在美国人类学中确立起来，而这门学科也正在进入一个更加分化的阶段；从外部看，大萧条压倒了美国文化认同的问题，推动了一种更分化、更矛盾、更取决于经济和环境决定因素的文化观。为了支持这样一种解释，人们可能会指出，刘易斯和戈德弗兰克都是在 1936 年鲍亚士退休后的分裂时期在哥伦比亚大学人类学系任职这个事实，而这两个人在不同

的方面都受到了 1930 年代流行于知识分子群体中间的马克思激进
主义的强烈影响（Goldfrank 1978；Rigdon 1988；Kuznick 1988）。

　　然而，在弗里曼的例子中，与他相关的是弗洛伊德主义和达
尔文主义，而他在二十年后舍弃了文化相对论和决定论，这个事
实表明，除了 1930 年代外，我们还必须将阿波罗式民族志的批
评放在其他文化时刻的语境中（Goldfrank 1978；Rigdon 1988；
Kuznick 1988）。虽然这已经超出了本文的范围，但之后的两个文
化时刻似乎特别值得作简短的评论：一个是 1950 年代初，刘易斯
发表了他对雷德菲尔德的批评，而霍尔姆斯对塔乌岛进行了再研
究；另一个是 1980 年代初，弗里曼发表了他对米德的批评。

　　与阿波罗式民族志学者在"一战"后十年间的反应正相反，
人类学家对"二战"经历的反应却是背离文化相对主义。这一
次，在重估战争的冲击时，不是要质疑西方文明的真理，而是要
重申普世人性的价值，以及对科学知识的控制承诺，以对抗大屠
杀的恐怖和原子弹的普遍恐怖。即使在三个阿波罗式人类学家身
上，这种转向 / 回归也很明显。在本尼迪克特于 1948 年去世前的
短暂时期，她似乎重燃了"一个科学家的信仰"，并参与发起了一
项大型"当代文化"比较项目（Mead 1959a：431，434）。雷德菲
尔德写了一本《选择进步的村庄》（Redfield 1950），并组织了一
个大型比较项目，他认为这是文明"伟大对话"的一部分，有助
于永久建立一个和平的世界共同体（GS 1980a）。米德对她第二次
实地考察并研究过的新几内亚社区进行了再研究，太平洋战争将
它从"石器时代"一下子抛进了"现代世界"（Mead 1956：xi）；
1950 年代的新进化论动力在她的一般性著作《文化进化的延续
性》（Mead 1964）中表现得更加明显。在回顾战后时期时，埃里
克·沃尔夫指出了"浪漫主义原力在人类学中的消歇"，以及普遍

主义和科学化倾向在战后时期的复苏（Wolf 1964：15）。在此背景 *338* 下，民族志的可靠性问题显然服从于对更严格的方法和"再研究"之系统化的要求；虽然这是一个乐观的跨学科融合的时期，但文化人类学的专业认同从未成为真正的问题。

与此相反，弗里曼对米德的民族志充分性的批判是在十年"人类学危机"和人类学"古典"时期结束之后（参见 GS 1982b），也是在人类科学中生物决定论重新抬头的背景下进行的（Caplan 1982b）。此外，他的批判明确地质疑了在此前半个世纪中对该学科的定义至关重要的（尽管从来不是"绝对的"）文化决定论。从一开始，文化人类学的专业身份就是问题之所在，而美国人类学家几乎无不抵制弗里曼，尽管许多人对玛格丽特·米德也怀有不无矛盾的心理。从本文开篇时的角度看，问题不仅是文化人类学的基本概念取向，而且是文化人类学的方法论价值（以及支撑它们的神话历史）。

然而，从另一个角度来看，也可以说，弗里曼只不过重申了其他方法论的价值，它们也是人类学传统的一部分：诸如，人类可变性之比较研究的价值；一个拥有多种人类可变性之研究方法（传统上，生物学、语言学、考古学和文化人类学"四大领域"）的综合学科的潜在整合的价值；这种综合性比较学科之"科学"性质和地位的价值；以探究人类多样性之本质与缘由为科学研究目的的一般性陈述的价值（参见 GS 1982b：411-12）。正如上文提到的四种方法学价值观（见上文，第 282 页）是 20 世纪早期人类学"民族志化"的产物一样，这四种价值观也是先前进化论时期的产物，也可以说是其持久的残余。虽然它们在"经典时期"退居幕后，但从未被完全从学科认同中消除，而且在阿波罗式民族志学者的作品中也有各种不同的表达。吊诡的是——正是由于弗

里曼的猛烈攻击——它们在玛格丽特·米德的大部分作品中也表现
得十分明显。也许有人会说，它们实际上一直是美国人类学学科
的卫士们所重申的。与弗里曼所说的正好相反，他们始终都假定
文化和生物是"相互作用的"。

    所有这些都可能引起争论，就像我们将个人传记视为阿波罗
339 人及其批评者的简单语境是有缺点的，将文化时刻视为简单语境
当然也有它的缺点。[26] 正如弗里曼的例子所表明的，"压制论"
批评绝不是单一文化环境的完全表现，因此，戈德弗兰克的例子
也提醒我们，不是所有的 1920 年代鲍亚士派学者都可以被概括
为"有机论者"，这个术语甚至也可以用在阿波罗人身上。这里
所称的"1920 年代的民族志感悟"（*the* ethnographic sensibility），
也许更准确地说，是"某种民族志感悟"（*a* ethnographic
sensibility）——在特定的文化历史时刻，在某些特定的个人身上
表现出来，但不一定就是独有的，或一成不变的。

    由此，在将语境化轴心从具体历史中移开之后，我们可能会问，
有机取向是否可能是一种更持久的人类学观点的表达。班尼特似乎
更愿意用人类学眼光本身来辨别"有机论"取向，认为"必须在人
类学基本理论的语境中来看待它"，这是"人类学对无文字共同体的
偏爱的必然结果"（Bennett 1946：364）。沃尔夫后来对随后时期"浪

---

［26］ 在文化时刻的问题上，本文没有强调 1920 年代种族主义和遗传学环境是阿波
罗式民族志形成的一个重要因素（参见 Weiner 1983），在此略作评论。毫无
疑问，如果不考虑移民限制、优生学运动和纳粹主义，以及 19 世纪末到 20
世纪初的各种其他种族主义和遗传思想与社会行为思潮和社会行动，鲍亚士
的文化决定论的出现就不可能从历史方面得到充分的理解（参见 GS 1968a；
前文，第 94—113 页）。不过，本文强调的语境因素更直接地与对阿波罗式
民族志的解释有关。（应该指出，米德在其萨摩亚民族志中面临的生物决定
论，与其说是一种种族特殊学说，不如说是一个人类普遍学说——参见 Mead
1928b。）

漫主义原力在人类学中的消歇"的评论表明还有另外一种替代性选择——到了下一代，情况更是如此，当时，对始于 1960 年代的科学化思潮的反动已经变得相当普遍，相对主义问题重新被列入了人类学讨论的议程（Geertz 1984；Hatch 1983）。回避了"周期"或"钟摆"，或任何无法用特定历史背景来界定的观点，但我们可能会怀疑，人类学与那些班尼特所称的"有机论"和"压制论"之类的眼光之间是否存在某种持久的关系。

　　在这里，我们可能会从一个世纪前弗朗兹·鲍亚士描述的物理学家和宇宙学家／历史学家方法的对比，以及片段分析方法和移情式整体理解方法的对比中找到线索。一方面，物理学家研究具有"客观统一性"的现象，将其分解为要素，加以分别的或比较的研究，以期建立或验证一般规律。另一方面，宇宙学家／历史学家坚持对"仅仅只有主观统一性的"复杂现象进行一种整体研究（a holistic study），其要素"似乎只在观察者的心灵中才会关联起来"。在"人类对周围世界持有的个人感情"的驱使下，这种研究要求观察者"亲切地"（lovingly）"体悟"（penetrate）这个现象的秘密，直到它的"真相"能够被有情地领会（affectively apprehended）——而不需要关注"它所证实的规律或可以从它推导出来的规律"。鲍亚士并没有提出如何解决将物理学家和宇宙学家／历史学家分离的认识论和方法论问题；毋宁说，他认为这两种方法是同样有效的，它们都起源于人类思维的基本定式（Boas 1887）。

　　尽管鲍亚士是在自己从物理学转向民族学时写下《地理学的研究》的（GS 1968a：133-60；参见 1974d：9-10），但他的评论可以告诉我们一些关于他所从事的学科的某些东西，因为这门学科正是从那个他写作的世纪开始真正发展起来的。与许多其他"学科"相比，文化人类学更关注复杂现象，而这些现象的要素似乎只有在

340

观察者的心灵中才关联在一起。由于对它们的研究必然受到观察者
个人情感的驱使，并且受到观察者在观察过程中的体验的制约，这
些高度主观的研究对象必须被体察、被构想，才能反映这种主观
性。很可能，不是这些现象的所有方面都受到一样的制约（参见
Gartrell 1979）；但只要人类学家仍然钟情于对他性（otherness）进
行广泛的对比性概括，主观性就将是他们探索的对象，也是他们的
工具。即便方法论的精练在某种程度上可以控制主观性，它也不太
可能完全消除在与他性的主观遭遇中产生的焦虑之感；而且，正如
鲍亚士的对比所暗示的，事实上，我们的理解在某种更深远的意义
上恰好有赖于这种焦虑感（参见 Devereux 1967）。

　　设若真是如此，那么，"有机论"与"压抑论"之张力——无
异于鲍亚士关于分析方法与理解方法之所说——不太可能从人类学
中消失。正如后一种对立在人类科学的认识论中是一个久远的传
统，在西方对文化和文明进程的态度史上，前一种对立也是一个久
远的传统。而就像人类学在传统上一直是认识论争论的领域，它也
始终是一个态度矛盾的领域。在将来，正如过去一样，仍将相持这
341 种或那种认识论或态度立场的人打算占领全场；而在这个竞争过程
中，人类统一性和多样性知识的公认界限无疑也将继续扩大。但在
这些界限之外的领域内，如果对他性的探险继续超越人类学家的理
解，我们就可以预见，这种紧张关系将出现在个体人类学家的心灵
之内、之间，以及这门学科历史的阶段之内、之间。从这个观点来
看，在此所称的 1920 年代的民族志感悟可以用持久的文化眼光和
历史的特殊眼光来看待：一方面，它是一种特定时刻的显现；另一
方面，是西方人类学传统中内在的几种二元论的表现。

第8章 人类学史上的范式传统

从19世纪中叶开始，人类学就一直在宣称自己作为一门科学的地位——有时理直气壮，有时犹疑不决；有时决然地自我认同，有时又灵活地重新界定科学。当然，在其内部，长久以来就有一个争论的传统，既关乎认识论问题，也关乎各门松散地关联在一起的分支学科间的关联问题，其中有些分支学科在历史上与生物学和地质科学过从甚密。在其中，人类学家已经切身感到，他们同时受庇于自然科学、社会科学和人文学科，还有权宣称获得这三个领域的资金资源，这在各门专业学科中间，不说是独一无二吧，至少也是非同寻常。但在面对公众时，他们一般都会坚持说，他们在更大的学术共同体中拥有一席之地，而在总体上，科学世界已经接纳了这种主张——虽说并不缺少一种非正式庇护的流言，更不缺少严肃质疑的时刻。

在科学史上，人类学的地位始终是边缘性的。当那时所称的"行为"科学的历史在1960年代中期已经足以创办一本期刊时，在最著名的科学史杂志《伊希斯》(*Isis*)的年度"评论目录"中，"人的科学"只有一个简短而没有细分的子目。但随着日后"反实证主义革命"势头越来越猛，各个社会科学学科纷纷转向历史；在同一时期，越来越多思想史家也在寻找新的田地进行耕作。随着成果日渐丰硕，行为/社会/人文科学的历史在科学史中也赢得

了更多认可。在 1981 年，心理学、社会学、经济学和文化人类学
都在“人的科学”名义下分别得到了承认（体质人类学早已划在
“行为科学”下面了）；三年后，它们被冠以“社会科学”这个中
立的统一称呼。

虽然我早年有一篇论文是在《伊希斯》（1964 年）发表的，另
外几篇更早的文章是在《行为科学史》（如 1965 年）上发表的，我
与历史专业却是在 1968 年加入芝加哥大学历史系后才开始真正关
联在一起的。我在《伊希斯》编委会工作了一段时间，并且在《行
为科学史》创刊以来一直是其编委会的成员之一。但我很少参加历
史或科学史年会。尽管如此，我始终在反思自己，在实质上，身为
一个历史学家，并且在 1981 年后这个历史学身份又在某种程度上
得到了再度确认，那时，作为唯一“可用的”候选人，我担任了莫
里斯·费什本科学与医学史研究中心主任，直到 1992 年才卸任。职
是之故，我当然热衷于推进各门学科的历史研究，借第二轮“反实
证主义革命”之余波，它们越来越被倾向于称作“人文科学”——
在许多年间，这个称谓流行于芝加哥社会科学史小组这个非正式跨
系席明纳中，在 1986 年的行为科学高等研究中心的社会科学史暑
期学校中，在 1983 年以来的芝加哥大学人文科学史工作坊中。

即便如此，我在科学共同体的一般历史上仍然扮演着一个十
分边缘的角色。身为一个在许多硬科学史家眼中多少有些可疑的
资深代表，我经常受邀评论著作和稿件。但我对科学著作史本身
的唯一实质性贡献是为一个百科全书纲要写了一篇大约六千字的
自希腊以来的整个人类学史。编辑们显然深受托马斯·库恩对过
去数十年间科学史的全面影响，最初选定了“人类学的革命”为
题，以微观的方式将这个领域呈现给一般科学史共同体。作为一
个 1960 年代早期同一个历史系的成员而转向人类学史，我对库恩

的著作可以说是心有戚戚。《科学革命的结构》（1962）在我看来　*344*
是少见的原创性著作之一，读来总有一种似曾相识之感——它一
下就言明了我们欲言又止之事。库恩将范式理解为一组未经阐明
的基于实践而非理论的假设，是无法彼此通约的学科"世界观"，
他的观点似乎在很大程度上受益于美国现代文化人类学的传统。
在更早的著作中，我自觉地努力运用了范式的概念，担忧社会科
学是否是"前范式的"，或者它们在何种程度上是"常规科学"
（Stocking 1965，1968a）。但我始终认为，库恩的著作是启发性的，
而不是决定性的，我也一直将范式的观念视为一个共鸣式的隐喻，
在为了便于理解特定的历史事件时可以灵活运用。尽管我清醒地
认识到哲学家和科学史家在何谓范式以及达尔文主义是否真的是
一次"范式革命"方面分歧颇大（Greene 1980），我仍然坚持这种
扩大的解释，虽说并非没有一种修辞和概念上的不适感（Stocking
1987a）。

　　在回应戴尔·海姆斯在语言学史论坛开幕引言中提出的范式、
传统与"焦点"的观念时（Hymes 1974），我后来发现用"范式传
统"来思考是十分便利的。一方面，人类学史的某些事件——众
所周知，1860 年前后社会进化论的兴起以及 1900 年后对它的摈
弃——若从科学革命的角度加以考察定会收获颇丰，在其中，某
些对立的观点颇有范式的特征，它们是在不同的研究者群体对人
类学研究的目的和方法本身持有各自不同的假说时提出的。不过，
由于 1900 年前的主要流派都可以追溯到希腊人，直到 20 世纪，
人类学史都可以被视为希腊人基本关怀的替代性方案，那么，与
库恩强调共时性断裂的讲法不同，我们就不得不修正范式的概念，
从而可以容纳一组已经历经漫长时段的范式假说。有基于此，我
才提出了"范式传统"——对库恩，以及那些仍卷入对其著作的

认识论、概念和方法论的当前论争中的人，我要说一声抱歉。

345
在这篇文章中，细心的读者无疑会注意到，大约 1920 年后，范式传统的观念开始逐渐退居幕后。在此之前，范式支配和阶段化之间有着含混的关联，1800 年之前以及 1860 年之后重兴的发展论／进化论，以及 1900 年后再度兴起的 19 世纪早期民族学传统（参见 Stocking 1978b，我在这本书中尝试着对人类学史的六个重要阶段加以纲要式的界定）。我也意在表明，随着 20 世纪早期"人类学革命"，我所称的"经典时代"（约 1920—1965 年）的学科话语被统一到一种共时性的、广义的"功能"范式内——从人类学此前的历史说，这种范式的传统根基可在孟德斯鸠或赫尔德处发现，其民族志一体性要么以英国功能主义（或结构功能主义），要么以美国文化论的方式实现。更晚近一些，生自第三个国别传统，"结构主义"赢得了另一种一体性范式地位，我们无疑也能够发现它的"传统"祖先（Levi-Strauss 1962）。

但到经典时代结束之时，范式和时代——曾经备受推崇的历史编纂学考察法——变得更有问题了。人类学的碎片化，首先出现在"四大领域"，继之出现在社会文化人类学随后更分化而成的各种"某某人类学"中，由此也越来越难以找到范式观念的参照标准。最近的"政治人类学"史有六个"范式"，都是 1974 年前在此分支领域内发展起来的（"行动"、"过程"、"新进化论"、"结构"、"政治经济"和"文化史"范式），并且还涉及"牛津剑桥"、"交往"、"符号互动"、"博弈论"、"庶民研究"、"马克思主义"和"解释"范式，以及一种尚未命名的"1990 年代新范式"（Vincent 1990：407，418，386，402，424）——由此再度证实了科学史家和科学哲学家们在三十年前范式概念刚刚出笼时便在其中发现的不确定性（参看 Kuhn 1974）。

　　还有，当我们面对当前时，分段法也并非没有遇到问题。在开了几次人类学"危机"与"再发明"的席明纳后，我更倾向于将"二战"视为经典时代内的一次重大断裂。然而，即便我们假定在从人类学的"民族志化"到其"危机"之间仍有一种实质的统一性，问题仍然是如何概括从那以来的岁月。说上一个阶段总是终结于下一个时刻，这不过是历史分段法的人为产物罢了；但是否那个时刻或任何一个更晚近时刻真的标志着一种历史性的转变，这是另一个问题——对此，我自己身上向后看的历史主义气质使我不愿如此推测。到目前为止，这就是我给人类学的过去所画的"全景"——画布很小，笔法简洁。　*346*

人类学领域的界定

　　1904 年，弗朗兹·鲍亚士是这样界定人类学知识的领域的，"所有人类种族的生物学历史；考察无文字民族的语言学；考察无历史民族的民族学；以及史前考古学"。较之任何其他一位"人类学家"，鲍亚士可以说完美地体现了这个领域的假想一统性，这当然是由于他在漫长生涯中对这四个领域中的每一个领域都做出了无与伦比的贡献（最终经由他的"兄弟会"延续下来）。但尽管他可能是美国大学科系中"人类学"学科的制度化过程中首屈一指的人物，鲍亚士在 1904 年已经感到"它有分裂的迹象"。"生物学方法，语言学方法和民族学—考古学方法都各不相同"，他相信，一个分裂的时代"正在快速来临"，前两个人类学分支将由那些学科专家接管，而"纯粹的人类学将只研究那些未开化民族的习俗和信仰……"（Boas 1904b：35）。

考虑到制度惰性以及对学科一体性规范的眷恋，鲍亚士的预言是否真的实现了，仍然是有疑问的。尽管如此，其领袖人物认为人类学的统一性更是历史的偶然结果而不是知识论上必然的，这个事实表明，关于这门"科学"的通史叙事从未认为它是不言而喻的。虽说人类学这个术语是一个包罗万象的词源学奇点（希腊语 anthropos：人；logos：话语），但各种在历史上被它吸纳的话语只在某些特定的时候和地方才融合成一个类似于统一的人之科学的东西。在鲍亚士时代的欧洲大陆，"人类学"（今天仍然如此）指的是盎格鲁－撒克逊传统所称的"体质人类学"。正因如此，它不但区别于"民族学"，在历史上也正好相对于"民族学"——从词源上说，这是一个更多元的话语（希腊语 ethnos：族）。

在这种情境下，人类学的历史发展都正好是与两种理想类型的学科发展观相反的。第一种是孔德式的等级模式，在这种模式中，实证知识的推动力是逐渐扩大到更复杂的自然现象领域中的。第二种是一种谱系模式，在这种模式中，在每一个领域，学科都可以被视为从一种尚未分家的"元祖"话语中生长出来的（生物科学从自然史中生成，人文科学从语文学中生成，而社会科学从道德哲学中生成）。与这两种分化模式不同，"人类学"在其原初的英美意义上最好还是视为几种研究模式的不完美融合，这些模式无论在起源还是在风格上都彼此相异——它实际上源于上述三种尚未开始分家的"元祖"话语。

鉴于从鲍亚士对人类学的临时描述性定义中可以抽出一个共同要素，它似乎隐含着欧洲人的内部对立，一种欧洲人拥有书写文字和历史文献，"其他人"（others）则没有。确实，可以说，几种归入"人类学"标题之话语的最大怀旧式统一，可以从对那些长久以来被烙上"野蛮人"印记的民族的真实关注中找到根源，他们在 19 世纪被其他人类科学学科在其实质性加方法论的界定过程中放逐了（经济学家关注货币经济，历史学家关注书面文献，等等）。从这种观点看，研究人类学的历史也就是研究那种描述和解释欧洲海外扩张中遭遇的人群之"他性"的企图。虽然由此一来，推动力在根本上是多元且彼此对立的，这种研究通常也意味着一种自反性，也就是说，将欧洲己身与异己"他人"重新包容进一种完整人类之内。因之，这种人类学史可以看作是一个"人"（anthropos）的普世主义和"族"（ethnos）的多元主义间的连续（而复杂）辩证过程，或者从某种历史时刻的角度而言，也可视为一个启蒙冲动和浪漫冲动间的辩证过程。人类学的"周期性两难困境"始终是如何调和一般人类理性和人类生物共性与"文化形式的伟大自然变种"（Geertz 1973：22）。

《圣经》传统、发展传统与多源传统

鲍亚士定义中的第二种统一趋势是历史性的，或在一般意义上，历时性的，虽然狭义的历史因没有文献而被排除了。对于鲍亚士，人类学的主题即"他性"必须被解释为时间流变的结果。虽然鲍亚士事实上是在即将走向一种更具共时特征的人类学的革命性转向之时写作的，直到他那时的人类学历史可以概括为两种历时传统的互动，在宽泛的意义上，这两种传统都是范式性的，它们都与一种更共时的传统相对，后者由于其异端特征而只在很短的时间内赢得了范式性的地位。在下文的论述中，这些传统将分别称"《圣经》（民族学）传统"、"发展（或进化论）传统"和"多源（或体质人类学）传统"。

348

人类学思想的终极根源一般都追溯到希腊，而不是《圣经》传统。然而，我想说的是，在欧洲海外扩张时代，对"他性"之解释的潜在范式框架实际上出自《创世记》的前十章。许多思潮都对人类学理论有过贡献，其中包括来自希波克拉底和伽林传统的环境论和体液论假说，来自"生命巨链"（Great Chain of Being）的等级观，中世纪的怪兽观等等（Friedman 1981；Lovejoy 1936；Slotkin 1965）。但最具支配性的范式传统（此处的范式是在提供了一种多少具有内在一致性的先验假设框架的意义上说的，既界定相关的问题，也确定解决问题的资料和方法）却出自詹姆士一世版《圣经》中的约翰·斯皮德所绘《〈圣经〉中所见世系谱》的第二幅画。在画中，亚美尼亚阿勒山顶的诺亚方舟上，生长着一棵谱系之树，生出三个主枝：在欧洲的雅弗的子孙，亚洲的闪的子孙，非洲的含的子孙，然后再次延伸到他们在古代世界的各支代表（"弗吕家人""大夏人""巴比伦人"等）（Speed 1611）。在这种情境下，人类学的基本问题是在每一个现存人类群体和《圣经》族群树的每一根分支之间建立起假定的历史联系，由此将所有人类都与亚当和夏娃的各支后裔关联起来。由于从一开始，巴别塔下语言的混乱就造成了人类分成不同的群体，因之，在重建联系时，最具说服力的资料当然是语言的相似性，更何况，在伴随着向地球每一个角落的迁移而发生的堕落过程中发生的文化也有着高度的相似性。既然所有的人类都是同一个家族的子孙，最终也是同一对夫妻的子孙，他们在身体上的差异也就是次生现象，显然是由于环境所致，这正是他们在《圣经》六千年编年史中迁徙的场景——虽说上帝并没有直接插手（如在《对含的诅咒》中）。

《圣经》人类学传统在一个有限的和特殊事件的历史时间内通过空间的移动讲述人类的（也是典型的堕落式）分化，这与希腊—罗马范式传统形成了鲜明的对比，它源自爱奥尼亚唯物论者的学说。卢克莱修的《物性论》最典型地体现了这个传统，他将时间看作一种促成因素而不是制约因素，并以进步的过程而非堕落的历史眼光来构想历时的变化。在时空中运动时，人类群体不唯不会失去神授的知识，恰恰相反，人们在从蛮荒状态一步一步摸索着走向文明社会的行进途中，会以适应性的实用方式对肉体需要和环境刺激做出相应的反应，由此，他们必然获得越来越多的知识。虽然希腊—罗马传统是在一个一般发展梯级中的地位而不是从一系列特定历史事件的结果方面来看待人类的分化的，它仍然是广义上的历时性的（Hodgen 1964）。

《圣经》传统和发展传统体现了 1900 年前西方人类学思想中的主流范式方案，除此以外，区分第三个重要范式传统也是有用的：多源传统。在此前独立起源的部落和古典思想中已经有所预示，随着新大陆的发现，这个大陆上的居民给正统一元论传统提出了严重的问题，它也随之变成了一个严肃的假说。有几位作家，尤其是伊萨克（Isaac La Peyrère）在 1655 年走得更远，他们认为，新大陆的居民并不是亚当的子孙（Popkin 1987）。然而，这比林奈将人类放入《自然系统》（Linnaeus 1735）（美洲人／易怒气质，欧洲人／乐观气质，亚细亚人／忧郁气质，非洲人／迟钝气质）要早将近一个世纪，而且过了一代之后，才开始收集人类的全面比较结构资料。即便到那时，大多数早期体质人类学家如约翰·布卢门巴赫仍然是坚定的人种一元论者。但随着对生物物种持静态看法的前进化论框架内的比较资料越来越多，在 19 世纪，人类分化的"多元论"方法开始受到严肃的对待。从这个观点看，人类"种族"（通常以颅骨形状区分）就像动物物种一样，从一开始就是各自独立起源的。他们不受外在环境力量的影响，在历经相对短暂的人类历史时间跨度后，他们仍然是十分稳定的——正如拿破仑派往埃及的考察队在四千年前的石碑上看到的形象一样（Slotkin 1965）。

达尔文革命与国别人类学传统的分化

350　　虽然卢梭在 1755 年已经预见到，一门由哲学探险家承担的统一科学即将出现，他们将"摆脱民族偏见的束缚，学会从人的相同点和不同点来了解人"（Rousseau 1755：211），但直到一个世纪以后，他的梦想才变为现实。在那个时代的大部分时间里，大多数人类学资料都是由旅行家、传教士、殖民者和博物学家偶然搜集起来的。由于这项活动是与一种知识传统紧密相关的，可想而知，它必定更是一种自然史，而不会是一种社会学说。不只如此，在欧洲主要国家中制度化的"人类学"形式在与上文描述的三种范式传统的关系方面，也必定彼此极为不同。

　　在前达尔文的 19 世纪，人类学的核心问题是在人类与生物领域中的主流科学——比较语言学和比较解剖学——快速推进的情境中，由欧洲海外扩张导致的人类多样性资料大爆炸提出的。从分类和／或遗传学的观点看，核心问题是"人类是一还是多？"。直到 19 世纪中叶，印欧（即雅弗语）比较语言学提供了一个研究模型，它通过人类最突出的特征对人类加以分类，但同时也将所有人类群体追溯到一个共同的源头。这种目标最典型地体现在詹姆斯·考利斯·普利查德的著作中，它在 1840 年左右成立的几个"民族学"学会中以制度化方式实现了（GS 1971，1973a）。

　　但到 1850 年代，一种有着鲜明体质人类学风格，以比较解剖学为模型，也有多源论倾向的思潮开始从民族学范式（以前的《圣经》范式）中独立出来。它最早出现在一些法国学者的著作和萨缪尔·G. 莫顿的"美国学派"中（Stanton 1960），在制度层面上，这股潮流落实于保罗·布洛卡于 1859 年在巴黎和詹姆斯·亨特于 1863 年在伦敦分别发起的"人类学"学会（GS 1971）。虽然"人类学"这个术语实际上早已被用作一个神学 / 哲学类别，但直到这时候它才用来证实需要对作为动物世界中的一个或几个物种进行自然主义的研究。

这股新兴的体质人类学潮流事实上是抵制达尔文主义的，后者在多元论者看来无非是一种新的和臆测的一元论（GS 1968a：44-68）。不过，达尔文革命却对旧民族学传统的假说造成了重大影响。一方面，"人类的古老性"由于 1858 年布里克瑟姆洞穴的发现而得到了极大的延伸，从而使得当代种族是在同一个类人猿先祖的变异下逐渐形成的说法听起来更为合理。另一方面，时间革命使得在整个人类存在跨度内重建合理的历史联系的民族学任务变得几乎不可能了。不只如此，达尔文主义向新"史前"考古学提供的贫乏证据提出了问题：若想将现代人与一个猿人先祖建立联系，请提出一种令人信服的文化发展的进化论解释。在这种情境下，发展范式再度在 19 世纪最后三十年间吸引了人类学的兴趣，尤其是在英美传统中（GS 1987a；参见 Van Riper 1990）。

在这一时期，社会文化进化论者试图综合由旅行家和博物学家们搜集的当代"野蛮人"资料（既包括现在可由通信获得的，也包括如英国科学促进会 1874 年编辑的《人类学询问与记录》的正式调查表格）。通过将这些当下的共时性资料排列在一个历时性梯级上，"扶手椅"人类学家就有可能在每一个人类文化区域中建构出一个一般阶段序列。在英国，E. B. 泰勒（Tylor 1871）从原始

351

"万物有灵论"中追踪从多神教到一神教的宗教演化过程，而约翰·麦克伦南（McLennan 1877）则从原始杂交中追索从多偶制到单偶制的婚姻进化过程。在美国，路易·亨利·摩尔根（Morgan 1877）从"低等野蛮状态"开始追溯从"蒙昧"到"文明"的一般发展过程。

这些演化序列依赖于对人类"心理一致性"的一般假设，这让人类学家可以从高等阶段的非理性"生存"向潜在的理性功利实践进行逆向的推理。但是，这种以"比较方法"重构的序列事实上在"原始的"和"文明的"精神之间设定了两极对立。而在混合的达尔文/拉马克式的19世纪晚期生物学思想情境中，这些文化进化论序列呈现出种族主义特征。人类大脑被认为是在开化进程中随着生存经验的累积而逐渐扩大容量的，而世界不同种族都逐次排列在肤色和文化的双重阶梯上（比如说，泰勒认为，澳洲、塔西提、阿兹特克、中国和意大利"种族"组成了一个单一的逐步增高的文化序列）。当大量人类学日常调查都反映了对不同族群间之民族学亲和性的持久兴趣时，所谓"古典进化论"既是19世纪晚期人类学的理论焦点，也是那时最主流的意识形态力量（GS 1987a）。

一般而言，19世纪晚期的人类学思想试图将人类现象的研究纳入实证主义自然科学的范围内。然而，"人类学"本身却决不是一个跨国的科学范畴。在英国，在古典进化论中民族学和多元论思潮的后达尔文时代的思想综合也反映在制度层面上，1871年，民族学会和人类学会合并组成了皇家人类学会。在美国，J. W. 鲍威尔的政府机构民族学局（1879年）也十分明显地反映出类似的容纳观点，尽管名称未变，它公开声明要在美洲印第安人中间组织开展"人类学"考察（Hinsley 1981）。在原则上，而非一直在实际做法上，英美传统的人类学试图统一后来弗朗兹·鲍亚士所划的四大领域。与之相反，在欧洲大陆上，达尔文主义并未产生如此之大的统一影响力，"人类学"仍然主要指体质人类学。虽然布洛卡的人类学研究院包括社会学和民族学教席，但这些研究大半有各自独立的发展，大都在爱弥尔·涂尔干及其门徒的掌握之下（Gringeri 1990；GS 1984b）。而虽然到 1900 年现存灵长类大脑与拥有反常大脑脑量的尼安德特人之间的化石鸿沟已经由于"爪哇人"的发现而被大大缩短了，但体质人类学仍然深受那种偏重于人类种族分类的静态类型学方法的影响，它主要使用安德斯·雷斯乌斯（Anders Retzius）在 1840 年代发明的"头骨指数"，测量人类的头盖骨（Erickson 1974）。

美国文化人类学对进化论的批评

在这种情境下，弗朗兹·鲍亚士在 1890 到 1910 年间对进化论学说发起的批评极大地推动了人类学历史上的革命性重新定位。鲍亚士出生于一个自由而开放的德裔犹太家庭，接受了物理学和地理学的训练，他的学术生涯始于一种文化边缘和科学混合之处，一方面，是当时占据支配地位的实证主义自然论，另一方面，是浪漫的和人文（Geisteswissenschaft）的传统（这种对立十分典型地体现在他于 1887 年所撰论文《地理学研究》当中）。

在巴芬岛爱斯基摩人中间完成了一年民族地理田野考察后，鲍亚士在美国定居下来，在西北美洲太平洋沿岸印第安人中间开展一般人类学田野考察，他的工作获得了鲍威尔的民族学局和泰勒主持的英国科学促进会的资助。到 1896 年，鲍亚士对古典进化论的"比较法"展开了新民族学的批评。他的观点建立在对西北海岸印第安人文化要素之借入和传播的基础上，他坚持认为，对文化史的细致历史研究必须优先于对文化发展法则的推论。与此同时，鲍亚士严厉地批评了"原始心理"的进化论观点，他指出，人类思想在总体上是由各种文化上多变的传统假设塑造形成的——这个观点也在他对美洲印第安语法范畴的分析中得到了支持。同样，他的体质人类学研究——包括对欧洲移民儿童头颅形状变异的研究——也挑战了以头骨类型为基础的种族主义观点。

显然，鲍亚士人类学是破多于立。尽管如此，他的工作可以说为现代人类学的文化观夯实了基础，文化是多元的，相对的，并从生物决定论中解放出来。他的门徒 A. L. 克虏伯，文化论的集大成者，开始在 1917 年提出了文化自主性的问题，不过仅是一个探索方法，而自那以后，在人类学界再度对文化／生物学的相互作用产生了兴趣。但鲍亚士人类学的总体冲击是划定了一块领地，彻底放逐了生物决定论。在一开始，这种定界依赖于对文化现象之基本历史特征的坚持，这体现在爱德华·萨丕尔的论文《美洲土著文化的时间观：一种研究方法》（Sapir 1916）。但如果说第一代鲍亚士门徒们只是偶然才自称美国历史学派的话，那么，1920年代以后的鲍亚士人类学的主要影响事实上已经不再关注如何重建历史。一方面，一种更强调特异时间性的考古学兴起了（1910年发展出了底层分析法，"二战"后又发展出碳十四断代法），更强调"文化要素"的分布，而不是"文化区域"，由此进一步降低了历史重构法的地位。另一方面，鲍亚士学派对人类心理差异之文化基础的兴趣导致走向了对文化整合和"文化与人格"之关系的共时性研究——露丝·本尼迪克特广为人知的《文化模式》一书是为典型代表（Benedict 1934）。

虽然"文化与人格"运动和"涵化"研究在 1950 年代因更具社会学取向的方法而停滞下来，但"文化"仍然是美国人类学研究中的重中之重。尽管在"一战"前人类学研究生训练已经在四大重镇（哈佛大学、哥伦比亚大学、伯克利大学和宾夕法尼亚大学）之外遍地开花，在两战期间又增加了另外六个，它仍然继续保留了"四大领域"的基础训练。然而，大多数从业者实际上只专精于其中一个领域；而体质人类学家、语言学家和考古学家在两战期间就建立了各自的学术团体。虽说美国人类学会（1902年成立）继续包括所有四个领域中的专家，但主导这个学会的却是那些从事于鲍亚士及其第一代门徒们称之为"民族学"的学者——到 1930 年代，它被重新受洗为文化人类学。

354

田野工作、功能主义与英国社会人类学

在大英帝国，20 世纪早期"人类学革命"走了一条很不相同的道路。正如在美国，鲍亚士学派承接并推动了民族学部开创的田野工作传统，最关键的因素是受过专门学术训练的田野工作者团体得到了极大的发展。但对英国人类学家，即将成为原型性的田野场景却迥然不同于他们之前的鲍亚士学派同行。在美国，由于铁路横贯整个大陆，很方便到印第安人保留地开展短期访问，民族志工作者可以经常搜集到"口头文本"（鲍亚士认为，这可以给予无文字文化以与文献遗产相对等的地位，后者是西方传统中人文研究的基础），研究年长访谈对象的"记忆文化"。恰恰相反，英国民族志工作者在乘船旅行数周后才能到达世界最大帝国的黑暗角落，他们成为对现存社会群体的当前行为进行深度参与观察

的原型式践行者。在鲍德温·斯宾塞和弗兰克·吉伦 1896 年出版的澳洲阿伦达人著作中初露端倪，继由 A. C. 海顿率领的托雷斯海峡科考队中的学生和本世纪最初十年间年轻的"剑桥学派"成员们亲身践行，"孤独的民族志工作者"调查模式实际上最终由 W. H. R. 里弗斯在他于 1912 年版《询问与记录》中对"具体方法"的描述中正式确立下来。然而，与这个运动最密切相关的人是布劳尼斯娄·马林诺斯基，他在 1910 年从波兰到伦敦经济学院师从爱德华·韦斯特马克和查尔斯·塞利格曼学习人类学。在"一战"期间，马林诺斯基在新几内亚东北方的特罗布里恩德岛上度过了两年之久，在 1922 年，他出版了《西太平洋上的阿耳戈》一书，在导论中赋予这种新方法论以神话许可证般的地位。

在 1920 年代，马林诺斯基转向了弗洛伊德的心理学分析，他以特罗布里恩德岛母系家庭为例，证明普遍存在的俄狄浦斯情结是如何变异的（GS 1986b）。然而，在英国，如美国的文化与人格运动那样的事情并未发生。后者被认为是取代 19 世纪种族心理差异论而提出的另一种解释。但在英国，对进化论的批评并不是集中在其生物学含义方面，而是批评其以理智主义的功利论解释人类行为，如詹姆士·G. 弗雷泽《金枝》一书即为典型体现（Ackerman 1987）。到 1900 年，泰勒的万物有灵论教条开始遭到抨击，它将人类宗教信仰解释为一种幼稚的、粗糙的科学（比如依据梦境和死亡的经验提出了灵魂脱离肉体的假说）。在回应威廉·詹姆士时，P. R. 马雷特认为，宗教信仰的"前万物有灵论"基础是美拉尼西亚人更富情感意味的"曼纳"概念（一种令人敬畏的通过自然世界显示自身的超自然力量）。在随后十年间，理论争论集中于图腾制这种混合的社会宗教现象上，麦克伦南在 1869 年曾以万物有灵信仰和母系外婚制社会组织间的关联来界定它。

对此，威廉·罗伯逊·史密斯又加上了图腾动物的临时共飨消费的观念——对这个扶手椅性质的概念，弗雷泽借助斯宾塞和吉伦的阿伦达人研究而以民族志的方式予以了确认（R. Jones 1984）。在"一战"前的十年间，社会人类学论争主要纠缠于图腾制问题，特别是阿伦达社会和其他澳洲资料，在进化论者看来，它们足以证明最原始的人类状态究竟是什么样子。

正是在这种状况下，在经历了优先考虑宗教信仰问题的泰勒和弗雷泽时代后，英国人类学转向了宗教仪式研究，并且，在总体上，转向了亲属制度和社会组织的研究，这恰是美国进化论者路易·亨利·摩尔根在其前进化论"民族学"阶段最关注的对象（Trautman 1987）。在其 1840 年代对易洛魁人的开创性民族志研究基础上，摩尔根试图运用民族志问卷法收集全世界范围内的"血族与姻亲体系"资料（Morgan 1871），解决美洲大陆上的种族分布。在以发展术语改头换面后，他对"分类式"和"描述式"亲属关系系统的区分为他在澳洲的通信合作者罗里默·费逊和 A. W. 休伊特的民族志调查工作提供了概念框架。在经由里弗斯于 1898 年托雷西海峡科考后提出的"谱系法"予以补充修正后，摩尔根的方法最终为英国现代人类学提供了概念基础，当然，此时它已经被从其原先的历时性进化论框架中分离出来了。

那个过程是在里弗斯及其门徒 A. R. 拉德克里夫－布朗的两个工作阶段中先后完成的。里弗斯本人在 1911 年经历了从进化论向传播论"文化的民族学分析"的转变。然而，他试图重建"美拉尼西亚社会史"（Rivers 1914a）的设想依然极大地依赖于进化论的"遗留物"（survival）概念，它假定，某些现存的社会习俗或亲属关系术语不能用当前的功能来解释，而必须通过它们与先前

356

的社会组织形式的对应关系才能解释清楚。恰恰相反，拉德克里
夫－布朗借助爱弥尔·涂尔干的功能社会学脱离了进化论。他与
里弗斯的分歧尤其集中在"遗留物"在社会学分析中究竟有什么
用处上，当然，他也在总体上拒绝在"社会人类学"中使用任何
"推测"方法解决历时性问题，在1923年，他耗费了大力，才将
之从"民族学"中分离出来（GS 1984b）。

　　在那时，里弗斯在伦敦大学学院的门徒格拉夫顿·埃里奥
特·史密斯和威廉·佩里的"巨石"传播论与伦敦经济学院马林诺
斯基的心理生物学功能论正面交锋，针锋相对，英国人类学显现
出一派生机。在得到洛克菲勒基金会资助后，马林诺斯基的功能
主义在1930年成为英国的主流。但在随后几年间，马林诺斯基的
几个重要学生却成为拉德克里夫－布朗的理论拥趸，布朗在历经
二十年学术漂泊后（从开普敦到悉尼到芝加哥），最终在1937年
成功地入主牛津大学的教席。虽然牛津大学在1946年创立的社会
人类学家学会包括几个不同观点的代表，但拉德克里夫－布朗关
于"社会系统"的共时性自然科学研究——压过了马林诺斯基的
田野工作传统——才赋予英国社会人类学别具一格的特点。

共时革命、"经典时期"与国际人类学的兴起

　　尽管在阶段和重心方面有如许差异，20世纪上半叶英国社会
人类学和美国文化人类学的发展仍然共有许多特征。在这两个国
家，在前学术的博物馆时期，人类学在很大程度上都致力于搜集将
过去载入现在的物质对象（手工艺品或骨骼）；在两个国家中，都
颇富戏剧性地转向了对现场行为的观察研究。虽然对进化论或历史

问题的兴趣都从未在他们各自的国别传统中彻底消失，人类学研究却已经基本上不再以历时方式开展了。而虽然拉德克里夫－布朗在芝加哥大学任教期间仍然坚持认为，他的观点和某些美国文化人类学家的更淡漠的"功能主义"是不同的，但在宽松的意义上，可以说，共时性功能主义已经成为英美传统的范式了。这在"二战"后尤其如此，在那时，美国人类学家大量奔赴海外开展田野工作，回国后开始感受到功能主义学说对美国社会学的影响。

　　在这两个国家中，可以说，人类学已经"民族志化"了。虽然跨文化比较和科学一般化的目标仍然继续受到认可，但在我们所称的"经典"时期（约 1925—1965 年），英美人类学最醒目的共同特征却是民族志田野工作的核心角色。田野工作不再只是为扶手椅人类学理论家提供信息材料，它成为人类学共同体成员的验证标准，也是其核心方法论价值的基石：即，在小型社区中开展参与观察，以整体论和相对论的方式构想之，并在理论建构中扮演特殊的角色。在这两个国家，这种对社会和文化行为的民族志取向研究不仅脱离于，也支配着人类学的其他分支学科，虽然在美国学术生活的多元结构中，统合四大传统领域的一般人类学理想仍然颇有分量。

　　但是，在其他地方，分支学科的发展过程却是十分不同的。在欧洲大陆，大一统的四大领域传统从未生过根，体质人类学直到 20 世纪仍然是独立发展的，很少受到鲍亚士批评的影响——尤其是在德国，在纳粹当权期间，这个学科被改造为种族科学（*Rassenkunde*）（Proctor 1988）。在德国和中欧，直到 20 世纪中期，民族学传统依然有着浓厚的传播论和历史主义色彩，虽然也已经开展了某些民族志田野工作。在法国，现代民族志传统也没有得到发展，直到 1920 年代民族学研究所成立才有所改观，涂

尔干的外甥马塞尔·莫斯是其中的领袖（Clifford 1982；Gringeri
1990）。一直要等到 1982 年，在按照美国模式组建法兰西人类学
会的过程中，像美国那样的文化人类学家才发挥了领头作用。这
种发展不仅反映了 1960 年以后在克劳德·列维－斯特劳斯结构主
义的巨大影响下法国和英美传统间的思想交流，也反映了我们可
称之为国际人类学趋势或曰英美传统的国际化趋势的巨大影响力。

358 　　虽然自 1860 年以来，"人类学家"、"史前学家"或"美洲学
家"一直时不时地举办国际会议，但只有从"二战"开始，人类学
和民族科学才在一个长时期内举办有规范基础的国际会议（在费
城、莫斯科、东京、芝加哥、温哥华、德里和萨格勒布）。1960 年
后，在得到索尔·泰克斯主编的国际期刊《当代人类学》鼎力相
助后，这些会议同时也是讨论多样性问题的论坛和传播一元论潮
流的媒介，方兴未艾的美国模式的社会文化人类学显然在此间是
举足轻重的，但其他重要分支学科也仍然有一席之地。然而，与
美国传统相关的包容式四大领域观念仍保持着相当的内在影响，
并由于美国人类学家在世界人类学共同体中的压倒性数量优势而
得到了进一步强化。

人类学的"危机"与"再发明"

　　不过，正当国际人类学开始现身之时，那些传统上出产学者
和提供人类学考察素材的族群间的世界历史关系却发生了戏剧性
变化。一个多世纪以来，对在欧洲扩张冲击下"野蛮"（或"原
始""部落""无文字"）民族即将消失的担忧始终是民族志调查
的主要动力，这些调查都是在殖民当局的保护伞下进行的。到

1930 年代，这些分类已经成为问题了，而田野调查也开始在"复杂"社会中开展。但除了战后对农民社区和"现代化"进程的兴趣之外，人类学仍然保留着其原型意义上的不对等特征，即浅肤色欧美人对深肤色"他者"的研究。然而，随着殖民权力走向末路，人类学传统上研究的民族如今已经是经历了深刻社会文化变迁的"新国族"，它们的领导人经常都不愿接受这样的调查，这显然是因为，即便在经历了对进化论种族假说的批判后，它仍然是以社会文化不对等为前提的。确实，许多第三世界知识分子如今开始觉得，现代人类学对文化差异的相对主义容忍态度在意识形态上是一种倒退（甚至是一种种族主义式的倒退）。在 1930 年代面对种族主义的抗争如今却被用来证实建立在剥削基础上的落后状态之永恒存在是合理的。在后殖民时代重大战争事件频发的政治情绪氛围下，1960 年代后期形成了所谓的"人类学危机"（GS 1982b）。

　　不适感——在人文科学中随处可见——各有表现：实质的，意识形态的，方法论的，认识论的，理论的，人口学的以及制度的。在面对翻天覆地的社会变迁和进入田野场所的限制时，若仍然认为人类学研究的天然实质性焦点是去发现纯粹的、未受玷染的非欧洲"他性"，无疑是不现实的，甚至可以说是不规范的。也再也不可能认为这种研究在伦理上是中立的，或者说是与政治后果无涉的。对参与观察之内在不确定的自反性的新思考不但质疑了传统民族志田野工作的方法论假设，也质疑了其认识论假设。在总体怀疑人文科学的实证主义假设的情境下，出现了从社会平衡论取向转变为动态论取向的迹象。而随着 1950 年代和 1960 年代政府资助的萎缩，连这个领域的扩张也成了问题，人类学博士们开始远远超出他们过去习惯的学术职位所需的数量，人类学不得不向外寻求具有重要的国内社会实用性的可能。正是由于面临"人类学终结"的预言，到 1970 年早期，才出现了"重新发明人类学"的急切呼声（Hymes 1972）。

然而，大多数人类学家似乎理所当然地认为，这门学科将会高枕无忧——这表明，在他们心中仍然存留着一种失乐园前的自信，要么就是出于对制度惰性的依赖的缘故。的确，看起来很清楚，到 1980 年代中期，危机已经平息。在呼吁重新发明学科的十年之后，各大人类学科系都一如既往地运行着，虽说在研究资助方面遇到了不小的困难，而它们培养的学生也面对着一个需求十分有限的市场。尽管如此，显而易见，现代人类学的经典时代已经在 1960 年后的某个时间点上走向了中间终结，而后经典时代人类学的日常事务已经在许多重要方面与昨日换了人间。

自反性、裂缝与人类学传统的二元论

在美国的学科重镇中，鲍亚士曾在 1904 年观察到的离心力越发增强了。不仅仅是四个主要分支学科的凝聚力出了问题，"某某人类学"（应用、认知、牙科、经济、教育、女性主义、历史、人文主义、医学、营养、哲学、政治、心理、象征、城市，诸如此类）的无限增殖也出了问题——其中许多分支都成立了自己的全国性学会。当然，你可以将这种繁荣解释为这门学科仍有着与时俱进的活力（或者说，是成功的再发明），但仍无法回避的问题是如何界定这种冲动力。

一旦原初的人类学冲动中潜含的自反性被永久地提升到学科意识之中，而社会文化变迁的力量又将不对等人类学赖以为前提的明显区分移开了，那么显而易见，"纯粹的人类学"将不可能只"研究未开化民族的习俗和信仰"。但不那么明显的是，一种更具有人类学包容力的研究究竟怎样开展。在许多情况下，无论在发展中国家，还是在这门学科的传统中心，人类学和应用社会学的边界都不再是泾渭分明的。与此同时，在经历了剧烈的文化变迁和对实证主义自然科学模式的反动之后，对异域他性的传统关注依然没有衰落，虽然如今再一次在历史和文本的意义上做出了重大调整。不但特定文化群体开始从更具历史意味的角度加以研究，他性的独有特征——甚至包括对于"部落"的看法——也开始被视为世界历史进程中欧洲与非欧洲民族的历史互动的暂时结果。由于各个民族的醒目差异正在日趋减少，在不断蚕食的同质性面前，文化已经被逼入了裂缝之中。在这种情境下，人类学家长久以来一直用以解释他性的核心概念，其特征也越来越遭到质疑。

　　一个多世纪以来，文化的观念始终是人类学研究最强大的凝聚力之所在。虽然在鲍亚士学派对进化论种族主义假设的批判后，这个概念已经相对化了，但生物学和进化论的关怀并未从人类学中销声匿迹。而虽然系统进化论观点对体质人类学和考古学有着缓慢的影响，但在"二战"后的时期内，"古人类学"领域却得到了重要发展，同时，在美国文化人类学内，几乎消亡的新进化论思潮也重新抬头。在这段岁月里，在与帕森斯社会学密切交往后，文化人类学家开始严肃地思考"文化"到底是什么。到 1960 年代末，在概念层面的两极对立开始变得十分明显。一方面，出现了一种思潮——最引人注目的当属象征人类学——它以人文主义观念论的眼光将文化视为一个符号和意义的系统，而较少关心文化行为的适应性和实用性的方面。另一方面，是那种物质论的对立思潮，它坚持认为，文化只能以适应性进化的方式才能得到科学的理解，这或者以"技术—环境决定论"的形式，或者以更具争议的"社会生物学"的形式出现，在许多人看来，这无疑是种族主义思想在人文科学内的重新抬头。

　　虽然当对玛格丽特·米德的萨摩亚田野工作的批评被放大为对文化决定论观点的攻击时（Freeman 1983a），美国绝大多数人类学家都会站出来捍卫她，但这绝不等于说，文化概念的含混性质已经得到了澄清。确实，可以说，在近年来的两极化背后，隐含着 20 世纪早期"人类学革命"前在思考人类差异时的范式对立。以希腊—罗马发展论来说，新进化论与它的连续性是十分明显的；而在《圣经》/民族学范式那里，就没有那么明显。但是，象征与解释人类学的形成被视为解释学转向这个事实，以及人类学可以关注语言学现象这个事实，都表明了人类学可以生存的层次。话虽如此，在现代人类学底下历史地形成的认识二元论也是实实在在存在的，而且似乎仍然活得很好。由此观之，鲍亚士——在其他著作中，他坚持说，在研究人类现象时，无论自然科学方法，还是人文科学方法都应有自身的正当性——不但可以指引这门学科的过去，也可以指引它的将来。

跋

虽然本卷所收文章都是在历史主义的后盾下写成的，在构思各篇小序时，我经常不由自主地停下来，比往常更多地陷入了对人类学的现状和未来的沉思。在那时，我比往常更多地参与了芝加哥大学人类学系的研究生训练项目，先是参与"系统"课程的前半段（人类学理论的历史导论），然后担任社会文化和语言人类学研究生研习委员会的主席，还要偶尔参加师生联络委员会的事务。与此同时，还在系里参加了几次"1990年代人类学"前景讨论会。

从我开始参加"系统"课程开始，十年已经过去，我不无惊讶地看到，在学生群体中出现了人类学感悟的某种变化迹象。虽然他们愿意承担我们开设的沉重课业，但其中有些人却对我说的历史理解力有所抵触。由于早已对后现代话语稔熟于心，他们发现过去已经"陌生化"（de-familiarized）了。这里的问题是再熟悉化（refamiliarization）：如何才能使以前时代的人类学为他们所熟悉，以人类学的方式让它变得可以理解，或者是将其作为人类学研究的深层结构化的一部分，而不是预先将其判定为另一种形式的殖民话语。"他们"——正如几个学生指出的——事实上是一个分散的群体，在此可以更确切地说为数不多，他们往往爱作惊人之语。但他们确实作出了某些惊人的评论——包括（在随后的一

363 场讨论中）我在前面提到的那个不愿到遥远的人们中间去做田野工作的家伙。

就在最近，我倾向于认为装腔作势的交流也在师生委员会上发生了，当时，在（人类学系所在的）哈斯克尔楼二层悬挂的巨大世界地图面前，有人提了一个问题。为了让学生代表有所共鸣，这幅地图显然在向他们表明，"在芝加哥人类学殖民帝国，太阳永不落"。各种红、绿、黄色便签（代表筹划中的、正在进行的和已经完成的田野工作）标出了芝加哥师生民族志工作者的地点，简直像极了中情局兰利总部里标志着间谍方位的小旗针。同样，学生们年复一年地从田野中传回一张张快照，然后由本系一名行政助理塞进地图玻璃盖板缝里，如今它们也被解读为霸权性殖民统治的符号。当事人——在浅肤色民族志工作者（有时身着"土著"衣裳）周围环绕着一群深肤色"信息提供者"——的真实关系，或那些拍摄、寄回照片的人的动机，都是不正当的。在这样被去－（或再－？）语境化后，这个集会也不过是一个要被解构的文本。而许多人类学系也有过此类展示这个事实（这是由一个在选定芝加哥之前曾访问过其他地方的学生指出的）无非是证实了这种展示有着更广泛的话语含义罢了。

然而，不能否认这张地图已经被"陌生化"了：我怀疑，我们实际参与讨论的每一个人是否在过后还会再一次以先前理所当然的眼光来看待它。我们可以选择相信人类学系清白的自我呈现，它只不过是为其扩大的民族志事业而感到自豪罢了，也可以选择相信那些成员只不过是急于储存他们的善意——不只是给在家的朋友发一张现场快照。但与那种意义正相对的，就是另外一种了，它意味着对 20 世纪民族志人类学传统（和方法论价值）在象征层面上的质疑。

这种质疑还有其他的表征。在最近，我的一位同事——他自己的研究已经从田野转向了图书馆——开设了一门课程，起了一个响亮的名称："重思田野"，以民族志为根基的人类学传统变成了这门课程的问题。而在给那些有志超越传统边界的学生提出建议时，问题最近变成了，在今天如何界定两个"民族志区域"，在其中，每个学生都必须按照规定证明自己足以胜任。在以前，这通常都是包含田野地点的较大地理区域，另一个是出过理论相关性著作的区域——在那张有争议的地图上可测绘的区域。但在多重跨学科的镜头中，在一个历史和文化上都十分复杂的万花筒般的后现代世界中，要确定何为一个"民族志区域"，谈何容易！

364

这些征兆（如果它们的确是的话）的地方性知识可以在更大历史背景下解读，本卷中的文章只是偶然涉及。民族志人类学的"方法论价值"意味着存在着有边界的民族志实体（即使不是一个经验实体，也是一个必要的方法论虚构），人类学家勉勉强强融入其中，并在某种程度上学会以内部的眼光看待事物——而无须牺牲那种先在的边缘性（如生人／朋友），由此可以保障一种全能的理解（参见Powdermaler 1966：9）。在它们的原型实例中，这些有界实体都经常被描写成孤岛，虽然从一开始许多民族志"孤岛"实际上都在内陆。甚至在与这种孤岛的关系中，不管从文字还是观念上说，任何一种全能知识（或描述）都是非常不确定的。通过确定一套有界问题来组织实施调查（不管事前还是事后），人类学理论当然有助于解决问题。与此同理，选择某些标准民族志文本模型，这本身经常就是理论的产物：不是《询问与记录》，就是马林诺斯基式奥德赛，然后是生命周期或年度周期，天体神话或微观事件——所有那些已由"民族志作文文本"的理论修辞学家们全面研究过的特定形式（Marcus & Cushman 1982；Clifford 1983；Clifford & Marcus 1986）。

　　然而，在经典时代的早期，民族志人类学的问题看起来并不是不能克服的。不仅有形的孤岛，民族志话语的世界也是如此。在这种语境下，我们会惊讶于马林诺斯基早期门徒伊恩·霍格宾的怀旧式民族志逍遥感，他回忆道，在 1930 年代，控制民族志是多么轻而易举，不仅在他们的民族志区域，在整个大英帝国殖民世界都是如此：我们可以直白地读到整个太平洋和非洲"不过如此"的"现代田野工作"——这暗示着世界其他地方不过是未受学术训练的旅行家、传教士或殖民地官员们的业余爱好而已（Beckett 1989：41-42）。

　　一旦成为方法论虚构和初期职业化的工件，民族志话语的边界性便开始在整个经典时期越来越成为问题了。在"二战"后的岁月里，学生们面对诸如弗瑞德·伊根这样的人物所展示的精湛民族志技艺时叹为观止，他那时仍然在开设"世界民族志"课程（GS 1979a）。但到那时，正如霍格宾所回忆的，"民族志大洪水"已经开始泛滥漫流，直到"今天，即便一个美拉尼西亚专家也不可能读完所有出版的小如美拉尼西亚这样一个地区的著述"（Beckett 1989：42）。

　　推波助澜的不仅仅是专业民族志。在人类学的每一代，相关理论著作的边界都会重划，扩大。虽说毫无疑问会有旧问题被搁置一旁，或仅仅以时髦的概念语言讨论一番，但也有亟待回答的新问题，亟待研究的新概念，也会出现新的理论图腾，不管是古典的还是现代的：除了涂尔干和韦伯，现在也有马克思、葛兰西、巴赫金和福柯（Ortner 984；Fernandez 1991；Ulin 1991）。而随着与此同时的人类学再历史化——将共时性民族志实体重新放入地方和世界历史的时间进程——所有那些原先被斥为业余的作品（传教士和旅行家的记叙，殖民地官员的记录）都成为相关的原始资料（Comaroff & Comaroff 1991；Sahlins 1985）。一言以蔽之，任何民族志研究的潜在相关文献范围都（如果不是在实际上，至少也是在原理上）将是铺天盖地的——即便研究对象仍然保留着孤岛的特征，也会如此。

当然，这并没有发生。与相关民族志话语的这种扩界相并行的，是其民族志对象之边界的消除。在某种程度上，这只不过是理论边界突破的反面罢了；以涵化问题思考一个美洲土著群体，显然要比以拯救或记忆民族志问题思考要有更宽松的边界。在某种程度上，这是区域民族志重心的转移；非洲民族即使被可疑地概念化为"部落"，也比大洋洲岛屿更少边界性。在某种程度上，它是社会文化研究中心的转移：到 1930 年代，接受新的学术训练的民族志工作者都纷纷转向研究更复杂的集群，无论是社会变迁的结果，还是共时性的社会现象。民族志实体的边界在澳洲北方默尔金人中的劳埃德·瓦尔纳面前，显然与在马萨诸塞州纽伯里波特"扬基城"的瓦尔纳及其三十人团队面前是十分不同的（Warner & Lunt 1941）。

随着传统殖民政权的终结和"人类学危机"的到来，民族志边界的问题越发地复杂了，即便是观察者和被观察者的边界也开始重新界定。曾几何时，"getting it down"*是一个毫不含糊的口号，不管是在道德上还是在认识论层面上。人类学家及其访谈对象可以被看作组成了同一个道德—认识论共同体，共同致力于保存传统的文化形式（GS 1982b：412）。然而，在这个保护主义的小社区中，观察者和被观察者的界限从当前流行的实证主义框架来看是得到了清晰界定的，方法问题通常都是以跨越这道鸿沟的方式加以讨论的：创造友谊（Herskovits 1954），确立角色（Paul

366

_____

*　getting it down，既有"开干吧"之义，又有"记录下来"之义。——译注

1953），对付"说谎的访谈人"（Passin 1942）或看穿"多重的面具"（Berreman 1962）。

但到 1960 年代中期，民族志工作者与他们研究的民族的关系越来越不确定了——在实用、政治、伦理和认识论上皆然。正如民族志研究的目的已经动摇了一样，观察者的身份也是如此。在失去了殖民地政权的庇护后，民族志工作者仍然背负着原始主义屈尊和殖民负罪的双重沉重负担；在政府希图他们能在后殖民战争年代的"平乱"中有所效力时（Horowitz 1967；Wakin 1992），他们如今面临着截然不同的进入田野的问题。在有些地区，已经是绝无可能了；在另外的地区，必须在"致力于发展"的民族中间进行协商（在不同层次上，以不同的价码）。"利益关联"（relevance）——这是国内年轻人类学家激进分子的战斗口号——在许多地区正在成为一个进入田野的条件。

民族志工作者的特殊边缘性（生人 / 朋友，局外人 / 局内人）曾经都被双方模糊地体验到，而如今则以新的方式变成了亟待讨论的问题。在意识到"人类学"与"原始社会"研究的传统联合后，那些曾被殖民的民族不愿再仅仅充当无偏向的移情研究的主体 / 客体。人类学家（如今有时会自称"社会学家"或"历史学家"）不得不重新思考如今备受指责的观察者和被观察者、自我与他人之间的边界。田野工作开始以"自我反观"和"对话"的方式重新思考（Scholte 1972；Dwyer 1982），而探索的伦理也成为一桩严肃关怀的事务（Fluehr-Lobban 1991）。

在一个相当长的时期内，民族志工作者的含混的（且很少得到分析的）比较参照点——他或她所来自的特定欧美社会——也已经被动摇了。如果在 19 世纪和 20 世纪早期人类学家只是偶然才将他们自己的"文明"及其分析范畴当作解释的出发点和返回点，两战间的岁月已经让人类学家更全面地意识到文化和范畴翻译的问题。在每一代人中，民族中心论的面纱都会被揭开一些，最后甚至连亲属关系、经济、政治和宗教的四重奏也被抨击为是一套"未阐明的、空洞的""欧洲文化固有的元文化范畴"，是在未经批评的情况下被"纳入了人类学家的分析框架"的（Schneider 1984：181-185）。

　　由于这些混杂的边界问题使得传统人类学志业（研究"远方之人"）加倍成了问题，"把它带回来"——那些致力于"重新发明人类学"（Hymes 1972）的人提出的一个口号——越来越成为一个可能的选择。我在前文提过的那位标准模式的《人类学通讯》人类学家（见上文，第93页）实际上是在北美开展田野调查的，而当我们系里那幅地图上的便签越来越分散之时，在地中海以北和乌拉尔山以西，却出现了越来越密集的势头。

　　这些变化将会带来怎样的深远影响，当然引起了许多人类学家的关注——在理论层面上，包括对文化观念本身的质疑，以及在一个后现代世界的拼贴进程中，"一种文化"可能会是怎样的（如，R. Foster 1991）。但在实践民族志层面上，这种理论问题也是很明显的——借用格特鲁德·斯坦因的说法，可称之为"奥克兰问题"："无处可寻。"（There is no there there.）在复杂社会里研究宽泛的文化问题的学生（如今可为数不少了）会发现，他们很难确定一个民族志场所，要么很难界定它与更大世界的关系：一个太平洋岛屿或一个墨西哥村庄中的二十个家庭足以组成一个假想的民族志实体了——但二十个彼此半生不熟的巴黎家庭在我们研究法国现代文化变迁时能告诉我们什么？对这样一个无中心的民族志场所，何种加总形式才能胜任？

　　当然，这些问题不是全新的，有些"解决办法"比玛格丽特·米德的（前－后现代主义？）建议更令人满意，回到 1953 年，她举例道，"一个在纽约乡下小镇出生并在二十一岁时以最优等成绩从哈佛大学毕业的中美混血男孩和一个美国家族在波士顿所生的第十代聋哑人都是美国民族性格的绝佳例子，只要我们充分地考虑了他们的个人身份和个人特点"（Mead 1953：648）。一种算不上新奇的办法是在奥克兰找到一个"地点"（there）：在一个复杂社会中，确定一个与孤岛实体相当的单位，我们可以运用传统的参与观察"方法"获得一种移情的内部知识——一个街头帮派，一个妇女信用合作社，一个一年级医学班，一个莫斯科吉普赛草台班子。我们只要查一查美国人类学会年会上的计划或摘要，就知道这种做法是多么普遍。当代人类学的活力（人类学会年度会议参加者数量一直在突破纪录）极大地依赖于其持续的变通能力。

368

    但即便我们仍然不断地发现孤岛类似物，我们仍不得不面对那种地方性知识与全球问题的关系（Marcus & Fischer 1986；Ulin 1991）。很久以前，学生们就被督促，"在从事第一次原始社会田野研究至少两年以后"——在研究过程中间，对所搜集到的材料进行对比和重估——应该去研究第二种和不同类型的社会（Evans-Pritchard 1950：76）。随着各种历史取向的和理论建构的联系越来越呈指数式增长，一种无地点民族志实体的语境化也正如其整体化那样成为问题。原谅我在此玩一个双关语游戏，随着民族志场所（locus）失去地点（focus），民族志作家的魔术障眼法（hocus-pocus）也越来越失效了。

    随着再文本化（entextualization）本身成了问题，这种情形越来越明朗。"文体的模糊"（genre blurring）已经被认为是"重塑社会思想"（Geertz 1983）的一个方面，这同样对民族志产生了重要的影响。不管我们是否愿意说民族志人类学的"表述危机"，但显而易见，上一个十年确实是"写文化"方法论的"实验时代"（Marcus & Fischer 1986；Clifford & Marcus 1986）。但即便 1980 年代中期的纲领性宣言现在可以更容易找到一些面世的民族志范例，它们是否意味着一种或几种民族志文体已经成形，仍不得而知，也就是说，它们能否承担起诸如亲属制度或生命周期在前几代民族志工作者中的范式功能，仍在两可之间。确实，对于后现代文学倾向的人类学家而言，形式复制（formal replication）的观念本身是有问题的，它与前一代科学化人类学家绝不相同，对后者来说，复制在根本上是一种积极的方法论共鸣。一旦实验的观念本身变成了范式性的，民族志学徒（甚至是期满的学徒）将很难找到可靠的民族志模式。

　　毫不奇怪，在面对所有这些问题时，民族志雄心会有全面挫败之感。在阅读上个世纪的田野工作记录时，我们会惊讶地听到，道德—心理主题有如此之多的各种变奏曲。在弗朗兹·鲍亚士的书信日记中（Rohner 1969），那种曲调是与布劳尼斯娄·马林诺斯基的日记（Malinowski 1967）十分不同的；后者含混、暧昧的复杂性让每个人都对群体归纳心怀警惕。这让我不由得回想起，在进入芝大人类学系不久，我对诸多场合的感觉，那些从田野中返回的田野工作者们的主调是一种类似于犯罪的焦虑感。那不是米德式的让弗朗兹老爹失望的担忧，而是对民族志活动本身在某种意义上固有的剥削性质的担忧。

　　又过去了二十年，我有时候在想，假如所有出版的反思中最出乎意料的后果不曾让民族志志业——一项令人内心焦虑、伦理上迷惑的冒险活动，而且在世界上有些地区还有身体上的危险——在心理、道德和政治上出现了问题，以致给它带来了认识论的和表述的困境，那么，学生选择在图书馆中开展研究的做法

369

也是可以理解的。但那些做出了这种选择的人仍然是少数。芝加哥的许多学生如今也埋首档案，但通常都是为了补充一项仍以传统模式开展的田野调查研究。而虽然许多教师自己已经过了做田野工作的年龄了，但最近对本系将来所需人员的讨论表明，对以民族志为取向的人类学的认可依然是他们的主流看法。

即便如此，我认为，如果对那些征兆视而不见，将是一个极大的错误。如果我们缺少回顾性的视角，没能将过去二十五年视为人类学史上的一个特殊时期，那么，在持续变动的人类学生存环境下不断积累的动力将不得不让我们有理由忧虑它的未来。在我们的人类知识之文化图像中深埋的进步论并不鼓励对这门学科的衰落甚至死亡作出全面的推测。但从人类学在1840年代首次以"民族学"形式在制度上落实以后，它的未来就已经以与其他人文科学迥然不同的方式成为问题了。它的成立宣言本身就伴随着其研究主题的丧钟（GS 1971），而人们也不止一次听到过它的钟声了（Gruber 1970）。大约在鲍亚士预言它的分支学科即将碎片化之时，其他人也预见到了它的死亡——英国历史学家威廉·梅特兰指出，"在不久的将来，人类学要么是历史学，要么什么也不是"（Maitland 1911：295）。在"人类学危机"的时刻，有人再次发出了"人类学的终结"的预言（Worsley 1970），即便到今天，仍可时不时地听到对学科道德性的警告。

在最近，"文体的混合"也对人类学研究的范围提出了新的问题。在从事文学研究的历史学家和学生那里一开始提出的一种富有前景的"人类学转向"（Cohn 1987；Manganaro 1990），现在看来则是一种颇具威胁的"人类学去中心化"趋势。随着"文化研究"的兴起（Brantlinger 1990），人类学概念取向和方法论取向已经在人文科学中普及开来；就在最近，在"新历史主义"的鼓舞下，英国的教授们开始侵入了人类学的圣殿（*sanctum sanctorum*），他们抨击道，文化概念本身事实上只不过是从 19 世纪文学话语中借来的"迷信"（Herbert 1991；参见 Torgovnick 1990）。正如我的一位同事不无讽刺地指出的，"我们很快只能作为土著报道人才能引起关注了"。

除了衰落或死亡，当然还有变通。如果各个历史时期在某种意义上都是代际现象（Marías 1967），以强烈的群体经验为标志（战争、经济萧条、内乱等），那么，我们就有理由相信，总有一天，人类学在历经"危机"后终将走上康庄大道——人类学不可能在一夕之间被"重新发明"出来，可能要花上数十年之久。那些成长于 1960 年代后期到 1970 年代早期的人类学家，亲身经历了人类学的危机和对它的批评，以及重新发明它的呼声，并在 1980 年前后获得了教职，如今已经在人类学中影响渐隆，推动培育了最近几代大学生群体，而后者在回应大学教育中如今已经确立的各种"后现代"思潮时，进入了已经"被解构的"人类学。这样一个圆周句不可能涉及所有有助于以代际方式确定一个历史时期的潮流，不论是思想潮流还是其他什么：在美国和英国人类学中兴起的开放性马克思主义思潮（Bloch 1985；Vincent 1985），女性主义人类学的兴起（Di Leonardo 1991），反思的、文本的和后现代的转向（Sangren 1988）；或者，在我们周边的世界中，新殖民主义、后资本主义、共产主义的终结——这里列出的只是一些主要的选手。但学科扩张的人口地理学确实表明，1960 年代早期的爆炸式增长到了 1990 年代由新的人类学守护人继承下来了。

所有这些会带来怎样的结果——人类学的终结，还是周期性的转变，抑或不过是万变不离其宗……——有迹象表明，将在下一个十年内变得明朗起来。当然，有一些有望成为范式再整合的，如，各种形式的后现代主义（Stephens 1990），后现代主义和政治经济学的综合（Ulin 1991），或者是最近出现的反后现代思潮即"去殖民化人类学"，试图将四种重要的再发明潮流——"新马克思主义政治经济学，解释和反思民族志分析实验，强调种族与阶级对性别之影响的女性主义，以及激进的黑人与（其他）第三世界学术传统"——综合成一种更现实的对话人类学（Harrison 1991：2）。

还有另外的可能，我们可以从过去看它将来的影子。虽然梅特兰心里想的是一种由胜利殖民主义支持的前民族志进化论人类学，并未预见到即将改变人类学的革命，但与经典时代相比，历史选择确实更有可能发生。在过去的二十年间，在人类学中，曾经先后兴起了各种历史模式，其中最有希望的一种是研究殖民进程本身的历史人类学（Asad 1991；Comaroff & Comaroff 1992）。在另一种历史模式中，我们可以想象，有一部分人类学将会如鲍亚士曾预言的那样，变为古典学术的异邦类似物，那些无文字民族的复原文本和有形遗物可以得到持续分析和再阐释。或者，正如以前在不同的时代和地方发生过的，它可以走向一种社会学风格的道路，如欧美的人类学家开始了对自我的研究，其他地方的本土人类学家有权研究他们自身（Fahim 1982）。虽说这种工作仍可在某些方面采用传统民族志模式，这种双向运动将进一步模糊研究主题长久以来形成的学科边界，也有望模糊概念边界和方法论边界。另外一种先前的有明显现实相关性的趋势是研究当代问题的人类学，无论是往昔的中心，还是如今已经全球化了的边缘地带。这些可以采取自由的文化批评形式，也可以采取向研究对象赋权的激进形式（Downing & Kushner 1988），或者回应经典时代的保守应用人类学形式（例如，广告的象征人类学或公司文化

371

的管理研究［Dunkle 1992］）。最后，我们甚至可以想象，在对进化论的批判和人类学的去生物学化后的四分之三个世纪以后，重返生物学和进化论问题，即使不是作为社会生物学，也是以除德里克·弗里曼以外的其他人类学家鼓吹的"互动模式"进行（如，Durham 1990）。

在这些（或其他）趋势中哪里（或是否）可能有一个中心，这就超出我这个人类学家的视野以外了。几年前，在美国人类学会一次"人类学发展评估"会议上，几位发言人认为，2000 年的人类学很可能会像 1989 年的人类学。其中有一位强调说，有三种"完备的研究方案"堪称"潜力无穷"：鲍亚士式或文化人类学，达尔文式或进化论人类学，以及涂尔干式或社会结构人类学（Kuper 1989）。另一位指出了会议本身活泼的多元主义——数百篇论文涉及题目十分广泛，从适应和艾滋到萨巴特克人和动物考古学；这并不是人类学去中心化和碎片化的证明，相反，恰恰是在目前可以看到的和正在形成中的未来（Kottak 1989）。但是，他们两人似乎都坚信，"民族志记录"是"人类学最核心的共有遗产"（Kuper 1989）。

尽管其传统主题在变化，边界正在模糊，话语正在去中，但是，制度惰性的固有力量，将把人类学完好地送入 21 世纪。如果说，历史批评和历史进程已经解构了现代时期的激进异己性（alterities），后现代时期却目睹了无数重建他性（otherness）的繁荣，包括最近苏联地区正在碎化的族群认同。民族志的生存状况已经转变，但有助于确定现代人类学的民族志冲动却还没有开始发力。在某些近期的批评潮流中，一个引人注目的方面是它们继续坚持一种民族志立场（Marcus & Fischer 1986）。与此相似，在那些抵制后现代文学化思潮的人中——无论是以科学的名义，还是"反－反－科学主义"的名义——有些人重新肯定了一种民族志人类学的价值（参见 GS 1989c）。

即便如此，在今日进入这个领域的学生们都面临着前所未有的专业自我定义的问题，这是没有疑问的。在每一种现实的意义上，在成为人类学家的过程中，他们每一个人都必须为自己重新发明这个领域——即便不是重新缝合它，也要重新界定它。在心底依然坚信它作为一个历史地形成的实体将永久存活的同时，我希望，在他们的远征中，这些文章能有所助益。

参考文献

AA   *American Anthropologist*

AJPA   *American Journal of Physical Anthropology*

BAAS   British Association for the Advancement of Science

HAN   *History of Anthropology Newsletter*

HOA   *History of Anthropology*

IJAL   *International Journal of American Linguistics*

JAI   *Journal of the [Royal] Anthropological Institute*

JHBS   *Journal of the History of the Behavioral Sciences*

PAPS   *Proceedings of the American Philosophical Society*

Ackerman, R.

  1987   *J. G. Frazer: His life and work*. Cambridge.

Appell, G. N. , & T. N. Madan

  1988   Derek Freeman: Notes toward an intellectual biography. In *Choice and morality: Anthropological essays in honor of Professor Derek Freeman*, ed. Appell & Madan, 3-26. Buffalo, N. Y.

Arensberg, C.M.

  1937   *The Irish countryman: An anthropological study*. New York.

Arnold, M.

  1869   *Culture and anarchy*. Cambridge (1957).

Asad, T.

1973 Ed., *Anthropology and the colonial encounter*. London.

1991 Afterword: From the history of colonial anthropology to the anthropology of western hegemony. *HOA* 7: 314-24.

Austen, L.

1945 Cultural changes in Kiriwina. *Oceania* 16: 14-60.

Ausubel, D. P.

1960 *The fern and the tiki: An American view of New Zealand national character, social attitudes and race relations*. North Quincy, Mass. (1971).

BAAS

1874 *Notes and queries on anthropology, for the use of travellers and residents in uncivilized lands*. London.

1884-1902 *Report[s] of the... 54th [and succeeding] meeting[s]*. London.

1887 Third report of the Committee... investigating and publishing reports on the physical characters, languages, industry and social condition of the north-western tribes of the Dominion of Canada. In *Report of the 57th meeting*, 173-83. London.

1912 *Notes and queries on anthropology*. 4th ed. London.

Bade, K.-J.

1977 Colonial missions and imperialism: The background to the fiasco of the Rhenish mission in New Guinea. In *Germany in the Pacific and Far East, 1870-1914*, ed. J. A. Moses & P. M. Kennedy, 312-46. St. Lucas, Queensland.

Balandier, G.

1951 The colonial situation: A theoretical approach. In *The sociology of black Africa: Social dynamics in central Africa*, trans. D. Garman, 34-61. New York (1970).

Barkan, E.

1988 Mobilizing scientists against racism, 1933-39. *HOA* 5:180-205.

Barrett, P.

1989 The paradoxical anthropology of Leslie White. *AA* 91:986-99.

Bartlett, F. C.

1959 Myers, Charles Samuel. In *Dictionary of National Biography 1941-50.*

Basehart, H., & W. W. Hill

1965 Leslie Spier, 1893-1961. *AA* 67:1258-77.

Bashkow, I.

1991 The dynamics of rapport in a colonial situation: David Schneider's fieldwork on the islands of Yap. *HOA* 7:170-242.

Bateson, M. C.

1984 *With a daughter's eye: A memoir of Margaret Mead and Gregory Bateson.* New York.

Baudet, H.

1965 *Paradise on earth: Some thoughts on European images of non-European man.* New Haven, Conn.

BE. 见 "引用手稿及来源"。

Beals, R. L.

1943 Anthropology during the war and after. Memorandum prepared by the Committee on War Service of Anthropologists, Division of Anthropology and Psychology, National Research Council.

Beard, C. A., & M. R. Beard

1942   *The American spirit: A study of the idea of civilization in the United States*. New York (1962).

Beckett, J.

1989   *Conversations with Ian Hogbin*. Oceania Monograph 35. Sydney.

Beloff, M.

1970   *Imperial sunset: Britain's liberal empire, 1897-1921*. New York.

Benedict, R.

1923   *The concept of the guardian spirit in North America*. New York(1964).

1928   Psychological types in the cultures of the Southwest. In Mead 1959a: 248-61.

1930   Review of Redfield 1930a. *New York Herald Tribune Books* (Nov. 2): 24.

1932   Configurations of culture in North America. *AA* 34: 1-27.

1934   *Patterns of culture*. Boston.

1935   The story of my life. In Mead 1959a: 97-117.

1939   Edward Sapir. *AA:* 41: 465-77.

1940   *Race: Science and politics*. New York.

Bennett, G.

1960   From paramountcy to partnership: J. H. Oldham and Africa. *Africa* 32:356-60.

Bennett, J. W.

1944   The development of ethnological theory as illustrated by studies of the Plains sun dance. *AA* 46: 162-81.

1946   The interpretation of Pueblo culture: A question of values. *Southwestern Journal of Anthropology* 2: 361-74.

Bennett, W. C.

1947 *The Ethnogeographic Board*. Washington, D. C.

Bensaude-Vincent, B.

1983 A founder myth in the history of sciences? The Lavoisier case. In *Functions and uses of disciplinary histories*, ed. L. Graham et al. , 53-78. Dordrecht.

Berreman, G.

1962 *Behind many masks: Ethnography and impression management in a Himalayan village*. Society for Applied Anthropology Monograph 4. Ithaca, N.Y.

Bidney, D.

1944 On the concept of culture and some cultural fallacies. *AA* 46: 30-44.

Biskup, P., B. Jinks, & H. Nelson

1968 *A short history of New Guinea*. Sydney.

Black, R.

1957 Dr. Bellamy of Papua. *Medical Journal of Australia* 2: 189-97, 232-38, 279-84.

Blanchard, D.

1979 Beyond empathy: The emergence of action anthropology in the life and career of Sol Tax. In *Currents in anthropology: Essays in honor of Sol Tax*, ed. R. Hinshaw, 419-43. The Hague.

Bloch, M.

1985 *Marxism and anthropology: The history of a relationship*. Oxford.

Boas, F.

1887 The study of geography. *Science* 9: 137-41.

1889   On alternating sounds. *AA* 2: 47-52.

1894   Classification of the languages of the North Pacific Coast. In *Memoirs of the International Congress of Anthropology, 1893*, ed. C. S. Wake, 339-46. Chicago.

1900   Sketch of the Kwakiutl language. *AA* 2: 708-21.

1904a   The vocabulary of the Chinook language. *AA* 6: 118-47.

1904b   The history of anthropology. In GS 1974c: 23-36.

1911a   *Handbook of American Indian languages*. Part I. Washington, D. C.

1911b   *The mind of primitive man*. New York.

1915   Will socialism help to overcome race antagonisms?*New York Call* (April): 4.

1917   Introduction. *IJAL* 1:1-8.

1919   Colonies and the peace conference. *The Nation* 108: 247-49.

1920a   Classification of American languages. In 1940: 211-18.

1920b   The methods of ethnology. In 1940: 218-89.

1924   Evolution or diffusion? In 1940: 190-94.

1928   *Anthropology and modern life*. New York.

1929   Classification of American Indian languages. In 1940: 219-25.

1930a   Some problems of methodology in the social sciences. In 1940: 26-69.

1930b   Anthropology. *Encyclopedia of the Social Sciences* 3: 73-110.

1936   History and science in anthropology: A reply. In 1940: 305-11.

1938a   *The mind of primitive man*. Rev. ed. New York.

1938b   Methods of research. In *General anthropology*, ed. Boas, 666-86. New York.

1940　*Race, language and culture.* New York.

1945　*Race and democratic society.* New York.

1972　*The professional correspondence of Franz Boas.* Microfilm edition.Wilmington, Del.

Boaz, N. , & F. Spencer

1981　Eds. , Jubilee issue, 1930-1980. *AJPA* 56(4).

Boutilier, J. , et al.

1978　*Mission, church and sect in Oceania.* Ann Arbor, Mich.

BP. 见 "引用手稿及来源"。

BPBM [Bernice P. Bishop Museum]

1926　*Report of the director.* Honolulu.

Brantlinger, P.

1990　*Crusoe's footprints: Cultural studies in Britain and America.* New York.

Breslau, D.

1988　Robert Park et l'écologie humaine. *Actes de la Recherche en sciences sociales* 74: 55-63.

Brew, J.

1968　Ed., *One hundred years of anthropology.* Cambridge, Mass.

Brigard, E. de

1975　The history of ethnographic film. In *Toward a science of man,* ed. T. Thoresen, 33-63. The Hague.

Brinton, D. G.

1890　*Essays of an Americanist.* Philadelphia.

1891　*The American race: A linguistic classification.* New York.

1895　The aims of anthropology. *Science* 2: 241-52.

Brooks, M.

1985 Lucjan Malinowski and Polish dialectology. *Polish Review* 30: 167-70.

Brooks, V. W.

1915 *America's coming-of-age*. New York.

Brown, E. R.

1979 *Rockefeller medicine men: Medicine and capitalism in America*. Berkeley, Calif.

Brown, R.

1973 Anthropology and the colonial rule: Godfrey Wilson and the Rhodes-Livingstone Institute, Northern Nigeria. In Asad 1973: 173-98.

Brown, R. L.

1967 *Wilhelm von Humboldt's conception of linguistic relativity*. The Hague.

Brunhouse, R. L.

1971 *Sylvanus G. Morley and the world of the ancient Mayas*. Norman, Okla.

Bulmer, M.

1980 The early institutional establishment of social science research: The Local Community Research Committee at the University of Chicago, 1923-1930. *Minerva* 18: 51-110.

Bulmer, M., & J. Bulmer

1981 Philanthropy and social science in the 1920s: Beardsley Ruml and the Laura Spelman Rockefeller Memorial, 1922-29. *Minerva* 19: 347-407.

Burton, J. W.

1988 Shadows at twilight: A note on history and the ethnographic present. *PAPS* 132: 420-33.

Butinov, N. A.

1971 A nineteenth-century champion of anti-racism in New Guinea. *Unesco Courier*(November): 24-27.

Butterworth, D.

1972 Oscar Lewis, 1914-1970. *AA* 74: 747-57.

Caffrey, M. M.

1989 *Ruth Benedict: Stranger in this land.* Austin, Tex.

Caplan, A. L.

1978 Ed., *The sociobiology debate: Readings on ethical and scientific issues.* New York.

Carneiro, R.

1981 Leslie White. In *Totems and teachers: Perspectives on the history of anthropology,* ed. S. Silverman, 209-54. New York.

Carter, P. A.

1968 *The twenties in America.* New York.

Caton, H.

1990 Ed., *The Samoa reader: Anthropologists take stock.* Lanham, Md.

Chamberlain, L. , & E. A. Hoebel

1942 Anthropology offerings in American undergraduate colleges. *AA* 44:527-30.

Chapman, W. R.

1981 Ethnology in the museum: A. H. L. F. Pitt Rivers (1827-1900) and the institutional foundations of British anthropology. Doct. diss. , Oxford Univ.

1985   Arranging ethnology: A. H. L. F. Pitt Rivers and the typological tradition. *HOA* 3: 15-48.

Chase, S.

1931   *Mexico: A study of two Americas*. New York.

1948   *The proper study of mankind*. New York.

Chauvenet, B.

1983   *Hewitt and friends: A biography of Santa Fe's vibrant era*. Santa Fe, N.M.

CIW [Carnegie Institution of Washington]

1929-40   *Yearbook*. Washington, D. C.

Clifford, J.

1982   *Person and myth: Maurice Leenhardt in the Melanesian world*. Berkeley, Calif.

1983   On ethnographic authority. *Representations* 1: 118-46.

1988   On ethnographic self-fashioning: Conrad and Malinowski. In *The predicament of culture: Twentieth-century ethnography, literature and art*, ed. Clifford, 92-113. Cambridge, Mass.

Clifford, J. , & G. E. Marcus

1986   Eds., *Writing culture: The poetics and politics of ethnography*. Berkeley, Calif.

Coben, S.

1976   Foundation officials and fellowships: Innovation in the patronage of science. *Minerva* 14: 225-40.

Codrington, R. H.

1891   *The Melanesians. Studies in their anthropology and folklore*. Oxford(1969).

Cohn, B.

1987　*An anthropologist among the historians and other essays.* Delhi.

Cole, D.

1985　*Captured heritage: The scramble for Northwest Coast artifacts.* Seattle.

1988　Kindheit und jugend von Franz Boas: Minden in der zweiten hälfte des 19. jahrhunderts. *Mitteilungen des Mindener Geschichtsvereins* 60: 11-34.

Collier, P., & D. Horowitz

1976　*The Rockefellers: An American dynasty.* New York.

Comaroff, J.

1991　Humanity, ethnicity, nationality: Conceptual and comparative perspectives on the U.S.S.R. *Theory and Society* 20: 661-87.

Comaroff, J. , & J. L. Comaroff

1991　*Of revelation and revolution: Christianity, Colonialism and Consciousness in South Africa.* Chicago.

1992　*Ethnography and the historical imagination.* Boulder, Col.

Conrad, J.

1902　Heart of darkness. In *Youth: A narrative and two other stories,* 49-182. Edinburgh.

Cowan, J.

1979　Linguistics at war. In Goldschmidt 1979:158-68.

Cowan, J., et al.

1986　Eds., *New perspectives in language,culture and personality: Proceedings of the Edward Sapir Centenary Conference, Ottawa, 1-3 October 1984.* Amsterdam.

Cressman, L. S.

1988   *A golden journey:Memoirs of an archaeologist.* Salt Lake City,
         Utah.

Czaplička, M. A.

1916   *My Siberian year.* New York.

Darnell, R.

1969   The development of American anthropology 1879-1920: From
         the Bureau of American Ethnology to Franz Boas. Doct.diss.,
         Univ. Pennsylvania.

1970   The emergence of academic anthropology at the University of
         Pennsylvania. *JHBS* 6:80-92.

1971a   The Powell classification of American Indian languages.
         Papers in Linguistics 4:71-110.

1971b   The revision of the Powell classification. *Papers in Linguistics*
         4:233-57.

1974   Lore and linguistics in American anthropology: alternative models
         of cultural process. Paper, American Anthropological Association.

1977a   History of anthropology in historical perspective. *Annual
         Review of Anthropology* 6:399-417.

1977b   Hallowell's bear ceremonialism and the emergence of Boasian
         anthropollogy. *Ethos* 5:13-30.

1986   personality and culture: The fate of the Sapirian alternative.
         HOA 4:156-83.

1988   *Daniel Garrison Brinton: The "fearless critic" of Philadelphia.*
         Philadelphia.

1990   *Edward Sapir: Linguist, anthropologist, humanist.* Berkeley, Calif.

De Laguna, F.

1960 Ed., *Selected papers from the American Anthropologist, 1888-1920*. Washington, D. C.

Devereux, G.

1967 *From anxiety to method in the behavioral sciences*. The Hague.

Di Leonardo, M.

1991 *Gender at the crossroads of knowledge: Feminist anthropology in the postmodern era*. Berkeley, Calif.

Dixon, R. B.

1928 *The building of cultures*. New York

Docker, E. W.

1970 *The blackbirders: The recruiting of South Seas labour for Queensland, 1863-1907*. Sydney.

Dorsey, G. A.

1926 *Why we behave like human beings*. New York.

Downing, T. E. , & G. Kushner

1988 Eds., *Human rights and anthropology*. Cambridge, Mass.

Drever, J.

1968 McDougall, William. In *International Encyclopedia of the Social Sciences*. New York.

Driver, H. E.

1962 *The contribution of A. L. Kroeber to culture area theory and practice*. Indiana University Publications in Anthropology and Linguistics 18. Bloomington, Ind.

Dunkle, T.

1992 A new breed of people gazers. *Insight*, Jan. 13, 10-13.

Dupree, A. H.

1972   The *Great Instauration* of 1940: The organization of scientific
       research for war. In *The twentieth century sciences*, ed. G.
       Holton, New York.

Durham, W.

1990   Advances in evolutionary culture theory. *Annual Review of
       Anthropology* 19: 187-242.

Dwyer, K.

1982   *Moroccan dialogues: Anthropology in question*. Baltimore, Md.

Eggan, F.

1937   Historical changes in the Choctaw kinship system. *AA* 39:34-52.

1968   One   hundred years of ethnology and social anthropology. In
       Brew 1968:119-52.

Ellen, R. F., et al.

1988   Eds., *Malinowski between two Worlds:The Polish roots of an
       anthropological tradition*. Cambridge.

Elliott, M.

1987   *The School of American Research: The first eighty years*. Santa
       Fe, N. M.

Embree, J.

1945   Applied anthropology and its relation to anthropology. *AA* 47:
       516-39.

1949   American military government. In *Social structure*, ed. M.
       Fortes, 207-25. Oxford.

Emeneau, M.

1943   Franz Boas as linguist. In *Franz Boas,1858-1942*. Memoirs of the

American Anthropological Association 61: 35-38. Menasha, Wis.

Epstein, A. L.

1967   Ed., *The craft of social anthropology*. London.

Erasmus, C. , & W. Smith

1967   Cultural anthropology in the United States since 1900: A quantitative analysis. *southwestern Journal of Anthropology* 23: 111-140.

Erickson, P. A.

1974   The origins of physical anthropology. Doct. diss., Univ. Connecticut.

1984-88 Ed., *History of anthropology bibliography*(with supplements 1-4). Occasional Papers in Anthropology No. 11, Department of Anthropology, Saint Mary's University. Halifax, Nova Scotia.

Evans-Pritchard, E. E.

1946   Applied anthropology. *Africa* 16: 92-98.

1950   *Social anthropology*. In *Social anthropology and other essays*, 1-134.Glencoe, Ill. (1962).

Fabian, J.

1983   *Time and the other: How anthropology makes its object*. New York.

Fagette, P.

1985   Digging for dollars: The impact of the New Deal on the professionalization of American archaeology. Doct. diss., Univ. California, Riverside.

Fahim, H.

1982   Ed., *Indigenous anthropology in non-Western countries*.

Durham, N. C.

Fairchild, H.

1961   *The noble savage: A study in romantic naturalism.* New York.

Fardon, R.

1990   Ed., *Localizing strategies: Regional traditions of ethnographic writing.*Edinburgh.

Fass, P.

1971   *The damned and the beautiful: American youth in the 1920s.* New York.

Feit, H. A.

1991   The construction of Algonquian hunting territories: Private property as moral lesson, policy advocacy, and ethnographic error. *HOA* 7: 109-34.

Fenton, W. N.

1947   *Area studies in American universities.* Washington, D.C.

Fernandez, J.

1991   Ed., *Beyond metaphor: The theory of tropes in anthropology.* Stanford, Calif.

Firth, R. W.

1957   Ed., *Man and culture: An evaluation of the work of Bronislaw Malinowski.* New York (1964).

1963   A brief history (1913-63). In *Department of anthropology* [London School of Economics] *Programme of courses 1963-64,* 1-9.

1975   Seligman's contributions to Oceanic anthropology. *Oceania* 44: 272-82.

1977   Whose frame of reference?One anthropologist's experience. In

Loizos 1977: 9-31.

1981   Bronislaw Malinowski. In *Totems and teachers: Perspectives on the history of anthropology*, ed. S. Silverman, 103-37. New York.

1989   Second introduction: 1988. In reprint edition of Malinowski 1967, xxi-xxxi. Stanford, Calif.

Firth, S.

1972   The New Guinea Company, 1885-1899: A case of unprofitable imperialism. *Historical Studies* 15:361-77.

1973   German firms in the Pacific Islands, 1857-1914. In *Germany in the Pacific and Far East, 1870-1914*, ed. J A. Moses & P. M. Kennedy,1-25. St. Lucas, Queensland.

1983   *New Guinea under the Germans*. Melbourne.

Fischer, J.

1979   Government anthropologists in the trust territory of Micronesia. In Goldschmidt 1979: 238-52.

Fisher, D.

1978   The Rockefeller Foundation and the development of scientific medicine in Britain. *Minerva* 16: 20-41.

1980   American philanthropy and the social sciences: The reproduction of conservative ideology. In *Philanthropy and cultural imperialism: The foundations at home and abroad*, ed. R. F. Arnove, 233-69. New York.

Fison, L. , & A. W. Howitt

1880   *Kamilaroi and Kurnai: Group-marriage and relationship...* Osterhout N.B., Netherlands (1967).

Fitting, J. E.

1973　Ed., *The development of North American archaeology*. Garden City, N. Y.

Flannery, R.

1946　The ACLS and anthropology. *AA* 48:686-90.

Flis, A.

1988　Cracow philosophy of the beginning of the twentieth century and the rise of Malinowski's scientific ideas. In Ellen et al. 1988: 105-27.

Fluehr-Lobban, C.

1991　Ed., *Ethics and the profession of anthropology: Dialogue for a new era*. Philadelphia.

Forge, A.

1967　The lonely anthropologist. *New Society* 10: 221-23.

Fortes, M.

1941　Obituary of C. G. Seligman. *Man* 41: 1-6.

1953　*Social anthropology at Cambridge since 1900*. Cambridge.

1969　*Kinship and the social order: The legacy of Lewis Henry Morgan*. Chicago.

Fosdick, R. F.

1952　*The story of the Rockefeller Foundation*. New York.

1956　*John D.Rockefeller, Jr.: A portrait*. New York.

Foster, G. M.

1953　What is folk culture? *AA* 55: 159-73.

1969　*Applied anthropology*. Boston.

1979　The Institute of Social Anthropology. In Goldschmidt 1979: 205-16.

Foster, G. M. , et al.

1979　Eds., *Long-term field research in social anthropology*. New York.

Foster, R.

1991　Making national cultures in the global ecumene. *Annual Review of Anthropology* 20: 235-60.

Frantz, C.

1974　Structuring and restructuring of the American Anthropological Association. Paper, American Anthropological Association.

1975　The twentieth-century development of U.S. anthropology: Universities, government, and the private sector. Paper, American Anthropological Association.

Frazer, J. G.

1887　*Questions on the customs, beliefs and languages of savages*. Privately printed pamphlet. Cambridge.

1900　*The golden bough: A study in magic and religion*. 2d ed. , 3 vols. London.

1910　*Totemism and exogamy*. 4 vols. London (1968).

1931　Baldwin Spencer as anthropologist. In Marett & Penniman 1931: 1-13.

FP. 见 "引用手稿及来源"。

Freed, S. A., & R. S. Freed

1983　Clark Wissler and the development of anthropology in the United States. *AA* 85: 800-825.

Freeman, D.

1962　Review of *Trance in Bali*, by Jane Belo. *Journal of the Polynesian Society* 71: 270-73.

1965   Anthropology, psychiatry and the doctrine of cultural relativism. *Man* 65: 65-67.

1972   *Social organization of Manu' a* (1930 and 1969), by Margaret Mead: Some errata. *Journal of the Polynesian Society* 8: 70-78.

1980   Sociobiology: The "antidiscipline" of anthropology. In *Sociobiology examined*, ed. A. Montagu. 198-219. New York.

1983a   *Margaret Mead and Samoa: The making and unmaking of an anthropological myth*. Cambridge, Mass.

1983b   Inductivism and the test of truth: A rejoinder to Lowell D. Holmes and others. *Canberra Anthropology* 6: 101-92. ·

1986   Some notes on the development of my anthropological interests. Unpublished manuscript.

1987   Comment on Holmes's *Quest for the real Samoa. AA* 89: 903-35.

1989   *Fa'apua'a Fa'amū* and Margaret Mead *AA* 91: 1017-22.

1991a   On Franz Boas and the Samoan researchers of Margaret Mead. *Current Anthropology* 32: 322-30.

1991b   "There's tricks i'th'world": An historical analysis of the Samoan researches of Margaret Mead. *Visual Anthropology Review* 7: 103-28.

Friedman, J. B.

1981   *The monstrous races in medieval art and thought*. Cambridge, Mass.

Freire-Marreco, B.

1916   Cultivated plants. In *The ethnobotany of the Tewa Indians*, by W. W. Robbins, J.P. Harrington, and B. Friere-Marreco, 76-118. Bureau of American Ethnology Bulletin 55, Washington, D.C.

Frye, N.

1957　*The anatomy of criticism.* Princeton, N. J.

Galton, F.

1883　*Inquiries into human faculty and its development.* London.

Garrett, J.

1982　*To live among the stars: Christian origins in Oceania.* Geneva.

Gartrell, B.

1979　Is ethnography possible? A critique of *African Odyssey. Journal of Anthropological Research* 4: 426-46.

Gatschet, A. S.

1890　*The Klamath Indians of southwestern Oregon.* 2 vols. Washington, D. C.

Geertz, C.

1967　Under the mosquito net. *New York Review of Books* (Sept. 14): 12-13.

1973　*The interpretation of cultures.* New York.

1983　Blurred genres: The refiguration of social thought. In *Local knowledge: Further essays in interpretive anthropology,* 19-35. New York.

1984　Anti-anti-relativism. *AA* 86: 263-78.

1988　*Works and lives: The anthropologist as author.* Stanford, Calif.

Geison, G.

1978　*Michael Foster and the Cambridge School of physiology: The Scientific enterprise in late Victorian society.* Princeton, N. J.

Gerould, D.

1981　*Witkacy: Stanislaw Ignacy Witkiewicz as an imaginative writer.* Seattle.

Gillen, F. J.

1896   Notes on some manners and customs of the Aborigines of the
McDonnell Ranges belonging to the Arunta tribe. In *Report of
the work of the Horn scientific expedition to central Australia*,
ed. W. B. Spencer, Vol. 4, 162-86, London.

Givens, D. R.

1986   Alfred Vincent Kidder and the development of Americanist
archaeology. Doct. diss., Washington Univ., St. Louis, Mo.

Gluckman, M.

1963   Malinowski-fieldworker and theorist. In *Order and rebellion in
tribal Africa*, ed. Gluckman, 24-52. London.

1967   Introduction. In Epstein 1967: xi-xx.

Godoy, R.

1977   Franz Boas and his plans for the International School of American
Archaeology and Ethnology in Mexico. *JHBS* 13:228-42.

1978   The background and context of Redfield's *Tepoztlán*. *Journal of
the Steward Anthropological Society* 10: 47-79.

Goldenweiser, A. A.

1917   The autonomy of the social. *AA* 19: 447-49.

1926   *Early civilization: An introduction to anthropology*. New York.

1941   Recent trends in American anthropology. *AA* 43:151-63.

Goldfrank, E. S.

1927   *The social and ceremonial organization of Cochiti*. Memoirs of
the American Anthropological Association 33. Menasha, Wis.

1943   Historic change and social character: A study of the Teton
Dakota. *AA* 45: 67-83.

1945a Irrigation agriculture and Navaho community leadership: Case material on environment and culture. *AA* 47:262-77.

1945b Socialization, personality and the structure of Pueblo society (with particular reference to Hopi and Zuni). *AA* 47:516-39.

1978 *Notes on an undirected life:As one anthropologist tells it.* New York.

1983 Another view: Margaret and me. *Ethnohistory* 30: 1-14.

Goldschmidt, W. R.

1959 Ed., *The anthropology of Franz Boas.* San Francisco.

1979 Ed., *The uses of anthropology.* Washington, D. C.

Goldstein, M. S.

1940 Recent trends in physical anthropology. *AJPA* 26: 191-209.

Gould, E.

1981 *Mythical intentions in modern literature.* Princeton, N.J.

GP. 见 "引用手稿及来源"。

Gravel, P B., & R. B. M. Ridinger

1988 *Anthropological fieldwork: An annotated bibliography.* New York.

Greene, J.

1980 The Kuhnian paradigm and the Darwinian revolution in natural history. In *Paradigms and revolutions: Applications and appraisals of Thomas Kuhn's philosophy of science,* ed. G. Gutting, 297-321. Notre Dame, Ind.

Greenop, F. S.

1944 *Who travels alone.* Sydney.

Griffin, J.

1959 The pursuit of archaeology in the United States. *AA* 61: 379-89

Grillo, R.

   1985   Applied anthropology in the 1980s: Retrospect and prospect. In
          Social anthropology and development policy, ed. R. Grillo & A.
          Rew, 1-36. London.

Gringeri, R.

   1990   Twilight of the sun kings: French anthropology from modernism to
          post-modernism, 1925-50. Doct. diss. , Univ. California, Berkeley.

Grossman, D.

   1982   American foundations and the support of economic research,
          1923-29. *Minerva* 20: 59-75.

Gruber, C. S.

   1975   *Mars and Minerva: World War I and the uses of higher learning
          in America*. Baton Rouge, La.

Gruber, J. W.

   1967   Horatio Hale and the development of American anthropology.
          PAPS 111: 5-37.

   1970   Ethnographic salvage and the shaping of anthropology. *AA* 72:
          1289-99.

GS. See under Stocking, G. W., Jr.

Guthe, C.

   1967   Reflections on the founding of the Society for American
          Archaeology. *American Antiquity* 32: 433-40.

Haddon, A. C.

   1890   The ethnography of the western tribe of Torres Straits. *JAI* 19:
          297-440.

   1895a   *Evolution in art*. London.

1895b   Ethnographical survey of Ireland. In BAAS, *Report of the 65th meeting*, *BAAS*, 509-18. London.

1901   *Head-hunters: Black, white and brown.* London.

1901-1935   Ed., *Reports of the Cambridge Anthropological Expedition to Torres Straits.* vol. 1(1935); vol. 2(part 1)(1901); Vol. 2(part 2)(1903); Vol.3 (1907); Vol. 4(1912); Vol.5(1904); Vol. 6(1908). Cambridge.

1903a   The saving of vanishing data. *Popular Science Monthly* 62: 222-29.

1903b   Anthropology: Its position and needs. Presidential address. *JAI* 33: 11-23.

1906   A plea for an expedition to Melanesia. *Nature* 74: 187-88.

1922   Ceremonial exchange: Review of B. Malinowski' s *Argonauts of the western Pacific Nature* 110: 472-74.

1939   Obituary of Sydney Ray. *Man* 57: 58-61.

Hale, H.

1884   On some doubtful or intermediate articulations. *JAI* 14: 233-43.

Hale, N. G.

1971   *Freud and the Americans.* New York.

Hall, G. S.

1907   *Adolescence: Its psychology and its relations.* 2 vols. New York.

Hall, R. A. , & K. Koerner

1987   Eds., *Leonard Bloomfield: Essays on his life and work.* Amsterdam.

Hallowell, A. I.

1937   Cross-cousin marriage in the Lake Winnipeg area. In 1976: 317-32.

1960   The beginnings of anthropology in America. In De Laguna 1960:1-90.

1965   The history of anthropology as an anthropological problem.

JHBS 1:24-38.

1976   *Contributions to anthropology: Selected papers of A. Irving Hallowell*. Chicago.

Halpern, S.

1989   Historical myth and institutional history. Unpublished manuscript.

Hanc, J.

1981   Influences, events, and innovations in the anthropology of Julian H. Steward: A revisionist view of multilinear evolution. Master's thesis, Univ. Chicago.

Handler, R.

1983   The dainty and the hungry man: Literature and anthropology in the work of Edward Sapir. *HOA* 1: 208-31.

1986   Vigorous male and aspiring female: Poetry, personality and culture in Edward Sapir and Ruth Benedict. *HOA* 4: 127-55.

1989   Anti-romantic romanticism: Edward Sapir and the critique of American individualism, *Anthropological Quarterly* 62: 1-14.

Haraway, D.

1977   A political physiology of the primate family: Monkeys and apes in the twentieth-century rationalization of sex. Paper, American Academy of Arts and Sciences, Boston.

1988   Remodelling the human way of life: Sherwood Washburn and the new physical anthropology, 1950-1980. *HOA* 5: 206-59.

1989   *Primate visions: Gender,race and nature in the world of modern science*. New York.

Hare, P. H.

1985   *A woman's quest for science: Portrait of anthropologist Elsie*

Clews Parsons. New York.

Harris, M.

1968　*The rise of anthropological theory: A history of theories of culture.* New York.

Harrison, F. V.

1991　Ed., *Decolonizing anthropology: Moving further toward an anthropology for liberation.* Washington, D. C.

Harrington, J.

1945　Boas on the science of language. *IJAL* 11: 97-99.

Hatch, E.

1973a　*Theories of man and culture.* New York.

1973b　The growth of economic, subsistence, and ecological studies in American anthropology. *Journal of Anthropological Research* 29: 221-43.

1983　*Culture and morality: The relativity of values in anthropology.* New York.

Heider, K. G.

1988　The Rashomon effect: When ethnographers disagree. *AA* 90: 73-81.

Hempenstall, P. J.

1987　*Pacific islands under German rule: A study in the meaning of colonial resistance.* Canberra.

Herbert, C.

1991　*Culture and anomie: Ethnographic imagination in the nineteenth century.* Chicago.

Herskovits, M. J.

1946　Review of Montagu, *Man's most dangerous myth. AA* 48: 267.

1953   *Franz Boas: The science of man in the making.* New York.

1954   Some problems of method in ethnography. In *Method and perspective in anthropology: Papers in honor of Wilson D. Wallis*, ed. R. F. Spencer, 3-24. Minneapolis, Minn.

Hertzberg, H. W.

1971   *The search for an American Indian identity: Modern pan-Indian movements.* Syracuse, N.Y.

Hewitt de Alcantara, C.

1984   *Anthropological perspectives on rural Mexico.* London.

Hezel, F. X.

1983   *The first taint of civilization: A history of the Caroline and Marshall Islands in pre-colonial days, 1521-1885.* Honolulu.

Higham, J.

1955   *Strangers in the land: Patterns of American nativism, 1860-1925.* New Brunswick, N. J.

Hinsley, C. M.

1981   *Savages and scientists: The Smithsonian Institution and the development of American anthropology, 1846-1910.* Washington, D. C.

1985   From shell-heaps to stelae: Early anthropology at the Peabody Museum. *HOA* 3:49-74.

Hobhouse, L. T., G. C. Wheeler, & M. Ginsberg

1915   *The material culture and social institutions of the simpter peoples.* London (1930).

Hocart, A. M.

1922   The cult of the dead in Eddystone Island. *JAI* 52: 71-112.

Hockett, C. F.

1954　Two models of grammatical description. *Word* 10: 210-34.

Hodgen, M. T.

1964　*Early anthropology in the sixteenth and seventeenth centuries.* Philadelphia.

Hogbin, H. I.

1946　The Trobriand Islands, 1945. *Man* 46: 72.

Holborn, H.

1969　*A history of modern Germany, 1830-1945.* New York.

Holland, R. F.

1985　*European decolonization, 1918-1981: An introductory survey.* New York.

Holmes, L. D.

1957a　The restudy of Manu'an culture: A problem in methodology. Doct. diss., Northwestern Univ.

1957b　Ta'u. Stability and change in a Samoan village. *Journal of the Polynesian Society* 66: 301-38, 398-435.

1987　*Quest for the real Samoa: The Mead/Freeman controversy and beyond.* South Hadley,Mass.

Hood, D.

1964　*Davidson Black: A biography.* Toronto.

Hooton, E.

1935　Development and correlation of research in physical anthropology at Harvard University. *PAPS* 75: 499-516.

HoP. 见 "引用手稿及来源"。

Horowitz, I. L.

1967   Ed., *The rise and fall of Project Camelot: Studies in the relationship between social science and practical politics*. Cambridge.

Hose, C. , & W McDougall

1912   *The pagan tribes of Borneo*. London.

Howard, C.

1981   Rivers'genealogical method and the *Reports* of the Torres Straits Expedition. Unpublished seminar paper, Univ. Chicago.

Howard, J.

1984   *Margaret Mead: A life*. New York.

HP. 见 "引用手稿及来源"。

Hrdlička, A.

1918   Physical anthropology: Its scope and aims; its history and present status in America. *AJPA* 1: 3-23.

Hsu, F.L.K.

1979   The cultural problem of the cultural anthropologist. *AA* 81: 517-32.

Huizer, G. , & B. Mannheim

1979   Eds., *The politics of anthropology: From colonialism and sexism toward a view from below*. The Hague.

Humboldt, W. von

1836   *Linguistic variability and intellectual development*. Trans. G. C. Buck & F. A. Raven. Miami (1971).

Hyatt, M.

1990   *Franz Boas, social activist: The dynamics of ethnicity*. New York.

Hyman, S. E.

1959   *The tangled bank: Darwin, Marx, Frazer and Freud as imaginative writers*. New York(1966).

Hymes, D. H.

1961a   On typology of cognitive styles in language. *Anthropological Linguistics* 3: 22-54.

1961b   Review of Goldschmidt 1959. *Journal of American Folklore* 74: 87-90.

1962   On studying the history of anthropology. *Items* 16: 25-27.

1964   Ed., *Language in culture and society*. New York.

1970   Linguistic method in ethnography: Its development in the United States. In *Method and theory in linguistics*, ed. P.L. Garvin, 249-311. The Hague.

1971   Foreword. In M. Swadesh, *The origin and diversification of language*, v-x. Chicago.

1972   Ed., *Reinventing anthropology*. New York.

1974   Ed., *Studies in the history of linguistics: Traditions and paradigms*. Bloomington, Ind.

1983   *Essays in the history of linguistic anthropology* Amsterdam.

Hymes, D. H. , & J. Fought

1975   American structuralism. In *Historiography of Linguistics*, ed. T. A. Sebeok, 903-1176. Current Trends in Linguistics 10. The Hague.

Im Thurn, E.

1883   *Among the Indians of Guiana*. New York (1967).

Iverson, R. W.

1959   *The communists and the schools*. New York.

Jacknis, I.

1985   Franz Boas and exhibits: On the limitations of the museum method of anthropology. *HOA* 3: 75-111.

Jackson, W.

1986   Melville Herskovits and the search for Afro-American culture. *HOA* 4: 95-126.

Jacobs, M.

1951a   Bismarck and the annexation of New Guinea. *Historical Studies, Australia and New Zealand* 5: 14-26.

1951b   The Colonial Office and New Guinea, 1874-84. *Historical Studies, Australia and New Zealand* 5: 106-18.

Jakobson, R.

1944   Franz Boas' approach to language. *IJAL* 10: 188-95.

1959   Boas'view of grammatical meaning. In Goldschmidt 1959: 139-45.

James, W.

1973   The anthropologist as reluctant imperialist. In Asad 1973: 41-70.

Jarvie, I. C.

1964   *The revolution in anthropology.* London.

1966   On theories of fieldwork and the scientific character of social anthropology. *Philosophy of Science* 34: 223-42.

1989   Recent work in the history of anthropology and its historiographic problems. *Philosophy of the Social Sciences* 19: 345-75.

Jenness, D.

1922-23   *Life of the Copper Eskimo. Report of fhe Canadian Arctic Expedition.* Vol. 12, *Southern party 1913-16.* Ottawa.

Jenness, D., & A. Ballantyne

1920   *The northern D'Entrecasteaux.* Oxford.

Jerschina, J.

1988　Polish culture of modernism and Malinowski's personality. In Ellen et al.1988:128-48.

Jones, E. M.

1988　Samoa lost: Margaret Mead, cultural relativism and the guilty imagination. *Fidelity* 7: 26-37.

Jones, R. A.

1984　Robertson Smith and James Frazer on religion: Two traditions in British social anthropology. *HOA* 2: 31-58.

Joos, M.

1986　*Notes on the development of the Linguistic Society of America,*. 1924-1950. Foreword by C. Hockett & J.M. Cowan. Privately printed. Ithaca, N.Y.

Jorion, P.

1985　Review of GS 1983. *L'Homme* 25: 159-61.

Joyce, R.

1971a　Australian interests in New Guinea before 1906. In *Australia and Papua New Guinea*, ed. W. J. Hudson, 8-31. Sydney.

1971b　*Sir William MacGregor*. Melbourne.

Julius, C.

1960　Malinowski's Trobriand Islands. *Journal of the Public Service* (Territory of Papua and New Guinea) 2: 5-13, 57-64.

Jung, C.

1923 *Psychological types: Or,the psychology of individuation*. Trans. H. Baynes. New York.

Kaberry, P.

1957　Malinowski's contribution to field-work methods and the writing of ethnography. In R. Firth 1957: 71-92.

Karl, B., & S. N. Katz

1981   The American private philanthropic foundation and the public
        sphere, 1890-1930.*Minerva* 19:236-70.

Karsten, R.

1923   *Blood revenge,war and victory feasts among the Jibaro Indians
        of eastern Ecuador.* Bureau of American Ethnology Bulletin 79.
        Washington, D. C.

1932   *Indian tribes of the Argentine and Bolivian Chaco.* Societas
        Scientiarum Fennica. Helsinki.

1935   *The head-hunters of western Amazonas.* Societas Scientiarum
        Fennica. Helsinki.

Keen, B.

1971   *The Aztec image in western thought.* New Brunswick, N. J.

Kelly, L. P.

1980   Anthropology and anthropologists in the Indian New Deal.
        JHBS 16:6-24.

Kenyatta, J.

1938   *Facing Mount Kenya: The tribal life of the Gikuyu.* London.

Kevles, D. J.

1985   *In the name of eugenics:Genetics and the uses of human
        heredity.* Berkeley,Calif.

Kidder, A.V.

1924   *An introduction to the study of southwestern archaeology.* New
        Haven, Conn.

Kimball, S.

1979 Land use management: The Navajo reservation. In Goldschmidt 1979:61-78.

King, K.

1971 *Pan-Africanism and education: A study of race philanthropy and education in the southern states of America and east Africa.* Oxford.

Kirchway, F.

1924 Ed., *Our changing morality.* New York.

Kirschner, P.

1968 *Conrad: The psychologist as artist.* Edinburgh.

Kloos, P.

1975 Anthropology and non-western sociology in the Netherlands. In *Current anthropology in the Netherlands*, ed. P. Kloos and H. Claessen, 10-29. Rotterdam.

1989 The sociology of non-western societies. *The Netherlands Journal of Social Sciences* 25: 40-50.

Kluckhohn, C.

1943a Covert culture and administrative problems. *AA* 45: 213-227.

1943b Obituary of Malinowski. *Journal of American Folklore* 56: 208-14.

Kluckhohn, C. , & O. Prufer

1959 Influences during the formative years. In Goldschmidt 1959: 4-28.

Koffka, K.

1925 *The growth of the mind: An introduction to child psychology.* Trans. R. M. Ogden. New York.

Kohler, R. F.

1978 A policy for the advancement of science: The Rockefeller

Foundation, 1924-1929. *Minerva* 16: 480-515.

1991   *Partners in science: Foundations and natural scientists, 1900-1945*. Chicago.

Kottak, C.

1989   Comments at the session on Assessing Developments in Anthropology, American Anthropological Association.

Kroeber, A. L.

1909a   Noun incorporation in American languages. *Verhandlungen des XIV Internationales Amerikanisten-Kongress, Vienna*, 569-76.

1909b   Classificatory systems of relationship. *JAI* 39: 77-84.

1910   Noun composition in American languages. *Anthropos* 5: 204-18.

1911   Incorporation as a linguistic process. *AA* 13: 577-84.

1917   The superorganic. *AA* 19: 163-213.

1920   Review of Lowie 1920. *AA* 22:377-81.

1923   *Anthropology*. New York.

1931   Review of Redfield 1930a. *AA* 33: 286-88.

1935a   History and science in anthropology. *AA* 37: 539-69.

1935b   Review of Benedict 1934. *AA* 37: 689-90.

1936   Kinship and history. *AA* 38: 338-41.

1943   Structure, function, and pattern in biology and anthropology. *Scientific Monthly* 56: 105-13.

1944   *Configurations of culture growth*. Berkeley, Calif.

1946   The range of the *American Anthropologist. AA* 48: 297-99.

1952   *The nature of culture*. Chicago.

1953   Ed., *Anthropology today: An encyclopedic inventory*. Chicago.

1960   Statistics,Indo-European, and taxonomy. *Language* 36: 1-21.

Kroeber, A. L., & C. Kluckhohn

1952　*Culture:A critical review of concepts and definitions*. Cambridge.

Kubary, J.

1873　Die Palau-Inseln in der Südsee. *Journal des Museum Godeffroy* 1:177-238[page numbers refer to the manuscript English translation in the Human Relations Area Files in New Haven, Conn].

1885　*Ethnographische Beiträge zur Kenntniss der Karolinischen Inselgruppe und Nachbarschaft*. Vol. 1, *Die sozialen Einrichtungen der Pelauer*. Berlin.

Kubica, G.

1988　Malinowski' s years in Poland. In Ellen et al. 1988: 89-104.

Kuhn, T.

1962　*The structure of scientific revolutions*. Chicago.

1974　Second thoughts on paradigms. In *The essential tension:Selected studies in scientific tradition and change*, ed. F. Suppes, 293-319. Chicago.

Kuklick, H.

1973　A "scientific revolution": Sociological theory in the United States, 1930-45. *Sociological Inquiry* 43: 3-22.

1978　The sins of the fathers: British anthropology and African colonial administration. *Research in the Sociology of Knowledge, Science and Art* 1: 93-119.

1991　*The savage within:The social history of British anthropology, 1885-1945*. Cambridge.

Kuper, A.

1983 *Anthropology and anthropologists:The modern British school 1922-1972.* London.

1989 Anthropological futures. Paper,American Anthropological Association.

1991 Anthropologists and the history of anthropology.*Critique of Anthropology* 11: 125-42.

Kusmer, K.

1979 The social history of cultural institutions: The upper-class connection. *Journal of Interdisciplinary History* 10: 137-46.

Kuznick, P. J.

1988 *Beyond the laboratory: Scientists as political activists in 1930s America.* Chicago.

La Feber, W.

1963 *The new empire:An interpretation of American expansion, 1860-1898.* Ithaca, N. Y.

Landtman, G.

1917 *The folk-tales of the Kiwai Papauns.* Societas Scientiarum Fennica. Helsinki.

1927 *The Kiwai Papuans of British New Guinea:A nature-born instance of Rousseau's ideal community.* London.

Lang, A.

1901 *Magic and religion.* London.

Langham, I.

1981 *The building of British social anthropology: W. H. Rivers and his Cambridge disciples in the development of kinship studies, 1893-1931.* Dordrecht.

Langlois, C. V., & C. Seignobos

1898　*Introduction to the study of history*. Trans G. G. Berry. New York (1926).

Laracy, H.

1976　Malinowski at war, 1914-1918. *Mankind* 10: 264-68.

Lasch, C.

1965　*The new radicalism in America(1889-1963):The intellectual as a social type*. New York.

La Violette, F.

1961　*The struggle for survival: Indian cultures and the Portestant ethic in British Columbia*. Toronto.

Lawrence, P.

1964　*Road belong cargo: A study of the cargo movement in the southern Madang district of New Guinea*. Atlantic Highlands, N. J. (1979).

Layard, J.

1942　*Stone men of Malekula*. London.

1944　*Incarnation and instinct.* Pamphlet. London.

Leach, E.

1957　The epistemological background to Malinowski's empiricism. In R. Firth 1957: 119-37.

1965　Introduction to reprint edition of Malinowski 1935: I, vii-xvii.

1966　On the "founding fathers." *Current Anthropology* 7:560-67.

1980　On reading *A diary in the strict sense of the term*:Or the self-mutilation of Professor Hsu. *RAIN* 36:2-3.

1990　Masquerade: The presentation of self in holi-day life. *Cambridge Anthropology* 13(3):47-69.

Lears, J.

1981　*No place of grace: Antimodernism and the transformation of American culture,1880-1920.* New York.

LeClerc, G.

1972　*Anthropologie et colonialism: Essai sur l'histoire de l'africanisme.* Paris.

Legge, J.

1956　*Australian colonial policy: A survey of native administration and European development in Papua.* Sydney.

Leuchtenberg, W. E.

1958　*The perils of prosperity,1914-1932.* Chicago.

Levenstein, H.

1963　Franz Boas as political activist. *Papers of the Kroeber Anthropological Society* 29:15-24.

Lévi-Strauss, C.

1962　Jean-Jacques Rousseau, founder of the sciences of man. In *Structural anthropology*, Vol. 2, 33-43. Harmondsworth, Eng.

Lewis, O.

1951　*Life in a Mexican village: Tepoztlán restudied.* Urbana, Ill. (1963).

1953　Controls and experiments in anthropological fieldwork. In Kroeber 1953:452-75.

1960　Some of my best friends are peasants. *Human Organization* 19: 179-80.

Li An-che

1937　Zuni: Some observations and queries. *AA* 39: 62-76.

Linton, A., & C. Wagley

1971　*Ralph Linton.* New York.

Linton, R.

1936　*The study of man.* New York.

1939　Marquesan culture. In *The individual and his society:The psychodynamics of primitive social organization*, ed. A. Kardiner, 137-95.New York.

1945　Ed., *The science of man in the world crisis.* New York.

Logan, R. W.

1965　*Betrayal of the Negro: From Rutherford B. Hayes to Woodrow Wilson.* New York.

Loizos, P.

1977　Ed., [Special number on colonialism and anthropology.] *Anthropological Forum* 4(2).

London, H. I.

1970　*Non-white immigration and the "White Australia" policy.* New York.

Louis, W. R.

1967　*Great Britain and Germany's lost colonies, 1914-1919.* Oxford.

Lounsbury, F.

1968　One hundred years of anthropological linguistics. In Brew 1968:153-226.

Lovejoy, A. O.

1936　*The Great Chain of Being: A study in the history of an idea.* Cambridge.

Lovejoy, A. O. , &G. Boas

1935　*Primitivism and related ideas in antiquity.* Baltimore, Md.

Lowie, R. H.

1917 *Culture and ethnology*. New York(1966).

1920 *Primitive society*. New York.

1929 Review of Mead 1928b. *AA* 31: 532-34.

1937 *The history of ethnological theory*. New York.

1940 Native languages as ethnographic tools. *AA* 42: 81-89.

1943 The progress of science: Franz Boas, anthropologist. *Scientific Monthly* 56: 184.

1959 *Robert H. Lowie, ethnologist*. Berkeley, Calif.

Lugard, F. J. D.

1922 *The dual mandate in British tropical Africa*. London(1965).

Lynd, R. S. , & H. M. Lynd

1929 *Middletown: A study in American culture*. New York.

Lynn, K. S.

1983 *The air-line to Seattle: Studies in literary and historical writing about America*. Chicago.

Lyon, E. A.

1982 New Deal archaeology in the southeast: WPA, TVA, NPS, 1934-1942. Doct. diss. , Louisiana Stare Univ.

Lyons, G. M.

1969 *The uneasy partnership: Social science and the federal government in the twentieth century*. New York.

MacClancy, J.

1986 Unconventional character and disciplinary convention: John Layard. Jungian and anthropologist. *HOA* 4: 50-71.

MacCurdy, G. G.

1919 The academic teaching of anthropology in connection with other departments. *AA* 21: 49-60.

McDowell, N.

1980 The Oceanic ethnography of Margaret Mead. *AA* 82: 278-302.

Mackenzie, S.

1927 *The Australians at Rabaul: The capture and administration of the German possessions in the southern Pacific.* Sydney.

McLennan, J. F.

1865 *Primitive marriage.* Edinburgh.

McLuhan, T. C.

1985 *Dream tracks: The railroad and the American Indian, 1890-1930.* New York.

McMillan, R.

1986 The study of anthropology, 1931 to 1937, at Columbia University and the University of Chicago. Doct. diss. , York Univ.

McNeill, W. H.

1986 *Mythistory and other essays.* Chicago.

McNickle, D.

1979 Anthropology and the Indian Reorganization Act. In Goldschmidt 1979:51-60.

Maine, H. S.

1858 Thirty years of improvement in India. *Saturday Review* 5(Feb.6):129.

Mair, L. P.

1948 *Australia in New Guinea.* London.

Maitland, F. W.

1911   The body politic. In *Collected papers*, ed. H. A. L. Fisher, Vol. 3,
       285-303. Cambridge, Eng.

Malinowski, B.

1908   O zasadzie ekonomii myslenia [On the principle of the cconomy
       of thought]. Trans. E. C. Martinek, Master's thesis, Univ.
       Chicago 1985.

1912   The economic aspect of the Intichiuma ceremonies. In *Festkrift
       tillegnad Edvard Westermarck i Anledning av hans femtidrosdag
       den 10 Novemer 1912*, 81-108. Helsinki.

1913a   *The family among the Australian aborigines.* New York(1963).

1913b   Elementary forms of religious life. In 1962: 282-88.

1913c   Review of *Across Australia*, by B. Spencer and F. J. Gillen.
        Folk-Lore 24: 278-79.

1915a   The natives of Mailu: Preliminary results of the Robert Mond
        research work in British New Guinea. In Young 1988: 77-331.

1915b   *Wierzenia pierwotne i formy ustroju spotecznego* [Primitive
        religion and social differentiation]. Polish Academy of Science.
        Cracow.

1916   Baloma: Spirits of the dead in the Trobriand Islands. In *Magic,
       sence and religion and other essays*, 149-274. Garden City,
       N.Y.(1954).

1922a   Ethnology and the study of society. *Economica* 2: 208-19.

1922b   *Argonauts of the western Pacific: An account of native
        enterprise and adventure in the archipelagoes of Melanesian
        New Guinea.* London.

1923   Science and superstition of primitive mankind. In 1962: 268-75.

1926a   Myth in primitive psychology. In *Magic,science and religion and other essays*, 93-148. Garden City, N. Y. (1954).

1926b   Anthropology and administration. *Nature* 118: 768.

1926c   *Crime and custom in savage society*. Paterson, N. J. (1964).

1927   *Sex and repression in savage society*. London.

1929a   *The sexual life of savages in northwestern Melanesia*. London.

1929b   Practical anthropology. *Africa* 2: 22-38.

1929c   Review of *Report of the Commission on Closer Union of the Dependencies in Eastern and Central Africa. Africa* 2: 317-20.

1929d   Review of *The Kiwai Papuans of British New Guinea* by G. Landtman. *Folk-Lore* 40: 109-12.

1930a   The rationalization of anthropology and administration. *Africa* 3: 405-29.

1930b   Race and labour. *Listener* 4: supplement no. 8.

1931   A plea for an effective colour bar. *Spectator* 146: 999-1001.

1934   Whither Africa? *International Review of Missions* 25: 401-7.

1935   *Coral gardens and their magic*. 2 vols. Bloomington, Ind. (1965).

1936   Native education and culture contact. *International Review of Missions* 25: 480-515.

1937   Introduction to J. E. Lips, *The savage hits back*, vii-ix. New Haven, Conn.

1938   Introduction to Kenyatta 1938: vii-xiii.

1938b   The anthropology of changing cultures. In *Methods of study of culture contact in Africa*, Memorandum XV of the International African Institute, vii-xxxv. London (1939).

1939   Moden anthropology and European rule in Africa. *Convegno*

di Scienze morali e storiche, 4-11 Ottobre 1938-XVI. Tema:
L'Africa, Vol. 2, 880-901. Reale Accademia d'Italia. Rome.

1943   The Pan-African problem of culture contact *American Journal of Sociology* 48: 649-65.

1944   Sir James George Frazer: A biographical introduction. In *A Scientific theory of culture and other essays*, 177-222. New York (1960).

1945   *The dynamics of culture change: An inquiry into race relations in Africa.* New Haven, Conn. (1965).

1962   *Sex, culture and myth.* New York.

1967   *A diary in the strict sense of the term.* New York.

Mandelbaum, D. G.

1982   Some shared ideas. In *Crisis in anthropology: View from Spring Hill, 1980*, ed. E. A. Hoebel et al. , 35-50. New York.

Manganaro, M.

1990   Ed. , *Modernist anthropology: From fieldwork to text.* Princeton, N. J.

Manson, W. C.

1986   Abram Kardiner and the neo-Freudian alternative in culture and personality. *HOA* 4: 72-94.

MaP. 见 "引用手稿及来源"。

Marcus, G. E.

1986   Contemporary problems of ethnography in the modern world system. In Clifford & Marcus 1986: 165-93.

Marcus, G. E. , & D. Cushman

1982   Ethnographies as texts. *Annual Review of Anthropology* 11: 25-69.

Marcus, G. E. , & M. Fischer

1986 *Anthropology as cultural critique: An experimental moment in the human sciences.* Chicago.

Marett, R. R.

1900 Pre-animistic religion. *Folk-Lore* 11: 162-82.

1921 Obituary of Marie de Czaplicka, *Man* 60: 105-6.

1941 *A Jerseyman at Oxford.* London.

Marett, R. R., & T. Penniman

1931 Eds., *Spencer's last journey: Being the journal of an expedition to Tierra del Fuego by the late Sir Walter Baldwin Spencer with a memoir.* Oxford.

1932 Eds., *Spencer's scientific correspondence with Sir J.G. Frazer and others.* Oxford.

Marías, J.

1967 *Generations: A historical method.* Trans. H. C. Raley. University, Ala.

Matthews, W.

1877 *Ethnography and philology of the Hidatsa Indians.* Washington, D. C.

Mauss, M.

1923 [Obituary of W. H. R. Rivers]. In *Ouevres.* Vol. 3, *Cohesion sociale et divisions de la sociologie*, ed. V. Karady, 465-72, Paris (1968).

May, H.

1959 *The end of American innocence: A study of the first years of our time, 1912-1917.* New York.

May, M. A.

1971 A retrospective view of the Institute of Human Relations at Yale.

Behavioral Sciences Notes 6: 141-72.

Mead, M.

1927 Group intelligence tests and linguistic disability among Italian children. *School and Society* 25: 465-68.

1928a *An inquiry into the question of cultural stability in Polynesia.* New York.

1928b *Coming of age in Samoa: A psychological study of primitive youth for western civilisation.* New York.

1928c The role of the individual in Samoan culture. *JAI* 58: 481-95.

1930 *The social organization of Manu'a.* Honolulu.

1932 *The changing culture of an Indian tribe.* New York.

1953 National character. In Kroeber 1953: 642-67.

1954 The swaddling hypothesis: Its reception. *AA* 56: 395-409.

1956 *New lives for old:Cultural transformation-Manus. 1928-1953.* New York.

1959a Ed., *An anthropologist at work: Writings of Ruth Benedict.* Boston.

1959b Apprenticeship under Boas. In Goldschmidt 1959: 29-45.

1961 Preface to reprint edition of 1928b: xi-xvi.

1962 Retrospects and prospects. In *Anthropology and human behavior* ed. T. Gladwin & W. Sturtevant, 115-49. Washington, D. C.

1964 *Continuities in cultural evolution.* New York.

1969 Introduction to the 1969 edition; Conclusion 1969: Reflections On later theoretical work on the Samoans, in reprint edition of Mead 1930:xl-xix, 219-30.

1971 Preliminary autobiographical drafts, in MeP.

1972a   *Blackberry winter: My earlier years*. New York.

1972b   Changing styles of anthropological work. *Annual Review of Anthropology* 2: 1-26.

1977   *Letters from the field, 1925-1975*. New York.

1979   Anthropological contributions to national policies during and immediately after World War Ⅱ. In Goldschmidt 1979: 145-57.

Megill, A

1989   What does the term "postmodern" mean? *Annals of Scholarship* 6: 129-52.

Meier, A.

1963   *Negro thought in America, 1880-1915*. Ann Arbor, Mich.

Meggers, B.

1946   Recent trends in American ethnology. *AA* 48: 176-214.

Meltzer, D. J.

1983   The antiquity of man and the development of American archaeology. *Advances in Archaeological Method and Theory* 6: 1-51.

Meltzer, D. J. , et al.

1986   Eds., *American archaeology, past and future: A celebration of the Society for American Archaeology, 1935-85*. Washington, D. C.

Mendelsohn, E.

1963   The emergence of science as a profession in nineteenth-century Eurode. In *Management of scientists*, ed. K. Hill, 3-48. Boston.

Mep. 见 "引用手稿及来源"。

Miklouho-Maclay, N. N.

1950-54   *Sobranie Sochineii*. 5 vols. Moscow.

亦见 Sentinella 1975; Tumarkin 1982b。

Miner, H.

1952   The folk-urban continuum. *American Sociological Review* 17: 529-36.

Mintz, S.

1953   The folk-urban continuum and the rural proletarian community. *American Journal of Sociology* 59: 136-43.

Mitchell, P.

1930   The anthropologist and the practical man: A reply and a question. *Africa* 3: 217-23.

Mitchell, R. E.

1971   Kubary: The first Micronesian reporter. *Micronesian Reporter* 3: 43-45.

Modell, J.

1974   The professionalization of women under Franz Boas, 1900-1930. Paper, American Anthropological Association.

1983   *Ruth Benedict: Patterns of a life.* Philadelphia.

Morawski, J.

1986   Organizing knowledge and behavior at Yale's Institute of Human Relations. *Isis* 77: 219-42.

Morgan, L. H.

1871   *Systems of consanguinity and affinity of the human family.* Osterhout N. B., Netherlands(1970).

1877   *Ancient society, or researches in the lines of human progress from savagery through barbarism to civilization.* New York.

Moseley, H. N.

1879   *Notes by a naturalist on the Challenger...* London.

Moses, I.

1977　The extension of colonial rule in Kaiser Wilhelmsland. In *Germany in the Pacific and Far East. 1870-1914*, ed. J. A. Moses & P. M. Kennedy, 288-312. St. Lucas, Queensland.

MPL. 见 "引用手稿及来源"。

MPY. 见 "引用手稿及来源"。

Mulvaney, D. J.

1958　The Australian aborigines, 1606-1929. Opinion and fieldwork. In *Historical Studies:Australia and New Zealand* 8: 131-51, 297-314.

1967　The anthropologist as tribal elder. *Mankind* 7: 205-17.

1989　Australian anthropology and ANZAAS: "Strictly scientific and critical." In *The commonwealth of science: ANZAAS and the scientific enterprise in Australia, 1888-1988P,* ed. R. MacLeod 196-221. Melbourne.

Mulvaney, D. J. , & J. H. Calaby

1985　*"So much that is new":Baldwin Spencer, 1860-1929, a biography.* Melbourne.

Murdock, G. P.

1932　The science of culture. *AA* 34: 200-15.

Murphy, R. F.

1972　*Robert H. Lowie.* New York.

1976　A quarter century of American anthropology. In *Selected Papers from the American Anthropologist, 1946-1970,* ed. Murphy,1-22. Washington, D. C.

1991　Anthropology at Columbia: A reminiscence. *Dialectical*

Anthropology 16: 65-81.

Murray, J. H. P.

1912   *Papua or British New Guinea.* London.

Murray, S.

1988   The reception of anthropological work in sociological journals. *JHBS* 24: 135-51.

1989   Recent studies in American linguistics. *Historiographia Linguistica* 16:149-71.

1990   Problematic aspects of Freeman's account of Boasian culture. *Current Anthropology* 31: 401-7.

Murray-Brown, J.

1972   *Kenyatta.* London.

NAA. 见 "引用手稿及来源"。

Naroll, R.

1962   *Data quality control—a new research technique: Prolegomena to a crosscultural study of cultural stress.* Glencoe, Ⅲ.

NAS [National Academy of Sciences]

1964   *Federal support of basic research in institutions of higher learning.* Washington, D. C.

Nash, D., & R. Wintrob

1972   The emergence of self-consciousness in ethnography. *Current Anthropology* 13: 527-42.

Nash, R.

1970   *The nervous generation: American thought, 1917-1930.* Chicago.

Needham, R.

1967   *A bibliography of Arthur Maurice Hocart(1883-1939).* Oxford.

Nelson, H.

　1969　European attitudes in Papua,1906-1914. In *The history of Melanesia*, 593-624. [2d Waigani Seminar]. Canberra and Port Moresby.

NRC [National Research Council]

　1938　*International directory of anthropologists*. Washington D. C.

Ogburn, W. F.

　1922　*Social change, with respect to culture and original nature*. New York.

Onege, O.

　1979　The counterrevolutionary tradition in African studies: The case of applied anthropology. In Huizer & Mannheim 1979: 45-66.

Opler, M.

　1946　A recent trend in the misrepresentation of the work of American ethnologists. *AA* 48: 669-71.

Ortner, S.

　1984　Theory in anthropology since the sixties. *Comparative Studies in Society and History* 26: 126-66.

Ottonello, E.

　1975　From particularism to cultural materialism: Progressive growth or scientific revolution? Paper, American Anthropological Association.

Paddock, J.

　1961　Oscar Lewis's Mexico. *Anthropological Quarterly* 34: 129-50.

Pagden, A.

　1982　*The fall of natural man: The American Indian and the origins of comparative ethnology*. Cambridge.

Paluch, A. K.

 1981   The Polish background of Malinowski's work. *Man* 16: 276-85.

Pandey, T. N.

 1972   Anthropologists at Zuni. *PAPS* 116: 321-37.

Panoff, M.

 1972   *Bronislaw Malinowski*. Paris.

Parmentier,R. J.

 1987   *The sacred remains: Myth, history and polity in Belau*. Chicago.

Parnaby, O. W.

 1964   *Britain and the labor trade in the southwest Pacific*. Durham, N. C.

Partridge, W. L., & E. M. Eddy

 1978   The development of applied anthropology in America. In *Applied anthropology in America*, ed. Partridge & Eddy, 3-45. New York.

Passin, H.

 1942   Tarahumara prevarication: A problem in field method. *AA* 44: 235-47.

Paszkowski, L.

 1969   John Stanislaw Kubary—naturalist and ethnographer of the Pacific islands. *Australian Zoologist* 16(2): 43-70.

Patterson, T. C.

 1986   The last sixty years: Toward a social history of archeology in the Unite States. *AA* 88: 7-26.

Plaul, B.

 1953   Interview techniques and field relationships. In Kroeber 1953: 430-51.

Payne, H. C.

1981　Malinowski's style. *PAPS* 125: 416-40.

Payne, K. W. & S. O. Murray

1983　Historical inferences from ethnohistorical data: Boasian views. *JHBS* 19:335-40.

Pearson, K.

1924　*Life, letters and labours of Francis Galton*. Vol. 3, *Researches of middle life*. Cambridge.

Pells, R. H.

1973　*Radical visions and American dreams: Culture and social thought in the Depression years*. New York.

Pelto, P. J.

1970　*Anthropological research: The structure of inquiry*. New York.

Perham, M. F.

1956　*Lugard: The years of adventure, 1858-1898*. London.

1960　*Lugard: The years of authority, 1898-1945*. London.

Pletsch, C.

1982　Freud's case studies and the locus of psychoanalytic knowledge. *Dynamis* 2: 263-97.

Pollack, H. E.

1958　Department of Archeology. In Carnegie Institution, *Yearbook* 57, 435-55. Washington, D. C.

Popkin, R. H.

1987　*Isaac la Peyrère(1596-1676): His life, work and influence*. Leiden.

Porter, D.

1984　Anthropology tales: Unprofessional thoughts on the Mead/Freeman controversy. *Notebooks in Cultural Analysis* 1: 15-37.

Porteus, S. D.

    1969   *A psychologist of sorts: The autobiography and publications of the inventor of the Porteus Maze Tests.* Palo Alto, Calif.

Pound, E.

    1915   E. P. Ode pour l' election de son sepulchre. In *Personae: The collected poems of Ezra Pound*, 187-91. New York(1926).

Powdermaker, H.

    1966   *Stranger and friend: The way of an anthropologist.* New York.

    1970   Further reflections on Lesu and Malinowski's diary. *Oceania* 40: 344-47.

Powell, I. W.

    1877   *Introduction to the study of Indian languages.* 1st ed. Washington, D. C.

    1880   *Introduction to the study of Indian languages.* 2d ed. Washington, D. C.

Prichard, J. C.

    1848   *Researches into the physical history of mankind.* Vol. 5. London.

Proctor, R.

    1988   From *Anthropologie to Rassenkunde* in the German anthropological tradition. *HOA* 5: 138-79.

Purcell, E.

    1973   *The crisis of democratic theory: Scientific naturalism and the problem of value.* Lexington, Ky.

Quiggin, A. H.

    1942   *Haddon the head-hunter.* Cambridge.

RA. 见"引用手稿来源"。

Rabinow, P.

1977　*Reflections on fieldwork in Morocco*. Berkeley, Calif.

Radcliffe-Brown, A. R.

1922　*The Andaman islanders*. Glencoe, Ⅲ . (1964).

1923　The methods of ethnology and social anthropology in *Method in social anthropology*, ed. M. N. Srinivas, 3-38. Chicago(1958).

1930　Applied anthropology. Australia and New Zealand Association for the　Advancement of Science, *Report of the 20th meeting*, 267-80. Brisbane.

1931　The present position of anthropological studies. In *Method and theory in social anthropology*, ed. M. N. Srinivas, 41-95 Chicago (1958).

Radin, P.

1933　*Method and theory of ethnology: An essay in criticism*. New York.

Rappaport, R. A.

1986　Desecrating the holy woman: Derek Freeman's attack on Margaret Mead. *American Scholar*,313-47.

Redfield, R.

1919　War sketches. *Poetry* 12: 242-43.

1928　My adventures as a Mexican. *University of Chicago Magazine* 20: 242-47.

1930a　*Tepoztlán, a Mexican village: A study of folk life*. Chicago.

1930b　The regional aspect of culture. In *Human nature and the study of society*, 145-51. Chicago(1962).

1934　Culture changes in Yucatan. *AA* 36: 57-69.

1937　Introduction to F. Eggan, *The social organization of North*

American tribes. Chicago.

1941   *The folk culture of Yucatan.* Chicago.

1950   *Chan Kom: The village that chose progress.* Chicago.

1953   *The primitive world and its transformations.* Ithaca, N. Y.

1955   *The little community.* Chicago.

1956   *Peasant society and culture.* Chicago.

Redfield, R. , R. Linton, & M. J. Herskovits

1936   Memorandum for the study of acculturation. *AA* 38: 149-52.

Reed, J.

1980   Clark Wissler: Aforgotten influence in American anthropology. Doct. diss. , Ball State Univ.

Reingold, N.

1979   National science policy in a private foundation: The Carnegie Institute of Washington. In *The organization of knowledge in modern America, 1860-1920,* ed. A. Oleson & J. Voss, 313-34. Baltimore, Md.

Resek, C.

1960   *Lewis Henry Morgan, American scholar.* Chicago.

RF[Rockefeller Foundation]

1924-37 *Annual Report.* New York.

Richards, A.

1939   The development of fieldwork methods in social anthropology. In *The Study of society,* ed. F. C. Bartlett, 272-316. London.

1944   Practical anthropology in the lifetime of the International African Institute. *Africa* 14: 289-300.

1957   The concept of culture in Malinowski's work. In R. Firth 1957: 15-32.

Rigdon, S. M.

1988   *The culture facade: Art, science and politics in the work of Oscar Lewis*. Urbana, Ⅲ .

Riggs, S. R.

1893   *Dakota grammar,texts and ethnography*, ed. J. O. Dorsey. Washington, D. C.

RiP. 见 "引用手稿来源"。

Rivers, W. H. R.

1899   Two new departures in anthropological method. BAAS, *Report of the 69th meeting*, 879-80. London.

1900   A genealogical method of collecting social and vital statistics. *JAI* 30:74-82.

1904   Genealogies[,]kinship. In Haddon 1904, Vol. 5, 122-52.

1906   *The Todas*. Osterhout N. B.., Netherlands (1967).

1907   On the origin of the classificatory system of relationships. In *Anthropological essays presented to E. B. Tylor*, ed. N. Balfour et al. , 309-23. Oxford.

1908   Genealogies[,]kinship. In Haddon 1908, Vol. 6, 62-91.

1910   The genealogical method of anthropological inquiry. *Sociological Review* 3: 1-12.

1911   The ethnological analysis of culture. In *Psychology and ethnology*,ed. G. E. Smith, 120-40. London (1926).

1912   General account of method. In BAAS 1912: 108-27.

1913   Report on anthropological research outside America. In *Reports upon the present condition and future needs of the science of anthropology*, by W. H. R. Rivers et al. , pp. 5-28. Washington, D. C.

1914a   *The history of Melanesian society*. 2 vols. Osterhout N. B. ,
        Netherlands (1968).

1914b   *Kinship and social organization*. London(1968).

1916   Sociology and psychology. In *Psychology and ethnology*, ed. G.
        E. Smith, 3-20. London (1926).

1922   Ed. , *Essays in the depopulation of Melanesia*. Cambridge.

Roe, A.

1950   Interview with R. Redfield. （见 "引用手稿及来源"，RoP. ）

1953a   A psychological study of eminent psychologists and
        anthropologists, and a comparison with biological and physical
        scientists. *Psychological Monographs* 67: 1-55.

1953b   *The making of a scientist*. New York.

Rogge, A.

1976   A look at academic anthropology: Through a glass darkly. *AA*
        78: 829-42.

Rohner, R. P.

1969   Ed., *The ethnography of Franz Boas*. Trans. H. Parker. Chicago.

Romanucci-Ross, L.

1976   Anthropological field research: Margaret Mead, muse of the
        clinical field experience. *AA* 82: 304-17.

1983   Apollo alone and adrift in Samoa: Early Mead reconsidered.
        Reviews in Anthropology 10: 86-92.

Rooksby, R. L.

1971   W. H. R. Rivers and the Todas. *South Asia* 1: 109-21.

Rossetti, C.

1985   Malinowski, the sociology of modern problems in Africa, and the colonial situation. *Cashiers d'Etudes Africaines* 25: 477-503.

Rousseau, J. J.

1755　*Discoures on the origin and foundations of inequality.* In *The first and second discourses,* ed. R. D. Masters. New York(1964).

Rowley, C. D.

1958　*The Australians in German New Guinea 1914-1921.* Melbourne.

1966　*The New Guinea villager: The impact of colonial rule on primitive society and economy.* New York.

RP. 见 "引用手稿及来源"。

Rutkoff, P. M. & W. B. Scott

1986　*New School: A history of the New School for Social Research.* New York.

Sack, P. G.

1973　*Land between two laws:Early European land acquisitions in New Guinea.* Canberra.

Sack, P. G. & D. Clark

1979　Eds., *German New Guinea: The annual reports.* Canberra.

Sahlins, M.

1985　*Islands of history.* Chicago.

Sangren, P. S.

1988　Rhetoric and the authority of ethnography: Postmodernism and the social reproduction of texts. *Current Anthropology* 29: 405-36.

Sanjek, R.

1990　Ed. , *Fieldnotes: The makings of anthropology.* Ithaca, N. Y.

Sapir, E.

1911 The problem of noun incorporation in American languages. *AA* 13: 250-82.

1915 The Na-dene languages, a preliminary report. *AA* 17: 534-58.

1916 Time perspective in aboriginal American culture: A study in method. In *Selected writings of Edward Sapir in language, culture and personality*, ed. D. G. Mandelbaum, 389-462. Berkeley,Calif. (1963).

1917a Linguistic publications of the Bureau of American Ethnology,a general review. *IJAL* 1: 76-81.

1917b Do we need a superorganic? *AA* 19: 441-47.

1919 Civilization and culture. *Dial* 67: 233-36.

1920 The heuristic value of rhyme. In 1956: 496-99.

1921 *Language*. New York.

1922a Culture, genuine and spurious. *Dalhousie Rev.* 2: 358-68.

1922b The Takelma language of Southwestern Oregon. Extract from *Handbook of American Indian Languages*, Part 2, ed. Boas. Washington, D. C.

1924 Culture, genuine and spurious. In 1963: 308-31.

1928 Observations on the sex problem in America. *American Journal of Psychiatry* 8: 519-34.

1930 The discipline of sex. *American Mercury* 19: 13-20.

1931 The concept of phonetic law as tested in primitive languages by Leonard Bloomfield. In 1963: 73-82.

1936 Internal linguistic evidence suggestive of a northern origin of the Navaho. *AA* 38: 224-35.

1963 *Selected writings of Edward Sapir in language,culture, and personality*. Ed. D. G. Mandelbaum. Berkeley,Calif.

Saville, W.

1912　A grammar of the Mailu language. *JAI* 42: 397-436.

Scarr, D.

1969　Recruits and recruiters: A portrait of the labout trade. In *Pacific island portraits*, ed. J. Davidson & D. Scarr, 95-126. Canberra.

Schneider, D. M.

1968　Rivers and Kroeber in the study of kinship. In reprint edition of Rivers 1914b: 7-16.

1984　A *critique of the study of kinship*. Ann Arbor, Mich.

Scholte, R.

1972　Toward a reflexive and critical anthropology. In Hymes 1972: 430-57.

Schrempp, G.

1983　The re-education of Friedrich Max Müller: Intellectual appropriation and epistemological antinomy in mid-Victorian evolutionary thought. *Man* 18: 90-110.

Seligman, C. G.

1910　*The Melanesians of British New Guinea*. Cambridge.

Seligman, C. G. , & B. Z. Seligman

1911　*The Veddahs*. Cambridge.

1932　*Pagan tribes of the Nilotic Sudan*. London.

Sentinella, C.

1975　Ed., *Mikloucho-Maclay: New Guinea diaries, 1871-1883*. Madang.

Shapiro, H. L.

1959　The history and development of physical anthropology. *AA* 61:371-79.

Sherzer, J., & R. Bauman

　　1972　Areal studies and culture history: Language as a key to the historical study of culture contact. *Southwestern Journal of Anthropology* 28: 131-52.

Shils, E.

　　1970　Tradition, ecology and institution in the history of sociology. *Daedalus* 99: 760-825.

Singer, M.

　　1968　Culture. *International Encyclopedia of the Social Sciences* 3: 527-43.

Slobodin, R.

　　1978　*W. H. R. Rivers*. New York.

Slotkin, J. S.

　　1965　*Readings in early anthropology*. Chicago.

Smith, A. G.

　　1964　The Dionysian innovation. *AA* 66: 251-65.

Smith, B.

　　1960　*European vision and the South Pacific: A study in the history of art and ideas*. London.

Smith, E.

　　1973　*Some versions of the Fall: The myth of the Fall of Man in English literature*. London.

Smith, E. W.

　　1934　The story of the Institute: The first seven years. *Africa* 7: 1-27.

Smith, M.

　　1959　Boas' "natural history" approach to field method. In Goldschmidt

1959:46-60.

Solmon, L. C. , et al.

1981   *Underemployed Ph. D.'s*. Lexington, Mass.

Sontag, S.

1966   The anthropologist as hero. In *Against interpretation*, 69-81.
New York.

Sorenson, J.

1964   Some field notes on the power structure of the American
Anthropological Association. *American Behavioral Scientist*
(February): 8-9.

SP. 见 "引用文献来源"。

Speed, J.

1611   The genealogies of holy scriptures. In *The holy bible: A
facsimile in a reduced size of the authorized version published
in the year 1611*. Oxford (1911).

Spencer, F.

1981   The rise of academic physical anthropology in the United States
(1880-1980): An overview. In Boaz & Spencer 1981: 353-64.

1982   Ed., *A history of American physical anthropology, 1930-1980*.
New York.

1990   *Piltdown: A scientific forgery*. London.

Spencer, W.B., & F. Gillen

1899   *The native tribes of central Australia*. New York (1968).

Spicer, E. H.

1979   Anthropologists and the War Relocation Authority. In
Goldschmidt 1979:217-37.

Spier, L.

　1929　Some problems arising from the cultural position of the Havasupai. *AA* 31: 213-22.

Spiro, M. E.

　1982　*Oedipus in the Trobriands*. Chicago.

Spoehr, F. M.

　1963　*White falcon: The house of Godeffroy and its commercial and Scientific role in the Pacific*. Palo Alto, Calif.

SSRC [Social Science Research Council]

　1926　The Hanover conference, Aug. 23-Sept. 2.2 vols. Mimeographed. New York.

Stanton, W.

　1960　T*he leopard's spots: Scientific attitudes toward race in America, 1815-59*. Chicago.

　1975　*The great United States exploring expedition of 1838-1842*. Berkeley, Calif.

Starn, O.

　1986　Engineering internment: Anthropologists and the War Relocation Authority. *American Ethnologist* 13: 700-20.

Stearns, H. E.

　1922　Ed., *Civilization in the United States: An inquiry by thirty Americans*. New York.

Stephens, S.

　1990　Postmodern anthropology: A question of difference. Unpublished manuscript.

Stern, G. , & P. Bohannan

1970 *American Anthropologist:* The first eighty years. *Newsletter of the American Anthropological Association* 11: 1, 6-12.

Steward, J. H.

1938 Review of F. Eggan, ed., *The social organization of North American tribes, AA* 40: 720-22.

1950 *Area research.* New York.

1959 Review of Mead 1959a. *Science* 129: 323.

Stewart, T. D.

1943 Editorial. *AJPA* 1: 1-4.

1949 The development of the concept of morphological dating in connection with early man in America. *Southwestern Journal of Anthropology* 5:1-16.

1981 Ales Hrdlička, 1869-1943. In Boaz & Spencer 1981: 347-52.

Stipe, C.

1980 Anthropologists vs. missionaries: The influence of presuppositions. *Current Anthropology* 21: 165-79.

Stirling, E.

1896 Anthropology. In *Report of the work of the Horn scientific expedition to central Australia,* ed. W. B. Spencer, Vol. 4, 1-161. London.

Stocking, G. W., Jr.

1960 Franz Boas and the founding of the American Anthropological Association. *AA* 62: 1-17.

1964 French anthropology in 1800. *Isis* 55: 134-50.

1965 On the limits of "presentism" and "historicism" in the historiography of the behavioral sciences. *JHBS* 1: 211-18.

1966   The history of anthropology: Where, whence, whither? *JHBS* 2: 281-90.

1967   Anthropologists and historians as historians of anthropology: Critical comments on some recently published work. *JHBS* 3: 376-87.

1968a   *Race, culture, and evolution: Essays in the history of anthropology*. New York.

1968b   Empathy and antipathy in the heart of darkness. *JHBS* 4: 189-94.

1968c   Review of R. L. Brown 1967. *AA* 70: 1039-40.

1971   What's in a name?The origins of the Royal Anthropological Institute: 1837-71. *Man* 6: 88-104.

1973a   From chronology to ethnology: James Cowles Prichard and British anthropology, 1800-1850. In reprint edition of Prichard, *Researches into the physical history of man*, ix-cx. Chicago.

1973b   Review of Humboldt 1836(1971). *Isis* 64: 133-34.

1974a   Benedict, Ruth Fulton. In *Dictionary of American Biography, Supplement IV,1946-1950*. New York.

1974b   Growing up to New Guinea. *Isis* 65: 95-97.

1974c   *The shaping of American anthropology, 1883-1911: A Franz Boas reader*. New York.

1974d   The basic assumptions of Boasian anthropology. In 1974c: 1-20.

1974e   Some comments on history as a moral discipline: "Transcending textbook chronicles and apologetics." In Hymes 1974: 511-19.

1974f   Wissler, Clark. In *Dictionary of American Biography, Supplement IV, 1946-1950*. New York.

1976a   Radcliffe-Brown, Lowie, and *The history of ethnological theory. HAN* 3(2): 5-8.

1976b   Patterns, systems, and personalities. *Times Literary Supplement* (March 12).

1976c   Ed., *Selected papers from the American Anthropologist, 1921-45*. Washington, D. C.

1977a   Contradicting the doctor: Billy Hancock and the problem of Baloma. *HAN* 4(1): 4-7.

1977b   The aims of Boasian ethnography: Creating the materials for traditional humanistic scholarship. *HAN* 4(2): 4-5.

1978a   The problems of translating between paradigms: The 1933 debate between Ralph Linton and Radcliffe-Brown. *HAN* 5(1): 7-9.

1978b   Die Geschichtlichkeit der Wilden und die Geschichte der Ethnologie, trans. W. Lepennies. *Geschichte und Gesellschaft: Zeitschrift für Historische Sozialwissenschaft* 4: 520-35.

1979a   *Anthropology at Chicago: Tradition, discipline, department.* Chicago.

1979b   The intensive study of limited areas—Toward an ethnographic context for the Malinowski innovation. *HAN* 6(2): 9-12.

1980a   Redfield, Robert. In *Dictionary of American Biography, Supplement VI, 1956-1960*. New York.

1980b   Innovation in the Malinowskian mode: An essay review of *Long-term field research in social anthropology. JHBS* 16: 281-86.

1982a   The Santa Fe style in American anthropology: Regional interest, academic initiative, and philanthropic policy in the first two decades of the Laboratory of Anthropology, Inc. *JHBS* 18: 3-19.

1982b   Anthropology in crisis? A view from between the generations.

In *Crisis in anthropology: View from Spring Hill, 1980,* ed. E. A. Hoebel et al., 407-19. New York.

1982c   Preface to the reprint edition of 1968a.

1983a   Ed., *Observers observed: Essays on ethnographic fieldwork. HOA* 1.

1983b   Afterword: A view from the center. *Ethnos* 47(1-2): 172-86.

1984a   Ed., *Functionalism historicized: Essays on British social anthropology. HOA* 2.

1984b   Radcliffe-Brown and British Social Anthropology. *HOA* 2: 131-91.

1984c   Qu'est ce qui est en jeu dans un nom? In *Histoires de l'anthropologie,* ed. Rupp-Eisenreich, 421-33. Paris.

1984d   Academician Bromley on Soviet ethnography. *HAN* 11(2): 6-10.

1985   Ed., *Objects and others: Essays on museums and material culture. HOA* 3.

1986a   Ed., *Malinowski, Rivers, Benedict and others: Essays on culture and personality. HOA* 4.

1986b   Anthropology and the science of the irrational: Malinowski's encounter with Freudian psychoanalysis. *HOA* 4: 13-49.

1986c   Why does a boy "sign on"? Malinowski's first statement on practical anthropology. *HAN* 13(2): 6-9.

1987a   *Victorian anthropology.* New York.

1987b   Margaret Mead, Franz Boas, and the Ogburns of science. *HAN* 14(2):3-10.

1988a   Before the falling out: W. H. R. Rivers on the relation between anthropology and mission work. *HAN* 15(2): 3-8.

1988b Ed., *Bones, bodies, behavior: Essays on biological anthropology. HOA* 5.

1989a Ed., *Romantic motives: Essays on anthropological sensibility. HOA* 6.

1989b Los modelos de Malinowski: Kubary, Maclay y Conrad como arquetipos etnográficos, trans.F. Estévez. *Eres* 1: 9-24.

1989c Back to the future Ⅲ, Ⅳ, Ⅴ, Ⅵ, N,... or Boas? Paper, American Anthropological Association.

1990 Malinowski's diary redux: Entries for an index. *HAN* 17(1): 3-10.

1991a Ed., *Colonial situations: Essays on the contextualization of ethnographic knowledge. HOA* 7.

1991b Included in this classification: Notes toward an archeology of ethnographic classification. *HAN* 18(1): 3-11.

1991c *Books unwritten, turning points unmarked: Notes for an anti-history of anthropology.* Bloomington, Ind.

N. d. on the influence of Robert Park on Robert Redfield. Unpublished manuscript.

Strenski, I.

1982 Malinowski: Second positivism, second romanticism, *Man* 17: 266-71.

Strong, W.

1933 The Plains culture area in the light of archaeology. *AA* 35: 271-87.

Suggs, R. C.

1971 Sex and personality in the Marquesas: A discussion of the Linton-Kardiner report. In *Human sexual behavior*, ed. D.S. Marshall & R. C. Suggs, 163-86, New York.

Sullivan, P. R.

1989   *Unfinished conversations: Mayas and foreigners between the two wars.* New York.

Sulloway, F.

1979   *Freud, biologist of the mind: Beyond the psychoanalytic legend.* New York.

Swadesh, M.

1951   Diffusional cumulation and archaic residue as historical explanations. In Hymes 1964: 624-37.

Swayze, N.

1960   *Canadian portraits: Jenness, Barbeau, Wintemberg; the manhunters.* Toronto.

Symmons-Symonolewicz, K.

1958   Bronislaw Malinowski: An intellectual profile. *Polish Review* 3: 55-76.

1959   Bronislaw Malinowski: Formative influences and theoretical evolution. *Polish Review* 4: 17-45.

1960   Bronislaw Malinowski: Individuality as theorist. *Polish Review* 5: 53-65.

1982   The ethnographer and his savages: An intellectual history of Malinowski's diary. *Polish Review* 27: 92-98.

Tal, U.

1975   *Christians and Jews in Germany: Religion, politics, and ideology in the Second Reich, 1870-1914.* Ithaca, N.Y.

TaP. 见 "引用手稿及来源"。

Taylor, W. W.

1948   *A study of archeology*.Memoirs of the American Anthropological Association 69. Menasha, Wis.

1954   Southwestern archeology: Its history and theory. *AA* 56: 561-75.

Te Rangi Hiroa [Peter Buck]

1945   *An introduction to Polyesian anthropology*. Bishop Museum Bulletin 187.   Honolulu.

Thalbitzer, W.

1904   *A phonetical study of the Eskimo language*. Copenhagen.

Thomas, W. L., Jr.

1955   Ed., *The yearbook of anthropology*. New York.

Thompson, L.

1944   Some perspectives on applied anthropology. *Applied Anthropology* 3:12.

Thoresen, T. H.

1975   Paying the piper and calling the tune: The beginnings of academic anthropology in California. *JHBS* 11: 257-75.

Thornton, R. J.

1983   Narrative ethnography in Africa, 1850-1920: The creation and capture of an appropriate domain for anthropology. *Man* 18: 502-20.

1985   "Imagine yourself set down... " : Mach, Frazer, Conrad, Malinowski and the role of imagination in ethnography. *Anthropology Today* 1(5):7-14.

N. d. Malinowski's reading, writing, 1904-1914. Unpublished manuscript.

Tinker, H.

1974   *A new system of slavery: The export of Indian labour overseas, 1830-1920*. London.

Todorov, T.

1982   *The conquest of America: The question of the other.* New York
(1984).

Tomas, D.

1991   Tools of the trade: The production of ethnographic knowledge
in the Andaman Islands, 1858-1922. *HOA* 7: 75-108.

Torgovnick, M.

1990   *Gone primitive: Savage intellects, modern lives.* Chicago.

TP. 见 "引用手稿及来源"。

Trautman, T. R.

1987   *Lewis Henry Morgan and the invention of kinship.* Berkeley,
Calif.

Trotter, M.

1956   Notes on the history of the AAPA. *AJPA* 14: 350-64.

Trotter, R. T.

1988   An assessment of research methods training requirements in
anthropology departments in the United States. Unpublished
manuscript.

Tumarkin, D. D.

1982a   Miklouho-Maclay: Nineteenth century Russian anthropologist
and humanist. *RAIN* 51: 4-7.

1982b   Ed. , *N. Miklouho-Maclay's Travels to New Guinea: Diaries,
Letters, Documents.* Moscow.

1988   Miklouho-Maclay: A great Russian scholar and humanist.
Social Sciences [U. S. S. R. Academy of Sciences]19: 175-89.

Tumin, M.

1945 Culture, genuine and spurious: A reevaluation. *American Sociological Review* 10: 199-207.

Tylor, E. B.

1871 *Primitive culture: Researches into the development of mythology, philosophy, religion, language, art and custom.* 2 vols. London (1873).

1884 American aspects of anthropology. BAAS, *Report of the 54th meeting*, 898-924. London.

UC. 见 "引用手稿及来源"。

UCB. 见 "引用手稿及来源"。

Ulin, R. C.

1984 *Understanding cultures: Perspectives in anthropology and social theory.* Austin, Tex.

1991 Critical anthropology twenty years later: Modernism and postmodernism in anthropology. *Critique of Anthropology* 11: 63-89.

Urry, J.

1972 *Notes and Queries in Anthropology* and the development of field methods in British anthropology,1870-1920. *Proceedings of the Royal Anthropological Institute*, 45-57.

1984 A history of field methods. In *Ethnographic research: A guide to general conduct*, ed. R. F. Ellen, 35-61. London.

Van Keuren, D.

1982 Human science in Victorian Britain: Anthropology in institutional and disciplinary formation, 1863-1908. Doct. diss., Univ. Pennsylvania.

Van Riper, A. B.

1990   Discovering prehistory: Geological archaeology and the human antiquity problem in mid-Victorian Britain. Doct. diss. , Univ. Wisconsin-Madison.

Van Willigen, J.

1980   *Anthropology in use: A bibliographic chronology of the development of applied anthropology.* Pleasantville, N. Y.

Vidich, A. J.

1974   Ideological themes in American anthropology. *Social Research* 41: 719-45.

Vincent, J.

1985   Anthropology and Marxism. *American Ethnologist* 12: 137-47.

1990   *Anthropology and politics: Visions, traditions, and trends.* Tucson, Ariz.

Voegelin, C. F.

1936   On being unhistorical. *AA* 38: 344-50.

1952   The Boas plan for the presentation of American Indian languages. *PAPS* 96: 439-51.

1954   Inductively arrived at models for cross-genetic comparisons of languages. *University of California Publications in Linguistics* 10: 27-45.

1955   On developing new typologies and revising old ones. *Southwestern Journal of Anthropology* 11: 355-60.

Voegelin, C. F., & Z. Harris

1952   Training in anthropological linguistics. *AA* 54: 322-27.

Voegelin, C. F., & F. M. Voegelin

1963   On the history of structuralizing in 20th century America.

Anthropological Linguistics 5(1): 12-37.

Voget, F.W.

1968   *A history of ethnology.* New York.

Wagley, C. , & M. Harris

1955   A typology of Latin American subcultures. *AA* 57: 428-51.

Wakin, E.

1992   *Anthropology goes to war: Professional ethics and counterinsurgency in Thailand.* University of Wisconsin Center for Southeast Asian Studies Monograph 7.

Walens, S.

1981   *Feasting with cannibals: An essay on Kwakiutl cosmology.* Princeton, N. J.

Wallis, W.

1925   Diffusion as a criterion of age. *AA* 27: 91-99.

Ware, C.

1935   *Greenwich village, 1920-1930: A comment on American civilization in the post-war years.* Boston.

Warman, A.

1982   Indigenist thought. In *Indigenous anthropology in non-western countries*, ed. H. Fahim, 75-96. Durham, N. C.

Warner, M.

1988   *W. Lloyd Warner: Social anthropologist.* New York.

Warner, W. L., & P. S. Lunt

1941   *The social life of a modern community.* New Haven, Conn.

Washburn, S. L.

1968   One hundred years of biological anthropology. In Brew 1968: 97-118.

Washburn, W.

1975   *The Indian in America*. New York.

Wax, M.

1956   The limitations of Boas'anthropology. *AA* 58: 63-74.

1972   Tenting with Malinowski. *American Sociological Review* 47: 1-13.

Wayne (Malinowska), H.

1985   Bronislaw Malinowski: The influence of various women on his life and works. *American Ethnologist* 12: 529-40.

Webster, E. M.

1984   *The moon man: A biography of Nikolai Miklouho-Maclay*. Berkeley, Calif.

Weiner, A. B.

1976   *Women of value, men of renown: New perspectives in Trobriand exchange*. Austin, Tex.

1983   Ethnographic determinism: Samoa and the Margaret Mead controversy. *AA* 85: 909-18.

Werner, O. , et al.

1987   *Systematic fieldwork*. 2 vols. Newbury Park, Calif.

West, F. J.

1968   *Hubert Murray: The Australian pro-consul*. Melbourne.

1970   Ed., *Selected letters of Hubert Murray*. Melbourne.

Westermarck, E. A.

1891   *The history of human marriage*. London.

1927   *Memories of my life*. Trans. A. Barwell. New York.

Wheeler, G. C.

1926   *Mono-Alu folklore(Bougainville Strait, Western Solomon Islands)*. London.

White, I.

1981   Mrs. Dates and Mr. Brown: An examination of Rodney Needham's allegations. *Oceania* 51: 193-210.

White, L.

1966   *The social organization of ethnological theory*. Rice University Studies 52. Houston, Tex.

1987   *Ethnological essays*. Ed. B. Dillingham & R. Carneiro. Albuquerque, N. M.

Whorf, B.

1935   The comparative linguistics of Uto-Aztecan. *AA* 37: 600-608.

1936   A linguistic consideration of thinking in primitive communities. In Hymes 1964: 129-41.

Willard, M.

1923   *History of the White Australia policy to 1920*. London (1967).

Willey, G. R.

1968   One hundred years of American archaeology. In Brew 1968: 29-56.

1988   *Portraits in American Archaeology: Remembrances of some distinguished Americanists*. Albuquerque, N. M.

Willey, G. R. , & J. A. Sabloff

1974   *A history of American archeology*. San Francisco.

Williams, F. E.

1939   Ed. , The reminiscences of Ahuia Ova. *JAI* 69: 11-44.

Williams, R.

1958   *Culture and society, 1780-1950*. New York(1960).

Willis, W.

　1972　Skeletons in the anthropological closet. In Hymes 1972: 121-53.

　1975　Franz Boas and the study of black folklore. In *The New Ethnicity: Perspectives from ethnology*, ed J. W. Bennett, 307-34. St. Paul, Minn.

Wilmsen, E. N.

　1965　An outline of early man studies in the United States. *American Antiquity* 31: 172-92.

Wilson, E. F.

　1887　Report on the Blackfoot tribes. BAAS, *Report of the 57th meeting*, 183-97. London.

Winkin, Y.

　1986　George W. Stocking Jr. et l'histoire de l'anthropologie. *Actes de la Recherche en sciences sociales* 64: 81-84.

Wissler, C.

　1922　*The American Indian*. New York.

　1923　*Man and culture*. New York.

Wittfogel, K.A., & E. S. Goldfrank

　1943　Some aspects of Pueblo mythology and society. *Journal of American Folklore* 56:17-30.

Wolf, E.

　1955　Types of Latin American peasantry: A preliminary discussion. *AA* 57:452-71.

　1964　*Anthropology*. Englewood Cliffs, N. J.

　1972　American anthropologists and American society. In Hymes 1972: 251-63.

1980　They divide and subdivide, and call it anthropology. *New York Times*(Nov. 30).

1982　*Europe and the people without history.* Berkeley, Calif.

Wolf, E., & J. G. Jorgensen

1970　Anthropology on the warpath in Thailand. *New York Review of Books* (Nov. 19): 26-35.

Wolfers, E.

1972　Trusteeship without trust: A short history of interracial relations and the law in Papua and New Guinea. In *Racism: The Australian experience*, ed. F. S. Stevens. Vol. 3, *Colonialism*, 61-147. Sydney.

Woodbury, R. B.

1973　*Alfred V. Kidder.* New York.

Worsley, P.

1970　The end of anthropology. *Western Canadian Journal of Anthropology* 1: 1-9.

Yans-McLaughlin, V.

1986　Science, democracy,and ethics: Mobilizing culture and personality for World War Ⅱ. *HOA* 4: 184-217.

Young, M. W.

1979　Ed., *The ethnography of Malinowski: The Trobriand Islands, 1915-18.* London.

1984　The intensive study of a restricted area, or,why did Malinowski go to the Trobriand Islands? *Oceania* 55: 1-26.

1988　Editor's introduction. *Malinowski among the Magi."The natives of Mailu,"* 1-76. London.

引用手稿及来源

在写作本集诸文时，我参考了过去三十年间对各种手稿材料的研究，在此援引的手稿缩写如后。再次感谢手稿保管员和遗嘱执行人们，他们始终慷慨有加。

BE　Bureau of American Ethnology Correspondence, National Anthropological Archives, Smithsonian Institution, Washington, D. C.

BP　Franz Boas Papers, American Philosophical Society Library, Philadelphia.

FP　James G. Frazer Papers, Trinity College, Cambridge.

GP　Francis Galton Papers, University College, London.

HoP　A. M. Hocart Papers, Alexander Turnbull Library, Wellington, New Zealand (nine reels, microfilm, 1970).

HP　Alfred Cort Haddon Papers, University Library, Cambridge.

MaP　Elton Mayo Papers, Harvard Business School, Cambridge, Mass.

MeP　Margaret Mead Papers, Library of Congress, Washington, D. C.

MPL　Bronislaw Malinowski Papers, British Library of Political and Economic Science, London School of Economics.

MPY   Bronislaw Malinowski Papers, Stirling Library,Yale University, New Haven, Conn.

NAA American Anthropological Association Papers, National Anthropological Archives, Smithsonian Institution, Washington, D. C.

RA   Rockefeller Foundation Archives, Tarryton, N. Y.

RiP   W. H. R. Rivers Papers, University Library, Cambridge.

RoP Anne Roe Papers, American Philosophical Society Library, Philadelphia.

RP   Robert Redfield Papers, Department of Special Collections, Regenstein Library, University of Chicago.

SP   Walter Baldwin Spencer Papers, Pitt Rivers Museum, Oxford.

TaP Sol Tax Papers, Department of Special Collections, Regenstein Library, University of Chicago.

TP   Edward Burnet Tylor Papers, Pitt Rivers Museum, Oxford.

UC   University of Chicago Department of Anthropology Papers, Department of Special Collections, Regenstein Library, University of Chicago.

UCB University of California, Berkeley, Department of Anthropology Papers, Bancroft Library, Berkeley, Calif.